Etienne Emmrich

Gewöhnliche und Operator-Differentialgleichungen

Etienne Emmrich

Gewöhnliche und Operator-Differentialgleichungen

Eine integrierte Einführung in Randwertprobleme und Evolutionsgleichungen für Studierende

Bibliografische Information Der Deutschen Bibliothek
Die Deutsche Bibliothek verzeichnet diese Publikation in der Deutschen Nationalbibliografie;
detaillierte bibliografische Daten sind im Internet über <http://dnb.ddb.de> abrufbar.

Dr. Etienne Emmrich
Technische Universität Berlin
Institut für Mathematik
Straße des 17. Juni 136
10623 Berlin

E-Mail: emmrich@math.tu-berlin.de

1. Auflage November 2004

Lektorat: Ulrike Schmickler-Hirzebruch / Petra Rußkamp

Der Vieweg Verlag ist ein Unternehmen von Springer Science+Business Media.
www.vieweg.de

Der Text wurde vom Autor mit LaTeX und AMSTeX gesetzt und die Abbildungen wurden mit
MATLAB® und FEMLAB® erstellt.

Umschlaggestaltung: Ulrike Weigel, www.CorporateDesignGroup.de

‐ei, Lengerich
Gedruckt auf säurefreiem und chlorfrei gebleichtem Papier.

ISBN-13:978-3-528-03213-5   e-ISBN-13:978-3-322-80240-8
DOI: 10.1007/978-3-322-80240-8

Vorwort

Dieses Buch ist aus Vorlesungen entstanden, die der Autor an der Technischen Universität Berlin für Studierende der Mathematik sowie der Techno- und Wirtschaftsmathematik im Anschluss an die Grundvorlesung über (Anfangswertprobleme für gewöhnliche) Differentialgleichungen gehalten hat.

Im ersten Teil werden sowohl lineare als auch nichtlineare *Randwertprobleme* für gewöhnliche Differentialgleichungen zweiter Ordnung behandelt. Es werden die klassische und schwache Lösungstheorie vorgestellt, eine Einführung in die Theorie der monotonen Operatoren gegeben und erste Resultate zum GALERKIN-Verfahren und der Finite-Elemente-Methode präsentiert.

Der zweite Teil widmet sich der Beschreibung zeitabhängiger Prozesse durch Evolutionsgleichungen, die als lineare oder nichtlineare *Operator-Differentialgleichungen* erster Ordnung aufgefasst werden können. Nach der Einführung des BOCHNER-Integrals werden bekannte klassische Resultate zur Lösung von Anfangswertproblemen für gewöhnliche Differentialgleichungen verallgemeinert. Es folgt die schwache Lösungstheorie auf der Grundlage von HILBERT-Raum- und Monotoniemethoden.

Beide Teile schließen jeweils mit Übungsaufgaben und einem Ausblick auf die einschlägige Literatur.

Das Buch ist als Lehrbuch für Studentinnen und Studenten konzipiert und soll diesen auch für das Selbststudium dienen. Beabsichtigt war es, einen raschen Einstieg in moderne Methoden der Differentialgleichungstheorie zu ermöglichen, der auf das weitergehende Studium und die Lektüre einschlägiger Monographien vorbereitet. Zugleich sollte der Umfang in einem Semester (etwa in einer vierstündigen Vorlesung nebst einer zweistündigen Übung) bewältigt werden können. Deshalb wurden Lücken hingenommen, wobei die Auswahl des Stoffes sicher auch den Vorlieben des Autors geschuldet ist.

Die vorgestellten Methoden und Ergebnisse lassen sich durchweg auf partielle Differentialgleichungen beziehen. Die Beschränkung auf den räumlich eindimensionalen Fall aber ermöglicht es, schon in dieser Einführung auf nichtlineare Aspekte und funktionalanalytische Methoden einzugehen. Der Sprung zum Mehrdimensionalen sollte nicht allzu schwer fallen. Die Behandlung grundlegender konstruktiver Lösungsverfahren ermöglicht zudem den unmittelbaren Einstieg in die Numerische Analysis.

Soweit es im Rahmen eines Lehrbuchs möglich ist, wird versucht, Antworten auf die bei der Betrachtung von Differentialgleichungsproblemen auftretenden Fragen zu geben:

- Existenz von Lösungen;

- Einzigkeit von Lösungen;

- stetige Abhängigkeit von den Problemdaten (Stabilität);

- Regularität und andere qualitative Eigenschaften der Lösungen;

- Konstruktion exakter Lösungen;

- Konstruktion von Näherungslösungen.

Die Sprache, derer sich der Text bedient, ist oft die der Funktionalanalysis. Insbesondere finden sich Elemente der Nichtlinearen Funktionalanalysis. Ein sicherer Umgang mit den funktionalanalytischen Grundbegriffen ist daher zu empfehlen. Dem mit der Funktionalanalysis nicht so vertrauten Leser mag dieses Buch aber auch als ein Einstieg aus der Sicht der Anwendungen dienen.

Vorausgesetzt werden Kenntnisse der Analysis, des LEBESGUEschen Integrals und erste Kenntnisse über Differentialgleichungen, wie sie oftmals bereits im Analysis-Zyklus gelehrt werden.

Zu vielen Personen, die im Text erwähnt werden, finden sich kurze biographische Anmerkungen, die dem Leser eine zeitgeschichtliche Einordnung erlauben. Die Angaben beruhen zumeist auf der sehr empfehlenswerten Internet-Seite [102], auf [35, 51, 58, 118, 129, 149] und Recherchen im Internet.

Noch einige Hinweise zum Gebrauch: Definitionen, Sätze, Lemmata, Korollare, Probleme, Bemerkungen und Beispiele werden innerhalb eines Unterabschnitts gemeinsam fortlaufend nummeriert. Gleichungen sowie Bilder werden ebenfalls innerhalb eines Unterabschnitts fortlaufend nummeriert.

Lernen und Lehren ist ein Prozess der Kommunikation und sozialen Koproduktion. Ein Lehrbuch kann nur ein Baustein bei der individuellen Aneignung von Wissen sein, Vorlesungen oder das Selbststudium begleiten und Anregungen bieten. Verzweifeln Sie, liebe Leserin, lieber Leser, nicht, wenn Sie nicht auf Anhieb alles verstehen. Vielleicht überlesen Sie die eine oder andere Stelle zunächst, um später noch einmal zurückzukehren. Suchen Sie sich Ihren eigenen, womöglich sehr verschlungenen Pfad durch den Stoff. Lernen verläuft oft sprunghaft und nicht notwendig linear, geschieht nebenbei und unverhofft und auf die verschiedensten Arten. Fehler und das Verwerfen von bereits Gelerntem sind immanente Bestandteile und ermöglichen erst das Weiterlernen.

Das geht dem Autor (`emmrich@math.tu-berlin.de`) ganz genauso. Deshalb nimmt er gern Vorschläge zur Verbesserung und zur Korrektur von Fehlern entgegen.

Für viele Hinweise und Anregungen bei der Abfassung des Textes und die Durchsicht des Manuskripts ist der Autor ganz besonders Herrn Prof. Dr. Rolf D. GRIGORIEFF (Berlin) dankbar. Weiterer Dank geht an Frau Antje JÜNTGEN, die sich der Mühe des Korrekturlesens unterzog, und Herrn Priv.-Doz. Dr. Robert PLATO (beide Berlin), der ebenfalls das Manuskript durchgesehen hat. Herrn Dr. Carsten TRUNK (Berlin) und Herrn Dr. Horst SCHMITT (Magdeburg) gebührt ebenso Dank wie den Vorlesungsteilnehmerinnen und -teilnehmern und nicht zuletzt Frau Ulrike SCHMICKLER-HIRZEBRUCH und Frau Petra RUSSKAMP vom Vieweg-Verlag.

Berlin, im Oktober 2004   Etienne EMMRICH

Inhaltsverzeichnis

Operator-Differentialgleichungen   138

Anhang   269

Randwertprobleme

1 Beispiele und Anwendungen. Klassifikation

1.1 Beispiele und Anwendungen

Bevor wir uns in den folgenden Abschnitten mit der Lösbarkeit von Randwertaufgaben für gewöhnliche Differentialgleichungen beschäftigen, stellen wir einige Probleme vor, deren mathematische Beschreibung auf Randwertaufgaben führt.

Wir betrachten zunächst ein **Seil**, welches in der x-y-Ebene mit den Einheitsvektoren $\boldsymbol{e}_x$ und $\boldsymbol{e}_y$ in den Punkten (a, α) und (b, β) befestigt sei und auf das die Schwerkraft wirke (siehe Bild 1.1.1). Wir wollen ferner unterstellen, dass das Seil

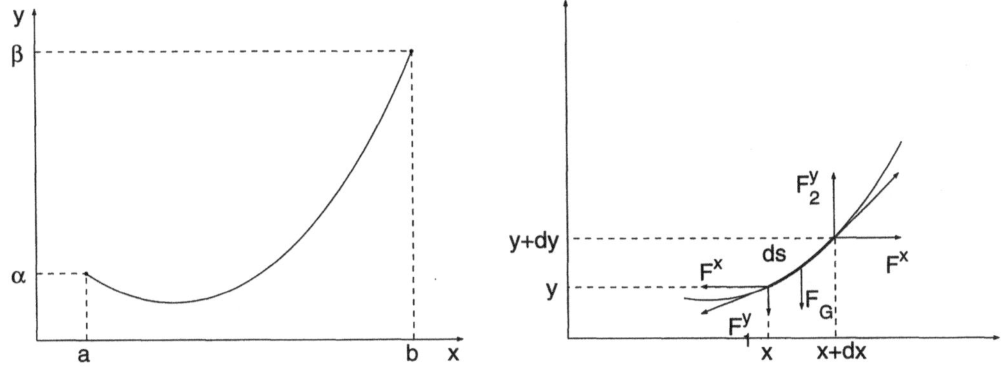

Bild 1.1.1: Hängendes Seil

homogen, ideal biegsam und von konstantem Querschnitt A ist. Sind g die Erdbeschleunigung, ρ die konstante Seildichte und m die Seilmasse, so wirkt auf ein infinitesimal kleines Seilstück der Länge ds die Gewichtskraft $F_G = dm \cdot g = \rho A g\, ds$, und zwar in Richtung $-\boldsymbol{e}_y$. Dabei gilt $ds^2 = dx^2 + dy^2$. Wegen des Kräftegleichgewichts muss die Summe der in den Punkten (x, y) und $(x + dx, y + dy)$ angreifenden Kräfte $\boldsymbol{F}_1$ und $\boldsymbol{F}_2$ gleich der Gewichtskraft sein (siehe Bild 1.1.1). Die Kräfte $\boldsymbol{F}_1 = \boldsymbol{F}(x)$ und $\boldsymbol{F}_2 = \boldsymbol{F}(x + dx)$, die nur von x abhängen, können in die Anteile zerlegt werden, die in x- bzw. y-Richtung wirken, wobei sich herausstellt, dass die x-Komponente von $\boldsymbol{F}_1$ vom gleichen Betrage ist wie die von $\boldsymbol{F}_2$, allerdings in entgegengesetzte Richtung wirkt. Wir wollen den Betrag mit F^x bezeichnen. Des Weiteren haben die y-Komponenten von $\boldsymbol{F}_1$ und $\boldsymbol{F}_2$ unterschiedliches Vorzeichen. Dies führt sodann auf das Kräftegleichgewicht

$$F^y(x + dx) - F^y(x) = \rho A g \, ds \,,$$

wobei $F^y(x)$ der Betrag der y-Komponente von $\boldsymbol{F}_1$ und $F^y(x + dx)$ der Betrag der y-Komponente von $\boldsymbol{F}_2$ sei.

Mit der Approximation

$$F^y(x + dx) \approx F^y(x) + \frac{dF^y(x)}{dx} \, dx$$

folgt

$$\frac{dF^y(x)}{dx} = \rho A g \, \frac{ds}{dx} = \rho A g \, \sqrt{1 + y'(x)^2} \,.$$

Nun gilt aber für die Steigung der Seilkurve in (x, y)

$$y'(x) = \frac{F^y(x)}{F^x(x)} \,,$$

wobei F^x konstant war. Mithin folgt die nichtlineare Differentialgleichung

$$y''(x) = \frac{1}{F^x} \frac{dF^y(x)}{dx} = \frac{\rho A g}{F^x} \, \sqrt{1 + y'(x)^2} \,, \quad x \in (a, b) \,,$$

mit den Randbedingungen $y(a) = \alpha$, $y(b) = \beta$. Zusätzlich tritt die Bedingung

$$\int_{(a,\alpha)}^{(b,\beta)} ds = \int_a^b \sqrt{1 + y'(x)^2} \, dx = L$$

auf, wobei L die Länge des Seils sei. Diese Nebenbedingung ermöglicht letztlich die Bestimmung von $\gamma := \rho A g / F^x$. Die konkrete Lösung führt auf transzendente Gleichungen zur Bestimmung der freien Parameter aus der allgemeinen Lösung der Differentialgleichung

$$y(x) = c_2 + \frac{1}{\gamma} \cosh \gamma(x + c_1) \,;$$

der interessierte Leser sei auf COLLATZ[1] [34, S. 130 f.] verwiesen.

---

[1]Lothar COLLATZ, geb. 1910 in Arnsberg, gest. 1990 in Warna. COLLATZ war Mathematiker in Karlsruhe, Hannover und Hamburg. Er gilt als einer der Begründer der Numerischen Mathematik in Deutschland.

Bei dem **Modell des mathematischen Pendels** (siehe Bild 1.1.2) gehen wir

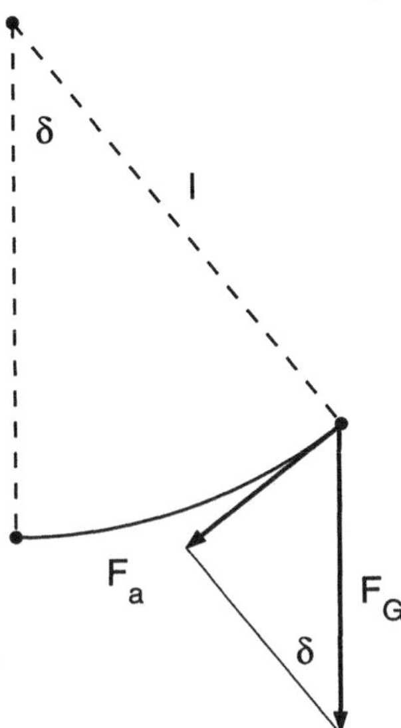

Bild 1.1.2: Mathematisches Pendel

von einer Punktmasse m aus, die über einen masselosen Stab der Länge l mit dem Drehpunkt verbunden ist und aufgrund der Schwerkraft Schwingungen ausführt, sofern sie eine anfängliche Auslenkung oder einen anfänglichen Impuls erfährt. Ist $\delta = \delta(t)$ der die Auslenkung beschreibende Winkel zur Zeit t, so ist die Auslenkung selbst gerade die Bogenlänge $l\delta(t)$. Nach dem NEWTONschen[1] Bewegungsgesetz erfährt die Punktmasse dann die in tangentiale Richtung beschleunigende Kraft $F_a = ml\delta''(t)$. Diese wird einzig durch die tangentiale Komponente der Gewichtskraft $\boldsymbol{F_G}$ verursacht, die sich nach den Beziehungen im rechtwinkligen Dreieck gemäß $-mg\sin\delta(t)$ berechnet. Wir kommen daher zu der Differentialgleichung

$$\delta''(t) + \frac{g}{l}\sin\delta(t) = 0, \quad t > 0, \tag{1.1.1}$$

sofern keine weiteren Kräfte wirken. Ist die Auslenkung klein, so gelangen wir mit der Näherung $\sin\delta \approx \delta$ zu einer linearen Differentialgleichung. Zumeist ist

---

[1]Sir Isaac NEWTON, geb. 1643 in Woolsthorpe (Lincolnshire), gest. 1727 in Kensington bei London. Über diesen vielleicht bekanntesten Universalgelehrten sei hier nichts weiter ausgeführt. Wir verweisen stattdessen auf die einschlägigen Biographien, etwa auf jene in WUSSING und ARNOLD [149].

das Pendel ein Beispiel für ein Anfangswertproblem, bei dem die anfängliche Auslenkung $\delta(0)$ und der anfängliche Impuls $\delta'(0)$ vorgegeben werden. Gelegentlich aber sucht man nach Lösungen mit der Periode T und fordert, dass $\delta(0)$ und $\delta(T)$ (oder auch $\delta(T/2)$) einen vorgegebenen Wert annehmen. Dies ist ein Randwertproblem.

Multiplizieren wir (1.1.1) mit $\delta'(t)$, so folgt

$$\frac{1}{2}\left(\delta'(t)^2\right)' = \delta''(t)\,\delta'(t) = -\frac{g}{l}\,\delta'(t)\,\sin\delta(t) = \frac{g}{l}\left(\cos\delta(t)\right)',$$

was auf

$$\delta'(t) = \pm\sqrt{\frac{2g}{l}\,\cos\delta(t) + c_1}$$

mit einer Integrationskonstanten c_1 führt. Unter der Annahme, dass $\delta'(0) \geq 0$, kommt nur das obere Vorzeichen in Frage. Die Trennung der Veränderlichen führt dann mit einer weiteren Konstanten c_2 auf

$$t(\delta) = \int \frac{d\delta}{\sqrt{\frac{2g}{l}\,\cos\delta + c_1}} + c_2.$$

Dies ist ein elliptisches Integral erster Gattung, welches nicht geschlossen auswertbar, wohl aber tabelliert ist, vgl. BRONSTEIN und SEMENDJAJEW [27].

Das folgende Problem ist WAINBERG und TRENOGIN [145] entnommen. Ein **Satellit** bewegt sich auf einer elliptischen Bahn. In der Ebene dieser Bahn führt er Schwingungen aus, die durch die nichtlineare Differentialgleichung

$$(1 + e\cos\nu)\,\delta''(\nu) - 2e\sin\nu\,\delta'(\nu) + d\sin\delta(\nu) = 4e\sin\nu$$

modelliert werden. Dabei ist δ der doppelte Winkel zwischen einer der Hauptträgheitsachsen, die in der Bahnebene liege, und dem Radiusvektor des Satelliten, ν die so genannte wahre Anomalie, $e \in [0, 1)$ die Bahnexzentrizität und $d \in [-3, 3]$ ein durch die zentralen Hauptträgheitsmomente bestimmter Parameter. Gesucht sind ungerade, 2π-periodische Lösungen, so dass die Randbedingungen

$$\delta(0) = \delta(\pi) = 0$$

gestellt werden. Für $e = 0$ geht die Differentialgleichung in die des mathematischen Pendels mit $d = g/l$ über. Diese besitzt unter den genannten Randbedingungen für $d \in [-3, 1]$ nur die triviale Lösung $\delta(\nu) \equiv 0$, für $d \in (1, 3]$ jedoch zwei weitere, nichttriviale Lösungen, die sich nur im Vorzeichen unterscheiden und auf elliptische Funktionen (Umkehrung des elliptischen Integrals) zurückgreifen.

In GOERING [55] finden wir folgendes Beispiel für die Modellierung einer chemischen Reaktion: Fließt einem **Strömungsreaktor** bei konstanter Temperatur kontinuierlich eine Reaktionsmasse zu und ein Produkt ab, so berechnet sich die Konzentrationsverteilung $c = c(x, y, z, t)$ im Reaktor gemäß der partiellen Differentialgleichung

$$\frac{\partial c}{\partial t} - \operatorname{div}(D \operatorname{grad} c) + \operatorname{div}(c\, u) = r(c)\,,$$

wobei u der Vektor der Strömungsgeschwindigkeit, $r(c)$ eine die Reaktion beschreibende Funktion und D der Diffusionskoeffizient seien. Bei einem stationären Reaktorbetrieb (wenn also die zeitliche Änderung nur sehr langsam voranschreitet), bei konstantem D sowie u und wenn die Konzentration sich nur in x-Richtung ändert, kommen wir zu der gewöhnlichen Differentialgleichung

$$-Dc''(x) + u\, c'(x) = r(c(x))\,.$$

Wir wollen annehmen, dass $x \in [0, L]$, wobei L die Reaktorlänge bezeichne. Mit den dimensionslosen Größen $\xi := x/L$ und $\gamma := c/c_0$ (c_0 sei die Ausgangskonzentration) gelangen wir zu

$$-\frac{1}{\mathrm{Pe}}\, \gamma''(\xi) + \gamma'(\xi) = \rho(\gamma(\xi))\,, \quad \xi \in (0, 1)\,.$$

Dabei ist $\mathrm{Pe} = uL/D$ die so genannte PÉCLET[1]-Zahl und $\rho = rL/(uc_0)$ das dimensionslose Reaktionsglied. Übliche Randbedingungen sind

$$\gamma(0) - \frac{1}{\mathrm{Pe}}\, \gamma'(0) = 1\,, \quad \gamma'(1) = 0\,.$$

Damit werden in $\xi = 0$ Konzentration und Konzentrationsänderung vorgegeben. In $\xi = 1$ soll sich die Konzentration nicht mehr ändern. Die PÉCLET-Zahl ist in der Regel bei geringer Axialvermischung sehr groß, bei großer Vermischung dagegen sehr klein.

Derartige *Reaktions-Diffusions-Gleichungen* beschreiben zugleich viele Phänomene und Prozesse in der Biologie, bei denen die räumliche Ausbreitung einer Spezies oder eines Stoffes eine Rolle spielt.

Betrachten wir nun eine **Diode**, bestehend aus zwei unendlichen, parallelen Platten in einem Vakuum. Der zwischen Kathode und Anode fließende Strom wird durch die Raumladung der von der Kathode emittierten Elektronen begrenzt.

---

[1]Jean Claude Eugene PÉCLET, geb. 1793 in Besançon, gest. 1857 in Paris. PÉCLET studierte an der École Normale in Paris, war Physikprofessor in Marseille und im Jahre 1829 einer der Begründer der Pariser École Centrale des Arts et Manufactures.

Die Beziehung zwischen der Stromdichte j (Strom je Flächeneinheit) und der angelegten Spannung U wird durch das zwischen 1911 und 1913 aufgestellte CHILD-LANGMUIR[1]-Gesetz

$$j = \frac{4}{9}\, \varepsilon_0 \left(\frac{2e}{m}\right)^{1/2} \frac{U^{3/2}}{d^2} \tag{1.1.2}$$

beschrieben, wobei e die Ladung und m die Masse eines Elektrons, ε_0 die elektrische Feld- bzw. Influenzkonstante und d der Plattenabstand ist. Das CHILD-LANGMUIR-Gesetz findet oft Anwendung in der Plasmaphysik. Es kann aus der Bewegungsgleichung für die Elektronen (NEWTONsches Gesetz), der Kontinuitätsgleichung für die Elektronen (Teilchenerhaltung) und der POISSON[2]-Gleichung für das Potential $\Phi = \Phi(x)$ hergeleitet werden. Nach einigen Umformungen ergibt sich die nichtlineare Differentialgleichung

$$\Phi''(x) = \frac{1}{\varepsilon_0} \left(\frac{m}{2e}\right)^{1/2} \frac{j}{\Phi(x)^{1/2}}\,,$$

welche um die Randbedingungen

$$\Phi(0) = 0\,, \quad \Phi(d) = U$$

zu ergänzen ist. Es ist leicht einzusehen, dass

$$\Phi(x) = \left(\frac{x}{d}\right)^{4/3} U$$

eine Lösung ist, wenn j durch (1.1.2) gegeben ist.

Führen wir die dimensionslosen Größen

$$\phi := \frac{\Phi}{U}\,, \quad \xi := \frac{x}{d}\,, \quad \iota := \frac{j}{\varepsilon_0} \left(\frac{m}{2e}\right)^{1/2} \frac{d^2}{U^{3/2}}$$

ein, so folgt für $\phi = \phi(\xi)$ das Randwertproblem

$$\phi''(\xi) = \frac{\iota}{\phi(\xi)^{1/2}}\,, \quad \phi(0) = 0\,, \quad \phi(1) = 1\,.$$

Für die Lösbarkeit ist

$$\iota \le \frac{4}{9}$$

---

[1]Irving LANGMUIR, geb. 1881 in Brooklyn, gest. 1957 in Woods Hole (Massachusetts). LANGMUIR war Chemiker und Physiker, unter anderem in Göttingen, und erhielt 1932 den NOBEL-Preis für Chemie.

[2]Siméon Denis POISSON, geb. 1781 in Pithiviers, gest. 1840 in Sceaux bei Paris. Nach seinem Studium an der Pariser École Polytechnique lehrte POISSON dort und trat später die Nachfolge von FOURIER an. POISSON war Mathematiker, Physiker und Astronom.

eine notwendige Bedingung, wie in BIDÉGARAY und MOISAN [14, S. 1, 20 ff.] gezeigt wird.

Schließlich bringen wir noch das **Beispiel eines RCL-Schwingkreises**, also eines Schaltkreises, der aus einem Widerstand R, einem Kondensator der Kapazität C und einer Spule der Induktivität L bestehe, die in Reihe geschaltet und gegebenenfalls an eine Wechselspannungsquelle $U_\sim$ angeschlossen seien (siehe etwa STROPPE [128, S. 263 f.] und siehe Bild 1.1.3). Nach dem zweiten

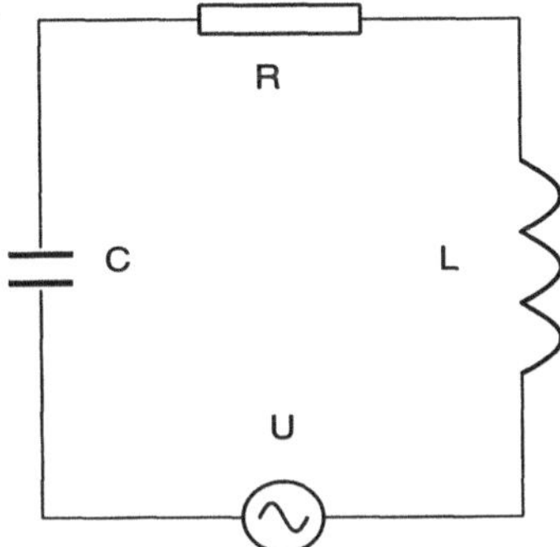

Bild 1.1.3: Elektrischer Schwingkreis

KIRCHHOFFschen[1] Gesetz muss die zur Zeit t anliegende Spannung $U_\sim(t)$ gleich der Summe der Spannungsabfälle an OHMschem[2], kapazitivem und induktivem Widerstand sein. Nach dem OHMschen Gesetz ist der Spannungsabfall am Widerstand durch $RI(t)$ gegeben, wobei $I(t)$ die Stromstärke zur Zeit t ist. Der Spannungsabfall am Kondensator berechnet sich nach $Q(t)/C$ aus der Ladungsmenge $Q(t)$. In der Spule wird nach dem Induktionsgesetz eine Spannung induziert, die durch $LI'(t)$ gegeben ist. Mithin gilt

$$LI'(t) + \frac{Q(t)}{C} + RI(t) = U_\sim(t)\,.$$

Da die Stromstärke gerade die zeitliche Änderung der Ladung ist, $Q'(t) = I(t)$, folgt für $t > 0$ nach nochmaliger Ableitung die so genannte Schwingungsgleichung

$$I''(t) + \frac{R}{L}\,I'(t) + \frac{1}{LC}\,I(t) = \frac{1}{L}\,U'_\sim(t)\,.$$

---

[1]Gustav Robert KIRCHHOFF, geb. 1824 in Königsberg (heute Kaliningrad), gest. 1887 in Berlin. KIRCHHOFF war Physiker in Berlin, Breslau (heute Wrocław) und Heidelberg.
[2]Georg Simon OHM, geb. 1787 in Erlangen, gest. 1854 in München. OHM lehrte Mathematik in Köln und Nürnberg und war später Professor für Experimentalphysik in München.

Desgleichen kann eine Differentialgleichung für die Spannung angegeben werden.

Auch hier wird man es in aller Regel mit einem Anfangswertproblem zu tun haben. Dennoch können Probleme auftreten, in denen etwa die Lösung eine bestimmte Periode aufweisen soll.

Wenngleich wir uns im Folgenden auf Randwertprobleme für gewöhnliche Differentialgleichungen *zweiter* Ordnung konzentrieren werden, so sollen dennoch zwei Beispiele von Randwertproblemen für gewöhnliche Differentialgleichungen vierter Ordnung gebracht werden.

Für die **Durchbiegung** $u = u(x)$ **eines Balkens**, der sich längs der x-Achse von $x = 0$ bis $x = L$ erstreckt und das Flächenträgheitsmoment $J = J(x)$ besitzt, gilt

$$\bigl(EJ(x)u''(x)\bigr)'' = f(x) \, ,$$

wobei E der als konstant angenommene Elastizitätsmodul sei und f die senkrecht zur Balkenachse wirkende Last bezeichne. Nehmen wir an, der Balken ist fest eingespannt, so gilt

$$u(0) = u(L) = u'(0) = u'(L) = 0 \, .$$

Wir kommen zum Beispiel der **Durchbiegung einer kreisförmigen Platte** auf elastischer Unterlage bei drehsymmetrischer Belastung. Die mathematische Modellierung führt zunächst auf eine partielle Differentialgleichung vierter Ordnung: Bezeichnen u die Durchbiegung der Platte, B die als konstant angenommene Biegefestigkeit, K die als konstant angenommene Bettungszahl und f die Belastung, so gilt

$$B\Delta\Delta u + Ku = f \, ,$$

wobei $\Delta \equiv \frac{\partial^2}{\partial x^2} + \frac{\partial^2}{\partial y^2}$ der LAPLACE[1]-Operator in den kartesischen Koordinaten x, y ist. Unter Verwendung von Polarkoordinaten r, ϕ, wobei der Ursprung in den Mittelpunkt der Kreisplatte falle, gilt

$$\Delta \equiv \frac{\partial^2}{\partial r^2} + \frac{1}{r}\frac{\partial}{\partial r} + \frac{1}{r^2}\frac{\partial^2}{\partial \phi^2} \, ,$$

---

[1]Pierre Simon LAPLACE, geb. 1749 in Beaumont-en-Auge, gest. 1827 in Paris. LAPLACE war Mathematiker und Mitglied der Pariser Académie des Sciences. Er beschäftigte sich neben der Himmelsmechanik insbesondere mit der Wahrscheinlichkeitstheorie. Eine Biographie findet sich in WUSSING und ARNOLD [149].

wie leicht mit der Kettenregel zu zeigen ist. Unter der Annahme einer drehsymmetrischen Belastung $f(r, \phi) = f(r)$ ist auch die Durchbiegung u als drehsymmetrisch anzunehmen und wir gelangen zur gewöhnlichen Differentialgleichung vierter Ordnung

$$B \left(\frac{d^2}{dr^2} + \frac{1}{r} \frac{d}{dr} \right)^2 u(r) + K u(r) = f(r) \,.$$

Diese ist in $r = 0$ schwach singulär. Es stellen sich weiterhin folgende Randbedingungen, wobei wir den Plattenradius mit R bezeichnen wollen:

- Der Plattenrand ist fest eingespannt, so dass

$$u(R) = 0 \,.$$

- Es ist eine schwache Neigung des Plattenrandes möglich, so dass

$$u'(R) = \varepsilon \quad \text{mit} \quad \varepsilon \ll 1 \,.$$

- Die Durchbiegung ist im Plattenmittelpunkt horizontal, so dass

$$u'(0) = 0 \,.$$

- Die Querkraft im Plattenmittelpunkt ist endlich, so dass

$$\left(u''(r) + \frac{1}{r} u'(r) \right)'_{|r=0} < \infty \,.$$

Viele weitere Anwendungen findet der Leser zum Beispiel in HEUSER [69] (vornehmlich für Anfangswertprobleme), in JORDAN und SMITH [74], OCKENDON et al. [101] sowie in GOERING [55].

1.2 Klassifikation

Eine gewöhnliche Differentialgleichung zweiter Ordnung in ihrer allgemeinen Form ist von der Gestalt

$$F(x, u(x), u'(x), u''(x)) = 0$$

mit einer gewissen Funktion F. Sie heißt *semilinear*[1], wenn sie nach der höchsten Ableitung u'' aufgelöst werden kann, also von der Gestalt

$$-u''(x) = f(x, u(x), u'(x))$$

---

[1]Manche Autoren bevorzugen den Begriff *quasilinear* und verstehen unter semilinearen Differentialgleichungen dann jene, bei denen nur u in die Nichtlinearität eingeht.

mit einer gewissen Funktion f ist. Man spricht von einer *linearen* Differentialgleichung, wenn für gewisse Funktionen c, d und f

$$-u''(x) + c(x)u'(x) + d(x)u(x) = f(x)$$

gilt. Diese lineare Differentialgleichung heißt *homogen*, wenn $f(x) \equiv 0$. Sie heißt *symmetrisch*, wenn $c(x) \equiv 0$.

Für lineare Differentialgleichungen gilt das *Superpositionsprinzip* (Linearkombinationen von Lösungen homogener Gleichungen sind wieder Lösung).

In allen Fällen sei $x \in (a, b)$ $(a, b \in \mathbb{R},\ a < b)$, und es ist eine Funktion $u = u(x) :$ $[a, b] \to \mathbb{R}$ zu bestimmen.[1]

Randbedingungen sind Bedingungen an die zu bestimmende Funktion in den Randpunkten $x = a$ und $x = b$, die im allgemeinen nichtlinearen Fall von der Gestalt

$$G_i(a, b, u(a), u(b), u'(a), u'(b)) = 0, \quad i = 1, 2,$$

sind.

Definition 1.2.1 *Seien $\alpha, \beta \in \mathbb{R}$, $c_a, c_b \in \mathbb{R} \setminus \{0\}$. Randbedingungen der Gestalt*

- $u(a) = \alpha$ *und* $u(b) = \beta$ *heißen Randbedingungen erster Art oder* DIRICHLETsche[2] *Randbedingungen;*

- $u'(a) = \alpha$ *und* $u'(b) = \beta$ *heißen Randbedingungen zweiter Art oder* NEUMANNsche[3] *Randbedingungen;*

- $c_a u(a) + u'(a) = \alpha$ *und* $c_b u(b) + u'(b) = \beta$ *heißen Randbedingungen dritter Art oder* ROBINsche *Randbedingungen.*

Treten in $x = a$ und $x = b$ unterschiedliche Typen von Randbedingungen auf, so spricht man von *Randbedingungen vom gemischten Typ*. Gelegentlich sind auch *periodische Randbedingungen* $u(a) = u(b)$, $u'(a) = u'(b)$ anzutreffen. Ist das zu betrachtende Intervall unbeschränkt, so werden zumeist Forderungen an das Abklingverhalten von u gestellt.

---

[1] Eine Reihe der in den folgenden Abschnitten vorzustellenden Ergebnisse können auch auf Randwertprobleme für *Systeme* von Differentialgleichungen zweiter Ordnung verallgemeinert werden.

[2] Peter Gustav LEJEUNE-DIRICHLET, geb. 1805 in Düren, gest. 1859 in Göttingen. DIRICHLET war Mathematiker in Breslau (heute Wrocław), Berlin und Göttingen. Er gilt als Begründer der analytischen Zahlentheorie.

[3] Carl Gottfried NEUMANN, geb. 1832 in Königsberg (heute Kaliningrad), gest. 1925 in Leipzig. Nach seiner Promotion in Königsberg habilitierte sich NEUMANN an der Universität Halle und ging später nach Basel, Tübingen und Leipzig. Er arbeitete insbesondere zu Fragen der Potentialtheorie und Elektrodynamik. Nach ihm ist auch die NEUMANNsche Reihe benannt.

Bei einem linearen Randwertproblem der Gestalt

$$(Lu)(x) := -u''(x) + c(x)u'(x) + d(x)u(x) = f(x), \quad x \in (a, b),$$

$$u(a) = \alpha, \quad u(b) = \beta,$$

mit einem linearen Differentialoperator[1] L können die DIRICHLET-Randwerte in die rechte Seite überführt werden (siehe auch Bild 1.2.1): Sei $\tilde{u}(x) := u(x) - r(x)$ mit

$$r(x) := \frac{(b - x)\alpha + (x - a)\beta}{b - a}.$$

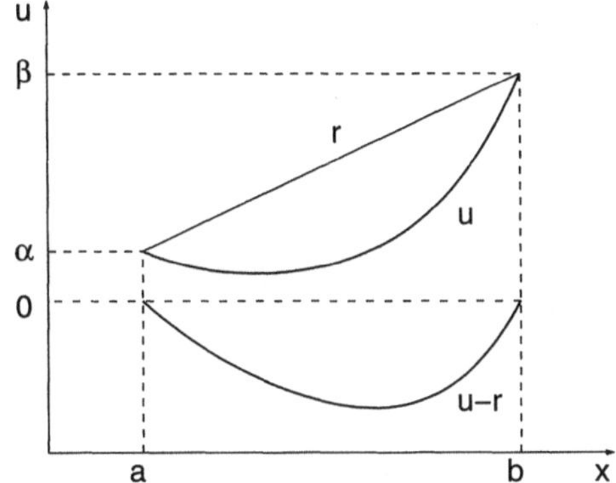

Bild 1.2.1: Linear Interpolierende r bei inhomogenen DIRICHLET-Daten

Dann gilt $\tilde{u}(a) = \tilde{u}(b) = 0$ sowie

$$(L\tilde{u})(x) = (Lu)(x) - (Lr)(x) = f(x) - (Lr)(x) =: \tilde{f}(x),$$

wobei $(Lr)(x) = c(x)(\beta - \alpha)/(b - a) + d(x)r(x)$. Es genügt daher, sich auf die Betrachtung so genannter *homogener* DIRICHLET-Randdaten $u(a) = u(b) = 0$ zu beschränken. Dabei muss r nicht notwendig als linear Interpolierende gewählt werden; auch andere glatte Funktionen, die die Randwerte annehmen, sind denkbar.

Ferner kann durch $x \mapsto (x - a)/(b - a)$ die lineare Randwertaufgabe im Intervall (a, b) auch auf das Intervall $(0, 1)$ transformiert werden.

---

[1]Unter einem *Operator* verstehen wir eine Abbildung zwischen zwei (Funktionen-) Räumen. Insoweit ist der Begriff des Operators synonym zum Begriff der Abbildung. Ein *linearer Operator* ist demnach eine lineare Abbildung A auf einem linearen Raum X, so dass $A(\alpha u + \beta v) = \alpha\,Au + \beta\,Av$, wobei α, β Skalare und $u, v \in X$ sind. Ein *Differentialoperator* ist ein Operator, der, angewandt auf geeignete Funktionen, Ableitungen enthält. Zur korrekten Definition eines Operators ist dessen Definitionsbereich anzugeben. Für den obigen Differentialoperator holen wir dies im nächsten Abschnitt nach.

Schließlich gelingt, sofern c hinreichend glatt ist, mit

$$\tilde{u}(x) := u(x)\exp\left(-\frac{1}{2}\int_a^x c(\xi)d\xi\right), \quad x \in [a,b],$$

die Transformation der unsymmetrischen Aufgabe auf das symmetrische Problem

$$-\tilde{u}''(x) + \tilde{d}(x)\tilde{u}(x) = \tilde{f}(x), \quad x \in (a,b),$$

$$\tilde{u}(a) = \alpha, \quad \tilde{u}(b) = \beta\exp\left(-\frac{1}{2}\int_a^b c(\xi)d\xi\right),$$

wobei

$$\tilde{d}(x) := d(x) + \frac{1}{4}c(x)^2 - \frac{1}{2}c'(x), \quad \tilde{f}(x) := f(x)\exp\left(-\frac{1}{2}\int_a^x c(\xi)d\xi\right).$$

Es sei bemerkt, dass statt a auch eine andere Stelle in $[a,b]$ als untere Integrationsgrenze gewählt werden kann.

2 Klassische Lösungstheorie

Im Folgenden soll untersucht werden, unter welchen Voraussetzungen Randwertprobleme für gewöhnliche Differentialgleichungen zweiter Ordnung im klassischen Sinne lösbar sind. Dabei werden wir uns auf die Betrachtung DIRICHLETscher Randbedingungen beschränken.

Es bezeichne $\mathcal{C}^m(a,b)$ ($m \in \mathbb{N} \cup \{\infty\}$) den Raum der auf dem Intervall (a,b) m-fach stetig differenzierbaren Funktionen, wobei $\mathcal{C}^0(a,b) = \mathcal{C}(a,b)$ der Raum der stetigen Funktionen sei und

$$\mathcal{C}^\infty(a,b) := \bigcap_{m=0}^{\infty} \mathcal{C}^m(a,b) = \{v \in \mathcal{C}(a,b) : v^{(m)} \in \mathcal{C}(a,b) \text{ für alle } m \in \mathbb{N}\}.$$

Ferner sei $\mathcal{C}^m[a,b]$ ($m \in \mathbb{N} \cup \{\infty\}$) der Raum der auf dem Intervall (a,b) m-fach stetig differenzierbaren Funktionen mit der Eigenschaft, dass die Funktion selbst und sämtliche ihrer Ableitungen bis zur Ordnung m sich zu auf $[a,b]$ definierten und dort stetigen Funktionen fortsetzen lassen[1], wobei

$$\mathcal{C}^\infty[a,b] := \bigcap_{m=0}^{\infty} \mathcal{C}^m[a,b] = \{v \in \mathcal{C}[a,b] : v^{(m)} \in \mathcal{C}[a,b] \text{ für alle } m \in \mathbb{N}\}.$$

Der Raum $\mathcal{C}^m[a,b]$ ($m \in \mathbb{N}$), versehen mit der Norm

$$\|u\|_{\mathcal{C}^m[a,b]} := \max_{x\in[a,b]} \sum_{j=0}^{m} |u^{(j)}(x)|,$$

ist ein separabler[2] BANACH[3]-Raum. Gelegentlich schreiben wir auch $\mathcal{C}^m(A)$ für eine (abgeschlossene oder offene) Menge A.

Definition 2.0.1 *Unter einer* klassischen Lösung *eines Randwertproblems mit* DIRICHLET-*Randdaten für eine Differentialgleichung zweiter Ordnung im Intervall* (a,b) *verstehen wir eine Funktion* $u \in \mathcal{C}^2(a,b) \cap \mathcal{C}[a,b]$, *die sowohl der Differentialgleichung als auch den Randbedingungen genügt.*

---

[1]Da (a,b) offen ist, brauchen Funktionen aus $\mathcal{C}(a,b)$ nicht beschränkt zu sein. Ist aber eine Funktion aus $\mathcal{C}(a,b)$ auch beschränkt und gleichmäßig stetig, so gibt es eindeutig eine beschränkte, gleichmäßig stetige Fortsetzung auf $[a,b]$. Umgekehrt ist jede auf $[a,b]$ stetige Funktion auch beschränkt und gleichmäßig stetig. Der Raum $\mathcal{C}[a,b]$ kann also auch als Raum aller auf dem kompakten Intervall $[a,b]$ stetigen Funktionen definiert werden.

[2]Ein normierter Raum heißt *separabel*, wenn es eine höchstens abzählbare, dichte Teilmenge gibt. Die Separabilität von $\mathcal{C}[a,b]$ folgt aus dem WEIERSTRASSschen Approximationssatz.

[3]Stefan BANACH, geb. 1892 in Krakau (heute Kraków), gest. 1945 in Lemberg (Lwów, heute Lviv). BANACH war Mathematiker in Lemberg und begründete die bedeutende Lemberger Schule der Funktionalanalysis. Vgl. auch WERNER [147, S. 41 f.] und SAXE [119] für einige interessante Ausführungen zu BANACHs Leben.

Sprechen wir von einer klassischen Lösung einer Differentialgleichung zweiter Ordnung im Intervall (a, b), so wollen wir ebenfalls voraussetzen, dass es sich um eine Funktion handelt, die in $C^2(a, b) \cap C[a, b]$ liegt. Dieser Lösungsbegriff ist insbesondere für die Behandlung von DIRICHLET-Randwertproblemen geeignet.

2.1 Lineare Differentialgleichungen und elementare Lösungsmethoden

Nur in ausgewählten Fällen lassen sich Lösungen von Randwertproblemen auf analytischem Wege finden. Um eine Lösung zu bestimmen, suchen wir zunächst nach der allgemeinen Lösung der Differentialgleichung, die zwei freie Parameter hat. Diese Parameter sind sodann, wenn überhaupt möglich, aus den Randbedingungen zu bestimmen.

Wir betrachten nun die Randwertaufgabe für eine lineare Differentialgleichung zweiter Ordnung mit DIRICHLET-Randdaten,

$$-u''(x) + c(x)u'(x) + d(x)u(x) = f(x)\,, \quad x \in (a, b)\,,$$

$$u(a) = \alpha\,, \ u(b) = \beta\,, \tag{2.1.1}$$

wobei c, d und f vorgegebene Funktionen seien, die gewissen, noch zu spezifizierenden Glattheitsbedingungen genügen mögen.

Bekanntlich heißen zwei Funktionen $u_1 = u_1(x)$ und $u_2 = u_2(x)$ im Intervall (a, b) *linear unabhängig*, wenn aus

$$c_1 u_1(x) + c_2 u_2(x) = 0\,, \quad x \in (a, b)\,, \tag{2.1.2a}$$

$c_1 = c_2 = 0$ folgt. Sie heißen *linear abhängig*, wenn sie nicht linear unabhängig sind. Sind u_1 und u_2 stetig differenzierbar, so folgt aus (2.1.2a) auch

$$c_1 u_1'(x) + c_2 u_2'(x) = 0\,, \quad x \in (a, b)\,, \tag{2.1.2b}$$

und mit u_1, u_2 sind auch u_1', u_2' linear abhängig. Dann aber gibt es eine nichttriviale Lösung c_1, c_2 der Gleichungssysteme (2.1.2), so dass also für alle $x \in (a, b)$ die so genannte WRONSKI[1]-*Determinante*

$$W(x) := \begin{vmatrix} u_1(x) & u_2(x) \\ u_1'(x) & u_2'(x) \end{vmatrix} \tag{2.1.3}$$

---

[1]Jozef Maria HOENE-WRONSKI, geb. 1778 in Poznan, gest. 1853 in Paris. WRONSKI war polnischer Artillerieoffizier. Nach seiner Gefangenschaft in Deutschland und Paris verfasste er Schriften zur Mathematik und Philosophie.

gleich Null sein muss. Wir halten also fest: Sind zwei in einem Intervall stetig differenzierbare Funktionen linear abhängig, so ist die WRONSKI-Determinante in diesem Intervall überall gleich Null.

Die Umkehrung allerdings gilt im Allgemeinen nicht, wie das Beispiel $u_1(x) = x^3$, $u_2(x) = |x|^3$ im Intervall $(-1, 1)$ zeigt: Obgleich die Funktionen linear unabhängig sind, verschwindet die WRONSKI-Determinante an jeder Stelle des Intervalls. Für jedes fest gewählte $x \in (-1, 1)$ gibt es also eine nichttriviale Lösung des Gleichungssystems (2.1.2), denn $W(x) = 0$. Gleichwohl gibt es keine, nicht zugleich verschwindenden Konstanten c_1, c_2 derart, dass (2.1.2) im gesamten Intervall gilt, denn u_1 und u_2 sind im gewählten Intervall linear unabhängig.

Wir wollen nun annehmen, dass u_1 und u_2 klassische Lösungen der homogenen, linearen Differentialgleichung

$$-u''(x) + c(x)u'(x) + d(x)u(x) = 0\,, \quad x \in (a, b)\,, \tag{2.1.4}$$

sind, wobei c und d aus $\mathcal{C}(a, b)$ seien. Für die WRONSKI-Determinante gilt sodann

$$\begin{aligned}
W'(x) &= u_1(x)u_2''(x) - u_2(x)u_1''(x) \\
&= u_1(x)\big(c(x)u_2'(x) + d(x)u_2(x)\big) - u_2(x)\big(c(x)u_1'(x) + d(x)u_1(x)\big) \\
&= c(x)W(x)\,.
\end{aligned}$$

Mithin gilt für jede beliebige Stelle $x_0 \in (a, b)$ die LIOUVILLE*sche*[1] *Formel*

$$W(x) = W(x_0)\exp\left(\int_{x_0}^{x} c(\xi)d\xi\right)\,, \quad x \in (a, b)\,. \tag{2.1.5}$$

Offenbar ist die WRONSKI-Determinante genau dann für alle $x \in (a, b)$ gleich bzw. ungleich Null, wenn sie an einer beliebigen Stelle $x_0 \in (a, b)$ gleich bzw. ungleich Null ist. Dies führt uns auf folgendes

Lemma 2.1.1 *Sei $x_0 \in (a, b)$ beliebig gewählt. Zwei in einem gewissen Intervall gegebene klassische Lösungen einer homogenen, linearen Differentialgleichung zweiter Ordnung mit stetigen Koeffizienten sind genau dann linear unabhängig, wenn die zugehörige* WRONSKI-*Determinante an der Stelle x_0 ungleich Null ist.*

Beweis. Dass aus dem Nichtverschwinden der Wronski-Determinante an einer beliebigen Stelle des Intervalls die lineare Unabhängigkeit folgt, haben wir bereits gezeigt.

---

[1] Joseph LIOUVILLE, geb. 1809 in St. Omer, gest. 1882 in Paris. LIOUVILLE war unter anderem Professor für Mathematik und Mechanik an der École Polytechnique und weiteren Hochschulen in Paris.

Wir zeigen nun indirekt die Umkehrung: Angenommen, u_1 und u_2 seien linear unabhängige Lösungen von (2.1.4) und die Wronski-Determinante verschwinde in $x_0 \in (a, b)$ (und folglich im gesamten Intervall). Dann gibt es eine nichttriviale Lösung c_1, c_2 des Gleichungssystems

$$c_1 u_1(x_0) + c_2 u_2(x_0) = 0, \quad c_1 u_1'(x_0) + c_2 u_2'(x_0) = 0.$$

Wir betrachten nun die Funktion $v(x) := c_1 u_1(x) + c_2 u_2(x)$. Wegen der Linearität genügt v ebenfalls der Differentialgleichung (2.1.4). Da aber $v(x_0) = v'(x_0) = 0$ und es nur genau eine Lösung des zugehörigen Anfangswertproblems gibt (vgl. Korollar A.2.4), nämlich die Null-Lösung, gilt $v(x) \equiv 0$. Dies widerspricht jedoch der linearen Unabhängigkeit von u_1 und u_2.   #

Zwei linear unabhängige Lösungen bilden ein so genanntes *Fundamentalsystem*.

Es sei noch bemerkt, dass die vorstehenden Betrachtungen und insbesondere die LIOUVILLEsche Formel auf das abgeschlossene Intervall ausgedehnt werden können, sofern $u_1, u_2 \in \mathcal{C}^2[a, b]$ und $c, d \in \mathcal{C}[a, b]$.

Satz 2.1.2 (Superpositionsprinzip) *Vorgelegt sei die homogene, lineare Differentialgleichung*

$$-u''(x) + c(x)u'(x) + d(x)u(x) = 0, \quad x \in (a, b),$$

mit Koeffizienten $c, d \in \mathcal{C}[a, b]$. Dann gibt es zwei linear unabhängige Lösungen in $\mathcal{C}^2[a, b]$ und jede klassische Lösung ist als Linearkombination dieser darstellbar.

Beweis. Wir können die Differentialgleichung zweiter Ordnung als äquivalentes System erster Ordnung schreiben:

$$\frac{d}{dx} \begin{pmatrix} u(x) \\ u'(x) \end{pmatrix} = \begin{pmatrix} 0 & 1 \\ d(x) & c(x) \end{pmatrix} \begin{pmatrix} u(x) \\ u'(x) \end{pmatrix}.$$

Nach dem Satz von PICARD[1]-LINDELÖF[2] gibt es zu vorgegebenen Anfangsbedingungen $u(x_0)$, $u'(x_0)$ ($x_0 \in (a, b)$) eine eindeutig bestimmte Lösung (u, u') des

---

[1]Charles Emile PICARD, geb. 1856 in Paris, gest. 1941 ebd. Nach seinem Studium an der École Normale lehrte PICARD in Paris, Toulouse und schließlich wieder in Paris an der Sorbonne. Er arbeitete insbesondere zu Fragen der Analysis, Funktionentheorie und der Theorie der Differentialgleichungen.

[2]Ernst Leonard LINDELÖF, geb. 1870 in Helsinki, gest. 1946 ebd. LINDELÖF, der in Helsinki lehrte, beschäftigte sich zunächst mit der Theorie der Differentialgleichungen, später dann mit der Funktionentheorie.

Anfangswertproblems für dieses System erster Ordnung, hier sogar auf dem gesamten Intervall (vgl. Korollar A.2.4). Jede Komponente der Lösung (u, u') liegt in $\mathcal{C}^1[a, b]$, so dass $u \in \mathcal{C}^2[a, b]$.

Sei nun u_1 die Lösung zu den Anfangswerten $u(x_0) = 1$, $u'(x_0) = 0$ und u_2 jene zu den Anfangswerten $u(x_0) = 0$, $u'(x_0) = 1$. Sowohl u_1 als auch u_2 sind Lösungen der ursprünglichen Differentialgleichung. Des Weiteren gilt für die WRONSKI-Determinante

$$W(x_0) = u_1(x_0)u_2'(x_0) - u_2(x_0)u_1'(x_0) = 1\,.$$

Dann aber sind u_1 und u_2 gemäß Lemma 2.1.1 linear unabhängig.

Jede Linearkombination $u = c_1 u_1 + c_2 u_2$ $(c_1, c_2 \in \mathbb{R})$ ist wieder Lösung der Differentialgleichung und genügt zudem den Anfangsbedingungen $u(x_0) = c_1$, $u'(x_0) = c_2$. Schließlich kann jede Lösung u der Differentialgleichung in der Gestalt

$$u(x) = u(x_0)u_1(x) + u'(x_0)u_2(x)\,, \quad x \in [a, b]\,,$$

geschrieben werden, was aus der Eindeutigkeit der Lösung des Anfangswertproblems folgt. $\quad\#$

Ist ein Fundamentalsystem (u_1, u_2) bekannt, so ist die Linearkombination $u(x) = c_1 u_1(x) + c_2 u_2(x)$ Lösung der Differentialgleichung. Um eine Lösung des Randwertproblems zu finden, sind die beiden noch freien Parameter c_1, c_2 nun aus den beiden Randbedingungen zu bestimmen.

Wie es sich bei inhomogenen Differentialgleichungen verhält, zeigt uns folgender

Satz 2.1.3 *Vorgelegt sei die inhomogene, lineare Differentialgleichung*

$$-u''(x) + c(x)u'(x) + d(x)u(x) = f(x)\,, \quad x \in (a, b)\,,$$

mit Koeffizienten $c, d \in \mathcal{C}[a, b]$ und rechter Seite $f \in \mathcal{C}[a, b]$. Dann gibt es eine klassische Lösung u_p, die so genannte partikuläre Lösung, und jede klassische Lösung ist darstellbar als

$$u = c_1 u_1 + c_2 u_2 + u_p\,, \quad c_1, c_2 \in \mathbb{R}\,,$$

wobei (u_1, u_2) ein Fundamentalsystem der zugehörigen homogenen Gleichung ist.

Der *Beweis*, den wir dem Leser als Übungsaufgabe überlassen, folgt ähnlich dem vorhergehenden aus dem allgemeinen Existenz- und Einzigkeitssatz für lineare Differentialgleichungssysteme erster Ordnung. Es ist anzumerken, dass unter den Voraussetzungen von Satz 2.1.3 klassische Lösungen aus $\mathcal{C}^2[a, b]$ sind.

Doch wie findet man nun eine Lösung? Im Folgenden wollen wir kurz einige elementare Lösungsmethoden vorstellen, man vergleiche auch BRONSTEIN und SEMENDJAJEW [27] sowie GOERING [54], BOYCE und DiPRIMA [19] oder BRAUN [21].

Bei einer *homogenen, linearen Differentialgleichung mit konstanten Koeffizienten* führt der Lösungsansatz $u(x) = e^{\lambda x}$ stets zu der im Reellen oder Komplexen lösbaren quadratischen Gleichung $-\lambda^2 + c\lambda + d = 0$. Sind die Wurzeln λ_1, λ_2 dieser so genannten charakteristischen Gleichung verschieden, so bilden $u_1(x) = e^{\lambda_1 x}$ und $u_2(x) = e^{\lambda_2 x}$ ein Fundamentalsystem. Sind die Wurzeln dabei komplex, so können u_1 und u_2 geeignet überlagert werden (Superposition), um zu den reellen Lösungen $\tilde{u}_1(x) = e^{\mathrm{Re}(\lambda)x} \sin \mathrm{Im}(\lambda)x$ und $\tilde{u}_2(x) = e^{\mathrm{Re}(\lambda)x} \cos \mathrm{Im}(\lambda)x$ zu gelangen. Sind die Wurzeln einander gleich, so bilden $u_1(x) = e^{\lambda x}$ und $u_2(x) = xe^{\lambda x}$ ein Fundamentalsystem. Man vergleiche auch mit dem Beweis von Satz 2.2.2.

Sind die *Koeffizienten variabel*, so hilft oft ein Potenzreihenansatz weiter, auf den wir hier nicht eingehen wollen (man vergleiche etwa BOYCE und DiPRIMA [19]).

Wir zeigen nun, wie bereits aus der Kenntnis nur einer Lösung der homogenen, linearen Differentialgleichung unter gewissen Voraussetzungen ein Fundamentalsystem gewonnen werden kann (Reduktionsverfahren von D'ALEMBERT[1]). Angenommen, es ist uns gelungen, eine spezielle Lösung $u_1 = u_1(x)$ zu bestimmen, die auf dem gesamten Intervall ungleich Null ist. Es sei für ein beliebiges $x_0 \in (a, b)$

$$u_2(x) := u_1(x) \int_{x_0}^{x} v(\xi)d\xi, \quad x \in (a, b).$$

Dann folgt nach Differentiation und unter Beachtung, dass u_1 Lösung der Differentialgleichung ist,

$$-u_2''(x) + c(x)u_2'(x) + d(x)u_2(x) = -u_1(x)v'(x) + (c(x)u_1(x) - 2u_1'(x))v(x),$$

so dass u_2 ebenso Lösung der Differentialgleichung ist, wenn nur

$$u_1(x)v'(x) = (c(x)u_1(x) - 2u_1'(x))v(x)$$

gilt. Dies aber ist eine homogene, lineare Differentialgleichung *erster* Ordnung, die für die auf (a, b) nicht verschwindende Funktion u_1 die Lösung

$$v(x) = \exp\left(\int_{x_0}^{x}\left(c(\xi) - 2\frac{u_1'(\xi)}{u_1(\xi)}\right)d\xi\right), \quad x \in (a, b),$$

besitzt. Es ist sodann u_2 eine von u_1 linear unabhängige Lösung der ursprünglichen Differentialgleichung, denn für die WRONSKI-Determinante gilt

$$W(x) = u_1(x)u_2'(x) - u_2(x)u_1'(x) = u_1^2(x)v(x) \neq 0, \quad x \in (a, b).$$

---

[1] Jean LE ROND D'ALEMBERT, geb. 1717 in Paris, gest. 1783 ebd. Seinen Namen verdankt er der Kirche Jean le Rond, vor der er als Kind ausgesetzt worden war. Von besonderer Bedeutung ist das nach ihm benannte Prinzip der Mechanik.

Beispiel 2.1.4 Vorgelegt sei die homogene, lineare Differentialgleichung

$$x^2(1-x)u''(x) + 2x(2-x)u'(x) + 2(1+x)u(x) = 0, \quad x \in (0,1). \qquad (2.1.6)$$

Es ist $u_1(x) = 1/x^2$ eine Lösung, die auf $(0,1)$ ungleich Null ist. Dann aber ist für beliebiges $x_0 \in (0,1)$ auch

$$u_2(x) = \frac{1}{x^2} \int_{x_0}^{x} v(\xi)d\xi$$

eine Lösung, wenn nur

$$v'(x) = x^2 \left(-\frac{2(2-x)}{x^3(1-x)} + \frac{4}{x^3} \right) v(x) = -\frac{2}{1-x}v(x).$$

Dies ist für $v = (x-1)^2$ erfüllt. Folglich ist

$$u(x) = \frac{1}{x^2} \int_{x_0}^{x} (\xi-1)^2 d\xi = \frac{(x-1)^3 - (x_0-1)^3}{3x^2}$$

und damit auch $u_2(x) = (x-1)^3/(3x^2)$ ebenso eine (von u_1 linear unabhängige) Lösung der Differentialgleichung. $\qquad$ #

Um eine partikuläre Lösung der *inhomogenen, linearen Gleichung* zu bestimmen, wenn bereits ein Fundamentalsystem (u_1, u_2) für die zugehörige homogene Gleichung bekannt ist, eignet sich die *Methode der Variation der Konstanten*, die stets zum Ziel führt: Der Ansatz für die allgemeine Lösung der homogenen Gleichung, diesmal mit variablen Koeffizienten, also

$$u_p(x) = c_1(x)u_1(x) + c_2(x)u_2(x),$$

führt unter der Nebenbedingung

$$c_1'(x)u_1(x) + c_2'(x)u_2(x) = 0$$

auf

$$c_1'(x)u_1'(x) + c_2'(x)u_2'(x) = -f(x).$$

Die Nebenbedingung kann ohne Beschränkung der Allgemeinheit auferlegt werden und ist so gewählt, als dass man auf möglichst einfachem Wege zu einer Lösung gelangt. Die Auflösung dieses inhomogenen Gleichungssystems, dessen Systemmatrix als Determinante gerade die WRONSKI-Determinante $W(x) = u_1(x)u_2'(x) - u_1'(x)u_2(x) \neq 0$ besitzt, führt auf

$$c_1'(x) = \frac{u_2(x)f(x)}{W(x)}, \quad c_2'(x) = -\frac{u_1(x)f(x)}{W(x)},$$

so dass für beliebiges x_0

$$u_p(x) = u_1(x) \int_{x_0}^{x} \frac{u_2(\xi)f(\xi)}{W(\xi)}\, d\xi - u_2(x) \int_{x_0}^{x} \frac{u_1(\xi)f(\xi)}{W(\xi)}\, d\xi \qquad (2.1.7)$$

folgt. Offenbar gilt $u_p(x_0) = u_p'(x_0) = 0$. Es sei bemerkt, dass sich die hier angegebene Methode der Variation der Konstanten in nichts von der für Systeme erster Ordnung unterscheidet: Man schreibe nur die Differentialgleichung zweiter Ordnung als System erster Ordnung und wende die Methode der Variation der Konstanten an, um zu denselben Bestimmungsgleichungen zu gelangen.

Ein ähnliches Vorgehen ist auch in der *Methode von* CAUCHY[1] zu sehen: Man bestimmt die (konstanten) Koeffizienten c_1, c_2 aus der allgemeinen Lösung

$$u_{\text{hom}}(x) = c_1 u_1(x) + c_2 u_2(x)$$

der homogenen Gleichung derart, als dass $u_{\text{hom}}(s) = 0$ und $u_{\text{hom}}'(s) = -f(s)$ für ein beliebig vorgegebenes s aus dem zugrunde liegenden Intervall. Dann wird mit der so gewonnenen Lösung $u_{\text{hom}}(x; s)$ durch

$$u_p(x) := \int_{x_0}^{x} u_{\text{hom}}(x; s)\, ds$$

eine partikuläre Lösung der inhomogenen Gleichung konstruiert, für die wieder $u_p(x_0) = u_p'(x_0) = 0$ gilt.

Da die Methode der Variation der Konstanten oft viel Rechnerei mit sich bringt, gibt es für eine Reihe von Fällen, in denen die rechte Seite eine bestimmte Struktur aufweist, einfachere Wege, die zu einer partikulären Lösung führen. Dabei setzen wir wieder voraus, dass die Koeffizienten der linearen Differentialgleichung konstant seien.

Ist die rechte Seite vom Typ $f(x) = p(x)e^{\mu x}$ mit einem Polynom p vom Grade k und einer Zahl μ, die nicht Wurzel der charakteristischen Gleichung ist, so führt der Ansatz $u_p(x) = r(x)e^{\mu x}$ zum Ziel, wobei r wiederum ein Polynom k-ten Grades ist, dessen Koeffizienten aus der Differentialgleichung zu bestimmen sind. Ist μ einfache bzw. doppelte Nullstelle der charakteristischen Gleichung, so führt der Ansatz $xr(x)e^{\mu x}$ bzw. $x^2 r(x)e^{\mu x}$ zum Ziel.

Ist die rechte Seite vom Typ $f(x) = p(x)e^{\mu x}\sin\omega x$ oder $f(x) = p(x)e^{\mu x}\cos\omega x$ mit den Bezeichnungen wie zuvor und einer Zahl ω, so führt

$$u_p(x) = x^q e^{\mu x}\left(r(x)\sin\omega x + s(x)\cos\omega(x)\right)$$

---

[1] Augustin Louis CAUCHY, geb. 1789 in Paris, gest. 1857 in Sceaux bei Paris. Als Professor an der École Polytechnique arbeitete er insbesondere zu Problemen der Analysis, der Theorie der Differentialgleichungen, der Funktionentheorie und der Elastizitätstheorie. Einen interessanten Überblick über CAUCHYs Werk findet der Leser in GRATTAN-GUINNESS [58], eine Biographie in WUSSING und ARNOLD [149].

auf eine partikuläre Lösung, wobei die Koeffizienten der Polynome r, s vom Grade k zu bestimmen sind. Dabei ist $q = 0$, wenn $\mu + i\omega$ nicht Wurzel der charakteristischen Gleichung ist; sonst bezeichnet q die Vielfachheit der Wurzel $\mu + i\omega$.

Ist die rechte Seite eine Linearkombination der genannten Typen, so wird als Ansatz auch eine Linearkombination der genannten Ansätze gewählt.

Auch für ausgewählte nichtlineare Differentialgleichungen können Lösungsmethoden angegeben werden, allerdings nur in sehr beschränktem Maße, so dass wir hierauf verzichten wollen. Der Leser sei auf KAMKE [75] und WALTER [146] verwiesen.

2.2 Randwertprobleme für homogene, lineare Differentialgleichungen

Wir wollen die Lösbarkeit der Aufgabe (2.1.1) mit $f(x) \equiv 0$ untersuchen und betrachten zunächst das folgende Standardbeispiel (siehe auch Bild 2.2.1):

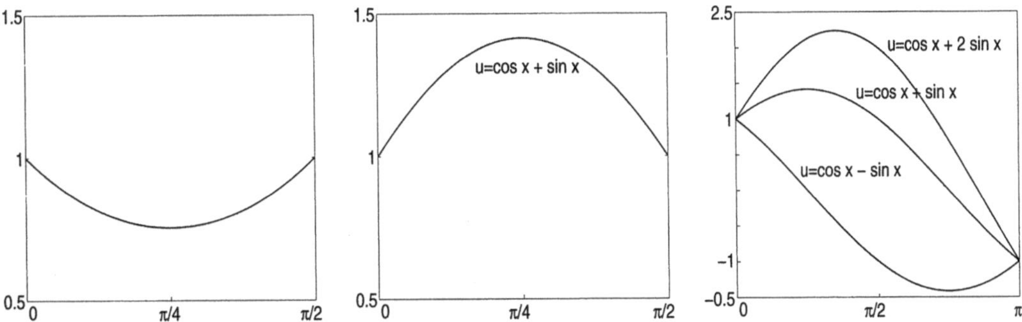

Bild 2.2.1: Lösungen zur Differentialgleichung $-u'' + du = 0$ mit $d = 1$ (links, $u(x) = \frac{e^{\pi/2}-1}{e^{\pi}-1}\left(e^x - e^{-x}\right) + e^{-x})$ und $d = -1$ (Mitte und rechts)

Beispiel 2.2.1 Sei $c(x) \equiv 0$, $d(x) \equiv -1$ und $f(x) \equiv 0$, wir betrachten also $-u'' - u = 0$. Die allgemeine Lösung dieser homogenen, linearen Differentialgleichung lautet

$$u(x) = c_1 \cos x + c_2 \sin x.$$

Ist nun

- $u(0) = u(\pi/2) = 1$, so lautet die eindeutig bestimmte Lösung $u(x) = \cos x + \sin x$;

- $u(0) = u(\pi) = 1$, so gibt es keine Lösung, denn es müsste sowohl $c_1 = 1$ als auch $c_1 = -1$ gelten;

- $u(0) = 1$ und $u(\pi) = -1$, so gibt es unendlich viele Lösungen, denn $c_1 = 1$ und c_2 ist beliebig.

Dagegen besitzt das DIRICHLETsche Randwertproblem für die Differentialgleichung $-u'' + u = 0$ stets genau eine Lösung. $\qquad\qquad$ #

Im Gegensatz zur Theorie der Anfangswertprobleme sehen wir: Selbst in einfachen Fällen braucht eine eindeutige Lösung nicht zu existieren. Die Betrachtung des vorstehenden Beispiels führt uns auf folgenden

Satz 2.2.2 *Vorgelegt sei das Randwertproblem (2.1.1) für eine homogene, lineare Differentialgleichung mit konstanten Koeffizienten c und d. Dann gibt es zu beliebigen Randdaten bei beliebigem Intervall $[a, b]$ genau eine klassische Lösung, falls*

$$D := \frac{c^2}{4} + d \geq 0 \,.$$

Ferner gibt es für $D < 0$

(i) genau eine Lösung, falls $\sqrt{-D}\,(b - a)$ kein ganzzahliges Vielfaches von π ist;

(ii) unendlich viele Lösungen, falls $\sqrt{-D}\,(b - a)$ ganzzahliges Vielfaches von π ist ($\sqrt{-D}\,b = \sqrt{-D}\,a + k\pi$, $k \in \mathbb{Z}$) und

$$\beta = (-1)^k \alpha \exp\left(\frac{c}{2} \frac{k\pi}{\sqrt{-D}}\right) \tag{2.2.1}$$

gilt;

(iii) keine Lösung, falls $\sqrt{-D}\,(b - a)$ ganzzahliges Vielfaches von π ist und (2.2.1) nicht gilt.

Beweis. Wir beginnen mit dem Lösungsansatz $u(x) = \mathrm{e}^{\lambda x}$. Dieser führt auf die charakteristische Gleichung

$$\lambda^2 - c\lambda - d = 0 \,,$$

welche für $D > 0$ die beiden verschiedenen Wurzeln $\lambda_{1,2} = \frac{c}{2} \pm \sqrt{D}$ besitzt. Somit sind $u_1(x) := \mathrm{e}^{\lambda_1 x}$ und $u_2(x) = \mathrm{e}^{\lambda_2 x}$ zwei linear unabhängige Lösungen und wegen der Linearität (Superpositionsprinzip) lautet die allgemeine Lösung der Differentialgleichung

$$u(x) = c_1 u_1(x) + c_2 u_2(x)$$

mit aus den Randbedingungen zu bestimmenden Konstanten $c_1, c_2 \in \mathbb{R}$. Für diese gilt das Gleichungssystem

$$\begin{pmatrix} \mathrm{e}^{\lambda_1 a} & \mathrm{e}^{\lambda_2 a} \\ \mathrm{e}^{\lambda_1 b} & \mathrm{e}^{\lambda_2 b} \end{pmatrix} \begin{pmatrix} c_1 \\ c_2 \end{pmatrix} = \begin{pmatrix} \alpha \\ \beta \end{pmatrix}.$$

Da die Determinante der Systemmatrix wegen $\lambda_1 a + \lambda_2 b \neq \lambda_2 a + \lambda_1 b$ ungleich Null ist, gibt es genau eine Lösung für c_1, c_2 und mithin genau eine Lösung des Randwertproblems.

Sei nun $D = 0$. Dann bilden $u_1(x) = \mathrm{e}^{\frac{c}{2}x}$ und $u_2(x) = x\mathrm{e}^{\frac{c}{2}x}$ ein Fundamentalsystem und es ist wiederum $u(x) = c_1 u_1(x) + c_2 u_2(x)$, wobei diesmal

$$\begin{pmatrix} 1 & a \\ 1 & b \end{pmatrix} \begin{pmatrix} c_1 \\ c_2 \end{pmatrix} = \begin{pmatrix} \alpha \mathrm{e}^{-\frac{c}{2}a} \\ \beta \mathrm{e}^{-\frac{c}{2}b} \end{pmatrix}$$

gilt. Die Determinante der Systemmatrix ist wegen $b \neq a$ wiederum ungleich Null, so dass es eine eindeutig bestimmte Lösung gibt.

Wir kommen zu dem Fall $D < 0$. Die beiden zueinander konjugiert komplexen Wurzeln der charakteristischen Gleichung lauten $\lambda_{1,2} = \frac{c}{2} \pm i\sqrt{-D}$. Sodann bilden, wie leicht nachzuprüfen ist,

$$u_1(x) := \frac{\mathrm{e}^{\lambda_1 x} - \mathrm{e}^{\lambda_2 x}}{2i} = \mathrm{e}^{\frac{c}{2}x} \sin\sqrt{-D}\,x, \quad u_2(x) := \frac{\mathrm{e}^{\lambda_1 x} + \mathrm{e}^{\lambda_2 x}}{2} = \mathrm{e}^{\frac{c}{2}x} \cos\sqrt{-D}\,x$$

ein Fundamentalsystem und für die Konstanten c_1, c_2 gilt

$$\begin{pmatrix} \sin\sqrt{-D}\,a & \cos\sqrt{-D}\,a \\ \sin\sqrt{-D}\,b & \cos\sqrt{-D}\,b \end{pmatrix} \begin{pmatrix} c_1 \\ c_2 \end{pmatrix} = \begin{pmatrix} \alpha \mathrm{e}^{-\frac{c}{2}a} \\ \beta \mathrm{e}^{-\frac{c}{2}b} \end{pmatrix}.$$

Die Determinante der Systemmatrix berechnet sich als

$$\sin\sqrt{-D}\,a \cos\sqrt{-D}\,b - \cos\sqrt{-D}\,a \sin\sqrt{-D}\,b = -\sin\sqrt{-D}\,(b-a)$$

und ist gleich Null genau dann, wenn es ein $k \in \mathbb{Z}$ gibt, so dass $\sqrt{-D}\,(b-a) = k\pi$. Ist sie ungleich Null, so sind das Gleichungssystem und folglich die Randwertaufgabe eindeutig lösbar. Verschwindet dagegen die Determinante, so gibt es entweder keine oder unendlich viele Lösungen. Letzteres ist genau dann der Fall, wenn der Rang der um die rechte Seite erweiterten Systemmatrix ebenso gleich Eins ist, wenn also

$$\beta e^{-\frac{c}{2}b} \sin \sqrt{-D}\, a - \alpha e^{-\frac{c}{2}a} \sin \sqrt{-D}\, b = 0$$

und

$$\beta e^{-\frac{c}{2}b} \cos \sqrt{-D}\, a - \alpha e^{-\frac{c}{2}a} \cos \sqrt{-D}\, b = 0$$

gilt. Da ohnedies bereits $\sqrt{-D}\, b = \sqrt{-D}\, a + k\pi$ für ein $k \in \mathbb{Z}$ gilt, sind die vorstehenden Beziehungen äquivalent zu (2.2.1).　　　　　　　　　　#

Wir wollen nun exemplarisch eine partielle Differentialgleichung betrachten, die die räumlich eindimensionale **Ausbreitung einer Welle** beschreibt:

$$\frac{\partial^2 u(x,t)}{\partial t^2} - \frac{\partial^2 u(x,t)}{\partial x^2} = 0, \quad x \in (a,b),\ t > 0. \qquad (2.2.2)$$

Mit dem Ansatz $u(x,t) = e^{i\omega t}u(x)$ $(\omega \in \mathbb{R})$ gelangen wir zu einer Lösung der partiellen Differentialgleichung, wenn nur

$$-u''(x) - \omega^2 u(x) = 0, \quad x \in (a,b),\ u(a) = u(b) = 0,$$

erfüllt ist. Die Randbedingungen folgen dabei aus den Randbedingungen $u(a,t) = u(b,t) = 0$ (man stelle sich eine eingespannte Saite vor). Nach vorstehendem Satz besitzt dieses Randwertproblem für eine gewöhnliche Differentialgleichung wegen $D = -\omega^2 < 0$ $(\omega \neq 0)$ genau eine klassische Lösung, falls ω kein ganzzahliges Vielfaches von $\pi/(b-a)$ ist. Diese eindeutige Lösung ist aber die triviale Null-Lösung. Ist $\omega = 0$, so gibt es ebenso nur die triviale Lösung. Sei nun ω das k-fache $(k \in \mathbb{Z} \setminus \{0\})$ von $\pi/(b-a)$. Dann besitzt die Aufgabe unendlich viele Lösungen, denn die Bedingung (2.2.1) ist wegen $\alpha = \beta = 0$ stets erfüllt. Die Menge

$$\left\{ \left(\frac{k\pi}{b-a}\right)^2 : k \in \mathbb{Z} \setminus \{0\} \right\}$$

heißt auch *Spektrum* des linearen Differentialoperators $L \equiv -\frac{d^2}{dx^2}$ mit homogenen DIRICHLET-Randdaten (siehe auch Bild 2.2.2), denn ist μ aus dieser Menge, so besitzt die zugehörige *Eigenwertaufgabe*

$$-\frac{d^2}{dx^2}u(x) = \mu\, u(x), \quad x \in (a,b),\ u(a) = u(b) = 0,$$

unendlich viele nichttriviale Lösungen der Gestalt

$$u_\mu(x) := c \sin \sqrt{\mu}\, (x - a), \quad c \in \mathbb{R} \setminus \{0\}.$$

Bild 2.2.2: Spektrum des linearen Differentialoperators $-\frac{d^2}{dx^2}$ mit homogenen DIRICHLET-Randdaten

Dabei ist $\pi^2/(b-a)^2$ der kleinste Eigenwert. All diese Lösungen, die so genannten *Eigenfunktionen*, sind Vielfache der Funktionen

$$\sin\frac{\pi(x-a)}{b-a}, \quad \sin\frac{2\pi(x-a)}{b-a}, \quad \ldots$$

Wie man leicht nachprüft, bilden diese Funktionen bezüglich des Skalarprodukts

$$(u,v)_{0,2} := \int_a^b u(x)v(x)\,dx \tag{2.2.3}$$

ein Orthogonalsystem, welches nach dem Satz von WEIERSTRASS[1] über die Approximation periodischer Funktionen in dem Raum der stetigen Funktionen mit Nullranddaten auch vollständig ist.

Soll nun die Wellengleichung mit den homogenen DIRICHLET-Randbedingungen zu vorgegebenen Anfangsdaten $u(x,0) = u_0(x)$ (anfängliche Auslenkung der Saite), $\frac{\partial u(x,0)}{\partial t} = v_0(x)$ (anfänglicher Impuls) gelöst werden, so bietet es sich an, u_0 als auch v_0 in Eigenfunktionen zu entwickeln (FOURIER[2]-Reihe) und so eine Lösung aus dem Superpositionsprinzip zu gewinnen. Auf die nahe liegende Frage, für welche Funktionen eine solche Entwicklung möglich ist und wann sie zum Ziel

---

[1]Karl WEIERSTRASS, geb. 1815 in Ostenfelde, gest. 1897 in Berlin. Nachdem WEIERSTRASS zunächst als Gymnasiallehrer arbeitete, war er seit 1857 Professor an der damaligen Berliner Universität, dessen Rektor er zeitweise war. Er arbeitete vorwiegend auf den Gebieten der Analysis, Funktionentheorie und Variationsrechnung. Eine Biographie findet sich in WUSSING und ARNOLD [149].

[2]Jean Baptiste Joseph FOURIER, geb. 1768 in Auxerre, gest. 1830 in Paris. Nach seinem erst durch die Revolution von 1789 ermöglichten Studium an der Pariser École Normale wurde er Lehrer an der École Polytechnique, später dann Direktor des Institut d'Égypte in Kairo. Von besonderer Bedeutung dürfte sein 1822 veröffentlichtes Buch „Théorie analytique de la chaleur" zur Wärmeleitgleichung sein. Ausführlich wird FOURIERS Werk in GRATTAN-GUINNESS [58] behandelt.

führt, können wir hier nicht weiter eingehen. Sei aber

$$u_0(x) = \sum_{k=1}^{\infty} u_{0k} \sin \frac{k\pi(x-a)}{b-a}\,, \quad v_0(x) = \sum_{k=1}^{\infty} v_{0k} \sin \frac{k\pi(x-a)}{b-a}\,,$$

so ist

$$u(x,t) = \sum_{k=1}^{\infty} \left(u_{0k} \cos \frac{k\pi t}{b-a} + \frac{b-a}{k\pi} v_{0k} \sin \frac{k\pi t}{b-a} \right) \sin \frac{k\pi(x-a)}{b-a}$$

Lösung der ursprünglichen Aufgabe. Dabei berechnen sich die FOURIER-Koeffizienten u_{0k} und v_{0k} wie folgt:

$$u_{0k} = \frac{2}{b-a} \int_a^b u_0(x) \sin \frac{k\pi(x-a)}{b-a}\, dx\,, \quad v_{0k} = \frac{2}{b-a} \int_a^b v_0(x) \sin \frac{k\pi(x-a)}{b-a}\, dx\,.$$

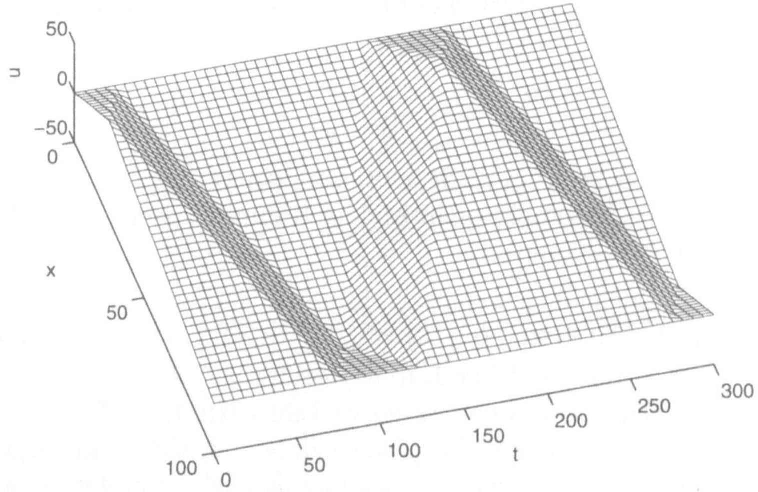

Bild 2.2.3: Näherungslösung der Wellengleichung zu Beispiel 2.2.3

Beispiel 2.2.3 Sei

$$u_0(x) = \begin{cases} 2x & \text{für } 0 \le x \le 25\,, \\ \dfrac{2}{3}\,(100 - x) & \text{für } 25 \le x \le 100 \end{cases}$$

sowie $v_0 \equiv 0$. Dann gilt $u_{0k} = 1600/(3k^2\pi^2)\,\sin k\pi/4$ $(k = 1, 2, \dots)$ und die exakte Lösung des homogenen DIRICHLET-Problems für die Wellengleichung (2.2.2) lautet

$$u(x,t) = \sum_{k=1}^{\infty} \frac{1600}{3k^2\pi^2}\,\sin\frac{k\pi}{4}\,\sin\frac{k\pi x}{100}\,\cos\frac{k\pi t}{100}\,.$$

Die Approximation durch die Summe der ersten 100 Reihenglieder ist in Bild 2.2.3 dargestellt.   #

Schließlich wollen wir noch eine wichtige Aussage für den Fall nichtkonstanter Koeffizienten beweisen.

Satz 2.2.4 *Vorgelegt sei das Randwertproblem (2.1.1) mit $c \in \mathcal{C}^1[a,b]$, $d \in \mathcal{C}[a,b]$ und $f(x) \equiv 0$ sowie mit homogenen DIRICHLET-Randdaten $u(a) = u(b) = 0$. Gilt für alle $x \in (a,b)$*

$$\tilde{d}(x) := d(x) + \frac{1}{4}c(x)^2 - \frac{1}{2}c'(x) \geq 0\,, \tag{2.2.4}$$

so besitzt das Problem nur die triviale Lösung $u(x) \equiv 0$.

Beweis. Zunächst halten wir fest, dass die Nullfunktion stets Lösung ist. Angenommen, u ist eine von der Null-Lösung verschiedene klassische Lösung. Wegen der Voraussetzungen an die Koeffizienten liegt diese in $\mathcal{C}^2[a,b]$. Mit der auf Seite 12 angegebenen Transformation gelangen wir zu einer Lösung $\tilde{u} \in \mathcal{C}^2[a,b]$ der Aufgabe

$$-\tilde{u}''(x) + \tilde{d}(x)\tilde{u}(x) = 0\,, \quad x \in (a,b)\,, \quad \tilde{u}(a) = \tilde{u}(b) = 0\,,$$

die aber nur die Null-Lösung besitzt: Multiplikation mit $\tilde{u}$ und anschließende Integration führen auf

$$0 = \int_a^b (-\tilde{u}''(x)\tilde{u}(x) + \tilde{d}(x)\tilde{u}(x)^2)dx = \int_a^b (\tilde{u}'(x)^2 + \tilde{d}(x)\tilde{u}(x)^2)dx\,,$$

so dass der Integrand wegen $\tilde{d}(x)\tilde{u}(x)^2 \geq 0$ für alle $x \in (a,b)$ verschwinden muss. Daher gilt $\tilde{u}'(x) = 0$ und $\tilde{u}$ ist konstant. Aufgrund der Stetigkeit auf $[a,b]$ und der homogenen DIRICHLET-Randdaten folgt mithin $\tilde{u}(x) = 0$ für alle $x \in [a,b]$. Dann aber folgt auch $u(x) = \tilde{u}(x)\exp\left(\frac{1}{2}\int_a^x c(\xi)d\xi\right) = 0$, was im Widerspruch zur Annahme steht.   #

Mit Satz 2.5.5 werden wir ein ähnliches Resultat beweisen, das auf der Nichtnegativität von d (und nicht $\tilde{d}$) beruht.

2.3   GREENsche Funktion und semilineare Probleme I

Wir betrachten die einfache lineare Randwertaufgabe

$$-u''(x) = f(x)\,, \quad x \in (a,b)\,, \ u(a) = u(b) = 0\,.$$

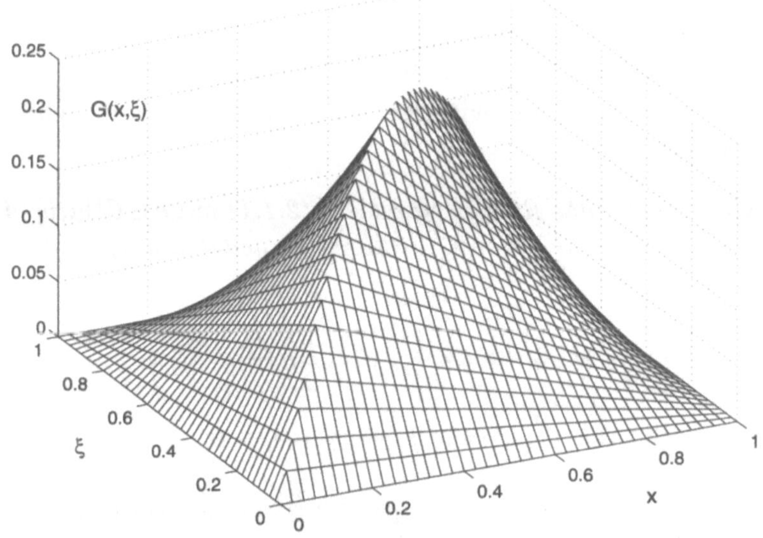

Bild 2.3.1: GREENsche Funktion für das Intervall $[0,1]$

Es sei für $(x,\xi) \in [a,b] \times [a,b]$

$$G(x,\xi) = \frac{1}{b-a} \cdot \begin{cases} (b-x)(\xi-a) & \text{für } a \le \xi \le x \le b, \\ (x-a)(b-\xi) & \text{für } a \le x \le \xi \le b \end{cases} \tag{2.3.1}$$

die so genannte GREEN*sche*[1] *Funktion* (siehe auch Bild 2.3.1). Diese ist stetig auf $[a,b] \times [a,b]$, aber die partielle Ableitung $\frac{\partial G}{\partial x}$ springt bei konstantem ξ von $(b-\xi)/(b-a)$ zu $-(\xi-a)/(b-a)$ (Sprung der Höhe -1), wenn x wächst und ξ durchläuft. Außerdem ist G symmetrisch: $G(x,\xi) = G(\xi,x)$.

Bemerkung 2.3.1 Die GREENsche Funktion wird auch als *Einflussfunktion* bezeichnet: Betrachten wir etwa eine in a und b fest **eingespannte Saite** (siehe Bild 2.3.2) und lenken diese an der Stelle $y \in (a,b)$ um h aus.

---

[1] George GREEN, geb. 1793 in Nottingham, gest. 1841 in Sneinton bei Nottingham. Mit seiner Arbeit über Elektrizität und Magnetismus bereitete er den Weg zur Potentialtheorie.

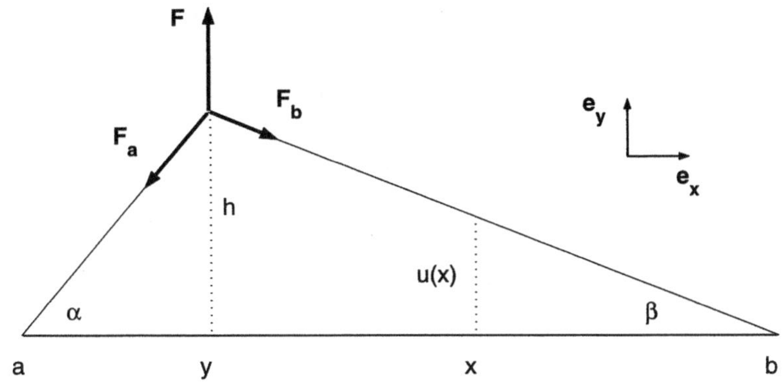

Bild 2.3.2: Auslenkung einer eingespannten Saite

Bezeichnet $u(x)$ die Auslenkung an der Stelle x, so gilt offenbar

$$\frac{u(x)}{x-a} = \frac{h}{y-a} \quad \text{für } a < x < y \quad \text{bzw.} \quad \frac{u(x)}{b-x} = \frac{h}{b-y} \quad \text{für } y < x < b. \quad (2.3.2)$$

Andererseits muss die Summe der angreifenden Kräfte gleich Null sein, so dass

$$\boldsymbol{F} + \boldsymbol{F_a} + \boldsymbol{F_b} = 0 \,,$$

wobei $\boldsymbol{F}$ (mit dem Betrag F) die die Auslenkung bewirkende Kraft und $\boldsymbol{F_a}$, $\boldsymbol{F_b}$ (mit den Beträgen F_a, F_b) die durch die Spannung der Saite bewirkten Kräfte seien.

Zerlegen wir die Kräfte in die in x- bzw. y-Richtung wirkenden Anteile,

$$\boldsymbol{F} = F\boldsymbol{e_y}\,, \quad \boldsymbol{F_a} = -F_a \cos\alpha\,\boldsymbol{e_x} - F_a \sin\alpha\,\boldsymbol{e_y}\,, \quad \boldsymbol{F_b} = +F_b \cos\beta\,\boldsymbol{e_x} - F_b \sin\beta\,\boldsymbol{e_y}\,,$$

so folgt

$$F_a \cos\alpha = F_b \cos\beta =: F^x\,, \quad F = F_a \sin\alpha + F_b \sin\beta\,.$$

Dann aber gilt

$$\frac{F}{F^x} = \tan\alpha + \tan\beta = \frac{h}{y-a} + \frac{h}{b-y} = \frac{h(b-a)}{(y-a)(b-y)}\,.$$

Unterstellen wir nun, dass F im Vergleich zu F^x sehr klein ist, so können wir F^x als konstant annehmen. (Dies ist sicher für kleine Auslenkungen h in der Mitte der Saite richtig, so dass α und β sehr klein sind. Zum Rand hin oder aber für größere Auslenkungen ist diese Annahme zu verneinen. Wir können diese Annahme auch so interpretieren, dass sich die Spannung der ausgelenkten Saite nur unwesentlich von der der ruhenden Saite unterscheiden soll.) Mit (2.3.2) folgt dann

$$u(x) = \frac{F}{F^x} G(x, y)\,.$$

Der Einfluss der in y angreifenden Kraft F auf die Stelle x wird demnach durch den Wert $G(x, y)$ der GREENschen Funktion (und den Faktor F/F^x) bestimmt.

$$\#$$

Der Nutzen der GREENschen Funktion liegt nun darin, dass die durch

$$u(x) := \int_a^b G(x, \xi) f(\xi) d\xi\,, \quad x \in [a, b]\,,$$

definierte Funktion klassische Lösung unserer Randwertaufgabe ist: Da $G(a, \xi) = G(b, \xi) = 0$ für alle $\xi \in [a, b]$, gilt $u(a) = u(b) = 0$. Ferner ist

$$u(x) = \frac{b - x}{b - a} \int_a^x (\xi - a) f(\xi) d\xi + \frac{x - a}{b - a} \int_x^b (b - \xi) f(\xi) d\xi\,,$$

$$u'(x) = -\frac{1}{b - a} \int_a^x (\xi - a) f(\xi) d\xi + \frac{1}{b - a} \int_x^b (b - \xi) f(\xi) d\xi\,,$$

$$u''(x) = -\frac{x - a}{b - a} f(x) - \frac{b - x}{b - a} f(x) = -f(x)\,.$$

Mit Hilfe dieser Überlegungen kommen wir zu folgendem Satz, der uns ein Lösbarkeitsresultat für eine Klasse semilinearer Aufgaben liefert.

Satz 2.3.2 *Es sei $f : [a, b] \times \mathbb{R} \to \mathbb{R}$ eine stetige Funktion, die im zweiten Argument (bezüglich x gleichmäßig) LIPSCHITZ[1]-stetig ist: Es gibt ein $L \geq 0$, so dass für alle $x \in [a, b]$ und alle $s, t \in \mathbb{R}$*

$$|f(x, s) - f(x, t)| \leq L\,|s - t|$$

gilt. (Man sagt auch, $f = f(x, s)$ genüge einer LIPSCHITZ-Bedingung.) Ferner gelte

$$L < \frac{8}{(b - a)^2}\,. \tag{2.3.3}$$

Dann gibt es genau eine klassische Lösung des semilinearen Randwertproblems

$$-u''(x) = f(x, u(x))\,, \quad x \in (a, b)\,, \ u(a) = u(b) = 0\,.$$

---

[1]Rudolf LIPSCHITZ, geb. 1832 in Königsberg (heute Kaliningrad), gest. 1903 in Bonn. Nachdem LIPSCHITZ zunächst in Berlin und Breslau (heute Wrocław) wirkte, trat er eine Professur in Bonn an. LIPSCHITZ arbeitete unter anderem über Probleme der Analysis, der Differentialgeometrie und der algebraischen Zahlentheorie.

Beweis. Wir betrachten die Integralgleichung

$$u(x) = \int_a^b G(x,\xi)f(\xi,u(\xi))d\xi =: (Tu)(x) \qquad (2.3.4)$$

mit der GREENschen Funktion (2.3.1). Angenommen, es gibt ein u, welches dieser Gleichung genügt, so ist – wie bereits oben für den linearen Fall geschehen – leicht zu überprüfen, dass u dann sowohl die Randbedingungen als auch die Differentialgleichung erfüllt und aus $\mathcal{C}^2(a,b) \cap \mathcal{C}[a,b]$ ist. Es bleibt zu zeigen, dass die Integralgleichung tatsächlich eine Lösung besitzt. Dazu werden wir den BANACHschen Fixpunktsatz (Satz A.2.2) bemühen. Sei $v \in \mathcal{C}[a,b]$. Dann ist offenbar auch $Tv \in \mathcal{C}[a,b]$, so dass T den BANACH-Raum $\mathcal{C}[a,b]$ in sich abbildet. Überdies gilt sogar $Tv \in \mathcal{C}^2(a,b)$. Ferner gilt für beliebige $v,w \in \mathcal{C}[a,b]$

$$
\begin{aligned}
\|Tv - Tw\|_{\mathcal{C}[a,b]} &= \max_{x\in[a,b]} \left| \int_a^b G(x,\xi)(f(\xi,v(\xi)) - f(\xi,w(\xi)))d\xi \right| \\
&\leq \max_{x\in[a,b]} \int_a^b G(x,\xi)\,|f(\xi,v(\xi)) - f(\xi,w(\xi))|\,d\xi \\
&\leq L \max_{x\in[a,b]} \int_a^b G(x,\xi)\,|v(\xi) - w(\xi)|\,d\xi \\
&\leq L \max_{x\in[a,b]} \int_a^b G(x,\xi)d\xi\,\|v - w\|_{\mathcal{C}[a,b]} \\
&= \frac{L(b-a)^2}{8}\,\|v - w\|_{\mathcal{C}[a,b]},
\end{aligned}
$$

denn die GREENsche Funktion (2.3.1) ist stets nichtnegativ und es gilt

$$\int_a^b G(x,\xi)d\xi = \frac{(b-x)(x-a)}{2}. \qquad (2.3.5)$$

Unter der Annahme $L < 8/(b-a)^2$ ist T somit kontrahierend und nach dem Fixpunktsatz von BANACH (Satz A.2.2) gibt es genau ein $u \in \mathcal{C}[a,b]$, welches der Integralgleichung (2.3.4) genügt.

Schließlich ist noch zu zeigen, dass es neben dieser Lösung keine weitere Lösung des Randwertproblems geben kann, die Integralgleichung also äquivalent zum Randwertproblem ist. Wie einfaches Nachrechnen aber zeigt, genügt jede klassische Lösung u des Randwertproblems auch der Integralgleichung, denn

$$\int_a^b G(x,\xi)f(\xi,u(\xi))\,d\xi = -\int_a^b G(x,\xi)u''(\xi)\,d\xi$$

$$= -\frac{b-x}{b-a}\int_a^x (\xi-a)u''(\xi)\,d\xi - \frac{x-a}{b-a}\int_x^b (b-\xi)u''(\xi)\,d\xi$$

$$= -\frac{(b-x)(x-a)}{b-a}u'(x) + \frac{b-x}{b-a}\int_a^x u'(\xi)\,d\xi$$

$$+ \frac{(x-a)(b-x)}{b-a}u'(x) - \frac{x-a}{b-a}\int_x^b u'(\xi)\,d\xi$$

$$= u(x)\,.$$

#

Es sei bemerkt, dass vorstehender Satz den Fall $f(x,u(x)) = f(x)$ mit $L = 0$ ebenso einschließt wie den linearen Fall $f(x,u(x)) = f(x) - d(x)u(x)$, sofern $L := \|d\|_{\mathcal{C}[a,b]}$ hinreichend klein ist. Letzteres ist insofern interessant, als dass die Ergebnisse zur Lösbarkeit im nächsten Abschnitt stets auf der Nichtnegativität von d beruhen (siehe auch Aufgabe 5.17).

Des Weiteren können auch inhomogene DIRICHLET-Randbedingungen betrachtet werden: Mit der auf Seite 11 angegebenen Transformation $\tilde{u}(x) := u(x) - r(x)$ ist die Aufgabe

$$-u''(x) = f(x,u(x))\,, \quad x \in (a,b)\,, \ u(a) = \alpha\,, \ u(b) = \beta\,,$$

äquivalent zu der Aufgabe

$$-\tilde{u}''(x) = \tilde{f}(x,\tilde{u}(x)) := f(x,\tilde{u}(x) + r(x))\,, \quad x \in (a,b)\,, \ u(a) = u(b) = 0\,.$$

Dabei war r die linear Interpolierende zwischen (a,α) und (b,β), so dass insbesondere $r(a) = \alpha$, $r(b) = \beta$ sowie $r''(x) \equiv 0$. Offenbar ist $f = f(x,s) : [a,b] \times \mathbb{R} \to \mathbb{R}$ genau dann stetig, wenn $\tilde{f}(x,s) := f(x,s + r(x)) : [a,b] \times \mathbb{R} \to \mathbb{R}$ stetig ist. Wegen

$$|\tilde{f}(x,s) - \tilde{f}(x,t)| = |f(x,s + r(x)) - f(x,t + r(x))| \le L\,|s - t|$$

folgt aus der LIPSCHITZ-Stetigkeit von f im zweiten Argument die LIPSCHITZ-Stetigkeit von $\tilde{f}$ (und ebenso umgekehrt). Die LIPSCHITZ-Konstante ist dabei dieselbe.

Schließlich ist noch folgende bedeutsame Beobachtung zu machen:

Bemerkung 2.3.3 Die Bedingung (2.3.3) an die Lipschitz-Konstante kann verbessert werden zu

$$L < \frac{\pi^2}{(b-a)^2}\,,\tag{2.3.6}$$

siehe Aufgabe 5.11. Diese Bedingung ist sogar „scharf" in dem Sinne, als dass die Aussage des Satzes 2.3.2 für $L \geq \pi^2/(b-a)^2$ nicht mehr aufrechterhalten werden kann. Hierzu betrachte man etwa die in WALTER [146] angeführte lineare Aufgabe mit $f(x,u) = \pi^2 u/(b-a)^2$ bzw. $f(x,u) = \pi^2(u+1)/(b-a)^2$ und zeige, dass es im ersten Fall unendlich viele, im zweiten dagegen keine Lösung gibt. #

Beispiel 2.3.4 Wir betrachten das Randwertproblem

$$-u''(x) = 2x\,|u(x)|\,, \quad x \in (-1,1)\,, \; u(-1) = u(1) = 1\,.$$

Vermittels $\tilde{u}(x) := u(x) - 1$ können wir die inhomogenen Randdaten in die rechte Seite transformieren und gelangen so zum Randwertproblem

$$-\tilde{u}''(x) = 2x\,|\tilde{u}(x) + 1|\,, \; x \in (-1,1)\,, \quad \tilde{u}(-1) = \tilde{u}(1) = 0\,.$$

Die rechte Seite $f(x,s) = 2x\,|s+1|$ genügt auf dem Intervall $[-1,1]$ einer LIPSCHITZ-Bedingung mit $L = 2$. Wegen $2 < \pi^2/4$ gibt es nach Satz 2.3.2 und Bemerkung 2.3.3 genau eine klassische Lösung (siehe auch Bild 2.3.3).   #

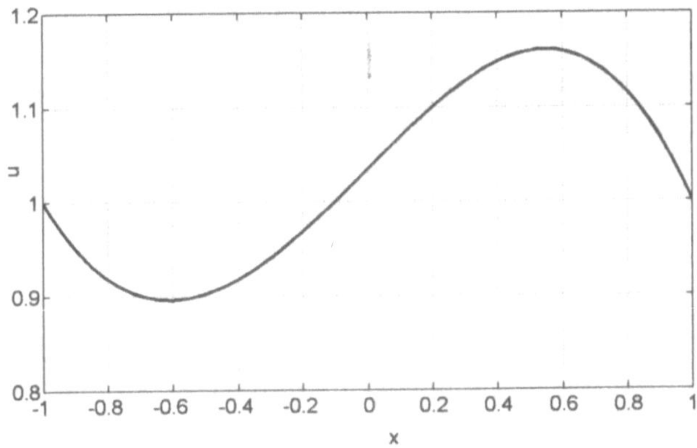

Bild 2.3.3: Näherungslösung zu Beispiel 2.3.4

Problematisch an Satz 2.3.2 ist, dass $f = f(x,s)$ auf dem gesamten Raum $\mathbb{R} \ni s$ LIPSCHITZ-stetig sein soll, was schon für die einfache Funktion $f(x,s) = s^2$ nicht erfüllt ist. Allerdings hat man oftmals bereits weitere Kenntnisse über die Lösungsmenge und kann sich diese zunutze machen. Der Beweis kann dann so modifiziert werden, dass die durch (2.3.4) definierte Abbildung T nicht auf dem ganzen Raum $\mathcal{C}[a,b]$, sondern nur auf einer abgeschlossenen Teilmenge betrachtet wird (siehe Aufgabe 5.12).

Eine Verallgemeinerung des Satzes 2.3.2 werden wir in Abschnitt 2.7 kennen lernen.

2.4   GREENsche Funktion und inhomogene, lineare Probleme

Wir wollen nun das Randwertproblem (2.1.1) mit homogenen DIRICHLET-Rand-daten und Koeffizienten $c, d \in \mathcal{C}[a,b]$ für eine rechte Seite $f \in \mathcal{C}[a,b]$ ungleich Null studieren. Dazu werden wir ähnlich wie im vorangegangenen Abschnitt vorgehen.

Seien $u_1 = u_1(x)$ und $u_2 = u_2(x)$ zwei linear unabhängige klassische Lösungen der zugehörigen homogenen Differentialgleichung (siehe Satz 2.1.2) und bezeichne wiederum $W(x) = u_1(x)u_2'(x) - u_2(x)u_1'(x)$ die zugehörige WRONSKI-Determinante, die im gesamten Intervall ungleich Null ist. Ferner seien

$$A(x) := \begin{vmatrix} u_1(a) & u_2(a) \\ u_1(x) & u_2(x) \end{vmatrix}, \ B(x) := \begin{vmatrix} u_1(x) & u_2(x) \\ u_1(b) & u_2(b) \end{vmatrix}, \ R := \begin{vmatrix} u_1(a) & u_2(a) \\ u_1(b) & u_2(b) \end{vmatrix}.$$

Es sei bemerkt, dass $A(b) = B(a) = R$. Besitzt das Randwertproblem für die homogene Differentialgleichung mit homogenen DIRICHLET-Randbedingungen nur die triviale Lösung, so ist $R \neq 0$ und umgekehrt, denn die Lösung dieses Randwertproblems ist darstellbar als $c_1 u_1(x) + c_2 u_2(x)$, wobei die Konstanten c_1, c_2 aus den homogenen Randbedingungen zu bestimmen sind. Dies aber ist äquivalent zu dem Gleichungssystem

$$\begin{pmatrix} u_1(a) & u_2(a) \\ u_1(b) & u_2(b) \end{pmatrix} \begin{pmatrix} c_1 \\ c_2 \end{pmatrix} = \begin{pmatrix} 0 \\ 0 \end{pmatrix}.$$

Mithin gibt es dann und nur dann genau eine Lösung (nämlich die triviale Lösung), wenn die Determinante R der Systemmatrix von Null verschieden ist.

Wir können nun die zugehörige GREENsche Funktion wie folgt definieren:

$$G(x,\xi) = \frac{1}{RW(\xi)} \cdot \begin{cases} A(\xi)B(x) & \text{für } a \leq \xi \leq x \leq b, \\ A(x)B(\xi) & \text{für } a \leq x \leq \xi \leq b. \end{cases} \qquad (2.4.1)$$

Diese ist für $R \neq 0$ wohldefiniert und auf $[a,b] \times [a,b]$ stetig. Die partielle Ableitung $\frac{\partial G}{\partial x}$ hat bei konstantem ξ einen Sprung der Höhe -1, wenn x wächst und ξ

durchläuft. Für die einfache lineare Aufgabe aus dem vorhergehenden Abschnitt mit $c(x) \equiv 0$ und $d(x) \equiv 0$ können wir als Fundamentalsystem

$$u_1(x) \equiv 1, \quad u_2(x) = x$$

wählen und kommen so wiederum zu der GREENschen Funktion (2.3.1), denn $W(x) \equiv 1$, $R = b - a$, $A(x) = x - a$ und $B(x) = b - x$.

Durch Nachrechnen (siehe Aufgabe 5.13) findet man auch für den hier zu betrachtenden Fall leicht, dass

$$u(x) := \int_a^b G(x,\xi)f(\xi)d\xi \qquad (2.4.2)$$

klassische Lösung des Randwertproblems für die inhomogene Differentialgleichung ist und umgekehrt jede klassische Lösung des Randwertproblems dieser Integraldarstellung genügt.

Dieses Ergebnis halten wir in folgendem Satz fest:

Satz 2.4.1 *Vorgelegt sei das Randwertproblem (2.1.1) mit homogenen* DIRICH*LET-Randdaten. Besitzt das zugehörige Randwertproblem für die homogene Gleichung nur die triviale Lösung, so besitzt das Randwertproblem für die inhomogene Gleichung genau eine klassische Lösung. Diese ist von der Gestalt (2.4.2).*

Dabei war mit Satz 2.2.4 eine hinreichende Bedingung dafür angegeben, dass es nur die triviale Lösung gibt (vgl. auch ein ähnliches Resultat in Satz 2.5.5). Die Beschränkung auf homogene DIRICHLET-Randdaten ist nicht wesentlich, denn liegen inhomogene Randbedingungen vor, so können diese in die rechte Seite transformiert werden.

Schließlich gilt auch die Umkehrung des vorstehenden Satzes:

Satz 2.4.2 *Besitzt das inhomogene Randwertproblem (2.1.1) genau eine klassische Lösung, so besitzt das zugehörige homogene Problem mit homogenen* DIRICH*LET-Randdaten nur die triviale Lösung.*

Beweis. Sei u die eindeutig bestimmte Lösung des inhomogenen Problems. Angenommen, das homogene Probleme würde eine nichttriviale Lösung u_{hom} besitzen. Wegen der Linearität der Aufgabe wäre sodann auch $u + u_{\text{hom}}$ Lösung des inhomogenen Problems, was aber der Einzigkeit widerspricht. #

Das nachstehende Korollar liefert nun eine Existenz- und Einzigkeitsaussage für lineare Randwertprobleme.

Korollar 2.4.3 *Vorgelegt sei das Randwertproblem (2.1.1) mit $c \in \mathcal{C}^1[a,b]$, $d, f \in \mathcal{C}[a,b]$ und beliebigen* DIRICHLET-*Randdaten. Gilt für alle $x \in (a,b)$ die Beziehung (2.2.4), dann gibt es genau eine klassische Lösung.*

Beweis. Zunächst können wir uns auf homogene DIRICHLET-Randdaten beschränken, denn inhomogene Randdaten können in die rechte Seite transformiert werden (siehe Seite 11). Nach Satz 2.2.4 besitzt das zugehörige Randwertproblem für die homogene Differentialgleichung lediglich die triviale Lösung und mithin gibt es nach Satz 2.4.1 genau eine klassische Lösung des inhomogenen Problems.   #

Ein ähnliches Resultat, allerdings ohne Bedingung an c, wird uns Korollar 2.5.6 liefern.

2.5 Maximumprinzip und Stabilität

Im Folgenden sei L der durch

$$(Lv)(x) := -v''(x) + c(x)v'(x) + d(x)v(x)\,, \quad x \in (a,b)\,,$$

definierte lineare Differentialoperator, der für $c, d \in \mathcal{C}[a,b]$ offenbar $\mathcal{C}^2(a,b)$ in $\mathcal{C}(a,b)$ abbildet.

Lemma 2.5.1 *Sei $c \in \mathcal{C}[a,b]$ und $d(x) = 0$ für $x \in [a,b]$. Dann gilt für jedes $v \in \mathcal{C}^2(a,b) \cap \mathcal{C}[a,b]$:*

(i) aus $(Lv)(x) \leq 0$ für $x \in (a,b)$ folgt $v(x) \leq \max\{v(a), v(b)\}$ für $x \in [a,b]$;

(ii) aus $(Lv)(x) \geq 0$ für $x \in (a,b)$ folgt $v(x) \geq \min\{v(a), v(b)\}$ für $x \in [a,b]$.

Beweis. Zunächst beobachten wir, dass lediglich (i) zu zeigen ist, denn (ii) folgt aus (i), wenn wir v durch $-v$ ersetzen.

Wir zeigen zuerst, dass aus der schärferen Voraussetzung $(Lv)(x) < 0$ auf (a,b) die Behauptung folgt: Angenommen, die Funktion v nimmt ihr Maximum nicht am Rand, sondern im Innern des Intervalls an. Dann gibt es ein $x_0 \in (a,b)$ mit $v'(x_0) = 0$ und $v''(x_0) \leq 0$. Es folgt sofort

$$-v''(x_0) + c(x_0)v'(x_0) \geq 0\,,$$

was im Widerspruch zur Voraussetzung $(Lv)(x_0) < 0$ steht.

Nun zeigen wir (i). Hierzu sei für $\delta, \lambda > 0$

$$w(x) = \delta e^{\lambda x}\,, \quad x \in [a,b]\,.$$

Ist λ nur hinreichend groß $(\lambda > \max_{x \in [a,b]} c(x))$, so gilt für alle $x \in (a, b)$

$$(Lw)(x) = -\lambda(\lambda - c(x))w(x) < 0$$

und es folgt

$$(L(v + w))(x) = (Lv)(x) + (Lw)(x) < 0\,.$$

Es greift nun der erste Teil des Beweises, so dass

$$v(x) + w(x) \leq \max\{v(a) + w(a), v(b) + w(b)\}$$

gilt. Für $\delta \to 0$ folgt die Behauptung. $\qquad\qquad\qquad\qquad$ #

Satz 2.5.2 (Maximumprinzip) *Seien $c, d \in \mathcal{C}[a, b]$ und sei d auf $[a, b]$ nicht-negativ. Dann gilt für jedes $v \in \mathcal{C}^2(a, b) \cap \mathcal{C}[a, b]$:*

(i) aus $(Lv)(x) \leq 0$ für $x \in (a, b)$ folgt $v(x) \leq \max\{0, v(a), v(b)\}$ für $x \in [a, b]$;

(ii) aus $(Lv)(x) \geq 0$ für $x \in (a, b)$ folgt $v(x) \geq \min\{0, v(a), v(b)\}$ für $x \in [a, b]$.

Beweis. Wir beobachten wieder, dass (ii) aus (i) folgt, wenn wir v durch $-v$ ersetzen.

Da v auf $[a, b]$ stetig ist, ist die Menge

$$\mathcal{M}^+ := \{x \in (a, b) : v(x) > 0\}$$

entweder leer oder Vereinigung offener Teilintervalle von (a, b). Angenommen, es ist $\mathcal{M}^+ = \emptyset$, so dass v auf $[a, b]$ nichtpositiv ist. Dann ist die Behauptung in trivialer Weise erfüllt. Sei $\mathcal{M}^+ = (a, b)$. Dann gilt für alle $x \in (a, b)$

$$-v''(x) + c(x)v'(x) \leq (Lv)(x) \leq 0\,,$$

und es folgt nach dem zuvor bewiesenen Lemma, dass

$$v(x) \leq \max\{v(a), v(b)\}\,.$$

Gelte nun $\emptyset \neq \mathcal{M}^+ \neq (a, b)$. Wir zeigen, dass $\mathcal{M}^+$ an a oder b heranreichen muss: Sei $(a_0, b_0) \subseteq \mathcal{M}^+$. Gilt $a_0 \neq a$ und $v(a_0) > 0$, so können wir wegen der Stetigkeit von v ein $a_1 < a_0$ mit $a_1 = a$ oder $v(a_1) = 0$ finden. Analoges gilt für b_0. Wir können daher $a_0 = a$ oder $v(a_0) = 0$ sowie $b_0 = b$ oder $v(b_0) = 0$ annehmen. Nach Voraussetzung gilt für alle $x \in (a_0, b_0)$

$$-v''(x) + c(x)v'(x) \leq -d(x)v(x) \leq 0\,,$$

so dass wiederum das vorstehende Lemma greift. Mithin folgt für alle $x \in (a_0, b_0)$

$$0 < v(x) \leq \max\{v(a_0), v(b_0)\}\,.$$

Offenbar kann nicht zugleich $v(a_0) = v(b_0) = 0$ gelten, denn dies würde auf einen Widerspruch führen. Den Fall $a_0 = a$ und $b_0 = b$ haben wir schon betrachtet. Was bleibt, ist $a_0 = a$ und $v(b_0) = 0$ oder $v(a_0) = 0$ und $b_0 = b$.

Damit ist gezeigt: Ist die Menge $\mathcal{M}^+$ nicht leer, so gibt es Zahlen $a', b' \in [a, b]$ mit $a' \leq b'$, so dass

$$\mathcal{M}^+ = (a, a') \cup (b', b)\,,$$

wobei $v(a') = 0$, wenn $a' \neq a$, und $v(b') = 0$, wenn $b' \neq b$. Somit gilt für alle $x \in (a, b)$

$$
\begin{aligned}
v(x) &\leq \max\left\{ \max_{x \in (a,a')} v(x),\ \max_{x \in (b',b)} v(x) \right\} \\
&\leq \max\left\{ \max\{v(a), v(a')\}, \max\{v(b'), v(b)\} \right\} \\
&= \max\{0, v(a), v(b)\}\,.
\end{aligned}
$$

#

Korollar 2.5.3 (Inverse Monotonie) *Unter den Voraussetzungen des Satzes 2.5.2 folgt für zwei Funktionen* $v, w \in \mathcal{C}^2(a, b) \cap \mathcal{C}[a, b]$ *mit* $v(a) \leq w(a)$ *und* $v(b) \leq w(b)$ *aus* $(Lv)(x) \leq (Lw)(x)$ *für* $x \in (a, b)$, *dass* $v(x) \leq w(x)$ *für* $x \in [a, b]$.

Beweis. Es ist Satz 2.5.2 auf die Differenz $v - w$ anzuwenden.   #

Gelegentlich findet sich statt *inverser Monotonie* auch der Begriff *Isotonie*.

Mit Hilfe des Maximumprinzips können wir nun eine *Stabilitätsabschätzung* für Lösungen des inhomogenen Randwertproblems beweisen, die die stetige Abhängigkeit der Lösung von den Daten zeigt.

Satz 2.5.4 *Vorgelegt sei das Randwertproblem (2.1.1) mit* $c, d, f \in \mathcal{C}[a, b]$. *Ist* d *auf* $[a, b]$ *nichtnegativ, so gilt für jede klassische Lösung* u *die Abschätzung*

$$\|u\|_{\mathcal{C}[a,b]} \leq \Lambda \, \|f\|_{\mathcal{C}[a,b]} + \max\{|\alpha|, |\beta|\}\,,$$

wobei $\Lambda > 0$ *eine gewisse Konstante ist, die von c, d und $b - a$, nicht aber von f oder α, β abhängt.*

Beweis. Es sei für ein noch zu spezifizierendes $\lambda > 0$

$$w(x) := Be^{\lambda(x-a)} - A, \quad x \in [a,b],$$

wobei

$$A := \Lambda B + \max\{|\alpha|, |\beta|\}, \quad B := \|f\|_{C[a,b]}, \quad \Lambda := e^{\lambda(b-a)} - 1.$$

Dann gilt für alle $x \in (a,b)$

$$(Lw)(x) = -\left(\lambda^2 - \lambda c(x) - d(x)\right) Be^{\lambda(x-a)} - Ad(x)$$
$$\leq -\left(\lambda^2 - \lambda c(x) - d(x)\right) Be^{\lambda(x-a)}.$$

Wir bestimmen λ nun derart, als dass $\left(\lambda^2 - \lambda c(x) - d(x)\right) e^{\lambda(x-a)} \geq 1$, etwa

$$\lambda \geq \max_{x \in [a,b]} \left(\frac{c(x)}{2} + \sqrt{\frac{c(x)^2}{4} + d(x) + 1} \right).$$

Dann gilt für alle $x \in (a,b)$

$$(Lw)(x) \leq -B,$$

und es folgt

$$(L(\pm u + w))(x) = \pm f(x) + (Lw)(x) \leq |f(x)| - \|f\|_{C[a,b]} \leq 0.$$

Nach dem Maximumprinzip gilt sodann

$$\pm u(x) + w(x) \leq \max\{0, \pm\alpha + w(a), \pm\beta + w(b)\}.$$

Da

$$w(x) \geq B - A = w(a), \quad w(b) = Be^{\lambda(b-a)} - A,$$

folgt

$$|u(x)| \leq \max\{0, |\alpha| + w(a), |\beta| + w(b)\} + A - B$$
$$= \max\{A - B, |\alpha|, |\beta| + \Lambda B\}$$
$$\leq A,$$

was die Behauptung ist.   #

Dass der vorstehende Satz eine Stabilitätsaussage ist, sieht man ein, wenn man den Satz auf die Differenz $u - \hat{u}$ anwendet. Dabei sei u Lösung des exakten Problems und $\hat{u}$ Lösung des Problems mit gestörter rechter Seite oder gestörten Randbedingungen.

Die vorstehende Stabilitätsaussage führt unmittelbar zu einem Resultat analog zur Aussage aus Satz 2.2.4.

Satz 2.5.5 *Vorgelegt sei das Randwertproblem (2.1.1) mit $c, d \in C[a, b]$ und $f(x) \equiv 0$ sowie mit homogenen* DIRICHLET-*Randdaten $u(a) = u(b) = 0$. Ist d auf $[a, b]$ nichtnegativ, so besitzt das Problem nur die triviale Lösung $u(x) \equiv 0$.*

Es sei bemerkt, dass die Aussage des Satzes selbstverständlich auch sofort aus Satz 2.5.2 gewonnen werden kann: Für eine Lösung u des homogenen Problems gelten sowohl die Voraussetzungen aus Teil (i) als auch aus Teil (ii) des Satzes, so dass wegen der homogenen DIRICHLET-Randdaten $u(x) \equiv 0$ folgt.

Zusammen mit Satz 2.4.1 (und der bekannten Transformation der inhomogenen Randbedingungen in die rechte Seite) folgt nunmehr (analog zu Korollar 2.4.3) sofort

Korollar 2.5.6 *Vorgelegt sei das Randwertproblem (2.1.1) mit $c, d, f \in C[a, b]$. Ist d auf $[a, b]$ nichtnegativ, so gibt es genau eine klassische Lösung.*

Zum Abschluss dieses Abschnitts behandeln wir noch das so genannte *starke Maximumprinzip.*

Lemma 2.5.7 *Seien $c, d \in C[a, b]$, sei d auf $[a, b]$ nichtnegativ und gelte $v \in C^2(a, b) \cap C[a, b]$. Gilt $(Lv)(x) < 0$ für alle $x \in (a, b)$, so kann v kein nichtnegatives Maximum im Innern des Intervalls annehmen.*

Beweis. Angenommen, es gibt ein inneres Maximum in $x_0 \in (a, b)$, so dass $v'(x_0) = 0$, $v''(x_0) \leq 0$ und $v(x_0) \geq 0$. Dann aber gilt

$$(Lv)(x_0) = -v''(x_0) + c(x_0)v'(x_0) + d(x_0)v(x_0) \geq 0 \, ,$$

was im Widerspruch zur Voraussetzung steht.   #

Satz 2.5.8 (Starkes Maximumprinzip) *Seien $c, d \in C[a, b]$ und sei d auf $[a, b]$ nichtnegativ. Nimmt $v \in C^2(a, b) \cap C[a, b]$ im Innern des Intervalls ein nichtnegatives Maximum an und gilt $(Lv)(x) \leq 0$ für alle $x \in (a, b)$, so ist v konstant.*

Beweis. Die Funktion v nehme in $x_0 \in (a, b)$ das Maximum an, so dass $v(x_0) \geq 0$. Angenommen, v ist nicht konstant. Dann gibt es ein $x_1 \in (a, b)$ mit $v(x_1) < v(x_0)$. Wir wollen $x_1 > x_0$ annehmen; der Fall $x_1 < x_0$ kann analog behandelt werden. Es sei für $\delta, \lambda > 0$

$$w(x) := \delta \left(e^{\lambda(x - x_0)} - 1 \right) , \quad x \in [a, x_1].$$

Offenbar gilt $w(x) < 0$ für $x < x_0$, $w(x_0) = 0$ und $w(x) > 0$ für $x > x_0$. Wir wählen λ hinreichend groß, etwa

$$\lambda \geq \max_{x \in [a,b]} \left(\frac{c(x)}{2} + \sqrt{\frac{c(x)^2}{4} + d(x)} \right),$$

so dass für alle $x \in (a, x_1)$

$$(Lw)(x) = -\left(\lambda^2 - \lambda c(x) - d(x)\right) \delta e^{\lambda(x-x_0)} - d(x)\delta < 0.$$

Des Weiteren wählen wir δ hinreichend klein, so dass

$$v(x_1) + w(x_1) < v(x_0).$$

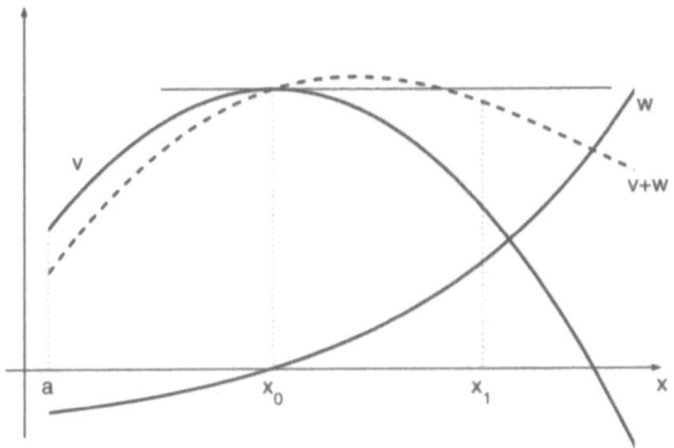

Bild 2.5.1: Funktionen v, w im Beweis von Satz 2.5.8

Dann gilt nach Voraussetzung auch

$$(L(v + w))(x) = (Lv)(x) + (Lw)(x) < 0, \quad x \in (a, x_1).$$

Wegen $v(x) + w(x) < v(x_0)$ für $x \in (a, x_0)$ (v ist in x_0 maximal), $v(x_0) + w(x_0) = v(x_0)$ und $v(x_1) + w(x_1) < v(x_0)$ nimmt die Funktion $v + w$ aber in (a, x_1) ein nichtnegatives Maximum an, was nach vorstehendem Lemma im Widerspruch zu $(L(v + w))(x) < 0$ steht (siehe auch Bild 2.5.1). #

Wird in den beiden vorstehenden Aussagen wieder v durch $-v$ ersetzt, erhält man entsprechend ein Minimumprinzip.

2.6 STURM-LIOUVILLE-Problem

Wir kommen nun zum so genannten *Problem von* STURM-LIOUVILLE, dessen Theorie von STURM[1] und LIOUVILLE im 19. Jahrhundert entwickelt wurde:

$$-(p(x)u'(x))' + q(x)u(x) = f(x), \quad x \in (a,b), \ u(a) = u(b) = 0, \qquad (2.6.1)$$

wobei $p \in \mathcal{C}^1[a,b]$ mit $p(x) > 0$ $(x \in [a,b])$, $q \in \mathcal{C}[a,b]$ und $f \in \mathcal{C}[a,b]$ vorgegebene Funktionen seien. Inhomogene DIRICHLET-Randdaten können wieder in die rechte Seite transformiert werden.

Wir können dieses Problem sofort in der Gestalt von Problem (2.1.1) mit

$$c(x) := -\frac{p'(x)}{p(x)}, \quad d(x) := \frac{q(x)}{p(x)}, \quad f(x) := \frac{f(x)}{p(x)}$$

schreiben, um die Ergebnisse aus den vorhergehenden Abschnitten anzuwenden. Wir kommen aber auch zu etwas weitergehenden Aussagen, wie wir im Folgenden sehen werden.

Zunächst halten wir fest, dass eine klassische Lösung u des Problems per definitionem zumindest aus $\mathcal{C}^2(a,b) \cap \mathcal{C}[a,b]$ ist. Da aber $p, p', q, f \in \mathcal{C}[a,b]$, folgt auch $-(pu')' = f - qu \in \mathcal{C}[a,b]$, so dass $pu' \in \mathcal{C}^1[a,b]$, und daher (wegen $p(x) > 0$ und $p \in \mathcal{C}^1[a,b]$) $u \in \mathcal{C}^2[a,b]$ gilt.

Satz 2.6.1 *Sei q auf $[a,b]$ nichtnegativ. Dann besitzt die Randwertaufgabe (2.6.1) genau eine klassische Lösung. Insbesondere ist die homogene Gleichung nur trivial lösbar.*

Beweis. Wenngleich die Aussage bereits aus Korollar 2.5.6 folgt, wollen wir einen alternativen Beweis angeben: Wir betrachten die homogene Gleichung. Offenbar ist $u(x) \equiv 0$ Lösung. Eine weitere Lösung kann es aber wegen der Positivität von p und der Nichtnegativität von q nicht geben, denn es gilt

$$0 = \int_a^b \left(-(p(x)u'(x))'u(x) + q(x)u(x)^2 \right) dx = \int_a^b \left(p(x)u'(x)^2 + q(x)u(x)^2 \right) dx.$$

Mithin muss der Integrand verschwinden, so dass auch $u'(x) = 0$ für $x \in (a,b)$. Dann aber muss u konstant sein, was wegen der homogenen DIRICHLET-Randbedingungen auf $u(x) \equiv 0$ führt. Nach Satz 2.4.1 besitzt folglich das Randwertproblem für die inhomogene Gleichung genau eine klassische Lösung.   #

Schließlich gilt folgender

---

[1] Jacques Charles STURM, geb. 1803 in Genf, gest. 1858 in Paris. STURM lehrte unter anderem Analysis an der Pariser École Polytechnique.

Satz 2.6.2 *Besitzt die Randwertaufgabe (2.6.1) für die zugehörige homogene Gleichung eine nichttriviale klassische Lösung u_*, so besitzt das inhomogene Problem genau dann mindestens eine Lösung, wenn die Kompatibilitätsbedingung für die rechte Seite*

$$\int_a^b u_*(x)f(x)dx = 0$$

erfüllt ist.

Beweis. Sei u_* eine nichttriviale klassische Lösung des Problems (2.6.1) mit $f \equiv 0$. Angenommen, es gibt eine klassische Lösung u des inhomogenen Problems (2.6.1). Dann gilt mit partieller Integration

$$
\begin{aligned}
\int_a^b u_*(x)f(x)dx &= \int_a^b u_*(x)\left(-(p(x)u'(x))' + q(x)u(x)\right)dx \\
&= \int_a^b \left(p(x)u_*'(x)u'(x) + q(x)u_*(x)u(x)\right)dx \\
&= \int_a^b \left(-(p(x)u_*'(x))' + q(x)u_*(x)\right)u(x)dx \\
&= 0\,.
\end{aligned}
$$

Die Kompatibilitätsbedingung gilt daher *für jede* Lösung des zugehörigen homogenen Problems.

Wir kommen nun zur Umkehrung und erinnern daran, dass hier klassische Lösungen stets aus $\mathcal{C}^2[a,b]$ sind. Nach dem Satz von Picard-Lindelöf gibt es eine partikuläre Lösung $u_p \in \mathcal{C}^2[a,b]$ der inhomogenen Differentialgleichung, die der Anfangsbedingung $u_p(a) = 0$ bei beliebigem Wert für $u_p'(a)$ genügt (vgl. auch Satz 2.1.3). Ferner kann u_* dargestellt werden als

$$u_*(x) = c_1 u_1(x) + c_2 u_2(x)\,,$$

wobei (u_1, u_2) ein Fundamentalsystem für die homogene Gleichung sei. Dabei können c_1 und c_2 nicht zugleich verschwinden. Wegen der Kompatibilitätsbedingung gilt nun mit partieller Integration

$$
\begin{aligned}
0 = \int_a^b u_*(x)f(x)dx &= \int_a^b u_*(x)\left(-(p(x)u_p'(x))' + q(x)u_p(x)\right)dx \\
&= \int_a^b \left(p(x)u_*'(x)u_p'(x) + q(x)u_*(x)u_p(x)\right)dx \\
&= \int_a^b \left(-(p(x)u_*'(x))'u_p(x) + q(x)u_*(x)u_p(x)\right)dx + p(b)u_*'(b)u_p(b) \\
&= p(b)u_*'(b)u_p(b)\,.
\end{aligned}
$$

Da $p(b) > 0$, muss $u_p(b) = 0$ gelten und u_p wäre zugleich Lösung unseres Randwertproblems, oder aber es ist $u'_*(b) = 0$. Die gleiche Argumentation für eine
partikuläre Lösung u_p mit der Anfangsbedingung $u_p(b) = 0$ würde im Übrigen
auf $u'_*(a) = 0$ führen. Es kann aber weder $u'_*(a) = 0$ noch $u'_*(b) = 0$ gelten, denn
dann müsste das lineare Gleichungssystem

$$u_*(b) = c_1 u_1(b) + c_2 u_2(b) = 0\,,$$
$$u'_*(b) = c_1 u'_1(b) + c_2 u'_2(b) = 0$$

(bzw. jenes an der Stelle a) eine nichttriviale Lösung besitzen. Dies aber hieße,
dass die WRONSKI-Determinante an der Stelle b (bzw. a) verschwindet, was der
Annahme, dass u_1 und u_2 linear unabhängig sind, widerspricht. (Wegen $u \in$
$C^2[a, b]$ können die Betrachtungen in Lemma 2.1.1 auf das abgeschlossene Intervall
$[a, b]$ ausgedehnt werden.)   #

Bemerkung 2.6.3 Sei

$$(Lu)(x) := -(p(x)u'(x))' + q(x)u(x)\,, \quad x \in [a, b]\,.$$

Dann gilt für alle Funktionen $u, v \in C^2[a, b]$ mit $u(a) = u(b) = v(a) = v(b)$

$$(Lu, v)_{0,2} = (u, Lv)_{0,2}\,,$$

wie vermittels partieller Integration gezeigt werden kann (siehe Aufgabe 5.20).
Dabei war $(\cdot, \cdot)_{0,2}$ das durch (2.2.3) definierte Skalarprodukt. Man sagt auch,
L sei (als Operator im Prä-HILBERT[1]-Raum $C[a, b]$, ausgestattet mit dem Skalarprodukt $(\cdot, \cdot)_{0,2}$) ein *symmetrischer Differentialoperator*. Schwächt man den
Ableitungsbegriff ab (siehe Abschnitt 3.1) und betrachtet L als Operator im
HILBERT-Raum $L^2(a, b)$ (mit dem Definitionsbereich, der aus allen Funktionen
besteht, deren erste und zweite so genannte schwache Ableitung existiert und
in $L^2(a, b)$ liegt und die auf dem Rand verschwinden, siehe auch Seite 58 f.), so
ist L sogar *selbstadjungiert*. Für selbstadjungierte Operatoren hält die Lineare
Funktionalanalysis eine ausgefeilte Theorie bereit.   #

Die Sätze 2.4.1, 2.4.2 und 2.6.2 bilden zusammen die so genannte FREDHOLM*sche*[2]
Alternative für das STURM-LIOUVILLE-Problem: Entweder ist das inhomoge-

---

[1]David HILBERT, geb. 1862 in Königsberg (heute Kaliningrad), gest. 1943 in Göttingen.
HILBERT wirkte im damaligen Königsberg und in Göttingen und arbeitete zur Invariantentheorie, Zahlentheorie, Geometrie, Funktionentheorie, Analysis, Physik und Theorie der Integralgleichungen. Berühmt geworden ist HILBERT wohl für seine Rede auf dem Internationalen
Mathematiker-Kongress im Jahre 1900 in Paris, in der er 23 (dazumal) ungelöste Probleme
aus den verschiedensten Gebieten der Mathematik vorstellte. Eine Biographie findet sich in
WUSSING und ARNOLD [149], ebenso in SAXE [119].
[2]Erik Ivar FREDHOLM, geb. 1866 in Stockholm, gest. 1927 in Mörby. FREDHOLM arbeitete
vorwiegend über Integralgleichungen und Spektraltheorie.

ne Problem eindeutig lösbar oder das homogene Problem besitzt nichttriviale Lösungen.

Fassen wir zusammen: Besitzt das zugehörige homogene Problem nur die triviale Lösung (etwa wenn q nichtnegativ ist), so gibt es genau eine Lösung des inhomogenen Problems, die mit Hilfe der GREENschen Funktion darstellbar ist. Gibt es dagegen eine nichttriviale Lösung des zugehörigen homogenen Problems, so besitzt das inhomogene Problem genau dann mindestens eine Lösung, wenn die Kompatibilitätsbedingung für die rechte Seite erfüllt ist, wenn also die rechte Seite bezüglich des Skalarprodukts (2.2.3) orthogonal zum Unterraum aller Lösungen des zugehörigen homogenen Problems ist. Ist die Lösung des inhomogenen Problems eindeutig, so kann das homogene Problem nur die triviale Lösung besitzen.

2.7 GREENsche Funktion und semilineare Probleme II

In diesem Abschnitt wollen wir uns den semilinearen Aufgaben der Gestalt

$$-u''(x) + c(x)u'(x) + d(x)u(x) = f(x, u(x), u'(x)), \quad x \in (a, b),$$
$$u(a) = u(b) = 0, \tag{2.7.1}$$

mit $c, d \in \mathcal{C}[a, b]$ zuwenden. Die Einschränkung auf homogene DIRICHLETsche Randdaten ist wiederum unwesentlich, denn inhomogene Randdaten können wir in die rechte Seite transformieren.

Wir zeigen zunächst eine Verallgemeinerung des Satzes 2.3.2.

Satz 2.7.1 *Es sei $f : [a, b] \times \mathbb{R} \times \mathbb{R}$ stetig und genüge einer LIPSCHITZ-Bedingung: Es gibt Zahlen $L, L' \geq 0$, so dass für alle $x \in [a, b]$ und $s, t, s', t' \in \mathbb{R}$*

$$|f(x, s, s') - f(x, t, t')| \leq L|s - t| + L'|s' - t'|$$

gilt. Ferner möge das zugehörige homogene Problem

$$-u''(x) + c(x)u'(x) + d(x)u(x) = 0, \quad x \in (a, b), \, u(a) = u(b) = 0 \tag{2.7.2}$$

nur die triviale Lösung besitzen. Sei $G = G(x, \xi)$ die durch (2.4.1) definierte zugehörige GREENsche Funktion. Gilt

$$\max_{x \in [a,b]} \int_a^b \left(L|G(x, \xi)| + L' \left| \frac{\partial G(x, \xi)}{\partial x} \right| \right) d\xi < 1, \tag{2.7.3}$$

so besitzt das semilineare Randwertproblem (2.7.1) genau eine klassische Lösung.

Beweis. Der Beweis ist analog zum Beweis von Satz 2.3.2.

Da das zugehörige homogene Problem nur die triviale Lösung besitzt, ist die GREENsche Funktion (2.4.1) wohldefiniert. Auch die in (2.7.3) auftretenden Maxima existieren. Wir betrachten die Integralgleichung

$$u(x) = \int_a^b G(x,\xi)f(\xi, u(\xi), u'(\xi))d\xi =: (Tu)(x)\,. \tag{2.7.4}$$

Angenommen, es gibt ein u, welches dieser Integralgleichung genügt, so kann gezeigt werden, dass u sowohl der Differentialgleichung aus (2.7.1) als auch den Randbedingungen $u(a) = u(b) = 0$ genügt und in $\mathcal{C}^2(a,b) \cap \mathcal{C}[a,b]$ liegt. Umgekehrt genügt jede klassische Lösung des Randwertproblems (2.7.1) der Integralgleichung (2.7.4) (siehe Aufgabe 5.22). Es ist deshalb die eindeutige Lösbarkeit der Integralgleichung (2.7.4) zu zeigen, die wir wiederum als ein Fixpunktproblem auffassen können.

Zunächst halten wir fest, dass T den BANACH-Raum $\mathcal{C}^1[a,b]$ in sich abbildet: Ist $v \in \mathcal{C}^1[a,b]$, so ist $\xi \mapsto f(\xi, v(\xi), v'(\xi))$ auf $[a,b]$ wohldefiniert. Es bleibt zu zeigen, dass $(Tv)' \in \mathcal{C}[a,b]$. Analog zu

$$\frac{d}{dx}\int_a^b G(x,\xi)\,d\xi = \int_a^b \frac{\partial G(x,\xi)}{\partial x}\,d\xi \tag{2.7.5}$$

(siehe Aufgabe 5.23) gilt mit (2.4.1)

$$(Tv)'(x) = \int_a^b \frac{\partial G(x,\xi)}{\partial x} f(\xi, v(\xi), v'(\xi))\,d\xi$$

$$= B'(x)\int_a^x \frac{A(\xi)}{RW(\xi)} f(\xi, v(\xi), v'(\xi))\,d\xi + A'(x)\int_x^b \frac{B(\xi)}{RW(\xi)} f(\xi, v(\xi), v'(\xi))\,d\xi\,.$$

In die Determinanten A und B gehen lediglich die beiden linear unabhängigen klassischen Lösungen der zugehörigen homogenen Differentialgleichung ein, die nach Satz 2.1.2 aber in $\mathcal{C}^2[a,b]$ liegen. Dies und die Stetigkeit des Integrals als Funktion der oberen Grenze zeigen die stetige Differenzierbarkeit von $x \mapsto (Tv)(x)$ auf dem Intervall $[a,b]$.

Auf dem Raum $\mathcal{C}^1[a,b]$ führen wir nun die zur üblichen Norm $\|v\|_{\mathcal{C}^1[a,b]} := \max_{x\in[a,b]}(|v(x)| + |v'(x)|)$ äquivalente Norm

$$\|v\| := \max_{x\in[a,b]}\left(L\,|v(x)| + L'\,|v'(x)|\right)$$

ein. Für beliebige Funktionen $v, w \in \mathcal{C}^1[a, b]$ gilt

$$
\begin{aligned}
|(Tv)(x) - (Tw)(x)| &= \left| \int_a^b G(x, \xi) \left(f(\xi, v(\xi), v'(\xi)) - f(\xi, w(\xi), w'(\xi)) \right) d\xi \right| \\
&\leq \int_a^b |G(x, \xi)| \left| f(\xi, v(\xi), v'(\xi)) - f(\xi, w(\xi), w'(\xi)) \right| d\xi \\
&\leq \int_a^b |G(x, \xi)| \left(L\,|v(\xi) - w(\xi)| + L'\,|v'(\xi) - w'(\xi)| \right) d\xi \\
&\leq \int_a^b |G(x, \xi)|\, d\xi\, \|v - w\|.
\end{aligned}
$$

Außerdem gilt

$$
\begin{aligned}
|(Tv)'(x) - (Tw)'(x)| &= \left| \frac{d}{dx} \int_a^b G(x, \xi) \left(f(\xi, v(\xi), v'(\xi)) - f(\xi, w(\xi), w'(\xi)) \right) d\xi \right| \\
&= \left| \int_a^b \frac{\partial G(x, \xi)}{\partial x} \left(f(\xi, v(\xi), v'(\xi)) - f(\xi, w(\xi), w'(\xi)) \right) d\xi \right| \\
&\leq \int_a^b \left| \frac{\partial G(x, \xi)}{\partial x} \right| \left| f(\xi, v(\xi), v'(\xi)) - f(\xi, w(\xi), w'(\xi)) \right| d\xi \\
&\leq \int_a^b \left| \frac{\partial G(x, \xi)}{\partial x} \right| \left(L\,|v(\xi) - w(\xi)| + L'\,|v'(\xi) - w'(\xi)| \right) d\xi \\
&\leq \int_a^b \left| \frac{\partial G(x, \xi)}{\partial x} \right| d\xi\, \|v - w\|.
\end{aligned}
$$

Somit folgt

$$
\begin{aligned}
\|Tv - Tw\| &= \max_{x \in [a,b]} \left(L\,|(Tv)(x) - (Tw)(x)| + L'\,|(Tv)'(x) - (Tw)'(x)| \right) \\
&\leq \max_{x \in [a,b]} \int_a^b \left(L\,|G(x, \xi)| + L' \left| \frac{\partial G(x, \xi)}{\partial x} \right| \right) d\xi\, \|v - w\|
\end{aligned}
$$

und unter der Voraussetzung (2.7.3) ist die Abbildung T kontrahierend. Nach dem BANACHschen Fixpunktsatz (Satz A.2.2) gibt es folglich genau eine Funktion $u \in \mathcal{C}^1[a, b]$, welche Lösung der Integralgleichung (2.7.4) ist.   #

Auch hier ist wieder zu erwähnen, dass die Forderung der globalen LIPSCHITZ-Stetigkeit sehr stark ist, der Beweis aber im konkreten Fall bei zusätzlichem Wissen über die Lösungsmenge oft mit geringeren Voraussetzungen auskommt.

Die Abschätzung (2.7.3) kann für gegebene Koeffizienten c, d quantifiziert werden, indem die GREENsche Funktion (2.4.1) berechnet wird. Für den Spezialfall $c \equiv 0$,

$d \equiv 0$ wissen wir wegen (2.3.5) bereits, dass

$$\max_{x\in[a,b]} \int_a^b |G(x,\xi)|\, d\xi = \frac{(b-a)^2}{8}\,.$$

Wegen (2.3.1) gilt ferner

$$\int_a^b \left| \frac{\partial G(x,\xi)}{\partial x} \right| d\xi = \frac{1}{b-a}\int_a^x (\xi - a)\, d\xi + \frac{1}{b-a}\int_x^b (b-\xi)\, d\xi$$

$$= \frac{(x-a)^2 + (b-x)^2}{2(b-a)}\,,$$

so dass das Maximum an den Rändern $x = a$ und $x = b$ angenommen wird mit

$$\max_{x\in[a,b]} \int_a^b \left| \frac{\partial G(x,\xi)}{\partial x} \right| d\xi = \frac{b-a}{2}\,.$$

Die Voraussetzung (2.7.3) ist demnach erfüllt, sofern

$$L\,\frac{(b-a)^2}{8} + L'\,\frac{b-a}{2} < 1\,.$$

Sind die LIPSCHITZ-Konstanten zu groß oder ist die rechte Seite nicht LIPSCHITZ-stetig, wohl aber beschränkt, so können wir noch immer die Existenz einer Lösung zeigen, verlieren aber die Einzigkeit. Dies zeigt der nachfolgende Satz von SCORZA DRAGONI[1].

Satz 2.7.2 (SCORZA DRAGONI, 1935) *Es sei $f : [a,b] \times \mathbb{R} \times \mathbb{R}$ stetig und beschränkt. Ferner möge das zugehörige homogene Problem (2.7.2) nur die triviale Lösung besitzen. Dann existiert mindestens eine klassische Lösung des semilinearen Randwertproblems (2.7.1).*

Beweis. Wir wollen die Schranke von f mit M bezeichnen, so dass für alle $x \in [a,b]$ und $s, s' \in \mathbb{R}$

$$|f(x,s,s')| \le M$$

gilt. Bereits im vorstehenden Beweis zu Satz 2.7.1 hatten wir die Randwertaufgabe auf ein Fixpunktproblem zurückgeführt. Auch hier betrachten wir wieder die Integralgleichung (2.7.4), wollen aber den SCHAUDERschen[2] Fixpunktsatz (Satz A.2.13) anwenden.

---

[1]Giuseppe SCORZA DRAGONI, geb. 1908, gest. 1996. SCORZA DRAGONI wirkte als Mathematiker an der Universität von Padova und war seit 1979 Mitglied der Academia Nazionale delle Scienze.

[2]Juliusz Pawel SCHAUDER, geb. 1899 in Lemberg (Lwów, heute Lviv), gest. 1943 ebd. SCHAUDER gehörte zur von BANACH begründeten Lemberger Schule der Funktionalanalysis. Sein großes Verdienst ist die Verwendung topologischer Methoden in der Theorie der BANACH-Räume und deren Anwendung auf die Untersuchung nichtlinearer Differentialgleichungen.

Dazu betrachten wir im BANACH-Raum $\mathcal{C}^1[a, b]$ die abgeschlossene Kugel

$$\bar{B}(0, r) := \left\{ v \in \mathcal{C}^1[a, b] : \|v\|_{\mathcal{C}^1[a,b]} \leq r \right\}$$

mit dem Radius

$$r := M \max_{x \in [a,b]} \int_a^b \left(|G(x, \xi)| + \left| \frac{\partial G(x, \xi)}{\partial x} \right| \right) d\xi.$$

Wir können $r > 0$ annehmen, da sonst $M = 0$ und mithin $f \equiv 0$ gilt. Die Kugel $\bar{B}(0, r)$ ist beschränkt und außerdem konvex, denn aus $v, w \in \bar{B}(0, r)$ folgt für beliebige $\theta \in [0, 1]$

$$\|\theta v + (1 - \theta)w\|_{\mathcal{C}^1[a,b]} \leq \theta \|v\|_{\mathcal{C}^1[a,b]} + (1 - \theta) \|w\|_{\mathcal{C}^1[a,b]} \leq \theta r + (1 - \theta) r = r,$$

so dass die Konvexkombination $\theta v + (1 - \theta)w$ wieder in $\bar{B}(0, r)$ liegt.

Der Operator T bildet die Kugel $\bar{B}(0, r)$ in sich ab, denn wir wissen bereits aus dem Beweis zu Satz 2.7.1, dass aus $v \in \mathcal{C}^1[a, b]$ auch $Tv \in \mathcal{C}^1[a, b]$ folgt. Weiterhin gilt für beliebige $v \in \bar{B}(0, r)$

$$|(Tv)(x)| + |(Tv)'(x)| = \left| \int_a^b G(x, \xi) \left(f(\xi, v(\xi), v'(\xi)) \right) d\xi \right|$$

$$+ \left| \frac{d}{dx} \int_a^b G(x, \xi) \left(f(\xi, v(\xi), v'(\xi)) \right) d\xi \right|$$

$$\leq \int_a^b \left(|G(x, \xi)| + \left| \frac{\partial G(x, \xi)}{\partial x} \right| \right) |f(\xi, v(\xi), v'(\xi))| \, d\xi$$

$$\leq M \int_a^b \left(|G(x, \xi)| + \left| \frac{\partial G(x, \xi)}{\partial x} \right| \right) d\xi,$$

so dass $\|Tv\|_{\mathcal{C}^1[a,b]} \leq r$.

Wir zeigen nun, dass T kompakt ist. Dazu müssen wir nachweisen, dass T stetig ist und beschränkte Mengen in relativ kompakte Mengen abbildet bzw. jede Bildfolge einer beschränkten Folge eine konvergente Teilfolge enthält (siehe auch Seite 278). Für Letzteres werden wir den Satz von ARZELÀ[1]-ASCOLI[2] (Satz A.2.7) anwenden.

---

[1]Cesare ARZELÀ, geb. 1847 in Santo Stefano di Magra, gest. 1912 ebd. Nach seiner Promotion im Jahre 1871 an der Scuola Normale di Pisa wirkte ARZELÀ in Palermo und Bologna und beschäftigte sich vor allem mit der Theorie der reellen Funktionen.

[2]Giulio ASCOLI, geb. 1843 in Trieste, gest. 1896 in Milano. ASCOLI studierte an der Scuola Normale di Pisa und war später Professor in Milano. Er befasste sich mit der Theorie der reellen Funktionen.

Zunächst aber zur Stetigkeit: Auf der kompakten Menge $\{(\xi, s, s') \in [a, b] \times \mathbb{R} \times \mathbb{R} : |s| + |s'| \le r\}$ ist f gleichmäßig stetig. Zu beliebigem $\varepsilon > 0$ gibt es daher ein $\delta > 0$, so dass für alle $\xi \in [a, b]$ und $s, s', t, t' \in \mathbb{R}$ mit $|s| + |s'| \le r$, $|t| + |t'| \le r$ aus

$$|s - s'| + |t - t'| < \delta$$

folgt

$$|f(\xi, s, s') - f(\xi, t, t')| < \tilde{\varepsilon} := \varepsilon \left(\max_{x \in [a,b]} \int_a^b \left(|G(x, \xi)| + \left| \frac{\partial G(x, \xi)}{\partial x} \right| \right) d\xi \right)^{-1}.$$

Sei $v \in \bar{B}(0, r)$ beliebig. Dann folgt demnach für alle $w \in \bar{B}(0, r)$ aus

$$|v(\xi) - w(\xi)| + |v'(\xi) - w'(\xi)| \le \|v - w\|_{C^1[a,b]} < \delta$$

auch

$$|f(\xi, v(\xi), v'(\xi)) - f(\xi, w(\xi), w'(\xi))| < \tilde{\varepsilon}.$$

Somit gilt

$$\|Tv - Tw\|_{C^1[a,b]} = \max_{x \in [a,b]} \left(\left| \int_a^b G(x, \xi) \left(f(\xi, v(\xi), v'(\xi)) - f(\xi, w(\xi), w'(\xi)) \right) d\xi \right| \right.$$

$$\left. + \left| \frac{d}{dx} \int_a^b G(x, \xi) \left(f(\xi, v(\xi), v'(\xi)) - f(\xi, w(\xi), w'(\xi)) \right) d\xi \right| \right)$$

$$\le \max_{x \in [a,b]} \int_a^b \left(|G(x, \xi)| + \left| \frac{\partial G(x, \xi)}{\partial x} \right| \right) |f(\xi, v(\xi), v'(\xi)) - f(\xi, w(\xi), w'(\xi))| \, d\xi$$

$$< \max_{x \in [a,b]} \int_a^b \left(|G(x, \xi)| + \left| \frac{\partial G(x, \xi)}{\partial x} \right| \right) d\xi \, \tilde{\varepsilon} = \varepsilon.$$

Sei $\{u_n\}$ eine beliebige Folge aus $\bar{B}(0, r)$. Diese ist beschränkt, denn $\bar{B}(0, r)$ selbst ist beschränkt. Wir betrachten die Bildfolge $\{Tu_n\}$ und wissen bereits, dass $\|Tu_n\|_{C^1[a,b]} \le r$, so dass die Funktionen Tu_n gleichmäßig beschränkt sind. Die Funktionen Tu_n sind außerdem gleichgradig stetig, denn für beliebige $x, y \in [a, b]$ und $n = 1, 2, \ldots$ gilt

$$(Tu_n)(x) - (Tu_n)(y) = \int_a^b (G(x, \xi) - G(y, \xi)) \, f(\xi, u_n(\xi), u_n'(\xi)) \, d\xi$$

und $x \mapsto G(x, \xi)$ ist stetig auf $[a, b]$ (unabhängig von n). Nach dem Satz von ARZELÀ-ASCOLI (Satz A.2.7) gibt es daher eine Teilfolge $\{Tu_{n'}\}$, die in $C[a, b]$ konvergiert. Der Grenzwert – wir wollen ihn g nennen – ist eine auf $[a, b]$ stetige Funktion.

Betrachten wir nun weiter die Funktionen $Tu_{n'}$, so wissen wir bereits, dass auch deren Ableitungen gleichmäßig beschränkt sind. Außerdem gilt mit (2.4.1) für beliebige $x, y \in [a, b]$ (ohne Beschränkung der Allgemeinheit sei $x < y$) und beliebige Indizes n' der Teilfolge

$$(Tu_{n'})'(x) - (Tu_{n'})'(y) = \int_a^b \left(\frac{\partial G(x, \xi)}{\partial x} - \frac{\partial G(y, \xi)}{\partial x} \right) f(\xi, u_n(\xi), u_n'(\xi)) \, d\xi$$

$$= (B'(x) - B'(y)) \int_a^x \frac{A(\xi)}{RW(\xi)} f(\xi, u_n(\xi), u_n'(\xi)) \, d\xi$$

$$+ \int_x^y \frac{A'(x)B(\xi) - A(\xi)B'(y)}{RW(\xi)} f(\xi, u_n(\xi), u_n'(\xi)) \, d\xi$$

$$+ (A'(x) - A'(y)) \int_y^b \frac{B(\xi)}{RW(\xi)} f(\xi, u_n(\xi), u_n'(\xi)) \, d\xi \, .$$

Geeignetes Abschätzen führt auf

$$\left| (Tu_{n'})'(x) - (Tu_{n'})'(y) \right| \leq M \left| B'(x) - B'(y) \right| \int_a^b \left| \frac{A(\xi)}{RW(\xi)} \right| d\xi$$

$$+ M \int_x^y \left| \frac{A'(x)B(\xi) - A(\xi)B'(y)}{RW(\xi)} \right| d\xi + M \left| A'(x) - A'(y) \right| \int_a^b \left| \frac{B(\xi)}{RW(\xi)} \right| d\xi \, .$$

Da in die Determinanten A und B lediglich die beiden linear unabhängigen klassischen Lösungen der zugehörigen homogenen Differentialgleichung eingehen, die nach Satz 2.1.2 in $\mathcal{C}^2[a, b]$ liegen, sind A und B jedenfalls stetig differenzierbar auf $[a, b]$. Dies und die absolute Stetigkeit des Integrals zeigen die gleichgradige Stetigkeit der Funktionen $(Tu_{n'})'$. Nach dem Satz von ARZELÀ-ASCOLI (Satz A.2.7) gibt es daher eine Teilfolge von Ableitungen $\{(Tu_{n''})'\}$, die in $\mathcal{C}[a, b]$ gegen eine auf $[a, b]$ stetige Funktion h konvergiert.

Selbstverständlich bleibt auch die „Teilfolge der Teilfolge" $\{Tu_{n''}\}$ in $\mathcal{C}[a, b]$ konvergent mit dem Limes g. Es gilt sogar $g' = h$ (siehe Aufgabe 5.24). Also ist $\{Tu_{n''}\}$ konvergent in $\mathcal{C}^1[a, b]$, womit die Kompaktheit von T gezeigt ist.

Nach alledem können wir nun den SCHAUDERschen Fixpunktsatz (Satz A.2.13) anwenden und erhalten, dass T mindestens einen Fixpunkt besitzt, der in der Kugel $\bar{B}(0, r)$ liegt. Dieser ist eine Lösung des ursprünglichen Randwertproblems.

$$\#$$

Beispiel 2.7.3 Vorgelegt sei das semilineare Randwertproblem

$$-u''(x) = f(u(x)), \quad x \in (-6, 6), \ u(-6) = u(6) = 0,$$

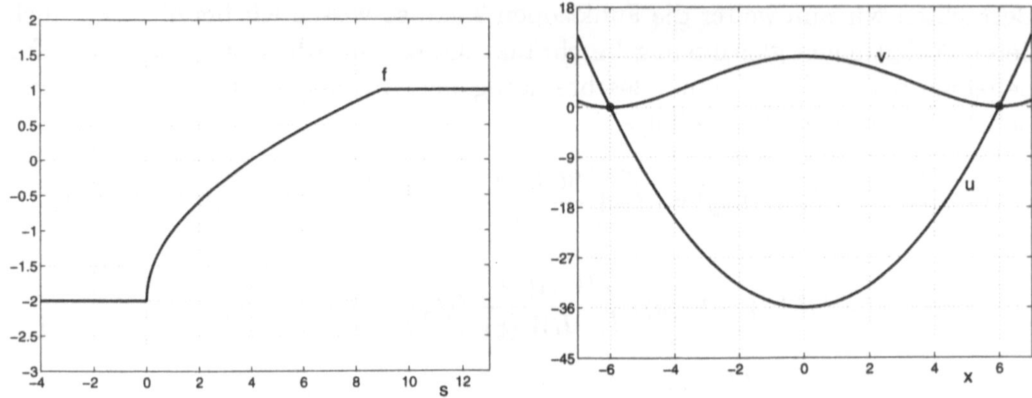

Bild 2.7.1: Rechte Seite und Lösungen zu Beispiel 2.7.3

wobei

$$f(s) := \begin{cases} -2 & \text{für } s \leq 0, \\ \sqrt{s} - 2 & \text{für } 0 \leq s \leq 9, \\ 1 & \text{für } s \geq 9. \end{cases}$$

Offenbar ist f (siehe auch Bild 2.7.1) beschränkt, jedoch in $s = 0$ nicht LIPSCHITZ-stetig. Denn sei $L > 0$ beliebig, so können wir zum Beispiel

$$t^* = \begin{cases} 1 & \text{falls } L < 1, \\ \frac{1}{4L^2} & \text{falls } L \geq 1 \end{cases}$$

wählen und es gilt mit $s = 0$

$$|f(s) - f(t^*)| = \sqrt{t^*} > L\,t^* = L\,|s - t^*|\,.$$

Nach dem Satz von SCORZA DRAGONI gibt es mindestens eine klassische Lösung. Tatsächlich können wir sogar zwei verschiedene Lösungen (siehe auch Bild 2.7.1)

$$u(x) = x^2 - 36\,, \quad v(x) = \left(\frac{x^2}{12} - 3\right)^2$$

angeben: Beide Funktionen genügen den homogenen Randbedingungen. Wegen

$$u''(x) = 2 = -f(u(x)) \quad (\text{beachte } u(x) \leq 0 \text{ für } x \in [-6, 6])$$

und

$$v''(x) = \frac{x^2}{12} - 1 = -\left|\frac{x^2}{12} - 3\right| + 2 = -f(v(x))$$

$$\text{(beachte } -3 \le \frac{x^2}{12} - 3 \le 0 \text{ und } 0 \le v(x) \le 9 \text{ für } x \in [-6, 6])$$

genügen u und v im Intervall $[-6, 6]$ auch der Differentialgleichung.   #

2.8 Ober- und Unterlösungen

Nachteilig am Satz 2.7.2 von SCORZA DRAGONI ist die Forderung der Beschränkt-heit von f. Existenzsätze bei unbeschränkter rechter Seite beruhen oftmals auf so genannten *Ober- und Unterlösungen*[1]. Die grundlegende Methode wollen wir in diesem Abschnitt kennen lernen.

Definition 2.8.1 *Die Funktion v bzw. w ($v, w \in \mathcal{C}^2[a, b]$) heißt Unter- bzw. Oberlösung für das Randwertproblem*

$$(Lu)(x) := -u''(x) = f(x, u(x), u'(x)), \quad x \in (a, b), \ u(a) = u(b) = 0. \quad (2.8.1)$$

genau dann, wenn für alle $x \in [a, b]$

$$(Lv)(x) \le f(x, v(x), v'(x)) \quad bzw. \quad f(x, w(x), w'(x)) \le (Lw)(x)$$

sowie

$$v(a) \le 0 \le w(a) \quad und \quad v(b) \le 0 \le w(b)$$

gilt.

Wir betrachten zunächst das einfachere Randwertproblem

$$-u''(x) = f(x, u(x)), \quad x \in (a, b), \ u(a) = u(b) = 0. \quad (2.8.2)$$

Dann gilt folgender

Satz 2.8.2 *Sei $f = f(x, s)$ auf $[a, b] \times \mathbb{R}$ stetig. Sei ferner v bzw. w eine Unter- bzw. Oberlösung für das Randwertproblem (2.8.2) mit $v(x) \le w(x)$ ($x \in [a, b]$). Dann besitzt (2.8.2) mindestens eine klassische Lösung u und es gilt $v(x) \le u(x) \le w(x)$ ($x \in [a, b]$).*

---

[1]Manche Autoren (so zum Beispiel WALTER [146]) sprechen auch von *Ober- und Unter-funktionen*. Im Englischen ist zwischen *lower* und *upper solutions* (Ober- und Unterlösungen in unserem Sinne), *super-* und *subfunctions* sowie *over-* und *underfunctions* zu unterscheiden, zwischen denen es enge Zusammenhänge gibt. Näheres findet man in BERNFELD und LAKSHMI-KANTHAM [13].

Beweis. Ist f beschränkt, so liefert bereits der Satz von SCORZA DRAGONI die gewünschte Aussage. Andernfalls betrachten wir die abgeschlossene, beschränkte Menge (siehe auch Bild 2.8.1)

$$\Omega := \{(x,s) : x \in [a,b] \text{ und } v(x) \le s \le w(x)\}\,.$$

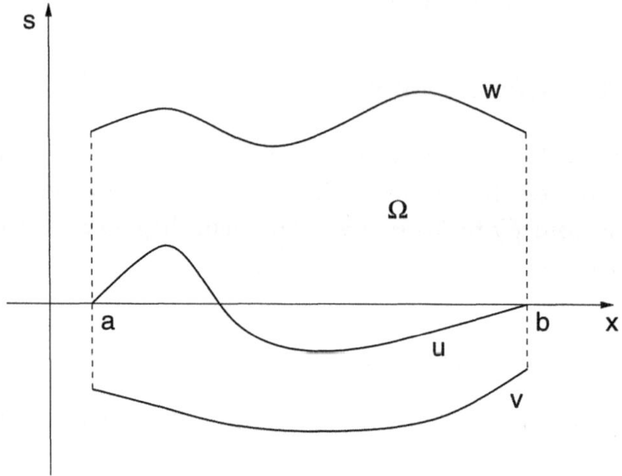

Bild 2.8.1: Lösung nebst Ober- und Unterlösung sowie Menge Ω

Da f stetig ist, ist f auf Ω beschränkt. Wir setzen nun f außerhalb von Ω in s konstant fort: Sei

$$\tilde{f}(x,s) := \begin{cases} f(x,v(x)) & \text{für } x \in [a,b] \text{ und } s \le v(x), \\ f(x,s) & \text{für } (x,s) \in \Omega, \\ f(x,w(x)) & \text{für } x \in [a,b] \text{ und } s \ge w(x). \end{cases}$$

Wegen der Stetigkeit von v und w auf $[a,b]$ ist $\tilde{f}$ beschränkt, so dass es nach dem Satz von SCORZA DRAGONI (Satz 2.7.2) eine Lösung $\tilde{u}$ des Randwertproblems

$$-\tilde{u}''(x) = \tilde{f}(x,\tilde{u}(x))\,, \quad x \in (a,b)\,, \ \tilde{u}(a) = \tilde{u}(b) = 0\,,$$

gibt. Außerdem verläuft – wie wir sogleich zeigen werden – die Funktion $\tilde{u}$ in Ω. Mithin ist $\tilde{u}$ zugleich Lösung des ursprünglichen Randwertproblems (2.8.2).

Angenommen, $\tilde{u}$ verläuft nicht in Ω. Dann gibt es ein $\hat{x} \in [a,b]$, so dass $\tilde{u}(\hat{x}) < v(\hat{x})$ oder $\tilde{u}(\hat{x}) > w(\hat{x})$. Wir beschränken uns auf den ersten Fall, denn die Betrachtung des zweiten Falles ist analog.

Die Stelle $\hat{x}$ muss sogar im Innern des Intervalls $[a, b]$ liegen, denn am Rand gilt $\tilde{u}(a) = 0 \geq v(a)$ (und entsprechend für b). Da $\tilde{u}$ und v stetig sind, gibt es ein offenes Intervall $I \subset [a, b]$, so dass $\tilde{u}(x) < v(x)$ für alle $x \in I$. Wir können annehmen, $\hat{x} \in I$ sei derart gewählt, als dass die Funktion $\phi(x) := v(x) - \tilde{u}(x) > 0$ auf I in $\hat{x}$ ihr Maximum annimmt und das Intervall I maximal in dem Sinne ist, dass $\phi(x) = 0$ auf dem Rand von I.

Zugleich gilt für alle $x \in I$ wegen der Annahme $(x, \tilde{u}(x)) \notin \Omega$

$$-\phi''(x) = -v''(x) + \tilde{u}''(x) \leq f(x, v(x)) - \tilde{f}(x, \tilde{u}(x)) = 0 \,.$$

Nach dem starken Maximumprinzip (Satz 2.5.8) muss ϕ sodann in I konstant sein, was jedoch ein Widerspruch zu der Tatsache ist, dass ϕ im Innern positiv ist, auf dem Rand von I jedoch verschwindet. Also kann es kein $\hat{x} \in [a, b]$ mit $\tilde{u}(\hat{x}) < v(\hat{x})$ geben. (Entsprechendes gilt für die Oberlösung.)   #

Beispiel 2.8.3 Vorgelegt sei das semilineare Randwertproblem

$$-u''(x) = f(x, u(x)) := 3 + u(x) \sin u(x) \,, \quad x \in (0, 1) \,, \; u(0) = u(1) = 0 \,.$$

Sei $v(x) = -\cos(2x - 1)$. Dann gilt $v(x) \leq 0$ $(x \in [0, 1])$ sowie

$$-v''(x) = 4v(x) \leq 0 \leq 3 + v(x) \sin v(x) = f(x, v(x)) \,,$$

so dass v eine Unterlösung ist. Sei $w(x) = 2\cos(2x - 1)$. Dann gilt $w(x) \geq 1$ $(x \in [0, 1])$ sowie

$$-w''(x) = 4w(x) \geq 3 + w(x) \geq 3 + w(x) \sin w(x) = f(x, w(x)) \,,$$

so dass w eine Oberlösung ist. Außerdem gilt $v(x) \leq w(x)$ für $x \in [0, 1]$.

Nach Satz 2.8.2 besitzt das Randwertproblem mindestens eine klassische Lösung u, die zwischen v und w liegt.   #

Für das Randwertproblem (2.8.1) gilt

Satz 2.8.4 *Es seien v bzw. w eine Unter- bzw. Oberlösung für das Randwert-problem (2.8.1) mit $v(x) \leq w(x)$ ($x \in [a, b]$). Ferner sei $f = f(x, s, s')$ auf $[a, b] \times \mathbb{R} \times \mathbb{R}$ stetig und genüge der so genannten* NAGUMO-*Bedingung: Es gibt eine stetige Funktion $g : \mathbb{R}_0^+ \to \mathbb{R}^+$, so dass für alle $(x, s) \in \{[a, b] \times \mathbb{R} : v(x) \leq s \leq w(x)\}$ und $s' \in \mathbb{R}$*

$$|f(x, s, s')| \leq g(|s'|) \tag{2.8.3a}$$

sowie

$$\int_{z_0}^{\infty} \frac{z}{g(z)}\, dz > \max_{x\in[a,b]} w(x) - \min_{x\in[a,b]} v(x)\,, \quad z_0 = \frac{\max\left(w(a)-v(b), w(b)-v(a)\right)}{b-a}\,,$$

$$(2.8.3\mathrm{b})$$

gilt. Dann gibt es mindestens eine klassische Lösung u des Randwertproblems (2.8.1) und es gilt $v(x) \le u(x) \le w(x)$ für $x \in [a,b]$.

Wir werden hier auf einen *Beweis* verzichten. Ein wesentlicher Beweisschritt liegt darin zu zeigen, dass u' beschränkt ist, sofern u beschränkt ist. Den vollständigen Beweis von Satz 2.8.4 findet der Leser in BERNFELD und LAKSHMIKANTHAM [13, Thm. 1.5.1 sowie Abschn. 1.4 und 1.5, S. 25 ff.].

Die Bedingung (2.8.3) geht auf eine Arbeit von NAGUMO[1] aus dem Jahre 1937 zurück, wenngleich wohl schon BERNSTEIN[2] einige Zeit zuvor zu ähnlichen Resultaten gelangt war.

Die NAGUMO-Bedingung (2.8.3) ist erfüllt, wenn für g

$$\int^{\infty} \frac{z}{g(z)}\, dz = \infty$$

gilt. Dies ist insbesondere der Fall, wenn $f = f(x,s,s')$ für $|s'| \to \infty$ nicht schneller als $|s'|^2$ wächst, genauer: Gibt es eine positive und auf jedem beschränkten Intervall beschränkte Funktion $c = c(s)$, so dass für alle $x \in [a,b]$, $s \in \mathbb{R}$ und $s' \in \mathbb{R}$

$$|f(x,s,s')| \le c(s)\left(1 + |s'|^2\right)$$

gilt, so können wir

$$g(z) := \bar{c}\left(1 + z^2\right)\,, \quad \bar{c} := \sup\left\{ c(s) : \min_{x\in[a,b]} v(x) \le s \le \max_{x\in[a,b]} w(x) \right\}\,,$$

wählen. Wegen

$$\int_{z_0}^{\infty} \frac{z}{1+z^2}\, dz = \left[\frac{1}{2}\ln\left(1+z^2\right)\right]_{z=z_0}^{\infty} = \infty$$

ist die NAGUMO-Bedingung (2.8.3) erfüllt.

---

[1] Michio (Mitio) NAGUMO, geb. 1905. NAGUMO gilt als einer der Pioniere der Theorie der Differentialgleichungen. Nach seinem Studium in Tokyo war er Professor in Osaka, dann in Tokyo. Seine mathematischen Veröffentlichungen (vorwiegend in deutscher Sprache abgefasst) sind in einem Sammelband [98] von YAMAGUTI et al. herausgegeben worden.

[2] Sergej Natanowitsch BERNSTEIN, geb. 1880 in Odessa, gest. 1968 in Moskau. Nach seinem Studium in Paris lehrte und forschte BERNSTEIN in Charkow, später in Leningrad (heute wieder St. Petersburg) und Moskau. Er arbeitete vor allem über Differentialgleichungen, Approximationstheorie und Stochastik. Bekannt ist auch sein Beweis des WEIERSTRASSschen Approximationssatzes (Satz 7.1.2) vermittels der nach ihm benannten BERNSTEIN-Polynome.

3 Schwache Lösungstheorie

Oftmals sind die Anforderungen an eine klassische Lösung – bei einer Differentialgleichung zweiter Ordnung also die zweifache stetige Differenzierbarkeit im Innern
des Intervalls – unrealistisch. Zudem stammen viele Differentialgleichungen ursprünglich von einer integralen Beziehung (Erhaltungsgesetz, Variationsprinzip)
ab, so dass weit geringere Regularitätsforderungen zu erfüllen sind. Hinzu kommt,
dass gerade bei nichtlinearen Differentialgleichungen Lösungen im klassischen Sinne nicht zu existieren brauchen, wohl aber Lösungen in einem weiter gefassten
Sinne existieren. Schließlich finden sich in der Praxis oft Probleme, in denen
die gegebenen Daten (Koeffizienten, rechte Seite, Randbedingungen) womöglich
unstetig sind, was im Allgemeinen ebenso eine klassische Lösung nicht zulässt.

Ziel ist es daher, den Lösungsbegriff abzuschwächen. Die grundlegende Idee besteht dabei in der Formel der partiellen Integration: Betrachten wir das Randwertproblem

$$-u''(x) = f(x), \quad x \in (0,1), \ u(0) = u(1) = 0.$$

Multiplikation mit einer gewissen Funktion v mit $v(0) = v(1) = 0$ – der so
genannten *Testfunktion* –, die im Übrigen *beliebig* gewählt sei, und anschließende
partielle Integration führen auf

$$\int_0^1 u'(x)v'(x)dx = \int_0^1 f(x)v(x)dx.$$

Um dieser Gleichung Sinn zu geben, ist lediglich zu fordern, dass die Produkte
aus u' und v' sowie aus f und v integrierbar sind, nicht aber, dass $u \in \mathcal{C}^2(0,1)$.
Statt des obigen Randwertproblems für eine Differentialgleichung werden wir also
die vorstehende Integralgleichung *für alle* geeigneten Testfunktionen v lösen.

Wir wollen nun zunächst den Ableitungsbegriff und alsdann den Lösungsbegriff verallgemeinern. Wir werden das theoretische Instrumentarium hier recht
ausführlich behandeln, da uns die gleichen Begriffsbildungen und analoge Resultate in einem späteren Abschnitt zu Operator-Differentialgleichungen noch einmal
begegnen werden.

3.1 Verallgemeinerte Ableitung und Regularisierung

Im Folgenden bezeichne $L^p(a,b)$ ($p \in [1,\infty]$) den BANACH-Raum der (Äquivalenzklassen von) LEBESGUE[1]-messbaren Funktionen, deren Betrag in p-ter Potenz

---

[1] Henri Léon LEBESGUE, geb. 1875 in Beauvais, gest. 1941 in Paris. Nach seinem Studium an
der Pariser École Normale unterrichtete LEBESGUE in Nancy, später in Rennes und schließlich

auf (a, b) LEBESGUE-integrierbar ist, ausgestattet mit der natürlichen Norm

$$\|v\|_{0,p} := \begin{cases} \left(\displaystyle\int_a^b |v(x)|^p dx \right)^{1/p} & \text{für } p \in [1, \infty), \\[2ex] \operatorname*{ess\,sup}_{x \in (a,b)} |v(x)| & \text{für } p = \infty. \end{cases}$$

Gelegentlich schreiben wir auch $L^p(A)$ für eine LEBESGUE-messbare Menge A.

Zwischen Funktionen, die fast überall[1] gleich sind, wird dabei nicht unterschieden; sie sind zueinander äquivalent. Mit dem Skalarprodukt $(u, v)_{0,2} := \int_a^b u(x)v(x)\, dx$ ist $L^2(a, b)$ HILBERT-Raum.

Für $1 \le p < \infty$ ist $L^p(a, b)$ separabel. Für $1 < p < \infty$ ist $L^p(a, b)$ reflexiv[2]; der duale Raum (vgl. Fußnote 1 auf Seite 82 für eine Definition) kann mit $L^q(a, b)$ identifiziert werden, wobei q der zu p konjugierte Exponent sei $(1/p + 1/q = 1)$. Außerdem gilt $\left(L^1(a, b)\right)^* \cong L^\infty(a, b)$, jedoch nur $(L^\infty(a, b))^* \supset L^1(a, b)$.

Weiter bezeichne $L^1_{\mathrm{loc}}(a, b)$ den Raum der (Äquivalenzklassen von) auf jeder kompakten Teilmenge von (a, b) LEBESGUE-integrierbaren Funktionen, es gilt also $u \in L^1_{\mathrm{loc}}(a, b)$ genau dann, wenn $u \in L^1(a', b')$ für alle Intervalle $[a', b'] \subset (a, b)$. So gilt $u(x) = 1/x \in L^1_{\mathrm{loc}}(0, 1)$, aber $u \notin L^1(0, 1)$.

Schließlich sei $\mathcal{C}_0^\infty(a, b) \subset \mathcal{C}^\infty(a, b)$ der Raum der auf (a, b) beliebig oft differenzierbaren Funktionen ϕ, deren Träger (engl.: support)

$$\operatorname{supp} \phi := \operatorname{clos} \{x \in (a, b) : \phi(x) \neq 0\}$$

beschränkt und enthalten ist in (a, b). Man sagt auch, ϕ habe einen kompakten Träger in (a, b).

---

in Paris unter anderem an der Sorbonne. LEBESGUES besonderes Verdienst liegt in der Maß- und Integrationstheorie, die er bereits in seiner Doktorarbeit im Jahre 1902 entwickelte. Einige biographische Anmerkungen finden sich in SAXE [119].

[1]Eine Eigenschaft $\mathcal{H}(x)$ gilt genau dann *fast überall* (f. ü., engl.: almost everwhere a. e.) in $[a, b]$ oder auch für *fast alle* x, wenn es eine Nullmenge $\mathcal{N} \subset [a, b]$ gibt, so dass $\mathcal{H}(x)$ für alle $x \in [a, b] \setminus \mathcal{N}$ gilt. Dabei ist $\mathcal{N}$ eine *Nullmenge* genau dann, wenn es zu jedem $\varepsilon > 0$ höchstens abzählbar viele Intervalle $[a_i, b_i] \subset \mathbb{R}$ mit

$$\mathcal{N} \subset \bigcup_{i=1}^\infty [a_i, b_i] \quad \text{und} \quad \sum_{i=1}^\infty (b_i - a_i) < \varepsilon$$

gibt. Beispiele für Nullmengen sind endliche oder abzählbare Mengen. Teilmengen oder abzählbare Vereinigungen von Nullmengen sind nach der vorstehenden Definition wieder Nullmengen. Der hier gewählte Begriff der Nullmenge fällt mit dem der LEBESGUE-messbaren Mengen vom Maße Null zusammen, wobei wir das vollständige LEBESGUE-Maß zugrunde legen.

[2]Ein normierter Raum X heißt reflexiv, wenn der Bidualraum $X^{**} = (X^*)^*$, also der Dualraum des Dualraumes, mit dem Ausgangsraum *in kanonischer Weise* identifiziert werden kann, siehe WERNER [147] für das Nähere.

Beispiel 3.1.1 Die Funktion (siehe Bild 3.1.1)

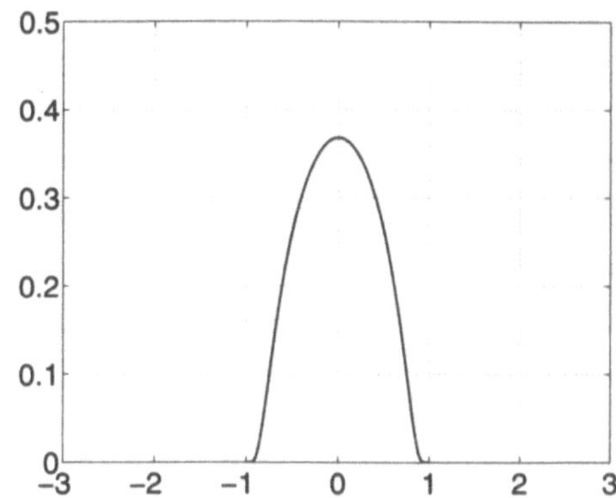

Bild 3.1.1: Testfunktion ϕ aus (3.1.1)

$$
\phi(x) = \begin{cases} 0 & \text{für } |x| \geq 1, \\[2mm] \exp\left(-\dfrac{1}{1-x^2}\right) & \text{für } |x| < 1 \end{cases}
\tag{3.1.1}
$$

ist beliebig oft auf $\mathbb{R}$ differenzierbar mit $\operatorname{supp}\phi = [-1,1]$.   #

Definition 3.1.2 *Seien $u, v \in L^1_{\mathrm{loc}}(a,b)$ und gelte für alle $\phi \in C_0^\infty(a,b)$*

$$
\int_a^b u(x)\phi'(x)dx = -\int_a^b v(x)\phi(x)dx \, .
\tag{3.1.2}
$$

Dann heißt v verallgemeinerte oder schwache Ableitung von u, kurz: $v = u'$.

Der Begriff der verallgemeinerten Ableitung geht auf SOBOLEW[1] zurück und wurde von SCHWARTZ[2] und GELFAND[3] weiter entwickelt.

---

[1]Sergej Lwowitsch SOBOLEW, geb. 1908 in St. Petersburg, gest. 1989 in Leningrad (heute wieder St. Petersburg). SOBOLEW studierte Mathematik und Physik in Leningrad, unter anderem bei SMIRNOW. Er beschäftigte sich vorwiegend mit Differentialgleichungen und deren Anwendung auf physikalische Probleme. Nach dem Umzug des STEKLOW-Instituts nach Moskau im Jahre 1935 leitete SOBOLEW dessen Abteilung für Differentialgleichungen; später wurde er Direktor des Instituts. Er widmete sich auch Fragen der Operatortheorie und der Numerischen Mathematik.

[2]Laurent SCHWARTZ, geb. 1915 in Paris, gest. 2002 ebd. Nach seinem Studium an der Pariser École Normale und seinem Doktorat in Strasbourg lehrte SCHWARTZ in Nancy. Dort schuf er die Grundlagen der Theorie der Distributionen, für die er im Jahre 1950 die FIELDS-Medaille erhielt. Anfang der 1950er Jahre kehrte SCHWARTZ nach Paris zurück und wurde Professor an der Sorbonne, später an der École Polytechnique. Einen Überblick über Leben und Werk findet man in TREVES, PISIER und YOR [138].

[3]Israil Moisejewitsch GELFAND, geb. 1913 in Krasnye Okny (nahe Odessa). GELFAND ist

Beispiel 3.1.3 Sei $u(x) = |x|$ auf $(-1, 1)$. Dann ist die verallgemeinerte Ableitung durch

$$u'(x) = \begin{cases} -1 & \text{für } x \in (-1, 0), \\ 1 & \text{für } x \in (0, 1) \end{cases}$$

gegeben. Beachte, dass die Wahl des Funktionswertes in $x = 0$ keine Rolle spielt, denn gesucht ist eine Funktion aus $L^1_{\text{loc}}(-1, 1)$, genauer also eine Klasse von Funktionen, die fast überall auf $(-1, 1)$ übereinstimmen.

Dagegen besitzt u' keine verallgemeinerte Ableitung, denn es müsste eine Funktion $v \in L^1_{\text{loc}}(-1, 1)$ mit der Eigenschaft

$$\int_{-1}^{1} v(x)\phi(x)dx = -\int_{-1}^{1} u'(x)\phi'(x)dx = \int_{-1}^{0} \phi'(x)dx - \int_{0}^{1} \phi'(x)dx$$

$$= \phi(0) - \phi(-1) - \phi(1) + \phi(0) = 2\phi(0) \quad \forall \phi \in \mathcal{C}_0^\infty(-1, 1)$$

geben (beachte, dass $\phi(1) = \phi(-1) = 0$). Eine solche gibt es aber nicht, wie wir indirekt zeigen: Sei hierzu für $\varepsilon \in (0, 1)$ die Funktion ϕ als

$$\phi_\varepsilon(x) = \begin{cases} 0 & \text{für } |x| \geq \varepsilon, \\ \exp\left(-\dfrac{\varepsilon^2}{\varepsilon^2 - x^2}\right) & \text{für } |x| < \varepsilon \end{cases} \tag{3.1.3}$$

gewählt. Offenbar gilt $\phi_\varepsilon \in \mathcal{C}_0^\infty(-1, 1)$ mit $\operatorname{supp}\phi_\varepsilon = [-\varepsilon, \varepsilon]$. Ferner müsste gelten

$$\frac{2}{e} = 2\phi_\varepsilon(0) \overset{!}{=} \int_{-1}^{1} v(x)\phi_\varepsilon(x)dx = \int_{-\varepsilon}^{\varepsilon} v(x)\exp\left(-\frac{\varepsilon^2}{\varepsilon^2 - x^2}\right)dx$$

$$\leq \max_{|x| \leq \varepsilon} \exp\left(-\frac{\varepsilon^2}{\varepsilon^2 - x^2}\right) \int_{-\varepsilon}^{\varepsilon} |v(x)|\,dx = \frac{1}{e}\int_{-\varepsilon}^{\varepsilon} |v(x)|\,dx\,.$$

Wegen der absoluten Stetigkeit des Integrals strebt die rechte Seite für $\varepsilon \to 0$ jedoch gegen Null, was zum Widerspruch führt.   #

Bemerkung 3.1.4 Die verallgemeinerte Ableitung ist von der *distributionellen* Ableitung, die ebenfalls in der schwachen Lösungstheorie anzutreffen ist, zu unterscheiden. Im Gegensatz zur distributionellen braucht die verallgemeinerte Ableitung nicht immer zu existieren. In der von SCHWARTZ begründeten Theorie

---

Schüler von KOLMOGOROW. Er arbeitete vorwiegend zu Fragen der Funktionalanalysis und Operatortheorie, der Theorie der Differentialgleichungen und deren Anwendungen in der Physik, aber auch zu Fragen der Algebra. Seit den 1970er Jahren widmete sich Gelfand mathematischen Methoden in der Medizin und Biologie. Seit 1990 lebt GELFAND in den USA und lehrte unter anderem am Massachusetts Institute of Technology. Er ist Koautor von [50].

der Distributionen besitzt die HEAVISIDEsche[1] Sprungfunktion

$$H(x) := \begin{cases} 0 & \text{für } x \leq 0, \\ 1 & \text{für } x > 0, \end{cases}$$

die uns letztlich schon in obigem Beispiel begegnet ist, als Ableitung die DI-RACsche[2] δ-Distribution. Diese ist ein Element des Dualraumes[3] von $\mathcal{C}_0^\infty(a,b)$ mit der Eigenschaft

$$\langle \delta, \phi \rangle = \phi(0) \quad \forall \phi \in \mathcal{C}_0^\infty(a,b).$$

Die Menge der so genannten *regulären* Distributionen ist gerade jene Menge von Elementen aus $(\mathcal{C}_0^\infty(a,b))^*$, die durch eine Funktion aus $L_{\text{loc}}^1(a,b)$ repräsentiert werden können, d. h. der regulären Distribution T_u entspricht die Funktion $u \in L_{\text{loc}}^1(a,b)$ und für alle $\phi \in \mathcal{C}_0^\infty(a,b)$ gilt

$$\langle T_u, \phi \rangle = \int_a^b u(x)\phi(x)\, dx.$$

Sind eine Distribution und deren Ableitung regulär, so fällt die distributionelle mit der verallgemeinerten Ableitung zusammen.   #

In vielen Beweisen wird von dem folgenden Lemma und einer Folgerung still-schweigend Gebrauch gemacht.

Lemma 3.1.5 (Fundamentallemma der Variationsrechnung)
Sei $u \in L_{\text{loc}}^1(a,b)$ und gelte für alle $\phi \in \mathcal{C}_0^\infty(a,b)$

$$\int_a^b u(x)\phi(x)dx = 0.$$

Dann folgt $u(x) = 0$ für fast alle $x \in [a,b]$.

---

[1]Oliver HEAVISIDE, geb. 1850 in Camden Town, gest. 1925 in Torquay (England). Als Elek-troingenieur beschäftigte sich HEAVISIDE zunächst mit der Telegraphie. Später gelang es ihm, die ursprünglich 20 MAXWELLschen Gleichungen wesentlich zu vereinfachen und in jene Form zu bringen, die wir heute kennen. HEAVISIDE befasste sich auch mit der Lösung von Differenti-algleichungen vermittels Transformation in algebraische Gleichungen.

[2]Paul Adrien Maurice DIRAC, geb. 1902 in Bristol, gest. 1984 in Tallahassee. DIRAC absol-vierte zunächst ein Studium zum Elektroingenieur und danach ein Mathematik-Studium. Be-einflusst durch Arbeiten von HEISENBERG, wandte sich DIRAC der Quantenmechanik zu, später der Kosmologie. Seit 1932 war DIRAC Professor für Mathematik in Cambridge. Im Jahre 1933 erhielt er gemeinsam mit SCHRÖDINGER den NOBEL-Preis.

[3]Wir sagen hier nicht, wie eine Topologie auf $\mathcal{C}_0^\infty(a,b)$ eingeführt werden kann. Dies ist auch nicht ganz einfach, denn $\mathcal{C}_0^\infty(a,b)$ ist kein normierter Raum und es gibt verschiedene Zugänge. Der von GÅRDING und LIONS wird etwa in GAJEWSKI, GRÖGER und ZACHARIAS [49, S. 28] beschrieben, jener von SCHWARTZ wird in WERNER [147, S. 374] erklärt, siehe auch MIZOHATA [95] und ZEIDLER [154].

Bevor wir zu einem Beweis kommen, wollen wir ein Hilfsmittel einführen, welches uns auch bei folgenden Beweisen zunutze sein wird.

Definition 3.1.6 *Sei $\varepsilon > 0$ beliebig. Eine Funktion $\rho_\varepsilon = \rho_\varepsilon(x)$ heißt* Mittelungskern[1] *genau dann, wenn gilt:*

(i) $\rho_\varepsilon \in C_0^\infty(\mathbb{R})$ mit $\operatorname{supp} \rho_\varepsilon = [-\varepsilon, \varepsilon]$;

(ii) $\displaystyle \int_\mathbb{R} \rho_\varepsilon(x)\, dx = 1$;

(iii) $\rho_\varepsilon(x) \geq 0$ für alle $x \in \mathbb{R}$.

Sei die auf dem Intervall (a, b) gegebene Funktion u außerhalb von (a, b) mit Null zur Funktion $\bar{u}$ fortgesetzt. Die Faltung $u_\varepsilon := \rho_\varepsilon * \bar{u}$,

$$(\rho_\varepsilon * \bar{u})\,(x) = \int_\mathbb{R} \rho_\varepsilon(x - \xi)\bar{u}(\xi)\, d\xi\,,$$

heißt Mittelfunktion *oder auch* Regularisierung *von u.*

Beispiel für einen Mittelungskern ist wieder die Funktion (3.1.3), die wir allerdings noch normieren müssen: Sei

$$\rho_\varepsilon(x) := \begin{cases} 0 & \text{für } |x| \geq \varepsilon\,, \\[2mm] c_\varepsilon \exp\left(-\dfrac{\varepsilon^2}{\varepsilon^2 - x^2}\right) & \text{für } |x| < \varepsilon\,, \end{cases} \tag{3.1.4a}$$

wobei

$$c_\varepsilon = \left(\int_{-\varepsilon}^{\varepsilon} \exp\left(-\frac{\varepsilon^2}{\varepsilon^2 - x^2}\right) dx\right)^{-1}, \tag{3.1.4b}$$

siehe auch Bild 3.1.2.

Die Funktionen ρ_ε aus (3.1.4) haben neben den Eigenschaften aus Definition 3.1.6 noch eine Ähnlichkeitseigenschaft: Für alle $\varepsilon > 0$ und $x \in \mathbb{R}$ gilt

$$\rho_\varepsilon(x) = \frac{1}{\varepsilon}\, \rho_1\left(\frac{x}{\varepsilon}\right). \tag{3.1.5}$$

Für eine Folge von Mittelungskernen wollen wir stets auch (3.1.5) annehmen.

---

[1]Genauer ist nicht ρ_ε selbst, sondern vielmehr die Funktion von zwei Veränderlichen $k_\varepsilon(x, \xi) := \rho_\varepsilon(|x - \xi|)$ der Mittelungskern.

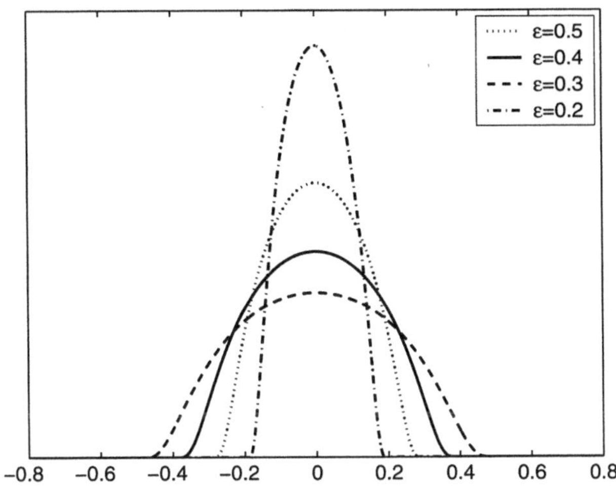

Bild 3.1.2: Mittelungskerne ρ_ε aus (3.1.4)

Die Begriffe Mittelungskern (engl.: mollifier) und Mittelfunktion (engl.: mollification) gehen auf STEKLOW[1] und SOBOLEW zurück (vgl. auch MICHLIN [93, Kap. 2, S. 27ff.]).

Bevor wir zu einigen grundlegenden Eigenschaften der Mittelfunktion kommen, hier noch ein

Beispiel 3.1.7 Im Intervall $(-1, 1)$ sei die Funktion $u(x) = \mathrm{sgn}(x)$ vorgelegt, deren Regularisierung durch Mittelung wir betrachten wollen. Für $x \in \mathbb{R}$ gilt

$$u_\varepsilon(x) = -\int_{-1}^{0} \rho_\varepsilon(x-\xi)d\xi + \int_{0}^{1} \rho_\varepsilon(x-\xi)d\xi = -\int_{x}^{x+1} \rho_\varepsilon(y)dy + \int_{x-1}^{x} \rho_\varepsilon(y)dy\,.$$

Die Funktion u_ε ist ungerade und da $\mathrm{supp}\,\rho_\varepsilon = [-\varepsilon, \varepsilon]$, folgt für $\varepsilon < 1/2$

$$u_\varepsilon(x) = \begin{cases} \displaystyle\int_{-\varepsilon}^{x} \rho_\varepsilon(x)dx - \int_{x}^{\varepsilon} \rho_\varepsilon(x)dx & \text{für } 0 < x < \varepsilon, \\[2ex] 1 & \text{für } \varepsilon < x < 1-\varepsilon, \\[2ex] \displaystyle\int_{x-1}^{\varepsilon} \rho_\varepsilon(x)dx & \text{für } 1-\varepsilon < x < 1+\varepsilon. \end{cases}$$

---

[1]Wladimir Andrejewitsch STEKLOW, geb. 1863 in Nishni Nowgorod, gest. 1926 in Gaspra (Krim). STEKLOW promovierte bei LJAPUNOW und lehrte später Mechanik und Mathematik in Charkow. In den 1920er Jahren leitete STEKLOW das Physikalisch-mathematische Institut der Akademie der Wissenschaften Russlands, dem Vorläufer des heutigen STEKLOW-Instituts für Mathematik.

In Bild 3.1.3 ist die Mittelfunktion unter Verwendung von (3.1.4) für $\varepsilon = 1/4$
dargestellt.   #

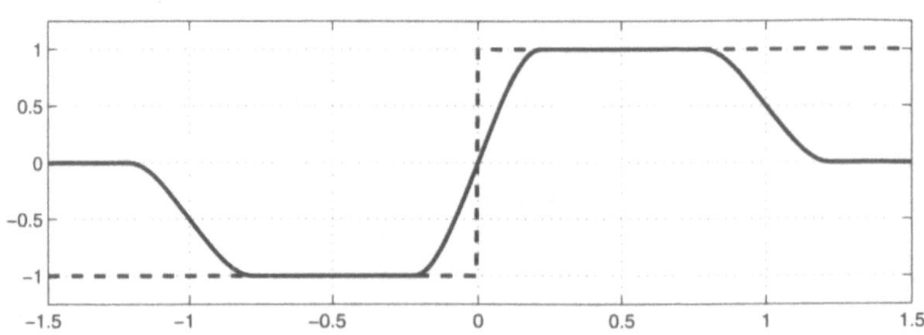

Bild 3.1.3: Mittelfunktion aus Beispiel 3.1.7

Satz 3.1.8 *Sei $u \in L^p(a,b)$ $(1 \le p < \infty)$. Dann sind die Mittelfunktionen u_ε
für $\varepsilon > 0$ wohldefiniert und es gilt:*

(i) $u_\varepsilon \in C^\infty(\mathbb{R})$;

(ii) $u_\varepsilon \in C_0^\infty(a,b)$, wenn u kompakten Träger in (a,b) hat und ε hinreichend
    klein ist;

(iii) $\|u_\varepsilon\|_{0,p} \le \|u\|_{0,p}$;

(iv) $\lim\limits_{\varepsilon \searrow 0} \|u_\varepsilon - u\|_{0,p} = 0$;

(v) $\lim\limits_{\varepsilon \searrow 0} u_\varepsilon(x) = u(x)$ für fast alle $x \in (a,b)$.

Die Abschätzung (iii) bleibt auch im Falle $p = \infty$ richtig.

*Sei $u \in C(a,b)$ und sei $K \subset (a,b)$ kompakt. Dann konvergiert u_ε für $\varepsilon \to 0$ auf
K gleichmäßig gegen u, das heißt*

(vi) $\lim\limits_{\varepsilon \searrow 0} \|u_\varepsilon - u\|_{C(K)} = 0$.

Beweis. Die Aussagen (i) und (ii) sind sofort einzusehen; der exakte Nachweis
allerdings setzt Kenntnisse über gleichmäßig konvergente Parameterintegrale voraus (vgl. etwa MICHLIN [93, Satz 1.1.3, S. 13] oder ZEIDLER [154, S. 1018]).

Mit HÖLDERscher[1] Ungleichung gilt (beachte, dass ρ_ε nichtnegativ und die Fläche unter ρ_ε gleich Eins ist)

$$\left| \int_{\mathbb{R}} \rho_\varepsilon(x-\xi)\bar{u}(\xi)\,d\xi \right|^p = \left| \int_{\mathbb{R}} \rho_\varepsilon(x-\xi)^{1/q}\rho_\varepsilon(x-\xi)^{1/p}\,\bar{u}(\xi)\,d\xi \right|^p$$

$$\leq \left(\int_{\mathbb{R}} \rho_\varepsilon(x-\xi)\,d\xi \right)^{p/q} \int_{\mathbb{R}} \rho_\varepsilon(x-\xi)\,|\bar{u}(\xi)|^p\,d\xi = \int_{\mathbb{R}} \rho_\varepsilon(x-\xi)\,|\bar{u}(\xi)|^p\,d\xi\,,$$

wobei q der zu p konjugierte Exponent sei. Die Aussage (iii) folgt dann mit dem Satz von FUBINI[2] (vgl. etwa KOLMOGOROW[3] und FOMIN[4] [78, S. 315 ff.] oder NATANSON[5] [99, S. 392 ff.]), denn

$$\int_{\mathbb{R}} \left| \int_{\mathbb{R}} \rho_\varepsilon(x-\xi)\bar{u}(\xi)\,d\xi \right|^p dx \leq \int_{\mathbb{R}} \left(\int_{\mathbb{R}} \rho_\varepsilon(x-\xi)\,|\bar{u}(\xi)|^p\,d\xi \right) dx$$

$$= \int_{\mathbb{R}} \left(\int_{\mathbb{R}} \rho_\varepsilon(x-\xi)\,dx \right) |\bar{u}(\xi)|^p\,d\xi = \int_{\mathbb{R}} |\bar{u}(\xi)|^p\,d\xi = \int_a^b |u(\xi)|^p\,d\xi\,.$$

Ist $u \in L^\infty(a,b)$, so gilt

$$|u_\varepsilon(x)| \leq \int_{\mathbb{R}} \rho_\varepsilon(x-\xi)|\bar{u}(\xi)|\,d\xi \leq \int_{\mathbb{R}} \rho_\varepsilon(x-\xi)\,d\xi\,\|u\|_{0,\infty}\,,$$

---

[1]Ludwig Otto HÖLDER, geb. 1859 in Stuttgart, gest. 1937 in Leipzig. HÖLDER beschäftigte sich insbesondere mit der Gruppen- und Zahlentheorie sowie mit Fragen der Funktionentheorie.

[2]Guido FUBINI, geb. 1879 in Venedig, gest. 1943 in New York. Nach seinem Studium in Pisa war FUBINI, der sich vorwiegend mit Fragen der Differentialgeometrie sowie Maß- und Integrationstheorie beschäftigte, Professor in Catania und Genua. Später emigrierte FUBINI in die USA und wurde Professor in Princeton.

[3]Andrej Nikolajewitsch KOLMOGOROW, geb. 1903 in Tambow (Russland), gest. 1987 in Moskau. Während seines Studiums in Moskau traf KOLMOGOROW auf viele namhafte Mathematiker wie ALEXANDROW, LUSIN, URYSOHN, STEPANOW und später CHINTSCHIN. Er beschäftigte sich zunächst mit Fragen der Analysis, später dann mit der Wahrscheinlichkeitstheorie und der Theorie stochastischer Prozesse. Mit einem im Jahre 1933 erschienenen Buch legte er die Grundlagen für einen axiomatischen Aufbau der Wahrscheinlichkeitstheorie. Nach seiner Professur an der Moskauer Universität leitete KOLMOGOROW ab 1939 die Abteilung für Wahrscheinlichkeitstheorie und Statistik des Moskauer STEKLOW-Instituts. Später widmete er sich auch Fragen der Topologie und der Theorie der dynamischen Systeme. Gemeinsam mit seinem Schüler FOMIN schrieb er das sehr zu empfehlende Lehrbuch [78] zur Funktionalanalysis.

[4]Sergej Wasiljewitsch FOMIN, geb. 1917 in Moskau, gest. 1975 in Wladiwostok. FOMIN arbeitete, angeregt durch ALEXANDROW, über Fragen der Topologie und, angeregt durch KOLMOGOROW, zur Theorie der dynamischen Systeme und zur Ergodentheorie. Seit 1964 war FOMIN Professor für Funktionalanalysis an der Moskauer Universität und übernahm später auch die Leitung einer Abteilung für Mathematische Methoden in der Biologie.

[5]Isidor Pawlowitsch NATANSON, geb. 1906 in Zürich, gest. 1964 in Leningrad (heute wieder St. Petersburg). NATANSONs Lehrer an der Leningrader Universität war FICHTENHOLZ. Beeinflusst durch BERNSTEIN, wandte sich NATANSON der konstruktiven Funktionentheorie und Problemen der Interpolation und Approximationstheorie zu. Neben dem Buch [99], welches in sechs Sprachen erschien, schrieb NATANSON auch eine Monographie zur konstruktiven Funktionentheorie.

und es folgt ebenfalls (iii).

Für die Aussage (iv) beobachten wir zunächst

$$
\begin{aligned}
u_\varepsilon(x) - u(x) &= \int_{\mathbb{R}} \rho_\varepsilon(x - \xi)\bar{u}(\xi)\, d\xi - \left(\int_{\mathbb{R}} \rho_\varepsilon(x - \xi)\, d\xi \right) u(x) \\
&= \int_{\mathbb{R}} \rho_\varepsilon(x - \xi)\left(\bar{u}(\xi) - \bar{u}(x) \right)\, d\xi \\
&= \int_{x-\varepsilon}^{x+\varepsilon} \rho_\varepsilon(x - \xi)\left(\bar{u}(\xi) - \bar{u}(x) \right)\, d\xi \\
&= \varepsilon \int_{-1}^{1} \rho_\varepsilon(\varepsilon y)\left(\bar{u}(x - \varepsilon y) - \bar{u}(x) \right)\, dy\,,
\end{aligned}
\tag{3.1.6}
$$

wobei wir im letzten Schritt die Substitution $y = (x - \xi)/\varepsilon$ benutzt haben. Mit HÖLDERscher Ungleichung gilt sodann für $p > 1$ (den Fall $p = 1$ betrachte man gesondert in ähnlicher Weise)

$$
|u_\varepsilon(x) - u(x)|^p \le \varepsilon^p \left(\int_{-1}^{1} \rho_\varepsilon(\varepsilon y)^q dy \right)^{p/q} \int_{-1}^{1} |\bar{u}(x - \varepsilon y) - \bar{u}(x)|^p\, dy\,.
$$

Wegen der Voraussetzung (3.1.5) gilt außerdem

$$
\varepsilon^p \left(\int_{-1}^{1} \rho_\varepsilon(\varepsilon y)^q dy \right)^{p/q} = \left(\int_{-1}^{1} (\varepsilon\rho_\varepsilon(\varepsilon y))^q\, dy \right)^{p/q} = \left(\int_{-1}^{1} \rho_1(y)^p dy \right)^{p/q}\,,
$$

was eine von ε unabhängige Konstante ist. Es folgt mit dem Satz von FUBINI

$$
\int_{a}^{b} |u_\varepsilon(x) - u(x)|^p\, dx \le \left(\int_{-1}^{1} \rho_1(y)^p dy \right)^{p/q} \int_{-1}^{1} \left(\int_{a}^{b} |\bar{u}(x - \varepsilon y) - \bar{u}(x)|^p\, dx \right) dy\,.
$$

Da u als Funktion aus $L^p(a,b)$ im L^p-Mittel stetig ist (vgl. etwa ZEIDLER [154, S. 1021 (32)]), gilt für festes $y \in [-1,1]$

$$
\lim_{\varepsilon \searrow 0} \int_{a}^{b} |\bar{u}(x - \varepsilon y) - \bar{u}(x)|^p\, dx = 0\,,
$$

und es folgt mit dem Satz von LEBESGUE über die dominierte Konvergenz (vgl. etwa KOLMOGOROW und FOMIN [78, Satz 6, S. 300]) die Behauptung (iv).

Mit (3.1.6) und (3.1.5) gilt

$$|u_\varepsilon(x) - u(x)| = \left| \int_{x-\varepsilon}^{x+\varepsilon} \rho_\varepsilon(x - \xi)\, (\bar{u}(\xi) - \bar{u}(x))\, d\xi \right|$$

$$= \frac{1}{\varepsilon} \left| \int_{x-\varepsilon}^{x+\varepsilon} \rho_1\left(\frac{x-\xi}{\varepsilon}\right) (\bar{u}(\xi) - \bar{u}(x))\, d\xi \right|$$

$$\leq \frac{1}{\varepsilon} \int_{x-\varepsilon}^{x+\varepsilon} |\bar{u}(\xi) - \bar{u}(x)|\, d\xi \; \max_{y \in [-1,1]} \rho_1(y)\,.$$

Es ist aber eine Eigenschaft des LEBESGUEschen Integrals (vgl. etwa ZEIDLER [154, S. 1019 (25e)]), dass für fast alle $x \in (a,b)$ das Integral

$$\frac{1}{\varepsilon} \int_{x-\varepsilon}^{x+\varepsilon} |\bar{u}(\xi) - \bar{u}(x)|\, d\xi$$

für $\varepsilon \to 0$ gegen Null geht. Mithin folgt die Behauptung (v).

Wegen (3.1.6) gilt schließlich

$$|u_\varepsilon(x) - u(x)| \leq \int_{x-\varepsilon}^{x+\varepsilon} \rho_\varepsilon(x-\xi)\, |\bar{u}(\xi) - \bar{u}(x)|\, d\xi \leq \max_{|\xi-x|\leq\varepsilon} |\bar{u}(\xi) - \bar{u}(x)|\,.$$

Da K kompakt ist, ist $u \in \mathcal{C}(a,b)$ auf K und sogar in einer gewissen Umgebung von K gleichmäßig stetig. Daher gilt

$$\lim_{\varepsilon \searrow 0} \max_{x \in K} \max_{|\xi-x|\leq\varepsilon} |\bar{u}(\xi) - \bar{u}(x)| = 0\,,$$

womit die gleichmäßige Konvergenz (vi) gezeigt ist.   #

Die Regularisierung einer Funktion durch Faltung mit einem Mittelungskern wurde auch von LERAY[1] und FRIEDRICHS[2] betrachtet (vgl. BRÉZIS [23, Abschn. IV.4, S. 66 ff.]).

---

[1] Jean LERAY, geb. 1906 in Nantes, gest. 1998 in La Baule. LERAY studierte an der Pariser École Normale und befasste sich zunächst mit der Hydrodynamik. Später arbeitete er gemeinsam mit SCHAUDER zu Problemen der Topologie und Funktionalanalysis. Für die Lösungstheorie nichtlinearer partieller Differentialgleichungen ist das nach LERAY und SCHAUDER benannte und auf dem SCHAUDERschen Fixpunktsatz (Satz A.2.13) fußende Prinzip von großer Bedeutung. Die variationelle Formulierung der instationären NAVIER-STOKES-Gleichungen geht ebenso auf LERAY zurück wie erste Resultate zur Existenz, Einzigkeit und Regularität schwacher Lösungen. Leben und Werk LERAYs werden in dem Nachruf von BOREL, HENKIN und LAX [18] gewürdigt.

[2] Kur Otto FRIEDRICHS, geb. 1901 in Kiel, gest. 1982 in New Rochelle. Nachdem FRIEDRICHS zunächst in Göttingen Assistent von COURANT war, wurde er später Professor in Braunschweig, musste aber 1937 in die USA emigrieren. FRIEDRICHS befasste sich vornehmlich mit der Analysis und numerischen Lösung partieller Differentialgleichungen. Er erzielte bedeutende Ergebnisse sowohl in der Hydrodynamik als auch in der Quantentheorie.

Beweis von Lemma 3.1.5. Wir wählen für ϕ Mittelfunktionen w_ε ($\varepsilon = 1/n$, $n \in \mathbb{N} \setminus \{0\}$), wobei für ein beliebiges abgeschlossenes Intervall $[c, d] \subset (a, b)$

$$w(x) := \begin{cases} \operatorname{sgn} u(x) & \text{für } x \in [c, d], \\ 0 & \text{sonst} \end{cases}$$

sei. Die Funktion w ist beschränkt und messbar (siehe etwa NATANSON [99, S. 98 ff.]), so dass $w \in L^\infty(a, b)$. Es gilt

$$|w_\varepsilon(x)| \leq \int_{\mathbb{R}} \rho_\varepsilon(x - \xi)|w(\xi)|\, d\xi \leq \int_{[x-\varepsilon, x+\varepsilon] \cap [c,d]} \rho_\varepsilon(x - \xi)\, d\xi,$$

so dass jedenfalls

$$|u(x)w_\varepsilon(x)| \leq \begin{cases} |u(x)| & \text{für } x \in [c - \varepsilon, d + \varepsilon], \\ 0 & \text{sonst.} \end{cases}$$

Da $u \in L^1_{\mathrm{loc}}(a, b)$, ist die rechte Seite der vorstehenden Abschätzung integrierbar. Da außerdem nach Satz 3.1.8 (v) fast überall in (a, b) $w_\varepsilon(x) \to w(x)$ für $\varepsilon \to 0$ (d. h. $n \to \infty$) gilt, konvergiert auch uw_ε fast überall gegen uw. Nach dem Satz von LEBESGUE über die dominierte Konvergenz (vgl. etwa KOLMOGOROW und FOMIN [78, Satz 6, S. 300]), ist demzufolge uw integrierbar mit

$$\lim_{\varepsilon \to 0} \int_a^b u(x)w_\varepsilon(x)\, dx = \int_a^b u(x)w(x)\, dx.$$

Wir wählen ε klein genug (also n hinreichend groß), so dass $[c - \varepsilon, d + \varepsilon] \subset (a, b)$ und $w_\varepsilon \in C_0^\infty(a, b)$. Nach Voraussetzung gilt

$$\int_a^b u(x)w_\varepsilon(x)\, dx = 0.$$

Es folgt

$$0 = \lim_{\varepsilon \to 0} \int_a^b u(x)w_\varepsilon(x)\, dx = \int_a^b u(x)w(x)\, dx = \int_c^d |u(x)|\, dx.$$

Mithin muss u fast überall auf $[c, d]$ verschwinden. Da $[c, d]$ beliebig gewählt war, folgt die Behauptung.   #

Korollar 3.1.9 *Sei $u \in L^1_{\mathrm{loc}}(a, b)$ und gelte für alle $\phi \in C_0^\infty(a, b)$*

$$\int_a^b u(x)\phi'(x)dx = 0.$$

Dann gibt es eine reelle Konstante const, so dass $u(x) = const$ für fast alle $x \in [a, b]$.

Der *Beweis* sei als Aufgabe 5.27 aufgegeben.

Wir können nun zur schwachen Ableitung zurückkehren und uns überlegen, dass diese (als Äquivalenzklasse von Funktionen, die fast überall gleich sind) eindeutig bestimmt ist. Denn angenommen, $w \in L^1_{\text{loc}}(a,b)$ sei neben $v \in L^1_{\text{loc}}(a,b)$ eine weitere verallgemeinerte Ableitung von $u \in L^1_{\text{loc}}(a,b)$, so gilt für die Differenz

$$\int_a^b \left(w(x) - v(x) \right) \phi(x) \, dx = \int_a^b w(x)\phi(x) \, dx - \int_a^b v(x)\phi(x) \, dx$$

$$= - \int_a^b u(x)\phi'(x) \, dx + \int_a^b u(x)\phi'(x) \, dx = 0 \,,$$

wobei $\phi \in \mathcal{C}_0^\infty(a,b)$ beliebig ist. Dann aber muss nach dem Fundamentallemma der Variationsrechnung (Lemma 3.1.5) $w(x) = v(x)$ für fast alle $x \in [a,b]$ gelten.

Für im klassischen Sinne differenzierbare Funktionen stimmt die verallgemeinerte Ableitung mit der klassischen Ableitung überein, siehe auch Aufgabe 5.28. Für verallgemeinerte Ableitungen gelten die üblichen Differentiationsregeln, siehe auch Aufgabe 5.34.

Satz 3.1.10 *Sei* $u \in L^1(a,b)$ *und existiere die verallgemeinerte Ableitung mit* $u' \in L^1(a,b)$. *Dann ist* u *auf* $[a,b]$ *fast überall gleich einer absolut stetigen*[1] *Funktion und überdies gilt die Abschätzung*

$$\|u\|_{\mathcal{C}[a,b]} \leq \frac{\max(1, b-a)}{b-a} \, \|u\|_{1,1} \,, \quad \|u\|_{1,1} := \int_a^b \left(|u(x)| + |u'(x)| \right) dx \,.$$

Beweis. Es sei

$$v(x) := \int_a^x u'(\xi) d\xi \,.$$

Dann ist v absolut stetig und besitzt fast überall eine klassische Ableitung, die mit der verallgemeinerten Ableitung u' zusammenfällt. Für beliebiges $\phi \in \mathcal{C}_0^\infty(a,b)$ gilt mit partieller Integration wegen $\phi(a) = \phi(b) = 0$

$$\int_a^b v(x)\phi'(x) dx = - \int_a^b v'(x)\phi(x) dx = - \int_a^b u'(x)\phi(x) dx \,.$$

---

[1] Eine reelle, auf $[a,b]$ definierte Funktion g heißt *absolut stetig*, falls es zu jedem $\varepsilon > 0$ ein $\delta > 0$ gibt, so dass für jedes endliche System disjunkter Teilintervalle (a_k, b_k) $(k = 1, \ldots, n)$ mit der Gesamtlänge $\sum_{k=1}^n (b_k - a_k) < \delta$ gilt $\sum_{k=1}^n |g(b_k) - g(a_k)| < \varepsilon$.

Jede absolut stetige Funktion ist auch stetig (man wähle $n = 1$), nicht aber umgekehrt. LIPSCHITZ-stetige Funktionen sind absolut stetig. Ist g auf $[a,b]$ absolut stetig, so existiert fast überall in $[a,b]$ die klassische Ableitung g'; diese ist LEBESGUE-integrierbar und es gilt $g(x) = g(a) + \int_a^x g'(\xi)d\xi$. Umgekehrt ist für jede auf $[a,b]$ LEBESGUE-integrierbare Funktion f die Funktion der oberen Grenze $F(x) := \int_a^x f(\xi)d\xi$ absolut stetig, vgl. NATANSON [99].

Aus der Definition der verallgemeinerten Ableitung folgt nun

$$\int_a^b (v(x) - u(x))\phi'(x)dx = 0\,,$$

woraus

$$u(x) = v(x) + const \quad \text{f. ü. in } (a,b) \ni x$$

folgt, so dass u fast überall gleich einer absolut stetigen Funktion ist, die wir weiter mit u bezeichnen wollen.

Nach dem Mittelwertsatz der Integralrechnung gibt es ein $x_0 \in [a,b]$, so dass

$$\int_a^b u(\xi)d\xi = (b-a)\,u(x_0)\,.$$

Mit

$$u(x) = u(x_0) + \int_{x_0}^x u'(\xi)\,d\xi = \frac{1}{b-a}\int_a^b u(\xi)d\xi + \int_{x_0}^x u'(\xi)\,d\xi$$

folgt unter Ausnutzung der Dreiecksungleichung

$$\|u\|_{C[a,b]} = \max_{x\in[a,b]} |u(x)| \le \max_{x\in[a,b]}\left(\frac{1}{b-a}\int_a^b |u(\xi)|\,d\xi + \left|\int_{x_0}^x u'(\xi)d\xi\right|\right)$$

$$\le \frac{1}{b-a}\int_a^b |u(\xi)|\,d\xi + \int_a^b |u'(\xi)|\,d\xi$$

und mithin die Behauptung. $\qquad\qquad$ #

Bemerkung 3.1.11 Ist $u \in L^1(a,b)$ und existiert $u' \in L^1(a,b)$ (man schreibt dann $u \in W^{1,1}(a,b)$; der Raum $(W^{1,1}(a,b), \|\cdot\|_{1,1})$ ist ein BANACH-Raum), so beschränkt man sich im Weiteren oft auf die Verwendung des absolut stetigen Repräsentanten $\tilde u$ aus der Äquivalenzklasse der fast überall zu u gleichen Funktionen. In diesem Sinne ist etwa die Aussage „ … da u absolut stetig ist, … “ zu verstehen. Ferner gilt für alle $x_1, x_2 \in [a,b]$

$$\tilde u(x_1) - \tilde u(x_2) = \int_{x_2}^{x_1} u'(x)\,dx\,,$$

siehe auch Aufgabe 5.30. Man beachte, dass die Aussage „u ist fast überall gleich einer stetigen Funktion" etwas anderes bedeutet als „u ist fast überall stetig", siehe auch Aufgabe 5.31. $\qquad\qquad$ #

Höhere verallgemeinerte Ableitungen $u^{(n)}$ können analog zu (3.1.2) über die Formel

$$\int_a^b u(x)\phi^{(n)}(x)dx = (-1)^n \int_a^b u^{(n)}(x)\phi(x)dx \quad \forall \phi \in \mathcal{C}_0^\infty(a,b) \qquad (3.1.7)$$

definiert werden. Es gilt

Satz 3.1.12 *Für eine Funktion* $u \in L^1(a,b)$ *und ein* $n \in \mathbb{N} \setminus \{0\}$ *existiere die n-te verallgemeinerte Ableitung* $u^{(n)} \in L^1(a,b)$. *Dann existieren in* (a,b) *für* $k = 0, 1, \ldots, n-1$ *die verallgemeinerten Ableitungen* $u^{(k)}$ *und sind fast überall gleich absolut stetigen Funktionen.*

Beweis. Die Funktion

$$v_{n-1}(x) := \int_a^x u^{(n)}(x)\,dx$$

ist absolut stetig. Wie schon im Beweis zu Satz 3.1.10 kann gezeigt werden, dass $u^{(n)}$ verallgemeinerte Ableitung von v_{n-1} ist. Wir konstruieren sukzessive die absolut stetigen Funktionen

$$v_{k-1}(x) := \int_a^x v_k(x)\,dx\,, \quad k = n-1, n-2, \ldots, 1\,.$$

Dann gilt jeweils $v'_{k-1} = v_k$ und insbesondere

$$(-1)^n \int_a^b u(x)\phi^{(n)}(x)\,dx = \int_a^b u^{(n)}(x)\phi(x)\,dx = (-1)^n \int_a^b v_0(x)\phi^{(n)}(x)\,dx\,,$$

so dass

$$\int_a^b (u(x) - v_0(x))\phi^{(n)}(x)\,dx = 0$$

für alle $\phi \in C_0^\infty(a,b)$.

Hieraus folgt – in Analogie zu Korollar 3.1.9 –, dass $u - v_0$ fast überall gleich einem Polynom vom Höchstgrade $n-1$ ist. Dann aber ist u fast überall gleich einer absolut stetigen Funktion und besitzt fast überall eine klassische Ableitung, die bis auf ein Polynom vom Höchstgrade $n-2$ mit der absolut stetigen Funktion v_1 übereinstimmt und die zugleich verallgemeinerte Ableitung von u ist. Fahren wir so fort, so sehen wir, dass u verallgemeinerte Ableitungen bis zur Ordnung n besitzt, die allesamt fast überall gleich absolut stetigen Funktionen sind.   #

Bemerkung 3.1.13 Die vorstehende Aussage ist schon im zweidimensionalen Fall nicht mehr richtig. So kann eine stetige Funktion in zwei Veränderlichen konstruiert werden, die keine ersten verallgemeinerten Ableitungen besitzt, wohl aber eine zweite verallgemeinerte Ableitung. Ein Beispiel ist in Michlin [93, Bsp. 3, S. 35] angegeben.   #

3.2 Sobolew-Räume $H^1(a,b)$, $H_0^1(a,b)$ und $H^{-1}(a,b)$

Für Differentialgleichungen zweiter Ordnung sind die in diesem Abschnitt zu behandelnden Funktionenräume von grundlegender Bedeutung.

Definition 3.2.1 *Es sei*

$$H^1(a,b) := \{v \in L^2(a,b) : \exists v' \in L^2(a,b)\}.$$

Oft wird statt H^1 auch $W^{1,2}$ geschrieben, um den LEBESGUE-Exponenten hervorzuheben, siehe auch Bemerkung 3.1.11 zur Definition von $W^{1,1}(a,b)$. Der Raum $H^1(a,b)$ ist – wie auch $W^{1,1}(a,b)$ – ein so genannter SOBOLEW-*Raum*, benannt nach SOBOLEW, der derartige Funktionenräume erstmalig 1936 verwendete. Dass $H^1(a,b)$ ein linearer Raum ist, ist klar. Es gilt aber weiter

Satz 3.2.2 *Auf $H^1(a,b)$ werden durch*

$$\|v\|_{1,2} := ((v,v))_{1,2}^{1/2}, \quad ((u,v))_{1,2} := \int_a^b (u(x)v(x) + u'(x)v'(x))dx$$

eine Norm und ein Skalarprodukt und durch

$$|v|_{1,2} := \left(\int_a^b v'(x)^2 dx\right)^{1/2}$$

eine Halbnorm definiert. $(H^1(a,b), ((\cdot,\cdot))_{1,2}, \|\cdot\|_{1,2})$ ist ein separabler HILBERT-Raum.

Beweis. Auf den Nachweis der Norm- und Skalarprodukteigenschaften verzichten wir. Wir zeigen lediglich die Vollständigkeit und anschließend die Separabilität: Sei $\{u_n\} \subset H^1(a,b)$ eine CAUCHY-Folge. Dann sind $\{u_n\}$ und $\{u_n'\}$ CAUCHY-Folgen in $L^2(a,b)$ und wegen der Vollständigkeit von $L^2(a,b)$ gibt es Limites $u \in L^2(a,b)$ und $v \in L^2(a,b)$. Dann aber gilt auch

$$u_n \to u \quad \text{in } L^1(a,b),$$
$$u_n' \to v \quad \text{in } L^1(a,b)$$

und es folgt, wie in Aufgabe 5.33 zu zeigen ist, $v = u'$ und daher $u_n \to u$ in $H^1(a,b)$.

Sei $X = L^2(a,b) \times L^2(a,b)$ und $T : H^1(a,b) \to X$ mit $Tu = (u,u')$. Offenbar wird durch $\|(u,v)\|_X := (\|u\|_{0,2}^2 + \|v\|_{0,2}^2)^{1/2}$ eine Norm auf X erklärt und es ist $\|Tu\|_X = \|u\|_{1,2}$. Wir können $H^1(a,b)$ daher als Unterraum von X auffassen, der – wie soeben gezeigt – sogar abgeschlossen ist (der Grenzwert einer in $H^1(a,b)$ konvergenten Folge liegt wieder in $H^1(a,b)$). Da $L^2(a,b)$ separabel ist, ist X separabel und mithin auch jeder Unterraum von X.   #

Es sei daran erinnert, dass HILBERT-Räume stets reflexiv sind (Darstellungssatz von F. RIESZ[1], Satz A.2.14).

Definition 3.2.3 *Seien $(X, \|\cdot\|_X)$ und $(Y, \|\cdot\|_Y)$ reelle BANACH-Räume. Gibt es einen linearen, injektiven Operator $j : X \to Y$, so heißt X eingebettet in Y. Dann kann X als Teilmenge von Y aufgefasst werden, indem $j(x) \in Y$ und $x \in X$ miteinander identifiziert werden. Die Einbettung heißt* stetig *(in Zeichen: $X \hookrightarrow Y$), wenn es eine Konstante $\alpha > 0$ gibt, so dass*

$$\|j(x)\|_Y \leq \alpha \, \|x\|_X \quad \forall x \in X \,.$$

Die Einbettung heißt kompakt *(in Zeichen: $X \overset{c}{\hookrightarrow} Y$), wenn $X \hookrightarrow Y$ und jede in X beschränkte Folge $\{x_n\}$ eine in Y konvergente Teilfolge $\{j(x_{n'})\}$ besitzt.*

Gilt $X \hookrightarrow Y$ und liegt X zudem dicht in Y, so schreiben wir $X \overset{d}{\hookrightarrow} Y$.

Die kompakte Einbettung können wir auch wie folgt charakterisieren: Konvergiert die Folge $\{x_n\}$ im BANACH-Raum X schwach gegen x, so konvergiert $\{j(x_n)\}$ im BANACH-Raum Y stark gegen $j(x)$. (Der Begriff der schwachen Konvergenz wird im Anhang auf Seite 280 erklärt.)

Das Besondere an der kompakten Einbettung ist, dass sie im unendlichdimensionalen Fall die fehlende relative Kompaktheit beschränkter Mengen (siehe Kompaktheitssatz von F. RIESZ, Satz A.2.10) in gewisser Weise kompensiert: Zwar kann aus der in X beschränkten Folge im Allgemeinen keine bezüglich der so genannten stärkeren Norm $\|\cdot\|_X$ konvergente Teilfolge ausgewählt werden, wohl aber gibt es eine bezüglich der so genannten schwächeren Norm $\|\cdot\|_Y$ konvergente Teilfolge.

Mit Satz 3.1.10 haben wir bereits gezeigt, dass

$$W^{1,1}(a,b) := \{v \in L^1(a,b) : \exists v' \in L^1(a,b)\} \hookrightarrow \mathcal{C}[a,b] \,.$$

Es sei bemerkt, dass diese Einbettung nicht kompakt ist.

Satz 3.2.4 *Jede Funktion $u \in H^1(a,b)$ ist fast überall gleich einer absolut stetigen Funktion. Es gilt $H^1(a,b) \overset{c}{\hookrightarrow} \mathcal{C}[a,b]$.*

Beweis. Den ersten Teil haben wir bereits mit Satz 3.1.10 bewiesen, denn wegen $L^2(a,b) \hookrightarrow L^1(a,b)$ gilt $H^1(a,b) \hookrightarrow W^{1,1}(a,b)$. Da jede absolut stetige Funktion auch stetig ist, wird jeder Funktion, genauer: jeder Äquivalenzklasse von

---

[1]Frigyes RIESZ, geb. 1880 in Györ, gest. 1956 in Budapest, Bruder von Marcel RIESZ. RIESZ gilt als einer der Begründer der Funktionalanalysis und Operatortheorie, indem er Ideen von FRÉCHET zur Metrik, von LEBESGUE zur Integration reeller Funktionen und von HILBERT und SCHMIDT zur Theorie der Integralgleichungen zusammenbrachte. Er wirkte an den Universitäten in Kolozsvár und Budapest. In SAXE [119] finden sich einige biographische Anmerkungen.

fast überall gleichen Funktionen aus $H^1(a,b)$, genau ein stetiger Repräsentant zugeordnet, so dass $H^1(a,b) \subset C[a,b]$.

Es bleibt, die Stetigkeit und Kompaktheit der Einbettung zu zeigen. Wie bereits im Beweis zu Satz 3.1.10 gezeigt, gilt

$$\|u\|_{C[a,b]} \leq \frac{1}{b-a} \int_a^b |u(\xi)|\, d\xi + \int_a^b |u'(\xi)|\, d\xi\,,$$

und es folgt weiter mit CAUCHY-SCHWARZscher[1] und binomischer Ungleichung

$$\|u\|_{C[a,b]} \leq \frac{1}{\sqrt{b-a}} \left(\int_a^b u(\xi)^2 d\xi \right)^{1/2} + \sqrt{b-a} \left(\int_a^b u'(\xi)^2 d\xi \right)^{1/2}$$

$$\leq \sqrt{2}\, \max\left(\frac{1}{\sqrt{b-a}}, \sqrt{b-a} \right) \|u\|_{1,2} = \sqrt{\frac{2}{b-a}}\, \max(1, b-a)\, \|u\|_{1,2}\,.$$

Die Kompaktheit der Einbettung ist wie folgt einzusehen: Sei $\{u_n\}$ eine in $H^1(a,b)$ beschränkte Folge, es gebe also ein $M > 0$, so dass für alle $n = 1, 2, \ldots$ gilt $\|u_n\|_{1,2} \leq M$. Nach dem soeben Bewiesenen gibt es ein M', so dass die Folge $\{u_n\}$ gleichmäßig beschränkt ist:

$$\|u_n\|_{C[a,b]} \leq c\, \|u_n\|_{1,2} \leq cM =: M'\,, \quad c = \sqrt{\frac{2}{b-a}}\, \max(1, b-a)\,.$$

Ferner gilt für beliebige $x_1, x_2 \in [a,b]$ und $n = 1, 2, \ldots$

$$u_n(x_1) - u_n(x_2) = \int_{x_2}^{x_1} u_n'(x)dx\,,$$

so dass mit der CAUCHY-SCHWARZschen Ungleichung

$$|u_n(x_1) - u_n(x_2)| \leq \sqrt{|x_1 - x_2|} \left(\int_{\min(x_1,x_2)}^{\max(x_1,x_2)} u_n'(x)^2 dx \right)^{1/2}$$

$$\leq \sqrt{|x_1 - x_2|}\, \|u_n\|_{1,2} \leq M\, \sqrt{|x_1 - x_2|}$$

folgt, woraus sich die gleichgradige Stetigkeit ergibt. Nach dem Satz von ARZELÀ-ASCOLI (siehe Satz A.2.7) folgt nun die Existenz einer bezüglich der Maximumnorm $\|\cdot\|_{C[a,b]}$ konvergenten Teilfolge.   #

---

[1]Hermann Amandus SCHWARZ, geb. 1843 in Hermsdorf (heute in Polen), gest. 1921 in Berlin. Wohl beeinflusst durch WEIERSTRASS, wechselte SCHWARZ von der Chemie, die er zunächst zu studieren begann, zur Mathematik. Er befasste sich vor allem mit Fragen der Geometrie, Variationsrechnung und Funktionentheorie. SCHWARZ wirkte in Halle, Zürich, Göttingen und Berlin.

Satz 3.2.5 *Der Raum $C^\infty[a,b]$ liegt dicht in $H^1(a,b)$, das heißt*

$$H^1(a,b) = \mathrm{clos}_{\|\cdot\|_{1,2}}\, C^\infty[a,b]\,.$$

Wir werden den Beweis mit einem Hilfssatz vorbereiten.

Lemma 3.2.6 *Sei $u \in H^1(a,b)$ und sei $0 < \varepsilon_0 < (b-a)/2$. Dann konvergiert jede Folge von Mittelfunktionen u_ε mit $0 < \varepsilon < \varepsilon_0$ für $\varepsilon \to 0$ auf dem Intervall $(a+\varepsilon_0, b-\varepsilon_0)$ in der Norm $\|\cdot\|_{1,2}$ gegen u.*

Beweis. Wir betrachten für $x \in (a+\varepsilon_0, b-\varepsilon_0)$ und $\varepsilon \in (0,\varepsilon_0)$ die Funktionen $\xi \mapsto \rho_\varepsilon(x-\xi) \in C_0^\infty(\mathbb{R})$, wobei ρ_ε Mittelungskerne seien. Ihr Träger $[x-\varepsilon, x+\varepsilon]$ ist echt enthalten in (a,b). Nach der Definition der verallgemeinerten Ableitung gilt daher für alle $x \in (a+\varepsilon_0, b-\varepsilon_0)$

$$(u')_\varepsilon(x) = \int_a^b \rho_\varepsilon(x-\xi)u'(\xi)\,d\xi = -\int_a^b \frac{d\rho_\varepsilon(x-\xi)}{d\xi}\,u(\xi)\,d\xi$$

$$= \int_a^b \rho_\varepsilon'(x-\xi)u(\xi)\,d\xi = \frac{d}{dx}\int_a^b \rho_\varepsilon(x-\xi)u(\xi)\,d\xi = (u_\varepsilon)'(x)\,.$$

Nach Satz 3.1.8 konvergieren sowohl u_ε gegen u als auch $(u')_\varepsilon$ gegen u' in $L^2(a,b)$. Dann aber folgt wegen $(u')_\varepsilon = (u_\varepsilon)'$ auf $(a+\varepsilon_0, b-\varepsilon_0)$ und der Definition der H^1-Norm, dass u_ε gegen u in $H^1(a+\varepsilon_0, b-\varepsilon_0)$ konvergiert. #

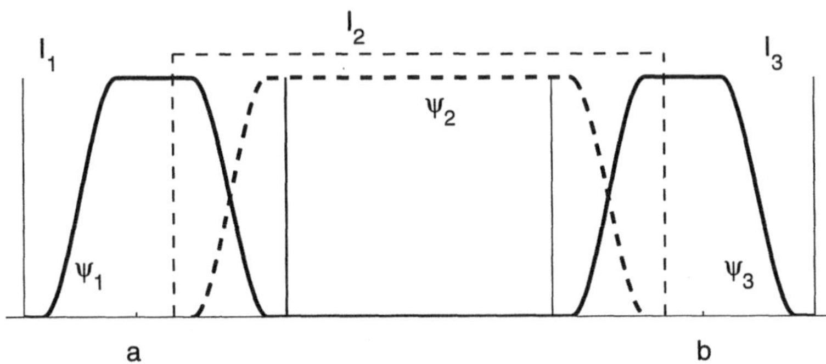

Bild 3.2.1: Partition der Eins (Beweis von Satz 3.2.5)

Beweis von Satz 3.2.5. Es seien I_i ($i = 1,2,3$) offene Intervalle, deren Vereinigung $[a,b]$ enthält, wobei I_1 den linken und I_3 den rechten Rand überdecke (mit

$I_1 \cap I_3 = \emptyset$). Ferner seien Funktionen $\psi_i \in C_0^\infty(\mathbb{R})$ $(i = 1, 2, 3)$ mit

$$\operatorname{supp} \psi_i \subset I_i, \quad 0 \leq \psi_i(x) \leq 1, \quad \sum_{i=1}^{3} \psi_i(x) = 1 \quad \text{für } x \in [a, b]$$

gegeben. Man sagt auch, die Funktionen ψ_i bilden eine *Partition der Eins* bezüglich der Überdeckung $\{I_i\}$ (siehe Bild 3.2.1). Diese erlaubt die Lokalisierung einer Funktion. Die Existenz einer Partition der Eins wird zum Beispiel in ZIEMER [158, Lemma 2.3.1, S. 53] und WLOKA [148, Satz 1.2, S. 17 f.] bewiesen. Unser Beweis würde allerdings auch mit stetig differenzierbaren Funktionen ψ_i auskommen, die etwa durch stückweise kubischen Ansatz konstruiert werden können.

Setzen wir $u_i := u\psi_i$, so gilt

$$u(x) = u_1(x) + u_2(x) + u_3(x)$$

für alle $x \in [a, b]$. Wegen $u_i' = u'\psi_i + u\psi_i'$ gilt $u_i \in H^1(a, b)$ für $i = 1, 2, 3$.

Da u_1 und u_1' als Funktionen aus $L^2(a, b)$ im L^2-Mittel stetig sind (vgl. etwa ZEIDLER [154, S. 1021 (32)]), gibt es zu beliebigem $\eta > 0$ ein $\delta_0 > 0$, so dass für alle δ mit $0 < \delta < \delta_0$

$$\int_a^b \left(\left(u_1(x + \delta) - u_1(x)\right)^2 + \left(u_1'(x + \delta) - u_1'(x)\right)^2 \right) < \frac{\eta^2}{36} \qquad (3.2.1)$$

gilt. Für Argumente rechts von b können wir uns u_1 (als auch u_1') mit Null fortgesetzt denken, denn der Träger von ψ_1 ist kompakt enthalten in I_1, so dass u_1 und u_1' in einer Umgebung von b verschwinden.

Sei $v_1(x) := u_1(x + \delta)$ für ein $\delta < \delta_0$. Die Funktion v_1 ist aus $H^1(a - \delta, b + \delta)$. Wegen Lemma 3.2.6 gibt es eine Funktion $v_{1,\varepsilon}$, so dass auf (a, b)

$$\|v_{1,\varepsilon} - v_1\|_{1,2} < \frac{\eta}{6}. \qquad (3.2.2)$$

Dabei war $v_{1,\varepsilon} \in C^\infty(\mathbb{R})$ Mittelfunktion von v_1 für ein hinreichend kleines $\varepsilon > 0$.

Wegen (3.2.1) und (3.2.2) gibt es also zu jedem $\eta > 0$ eine Funktion $v_{1,\varepsilon}$, so dass auf (a, b)

$$\|v_{1,\varepsilon} - u_1\|_{1,2} \leq \|v_{1,\varepsilon} - v_1\|_{1,2} + \|v_1 - u_1\|_{1,2} < \frac{\eta}{3}.$$

Die Einschränkung von $v_{1,\varepsilon} \in C^\infty(\mathbb{R})$ auf (a, b) liegt in $C^\infty[a, b]$.

In gleicher Weise verfahren wir mit u_2 und u_3 und erhalten so Funktionen $v_{2,\varepsilon}$ und $v_{3,\varepsilon}$, wobei ε jedes Mal verschieden sein kann. Sei nun $v_\varepsilon := v_{1,\varepsilon} + v_{2,\varepsilon} + v_{3,\varepsilon} \in C^\infty[a, b]$. Dann gilt

$$\|v_\varepsilon - u\|_{1,2} \leq \|v_{1,\varepsilon} - u_1\|_{1,2} + \|v_{2,\varepsilon} - u_2\|_{1,2} + \|v_{3,\varepsilon} - u_3\|_{1,2} < \eta,$$

was zu beweisen war.   #

Der Beweis kann auch so geführt werden, dass $u \in H^1(a,b) \hookrightarrow C[a,b]$ außerhalb von $[a,b]$ stetig fortgesetzt und dann Lemma 3.2.6 angewandt wird.

Es folgt sofort, dass $C^k[a,b]$ für jedes $k \geq 1$ dicht in $H^1(a,b)$ liegt, denn $C^\infty[a,b] \subseteq C^k[a,b] \subseteq H^1(a,b)$ für $k \geq 1$. Dagegen liegt $C_0^\infty(a,b)$ nicht dicht in $H^1(a,b)$.

Die Separabilität von $H^1(a,b)$, die wir bereits bewiesen haben, könnten wir nun auch aus der Tatsache folgern, dass Funktionen aus $H^1(a,b)$ beliebig gut durch Funktionen aus $C^\infty[a,b]$ und diese wiederum beliebig gut durch Polynome mit rationalen Koeffizienten approximiert werden können.

Einen für die Anwendung auf Differentialgleichungen sehr bedeutenden Beitrag lieferte Rellich[1] mit

Satz 3.2.7 (Rellich, 1930) *Der Raum $H^1(a,b)$ ist kompakt eingebettet in den Raum $L^2(a,b)$.*

Beweis. Die Stetigkeit der Einbettung ist wegen $H^1(a,b) \subset L^2(a,b)$ und $\|\cdot\|_{1,2}^2 = \|\cdot\|_{0,2}^2 + |\cdot|_{1,2}^2$ sofort einzusehen. Sei nun $\{u_n\}$ eine in $H^1(a,b)$ beschränkte Folge. Dann gibt es ein $M > 0$ und es gilt für beliebiges $n \in \mathbb{N} \setminus \{0\}$ und $x_1, x_2 \in [a,b]$

$$|u_n(x_1) - u_n(x_2)| = \left| \int_{x_2}^{x_1} u'(\xi)d\xi \right| \leq \left(\int_{\min(x_1,x_2)}^{\max(x_1,x_2)} d\xi \int_{\min(x_1,x_2)}^{\max(x_1,x_2)} |u'(\xi)|^2 d\xi \right)^{1/2}$$

$$\leq M \sqrt{|x_1 - x_2|},$$

so dass

$$\int_a^b (u_n(x_1) - u_n(x_2))^2 \, dx \leq M^2(b-a)|x_1 - x_2| \to 0 \quad \text{für } x_2 \to x_1.$$

Nach dem Satz von M. Riesz[2]-Fréchet[3]-Kolmogorow (siehe Satz A.2.11) gibt es sodann eine in $L^2(a,b)$ konvergente Teilfolge.

Alternativ kann auch die bereits bewiesene Einbettung $H^1(a,b) \stackrel{c}{\hookrightarrow} C[a,b]$ bemüht werden: Demnach gibt es eine in $C[a,b]$ konvergente Teilfolge. Da aber

$$\|v\|_{0,2} \leq \sqrt{b-a}\, \|v\|_{C[a,b]},$$

---

[1]Franz Rellich, geb. 1906 in Tramin, gest. 1955 in Göttingen. Rellich promovierte 1930 bei Courant. Er wirkte in Göttingen und war Direktor des dortigen Mathematischen Instituts.

[2]Marcel Riesz, geb. 1886 in Györ, gest. 1969 in Lund, Bruder von Frigyes Riesz. Riesz studierte in Budapest und folgte 1908 einer Einladung von Mittag-Leffler nach Schweden. Er befasste sich unter anderem mit Problemen der Funktionalanalysis, Mathematischen Physik, Zahlentheorie und Algebra.

[3]Maurice René Fréchet, geb. 1878 in Maligny, gest. 1973 in Paris. In seiner Dissertation legte Fréchet die Grundlagen der Theorie des metrischen Raumes. Er arbeitete zur Topologie und Theorie der abstrakten Räume, später auch zur Wahrscheinlichkeitstheorie. Fréchet war Professor in Poitiers, Strasbourg und Paris. Eine kurze Biographie findet sich in Saxe [119].

folgt aus der Konvergenz in $\mathcal{C}[a, b]$ auch die in $L^2(a, b)$.   #

Die Einbettungsaussagen werden auch als die SOBOLEW*schen Einbettungssätze* bezeichnet. Im Kontext der partiellen Differentialgleichungen ist unbedingt zu beachten, dass Einbettungsaussagen von der Dimension des räumlichen Gebiets, die hier ja Eins ist, abhängen.

Definition 3.2.8 *Es sei*

$$H_0^1(a, b) := \{v \in H^1(a, b) : v(a) = v(b) = 0\}.$$

Bemerkung 3.2.9 Vorstehende Definition macht Sinn, denn nach Satz 3.2.4 besitzt jede Äquivalenzklasse von H^1-Funktionen einen stetigen Repräsentanten.

#

Dass die Norm einer H_0^1-Funktion schon allein durch deren Ableitung bestimmt wird, geht auf POINCARÉ[1] und FRIEDRICHS zurück:

Satz 3.2.10 (POINCARÉ-FRIEDRICHSsche Ungleichung) *Ist* $u \in H_0^1(a, b)$, *so gilt*

$$\|u\|_{0,2} \leq \frac{b - a}{\sqrt{2}} \, |u|_{1,2} \, .$$

Beweis. Sei u der absolut stetige Repräsentant. Dann gilt wegen $u(a) = 0$

$$u(x) = \int_a^x u'(\xi)d\xi \, ,$$

wobei u' die verallgemeinerte Ableitung bezeichne. Mit CAUCHY-SCHWARZscher Ungleichung folgt

$$|u(x)|^2 = \left(\int_a^x u'(\xi)d\xi\right)^2 \leq \int_a^x d\xi \int_a^x |u'(\xi)|^2 d\xi \leq (x - a)\, |u|_{1,2}^2 \, .$$

Integration über (a, b) gibt

$$\|u\|_{0,2}^2 = \int_a^b |u(x)|^2 dx \leq \int_a^b (x - a)dx \, |u|_{1,2}^2 = \frac{(b - a)^2}{2} \, |u|_{1,2}^2 \, .$$

#

---

[1]Jules Henri POINCARÉ, geb. 1854 in Nancy, gest. 1912 in Paris. POINCARÉ studierte an der Pariser École Polytechnique und einer Hochschule für Bergbau. Er promovierte bei HERMITE über Differentialgleichungen. Nach einem Zwischenaufenthalt in Caen wurde POINCARÉ Professor in Paris und arbeitete auf verschiedensten Gebieten der Mathematik.

Die POINCARÉ-FRIEDRICHSsche Ungleichung zeigt die Äquivalenz der Normen $\|\cdot\|_{1,2}$ und $|\cdot|_{1,2}$ auf $H_0^1(a,b)$.

Bemerkung 3.2.11 Die Konstante in der POINCARÉ-FRIEDRICHSschen Ungleichung kann, wie in Aufgabe 5.36 zu zeigen ist, zu $(b-a)/\pi$ verbessert werden.

$$\#$$

Satz 3.2.12 *Auf $H_0^1(a,b)$ werden durch $|\cdot|_{1,2}$ und*

$$(u,v)_{1,2} := \int_a^b u'(x)v'(x)dx$$

eine Norm und ein Skalarprodukt definiert. $(H_0^1(a,b), (\cdot,\cdot)_{1,2}, |\cdot|_{1,2})$ *ist ein separabler HILBERT-Raum. Es gilt $H_0^1(a,b) \overset{c}{\hookrightarrow} C[a,b]$ mit*

$$\|u\|_{C[a,b]} \le \sqrt{b-a}\,|u|_{1,2} \tag{3.2.3}$$

sowie $H_0^1(a,b) \overset{c}{\hookrightarrow} L^2(a,b)$.

Den *Beweis* überlassen wir dem Leser. Zu zeigen ist dabei, dass $H_0^1(a,b)$ ein abgeschlossener Unterraum von $H^1(a,b)$ ist, was aus der stetigen Einbettung $H^1(a,b) \hookrightarrow C[a,b]$ folgt. Dann sind die Sätze über $H^1(a,b)$ und Satz 3.2.10 anzuwenden bzw. analoge Beweisschritte vorzunehmen. Als abgeschlossener Unterraum von $H^1(a,b)$ kann $H_0^1(a,b)$ auch mit $((\cdot,\cdot))_{1,2}$ und $\|\cdot\|_{1,2}$ versehen werden.

Satz 3.2.13 *Der Raum $C_0^\infty(a,b)$ liegt dicht in $H_0^1(a,b)$, das heißt*

$$H_0^1(a,b) = \mathrm{clos}_{\|\cdot\|_{1,2}}\, C_0^\infty(a,b)\,.$$

Beweis. Sei $u \in H_0^1(a,b)$. Für zunächst beliebige $\delta > 0$ seien Funktionen $\psi \in C_0^1(a,b)$ derart konstruiert, als dass $0 \le \psi(x) \le 1$ für $x \in [a,b]$ und

$$\psi(x) = \begin{cases} 0 & \text{für } x \in [a, a+\delta], \\ 1 & \text{für } x \in [a+2\delta, b-2\delta], \\ 0 & \text{für } x \in [b-\delta, b]. \end{cases} \tag{3.2.4}$$

Außerdem soll es eine von δ unabhängige Konstante $c > 0$ geben, so dass $|\psi'(x)| \le c/\delta$ für alle $x \in [a,b]$. Die Funktionen ψ heißen *Abschneidefunktionen* (siehe auch Bild 3.2.2 und Aufgabe 5.38, in der die Konstruktion ausgeführt werden soll und so zugleich die Existenz derartiger Funktionen gezeigt wird). Es gilt $\mathrm{supp}\,\psi = [a+\delta, b-\delta] \subset (a,b)$.

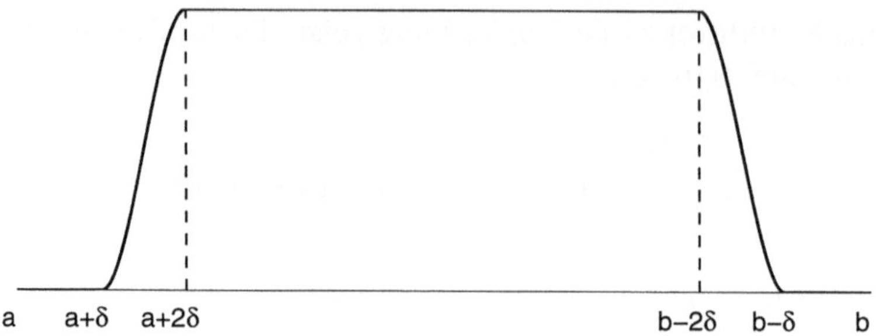

Bild 3.2.2: Abschneidefunktion ψ aus dem Beweis zu Satz 3.2.13

Sei $v := u\psi$. Wegen $v' = u'\psi + u\psi'$ gilt $v \in H^1(a,b)$. Überdies wissen wir, dass $\operatorname{supp} v \subseteq [a+\delta, b-\delta] \subset (a,b)$. Wir können v daher außerhalb von (a,b) mit Null fortsetzen und für jedes Intervall, das (a,b) enthält, ist diese Fortsetzung aus H^1. Nach Lemma 3.2.6 gibt es folglich zu beliebigem $\eta > 0$ eine Mittelfunktion v_ε (für hinreichend kleines $\varepsilon > 0$), so dass auf (a,b)

$$\|v_\varepsilon - v\|_{1,2} < \frac{\eta}{2}$$

gilt. Dabei ist $v_\varepsilon \in \mathcal{C}_0^\infty(a,b)$, denn $\operatorname{supp} v_\varepsilon \subset (a,b)$ (siehe Satz 3.1.8).
Wir wollen nun

$$\|u - v\|_{1,2}^2 = \int_a^b \left(|u(x) - v(x)|^2 + |u'(x) - v'(x)|^2 \right) dx$$

abschätzen. Zerlegen wir das Integral,

$$\int_a^b = \int_a^{a+\delta} + \int_{a+\delta}^{a+2\delta} + \int_{a+2\delta}^{b-2\delta} + \int_{b-2\delta}^{b-\delta} + \int_{b-\delta}^b,$$

und berücksichtigen wir, dass $\operatorname{supp} v$, $\operatorname{supp} v' \subseteq [a+\delta, b-\delta]$, so finden wir

$$\|u - v\|_{1,2}^2 \leq$$

$$\int_a^{a+\delta} \left(|u(x)|^2 + |u'(x)|^2 \right) dx + \int_{a+\delta}^{a+2\delta} \left((1 + 2c^2\delta^{-2}) |u(x)|^2 + 2 |u'(x)|^2 \right) dx$$

$$+ \int_{b-2\delta}^{b-\delta} \left((1 + 2c^2\delta^{-2}) |u(x)|^2 + 2 |u'(x)|^2 \right) dx + \int_{b-\delta}^b \left(|u(x)|^2 + |u'(x)|^2 \right) dx.$$

Dabei haben wir die Abschätzungen

$$|u(x) - v(x)| = |u(x)(1 - \psi(x))| \leq |u(x)|$$

und

$$|u'(x) - v'(x)| = |u'(x)(1 - \psi(x)) - u(x)\psi'(x)|$$

$$\leq |u'(x)| + |u(x)|\,|\psi'(x)| \leq |u'(x)| + c\delta^{-1}|u(x)|$$

sowie die binomische Ungleichung benutzt (beachte $0 \leq \psi(x) \leq 1$).

Wegen $u(a) = 0$ ist $u(x) = \int_a^x u'(\xi)d\xi$ und wir finden so für $x \in (a + \delta, a + 2\delta)$

$$|u(x)|^2 = \left|\int_a^x u'(\xi)d\xi\right|^2 \leq (x - a)\int_a^x |u'(\xi)|^2 d\xi \leq 2\delta \int_a^{a+2\delta} |u'(\xi)|^2 d\xi\,.$$

Somit folgt

$$\delta^{-2}\int_{a+\delta}^{a+2\delta} |u(x)|^2 dx \leq 2\int_a^{a+2\delta} |u'(\xi)|^2 d\xi\,.$$

Entsprechendes gilt für $\int_{b-2\delta}^{b-\delta} |u(x)|^2 dx$.

Wir gelangen also zu der Abschätzung

$$\|u - v\|_{1,2}^2 \leq \int_a^{a+2\delta} \left(|u(x)|^2 + 2(1 + 2c^2)\,|u'(x)|^2\right) dx$$

$$+ \int_{b-2\delta}^b \left(|u(x)|^2 + 2(1 + 2c^2)\,|u'(x)|^2\right) dx\,.$$

Da sowohl u als auch u' aus $L^2(a,b)$ sind, gibt es wegen der absoluten Stetigkeit des Integrals ein $\delta > 0$, so dass

$$\int_a^{a+2\delta} \left(|u(x)|^2 + 2(1 + 2c^2)\,|u'(x)|^2\right) dx$$

$$+ \int_{b-2\delta}^b \left(|u(x)|^2 + 2(1 + 2c^2)\,|u'(x)|^2\right) dx < \frac{\eta^2}{4}\,.$$

Mit der Dreiecksungleichung folgt

$$\|u - v_\varepsilon\|_{1,2} \leq \|u - v\|_{1,2} + \|v - v_\varepsilon\|_{1,2} < \eta$$

und somit die Behauptung.

Alternativ kann der Beweis geführt werden, indem man die Funktion u staucht. Betrachten wir die Funktion

$$u_\delta(x) := \bar{u}(x_0 + \delta\,(x - x_0))\,, \quad x_0 = \frac{a + b}{2}\,, \ \delta > 1\,,$$

wobei $\bar{u}$ wieder die Fortsetzung von u mit Null außerhalb von $[a, b]$ bezeichne. Da $u \in H_0^1(a, b)$, ist diese Fortsetzung stetig. Außerdem gilt $\bar{u} \in H^1(\mathbb{R})$, so dass $\bar{u}'$ im L^2-Mittel stetig ist. Dann aber folgt

$$\lim_{\delta \searrow 1} \|u_\delta - u\|_{1,2} = 0 \,.$$

Da

$$\operatorname{supp} u_\delta \subseteq \left[x_0 - \frac{b-a}{2\delta}, x_0 + \frac{b-a}{2\delta} \right] \subset (a, b) \,,$$

gibt es gemäß Lemma 3.2.6 für jedes $\delta > 1$ eine Folge von Mittelfunktionen $u_{\delta,\varepsilon} \in C_0^\infty(a, b)$, die für $\varepsilon \to 0$ in der $H^1(a, b)$-Norm gegen u_δ konvergiert. Dann aber lässt sich mit Hilfe des Diagonalfolgenprinzips eine Folge von Mittelfunktionen $u_{\delta,\varepsilon}$ angeben, die in der $H^1(a, b)$-Norm gegen u konvergiert.   #

Es ist zu bemerken, dass die Beziehung aus vorstehendem Satz oft als Definition benutzt wird, um hernach zu zeigen, dass

$$\operatorname{clos}_{\|\cdot\|_{1,2}} C_0^\infty(a, b) = \{v \in H^1(a, b) : v(a) = v(b) = 0\} \,.$$

Satz 3.2.14 *Der Raum $H_0^1(a, b)$ liegt dicht im Raum $L^2(a, b)$.*

Beweis. Es ist bekannt, dass $C_0^\infty(a, b) \overset{d}{\subseteq} L^2(a, b)$ (siehe auch Aufgabe 5.39). Da Funktionen aus $C_0^\infty(a, b)$ auch in dem Raum $H_0^1(a, b)$ liegen und letzterer als Teilmenge des $L^2(a, b)$ definiert wurde, folgt die Behauptung.   #

Wir wollen zum Schluss dieses Abschnitts den Dualraum, also die Menge aller linearen, stetigen Funktionale[1] auf $H_0^1(a, b)$ charakterisieren.

---

[1] Ein *Funktional* f ist eine Abbildung, die aus einem reellen (bzw. komplexen) linearen Raum V in $\mathbb{R}$ (bzw. $\mathbb{C}$) abbildet. Das Funktional $f : V \to \mathbb{R}$ heißt *linear* genau dann, wenn für alle $\alpha, \beta \in \mathbb{R}$ und $u, v \in V$

$$f(\alpha u + \beta v) = \alpha f(u) + \beta f(v)$$

gilt. Ist $(V, \|\cdot\|)$ ein normierter Raum, so ist das lineare Funktional $f : V \to \mathbb{R}$ *stetig* genau dann, wenn es beschränkt ist, es also eine Konstante $c > 0$ gibt, so dass für alle $v \in V$

$$|f(v)| \le c \, \|v\|$$

gilt. Die Menge aller linearen, stetigen Funktionale über V bildet den *Dualraum* V^*, der mit der punktweisen Addition $(f + g)(v) := f(v) + g(v)$ $(v \in V)$ und der punktweisen Multiplikation mit einem Skalar $(\alpha f)(v) := \alpha f(v)$ $(\alpha \in \mathbb{R}, v \in V)$ ein linearer Raum ist und der mit der *dualen Norm*

$$\|f\|_* := \sup_{v \in V \setminus \{0\}} \frac{|f(v)|}{\|v\|}$$

zum BANACH-Raum wird. Für $f(v)$ schreiben wir in der Regel $\langle f, v \rangle$, wobei $\langle \cdot, \cdot \rangle$ als *duales Produkt* oder *duale Paarung* zwischen V^* und V bezeichnet wird. Gelegentlich schreiben wir auch $\langle \cdot, \cdot \rangle_{V^* \times V}$, um die Räume deutlich zu machen.

Definition 3.2.15 *Es bezeichne $H^{-1}(a,b)$ den Dualraum von $H_0^1(a,b)$.*

Satz 3.2.16 *Auf $H^{-1}(a,b)$ wird durch*

$$\|f\|_{-1,2} := \sup_{v \in H_0^1(a,b) \setminus \{0\}} \frac{|\langle f, v \rangle|}{|v|_{1,2}}$$

eine Norm definiert. $(H^{-1}(a,b), \|\cdot\|_{-1,2})$ ist ein reflexiver, separabler BANACH-*Raum. Es gilt $L^2(a,b) \overset{c}{\hookrightarrow} H^{-1}(a,b)$.*

Zu jedem $f \in H^{-1}(a,b)$ gibt es ein (nicht eindeutig bestimmtes) $u_f \in L^2(a,b)$, so dass

$$\langle f, v \rangle = - \int_a^b u_f(x) v'(x) dx \quad \forall v \in H_0^1(a,b) \,. \tag{3.2.5}$$

Der *Beweis* folgt aus den bereits bewiesenen Aussagen über $H_0^1(a,b)$ unter Zuhilfenahme einiger Resultate aus der Linearen Funktionalanalysis (Satz von HAHN[1]-BANACH, Darstellungssatz von F. RIESZ); wir verweisen zum Beispiel auf BRÉZIS [23, S. 134 ff.].

Bemerkung 3.2.17 Nach dem RIESZschen Darstellungssatz (Satz A.2.14) könnte $H^{-1}(a,b)$ mit $H_0^1(a,b)$ identifiziert werden. Dies ist jedoch nicht sinnvoll. Vielmehr wird $L^2(a,b)$ mit seinem Dualraum identifiziert, so dass man zu der Skala

$$H_0^1(a,b) \subset L^2(a,b) \subset H^{-1}(a,b)$$

gelangt, wobei die Einbettungen zugleich dicht und stetig (hier sogar kompakt) sind. Eine solche Skala dreier Räume wird, nach GELFAND, der diese im Zusammenhang mit der Spektraltheorie selbstadjungierter Operatoren verwendete, GELFAND-*Dreier* oder auch *Evolutionstripel* genannt und wird uns später bei den abstrakten Evolutionsgleichungen begegnen. #

3.3 Variationelle Formulierung und Operatorgleichung

Wir kommen nun zur so genannten *variationellen* oder *schwachen* Formulierung der zu behandelnden Randwertprobleme zweiter Ordnung. Es folgt eine algorithmische Herleitung. Sie führt zu den (physikalischen) Wurzeln der Differentialgleichung zurück. Betrachten wir zunächst homogene DIRICHLET-Randdaten

---

[1]Hans HAHN, geb. 1879 in Wien, gest. 1934 ebd. Nach seinem Studium an der Technischen Hochschule in Wien wurde HAHN dort im Jahre 1921 Professor. Er befasste sich mit der Funktionalanalysis und Variationsrechnung.

$u(a) = u(b) = 0$. Es sei v hinreichend glatt mit $v(a) = v(b) = 0$ und im Übrigen beliebig. Multiplikation der Differentialgleichung

$$-u''(x) + c(x)u'(x) + d(x)u(x) = f(x)\,, \quad x \in (a,b)\,, \tag{3.3.1}$$

mit v und anschließende partielle Integration führen auf die integrale Beziehung

$$\int_a^b \left(u'(x)v'(x) + c(x)u'(x)v(x) + d(x)u(x)v(x)\right)\,dx = \int_a^b f(x)v(x)dx\,. \tag{3.3.2}$$

Diese macht nun bereits Sinn, wenn nur $u, v \in H_0^1(a,b)$ (und die Koeffizienten c, d etwa in $L^\infty(a,b)$ liegen). Auch die Anforderungen an die rechte Seite f können noch weiter abgeschwächt werden, denn es genügt, wenn f ein lineares, stetiges Funktional auf $H_0^1(a,b) \ni v$ repräsentiert ($f \in H^{-1}(a,b)$) und wir $\int_a^b f(x)v(x)\,dx = (f,v)_{0,2}$ durch $\langle f,v \rangle$ (duale Paarung zwischen $H^{-1}(a,b)$ und $H_0^1(a,b)$) ersetzen. Schließlich ist noch zu bemerken, dass die linke Seite sowohl in u als auch v linear ist.

Die schwache Formulierung lautet nun: *Zu gegebenem $f \in H^{-1}(a,b)$ finde $u \in H_0^1(a,b)$, so dass für alle $v \in H_0^1(a,b)$ die Beziehung (3.3.2) gilt.*

Eine Lösung dieser schwachen Formulierung nennen wir *schwache* oder *verallgemeinerte* Lösung von (2.1.1). Offenbar ist jede klassische Lösung auch schwache Lösung. Die Umkehrung gilt jedoch nur bei glatten Daten (hinreichend glatte Koeffizienten und rechte Seite), denn dann besitzt die schwache Lösung zusätzliche Regularität (Glattheit).

Der lineare Raum, aus dem die Testfunktionen v gewählt werden, heißt Testraum. Der Raum, in dem die Lösung gesucht wird, heißt Lösungs-, gelegentlich auch Ansatzraum. Bei der Randwertaufgabe mit homogenen DIRICHLET-Randdaten wählen wir als Lösungs- und Testraum $V := H_0^1(a,b)$.

Beispiel 3.3.1 Vorgelegt sei das Randwertproblem

$$-u''(x) - \operatorname{sgn}(x - \pi)u(x) = -2\delta(x - \pi) + 2H(\pi - x)\sin x\,, \quad x \in (0, 2\pi)\,,$$
$$u(0) = u(2\pi) = 0\,,$$

wobei H die HEAVISIDEsche Sprungfunktion und $\delta(\cdot - \pi)$ die in $x = \pi$ zentrierte DIRACsche δ-„Funktion" bezeichne, die physikalisch eine Punktladung an der Stelle $x = \pi$ darstellt. Dieser bislang nur formalen Schreibweise geben wir einen Sinn, indem wir die schwache Formulierung betrachten: *Finde eine Funktion $u \in H_0^1(0, 2\pi)$, so dass für alle $v \in H_0^1(0, 2\pi)$ gilt*

$$a(u,v) := \int_0^{2\pi} u'(x)v'(x)\,dx + \int_0^\pi u(x)v(x)\,dx - \int_\pi^{2\pi} u(x)v(x)\,dx$$
$$= -2v(\pi) + 2\int_0^\pi \sin x\, v(x)\,dx =: \langle f, v \rangle\,.$$

Dabei haben wir benutzt, dass $\delta(\cdot - \pi)$ das durch $\langle\delta(\cdot - \pi), v\rangle = v(\pi)$ definierte lineare Funktional repräsentiert, welches auf $H_0^1(0, 2\pi)$ stetig ist. Dies folgt aus der Tatsache, dass für $v \in H_0^1(0, 2\pi)$ gemäß Satz 3.2.4

$$|\langle\delta(\cdot - \pi), v\rangle| = |v(\pi)| \leq \|v\|_{C[0,\pi]} \leq c\,\|v\|_{1,2}$$

gilt, wobei c eine nur von der Länge des Intervalls abhängige Konstante ist. Dass f aus $H^{-1}(0, 2\pi)$ ist, folgt mit partieller Integration wegen

$$|\langle f, v\rangle| = \left| -2v(\pi) + 2 \int_0^\pi \sin x\, v(x)\, dx \right| = 2 \left| \int_0^\pi \cos x\, v'(x)\, dx \right|$$

$$\leq 2 \left(\int_0^\pi \cos^2 x\, dx \right)^{1/2} |v|_{1,2}\,.$$

Wir behaupten, $u(x) = |\sin x|$ ist eine Lösung (siehe auch Bild 3.3.1). Die Randbedingungen sind offenbar erfüllt. Außerdem gilt mit partieller Integration wegen $v(0) = v(2\pi) = 0$

$$a(u, v) = \int_0^\pi \cos x\, v'(x)\, dx - \int_\pi^{2\pi} \cos x\, v'(x)\, dx + \int_0^{2\pi} \sin x\, v(x)\, dx$$

$$= -2v(\pi) + \int_0^\pi \sin x\, v(x)\, dx - \int_\pi^{2\pi} \sin x\, v(x)\, dx + \int_0^{2\pi} \sin x\, v(x)\, dx = \langle f, v\rangle\,.$$

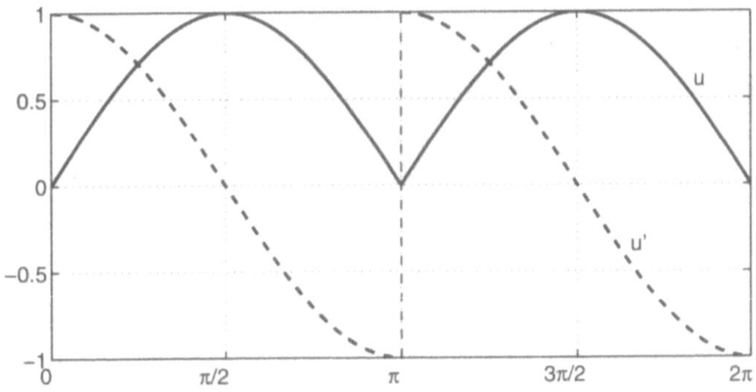

Bild 3.3.1: Lösung und deren Ableitung zu Beispiel 3.3.1

Die Lösung ist sogar eindeutig, denn wählen wir $v \in H_0^1(0, 2\pi)$ derart, dass $v(x) = 0$ für $x \in [\pi, 2\pi]$, so folgt

$$\int_0^\pi \left(u'(x)v'(x) + u(x)v(x) \right) dx = 2 \int_0^\pi \sin x v(x)\, dx\,.$$

Dies entspricht dem Randwertproblem

$$-u''(x) + u(x) = 2\sin x\,, \quad x \in (0, \pi)\,,\ u(0) = 0\,,\ u(\pi) = A \in \mathbb{R}\,,$$

wobei A noch zu bestimmen ist. Die eindeutig bestimmte klassische Lösung lautet

$$u(x) = A\,\frac{\mathrm{e}^x - \mathrm{e}^{-x}}{\mathrm{e}^\pi - \mathrm{e}^{-\pi}} + \sin x\,.$$

Weitere schwache Lösungen kann es nicht geben, da die rechte Seite und die Koeffizienten glatt sind. Entsprechend folgt für alle $v \in H_0^1(0, 2\pi)$ mit $v(x) = 0$ für $x \in [0, \pi]$

$$\int_\pi^{2\pi} \big(u'(x)v'(x) - u(x)v(x)\big)\,dx = 0\,,$$

was der Aufgabe

$$-u''(x) - u(x) = 0\,, \quad x \in (\pi, 2\pi)\,,\ u(\pi) = A\,,\ u(2\pi) = 0\,,$$

entspricht. Dabei muss $u(\pi) = A$ gelten, denn $u \in H_0^1(0, 2\pi)$ ist stetig. Diese Aufgabe besitzt aber nur für $A = 0$ überhaupt eine Lösung, und zwar $u(x) = c\sin x$ mit beliebigem $c \in \mathbb{R}$. Betrachtet man alle Funktionen u mit $u(x) = \sin x$ für $x \in [0, \pi]$ und $u(x) = c\sin x$ für $x \in [\pi, 2\pi]$, so kommt nur $u(x) = |\sin x|$ (d. h. $c = -1$) als Lösung des ursprünglichen Problems in Frage, denn

$$a(u, v) = \int_0^\pi \cos x\, v'(x)\,dx + c\int_\pi^{2\pi} \cos x\, v'(x)\,dx$$

$$+ \int_0^\pi \sin x\, v(x) - c\int_\pi^{2\pi} \sin x\, v(x)\,dx = -(1 - c)v(\pi) + 2\int_0^\pi \sin x v(x)\,dx\,.$$

Eleganter ist der Nachweis der Einzigkeit mit ausschließlich variationellen Argumenten: Wir zeigen, dass das homogene Problem nur die triviale Lösung besitzt, woraus sich wegen der Linearität unmittelbar die Eindeutigkeit der Lösung u des inhomogenen Problems ergibt. Sei $w \in H_0^1(0, 2\pi)$ eine Lösung des homogenen Problems. Dann ist auch $\hat{w}(x) := w(x) + w(2\pi - x)$ eine solche Lösung, denn man zeigt leicht, dass

$$a(\hat{w}, v) = \int_0^{2\pi} w'(y)v'(2\pi - y)\,dy - \int_0^\pi w(y)v(2\pi - y)\,dy + \int_\pi^{2\pi} w(y)v(2\pi - y)\,dy$$

gilt und mit v ist auch $y \mapsto -v(2\pi - y)$ eine zulässige Testfunktion. Da $\hat{w}(2\pi - x) = \hat{w}(x)$, gilt

$$\int_0^\pi \hat{w}(x)^2\,dx = \int_\pi^{2\pi} \hat{w}(x)^2\,dx\,,$$

so dass

$$0 = a(\hat{w}, \hat{w}) = \int_0^{2\pi} \hat{w}'(x)^2 \, dx \,.$$

Es folgt $\hat{w}(x) \equiv 0$, also $w(x) = -w(2\pi - x)$ und insbesondere $w(\pi) = 0$. Somit liegt v mit $v(x) = w(x)$ für $x \in [0, \pi]$ und $v(x) = 0$ für $x \in [\pi, 2\pi]$ in $H_0^1(0, 2\pi)$ und es folgt

$$0 = a(w, v) = \int_0^\pi w'(x)^2 \, dx + \int_0^\pi w(x)^2 \, dx \,,$$

so dass $w(x) = 0$ für $x \in [0, \pi]$. Da $w(2\pi - x) = -w(x)$, folgt $w \equiv 0$. $\qquad$ #

Es stellt sich die Frage, wie andere Randbedingungen behandelt werden können. Wir betrachten dazu zunächst inhomogene DIRICHLET-Randdaten $u(a) = \alpha$, $u(b) = \beta$. Dann folgt wiederum (3.3.2), allerdings sind jetzt Test- und Lösungsraum verschieden und der Lösungsraum ist auch nicht mehr linear. Die Lösung u wird vielmehr in einem zum Testraum $V = H_0^1(a, b) \ni v$ affinen Raum gesucht, nämlich in

$$V_g := g + V := \{w = g + v : v \in V\} \,,$$

wobei $g \in H^1(a, b)$ eine beliebige, aber fixierte Funktion mit $g(a) = \alpha$ und $g(b) = \beta$ ist. DIRICHLET-Randbedingungen heißen auch *wesentliche* Randbedingungen, denn sie gehen entscheidend in die Definition des Ansatzraumes ein.

Dagegen können NEUMANNsche Randbedingungen in natürlicher Weise eingearbeitet werden, weshalb sie auch *natürliche* Randbedingungen genannt werden: Sei $u'(a) = \alpha$ und $u'(b) = \beta$, so folgt für $v \in H^1(a, b)$

$$\int_a^b \left(u'(x)v'(x) + c(x)u'(x)v(x) + d(x)u(x)v(x)\right) dx$$

$$= \int_a^b f(x)v(x)dx + \beta v(b) - \alpha v(a) \,,$$

wobei hier $u \in H^1(a, b)$ gesucht ist. Wiederum sind Lösungs- und Testraum gleich. Auch nach Einarbeiten der Randbedingung bleibt die rechte Seite linear in v.

In den folgenden Abschnitten wollen wir (lineare und nichtlineare) abstrakte *Variationsprobleme* der folgenden Gestalt untersuchen.

Problem 3.3.2 *Zu gegebenem $f \in V^*$ finde $u \in V$, so dass für alle $v \in V$ gilt*

$$a(u, v) = \langle f, v \rangle \,. \tag{3.3.3}$$

Dabei sei $(V, \|\cdot\|)$ ein reeller BANACH-Raum und $a : V \times V \to \mathbb{R}$ eine Abbildung, die zumindest im zweiten Argument linear ist und die folgende Eigenschaft besitzt: Zu jedem $u \in V$ gibt es ein $\beta = \beta(u) > 0$, so dass für alle $v \in V$ gilt

$$|a(u, v)| \leq \beta(u) \, \|v\| \, .$$

Für festgehaltenes $u \in V$ ist die Abbildung $v \mapsto a(u, v)$ demnach eine lineare, beschränkte Abbildung von V in $\mathbb{R}$ und mithin Element des Dualraumes V^*. Wir wollen sie mit Au bezeichnen. Es gilt für alle $v \in V$

$$\langle Au, v \rangle = a(u, v) \, .$$

Versehen wir V^* mit der natürlichen Dualnorm

$$\|g\|_* := \sup_{v \in V \setminus \{0\}} \frac{|\langle g, v \rangle|}{\|v\|} \, , \quad g \in V^* \, ,$$

so gilt für alle $u \in V$

$$\|Au\|_* \leq \beta(u) \, .$$

Wir betrachten nun die Abbildung $u \mapsto Au$, die jedem $u \in V$ das soeben definierte Element $Au \in V^*$ des Dualraumes zuordnet, und wollen diese mit $A : V \to V^*$ bezeichnen. Wir nennen A auch den durch a definierten oder zugehörigen Operator. Es bleibt dabei offen, ob er linear oder beschränkt ist. Umgekehrt können wir stets auch durch einen Operator $A : V \to V^*$ eine Abbildung $a : V \times V \to \mathbb{R}$ via $a(u, v) := \langle Au, v \rangle$ für $u, v \in V$ definieren.

Gleichung (3.3.3) ist dann zu der (womöglich nichtlinearen) *Operatorgleichung*

$$Au = f \quad \text{in } V^* \tag{3.3.4}$$

mit gesuchtem $u \in V$ äquivalent.

Dass sich das Randwertproblem für die Differentialgleichung (3.3.1) mit homogenen DIRICHLET-Daten (und auch mit anderen Randbedingungen) in der Gestalt des Problems 3.3.2 schreiben lässt, hatten wir uns gerade überlegt: Wir wählen $V = H_0^1(a, b)$, so dass $V^* = H^{-1}(a, b)$. Außerdem sei $a : V \times V \to \mathbb{R}$ durch

$$a(u, v) := \int_a^b \left(u'(x)v'(x) + c(x)u'(x)v(x) + d(x)u(x)v(x) \right) dx$$

definiert. Die Eigenschaft $|a(u, v)| \leq \beta(u) \, \|v\|$ für alle $u, v \in H_0^1(a, b)$ kann mit Hilfe der CAUCHY-SCHWARZschen Ungleichung gezeigt werden. Der Operator A ist dann nichts anderes als der Differentialoperator

$$(Au)(x) = \left(-\frac{d^2}{dx^2} + c(x)\frac{d}{dx} + d(x) \right) u(x) \, ,$$

den wir in einem verallgemeinerten Sinne als Abbildung von V in V^* auffassen.

Jedoch nicht nur Randwertprobleme für gewöhnliche Differentialgleichungen zweiter Ordnung lassen sich in der Form des Problems 3.3.2 oder der Operatorgleichung (3.3.4) schreiben, sondern auch solche für gewöhnliche Differentialgleichungen höherer Ordnung und für (elliptische) partielle Differentialgleichungen sowie Integralgleichungen. Die Anwendungsmöglichkeiten der in diesem Abschnitt präsentierten Ergebnisse gehen weit über das hinaus, was an konkreten Beispielen im Rahmen dieses Buches vorgestellt werden kann.

3.4 Lineare Variationsprobleme mit stark positiver Bilinearform

Definition 3.4.1 *Sei $(V, \| \cdot \|)$ ein reeller* BANACH-*Raum. Eine Abbildung* $a : V \times V \to \mathbb{R}$ *heißt*

- bilinear, *falls a in jedem Argument linear ist;*
- symmetrisch, *falls $a(u,v) = a(v,u)$ für alle $u,v \in V$ gilt;*
- positiv, *falls $a(v,v) \geq 0$ für alle $v \in V$ gilt;*
- stark positiv, *falls es ein $\mu > 0$ gibt, so dass $a(v,v) \geq \mu \|v\|^2$ für alle $v \in V$ gilt.*

Eine Bilinearform heißt

- beschränkt, *falls es ein $\beta > 0$ gibt, so dass $|a(u,v)| \leq \beta \|u\| \|v\|$ für alle $u,v \in V$ gilt.*

Bemerkung 3.4.2 Neben der Bezeichnung *stark positiv* finden sich in der Literatur auch die Termini *V-elliptisch* und *koerzitiv* (siehe auch Definition 3.6.1), gelegentlich mit etwas abweichender Bedeutung.   #

Definition 3.4.3 *Sei $(V, \| \cdot \|)$ ein reeller* BANACH-*Raum. Ein Operator $A : V \to V^*$ heißt*

- symmetrisch, *falls $\langle Au, v \rangle = \langle Av, u \rangle$ für alle $u,v \in V$ gilt;*
- beschränkt, *falls das Bild beschränkter Mengen wieder beschränkt ist;*
- stark positiv, *falls es ein $\mu > 0$ gibt, so dass $\langle Av, v \rangle \geq \mu \|v\|^2$ für alle $v \in V$ gilt.*

Ein linearer Operator $A : V \to V^*$ ist genau dann beschränkt, wenn es ein $\beta > 0$ gibt, so dass für alle $u \in V$ gilt $\|Au\|_* \leq \beta \|u\|$.

Bemerkung 3.4.4 Gelegentlich wird statt *symmetrisch* auch der Begriff *selbst-adjungiert* verwendet. In vielen Büchern zur Funktionalanalysis sind jedoch beide Begriffe linearen Operatoren im HILBERT-Raum vorbehalten und haben verschiedene Bedeutung. Es sei daran erinnert, dass der durch $\langle A^*v, u\rangle := \langle Au, v\rangle$ für $u, v \in V$ definierte Operator $A^* : V \to V^*$ (beachte $V^{**} \cong V$ im reflexiven Fall) der zu A *adjungierte* oder *duale* Operator heißt. Statt *stark positiv* findet sich in der Literatur auch die Bezeichnung *positiv definit*.   #

Lemma 3.4.5 *Sei V ein reeller, reflexiver BANACH-Raum und $a : V \times V \to \mathbb{R}$ die durch den Operator $A : V \to V^*$ definierte Abbildung. Dann gilt:*

(i) A ist linear genau dann, wenn a bilinear ist.

(ii) A ist symmetrisch genau dann, wenn a symmetrisch ist.

(iii) Sei a bilinear. A ist beschränkt genau dann, wenn a beschränkt ist.

(iv) A ist stark positiv genau dann, wenn a stark positiv ist.

Der *Beweis* sei dem Leser als Aufgabe 5.41 überlassen.

Sei nun a symmetrisch. Dann können wir Problem 3.3.2 als *Minimierungsproblem* auffassen: Sei dazu $J : V \to \mathbb{R}$ mit

$$J(v) := \frac{1}{2} a(v, v) - \langle f, v\rangle \tag{3.4.1}$$

das so genannte *Energiefunktional.* (In vielen Anwendungen kann J als Energie gedeutet werden.) Wir suchen $u \in V$ mit

$$J(u) = \inf_{v \in V} J(v).$$

Für die so genannte GÂTEAUX[1]-Ableitung $J'(u)$ an der Stelle $u \in V$ (vgl. etwa KOLMOGOROW und FOMIN [78, S. 479 f.]) gilt

$$\langle J'(u), v\rangle := \lim_{t \to 0} \frac{J(u + tv) - J(u)}{t} = a(u, v) - \langle f, v\rangle.$$

Mithin verschwindet die GÂTEAUX-Ableitung $J'(u)$ genau dann, wenn u Lösung des Problems 3.3.2 ist. Dies aber ist notwendige Bedingung dafür, dass u das

---

[1]René GÂTEAUX, geb. 1889 in Vitry le François, gest. 1914. GÂTEAUX schrieb mehrere Arbeiten über Funktionale, deren Integration und Approximation. Einige der Arbeiten wurden erst nach seinem Tode von LÉVY herausgegeben.

Funktional J minimiert. Die Bedingung ist für stark positives a auch hinreichend, denn J ist dann ein streng konvexes Funktional[1], siehe auch Aufgabe 5.44.

Der Nachweis der Existenz und Einzigkeit von Lösungen linearer Variationsprobleme geht auf eine Arbeit von LAX[2] und MILGRAM[3] über parabolische Gleichungen zurück. Das nach ihnen benannte Lemma ist wohl das meistbenutzte in der schwachen Lösungstheorie für lineare, partielle Differentialgleichungen.

Satz 3.4.6 (Lemma von LAX-MILGRAM, 1954) *Sei $(V, ((\cdot, \cdot)), \|\cdot\|)$ ein reeller HILBERT-Raum und sei $a : V \times V \to \mathbb{R}$ eine beschränkte, stark positive Bilinearform. Dann besitzt das Problem 3.3.2 für jedes $f \in V^*$ genau eine Lösung.*

Beweis. Nach dem RIESZschen Darstellungssatz (Satz A.2.14) – beachte, dass V HILBERT-Raum ist – gibt es einen linearen, bijektiven Operator $I : V^* \to V$, der jedem $g \in V^*$ ein $Ig \in V$ zuordnet mit $\|Ig\| = \|g\|_*$ und $((Ig, v)) = \langle g, v \rangle$ für alle $v \in V$. Es sei $A : V \to V^*$ der durch a definierte Operator. Zu vorgegebenem $u^0 \in V$ und $\tau > 0$ konstruieren wir eine Folge $\{u^n\} \subset V$ durch die Vorschrift

$$\frac{1}{\tau} \left(u^{n+1} - u^n \right) + IAu^n = If, \quad n = 0, 1, \ldots \tag{3.4.2}$$

Wir wollen die Folge $\{u^n\}$ auf Konvergenz untersuchen oder, anders gesagt, einen Fixpunkt der Abbildung $\Phi : V \to V$,

$$\Phi(v) = v + \tau I(f - Av), \quad v \in V, \tag{3.4.3}$$

bestimmen. Ist $u \in V$ ein solcher Fixpunkt, so ist u auch eine Lösung der Gleichung (3.3.4) und mithin von Problem 3.3.2. Umgekehrt ist jede Lösung von (3.3.4) auch Fixpunkt.

---

[1] Ein Funktional $J : V \to \mathbb{R}$ heißt *konvex* genau dann, wenn für alle $u, v \in V$ und $t \in (0, 1)$

$$J(tu + (1 - t)v) \leq tJ(u) + (1 - t)J(v)$$

gilt. Gilt sogar die strikte Ungleichung, so heißt J *streng konvex*. Dabei ist vorauszusetzen, dass V selbst eine konvexe Menge ist, damit $tu + (1 - t)v$ wieder in V liegt. Das ist hier der Fall, denn V ist ein linearer Raum.

[2] Peter David LAX, geb. 1926 in Ungarn. LAX promovierte bei FRIEDRICHS und ist Professor am COURANT Institute of Mathematical Sciences in New York. Er arbeitet zur Analysis und Numerischen Analysis partieller Differentialgleichungen und befasst sich insbesondere mit den Grundgleichungen der Strömungsmechanik. Von 1979 bis 1980 war LAX Präsident der American Mathematical Society.

[3] Arthur Norton MILGRAM, geb. 1912, gest. 1961 in Minnesota. MILGRAM promovierte 1937 in Pennsylvania und war Professor in Notre Dame, Princeton, Syracuse und Minnesota. Er arbeitete über Fragen der Topologie, Algebra und Funktionalanalysis. Bekannt ist MILGRAM auch für die Herausgabe eines Klassikers zur GALOIS-Theorie auf der Grundlage von Vorlesungen von ARTIN.

Für beliebige $v, w \in V$ gilt

$$
\begin{aligned}
\|\Phi(v) - \Phi(w)\|^2 &= \|v - w - \tau IA(v - w)\|^2 \\
&= \|v - w\|^2 - 2\tau((IA(v - w), v - w)) + \tau^2 \|IA(v - w)\|^2 \\
&= \|v - w\|^2 - 2\tau\langle A(v - w), v - w\rangle + \tau^2 \|A(v - w)\|_*^2 \\
&\leq \|v - w\|^2 - 2\tau a(v - w, v - w) + \tau^2\beta^2 \|v - w\|^2 \\
&\leq \left(1 - 2\tau\mu + \tau^2\beta^2\right) \|v - w\|^2,
\end{aligned}
$$

wobei μ bzw. β die Konstante aus der Positivität bzw. Beschränktheit von a ist. Wir wählen $\tau \in (0, 2\mu/\beta^2)$. Dann ist Φ eine Kontraktion und bildet V in sich selbst ab. Nach dem BANACHschen Fixpunktsatz (Satz A.2.2) gibt es sodann einen eindeutig bestimmten Fixpunkt von Φ.   #

Die Aussage des vorstehenden Satzes kann auch wie folgt formuliert werden: *Der durch $a : V \times V \to \mathbb{R}$ definierte Operator $A : V \to V^*$ ist bijektiv.* Für den Wertebereich von A gilt also $\mathcal{R}(A) = V^*$ (Lösbarkeit) und für den Nullraum $\ker A = \{0\}$ (Einzigkeit wegen Linearität). Wegen

$$
\mu \|u\|^2 \leq a(u, u) = \langle f, u\rangle \leq \|f\|_* \|u\|
$$

gilt für die Lösung $u = A^{-1}f$ von Problem 3.3.2 stets

$$
\|A^{-1}f\| = \|u\| \leq \frac{1}{\mu} \|f\|_*
$$

und somit ist auch $A^{-1} : V^* \to V$ beschränkt. Dies ist zugleich eine *Stabilitäts-aussage* und zeigt die stetige Abhängigkeit der Lösung von der rechten Seite. Des Weiteren ist A^{-1} stark positiv, denn wegen der starken Positivität und Beschränktheit von A gilt

$$
\langle f, A^{-1}f\rangle = \langle Au, u\rangle \geq \mu \|u\|^2 \geq \frac{\mu}{\beta^2} \|Au\|_*^2 = \frac{\mu}{\beta^2} \|f\|_*^2.
$$

Wegen der Eigenschaften der Bilinearform a wird durch $(a(u, v) + a(v, u))/2$ auf V ein Skalarprodukt definiert; die induzierte Norm ist zur Norm $\|\cdot\|$ äquivalent.

Die Iterationsvorschrift (3.4.2) kann als das explizite EULER[1]-Verfahren für die instationäre Aufgabe

$$
u'(t) + IAu(t) = If, \quad t > 0,
$$

---

[1]Leonhard EULER, geb. 1707 in Basel, gest. 1783 in St. Petersburg. Leben und Werk des wohl größten Mathematikers werden in der Biographie von THIELE [136] sowie in WUSSING und ARNOLD [149] beschrieben.

gedeutet werden, wenn wir $t_n = n\tau$ ($n = 0, 1, \ldots$) setzen und u^n die Werte $u(t_n)$ approximiert. Es ist dann eine stationäre Lösung für $t \to \infty$ gesucht. Auf derartige Aufgaben werden wir später zurückkommen.

Bemerkung 3.4.7 Die Beschränkung auf *reelle* Räume ist nicht erforderlich. Ist V ein komplexer HILBERT-Raum, so tritt an die Stelle der Bilinearität die Sesquilinearität und statt der starken Positivität wird

$$\mathrm{Re}\, a(v, v) \geq \mu \, \|v\|^2$$

für alle $v \in V$ gefordert. #

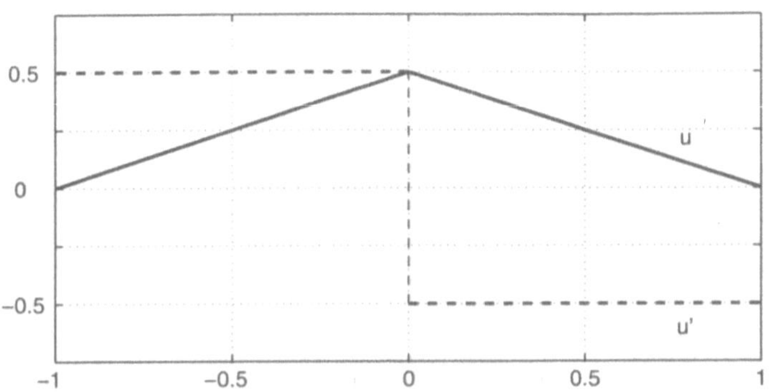

Bild 3.4.1: Lösung und deren Ableitung zu Beispiel 3.4.8

Beispiel 3.4.8 Vorgelegt sei das Randwertproblem

$$-u''(x) = \delta(x), \quad x \in (-1, 1), \; u(-1) = u(1) = 0,$$

wobei δ die in $x = 0$ zentrierte DIRACsche δ-„Funktion" bezeichne. Wir betrachten die schwache Formulierung: *Finde eine Funktion $u \in H_0^1(-1, 1)$, so dass*

$$a(u, v) := \int_{-1}^{1} u'(x)v'(x)\,dx = \langle \delta, v \rangle$$

für alle $v \in H_0^1(-1, 1)$ gilt. Dabei ist δ das durch $\langle \delta, v \rangle = v(0)$ definierte lineare Funktional, welches wegen

$$|\langle \delta, v \rangle| = |v(0)| \leq \|v\|_{C[-1,1]} \leq c\,\|v\|_{1,2}$$

auf $H_0^1(-1, 1)$ stetig ist, siehe auch Satz 3.2.4. Die Konstante c hängt nur von der Länge des Intervalls ab. Da a bilinear, beschränkt und stark positiv ist, besitzt die Aufgabe nach dem Lemma von LAX-MILGRAM genau eine Lösung $u \in H_0^1(-1, 1)$.

Wir behaupten, $u(x) = \frac{1}{2}(1 - |x|)$ ist die Lösung (siehe auch Bild 3.4.1). Die Randbedingungen sind offenbar erfüllt. Zum weiteren Nachweis berechnen wir $a(u, v)$ für beliebiges $v \in H_0^1(-1, 1)$:

$$a(u, v) = \frac{1}{2} \int_{-1}^{0} v'(x)\, dx - \frac{1}{2} \int_{0}^{1} v'(x)\, dx = \frac{1}{2}\, v(0) + \frac{1}{2}\, v(0) = v(0)\,.$$

#

Dass die Forderung der *starken* Positivität wesentlich ist, zeigt

Beispiel 3.4.9 Die zum Randwertproblem

$$-u''(x) - u(x) = f(x)\,, \quad x \in (0, \pi)\,,\ u(0) = u(\pi) = 0$$

zugehörige, auf $V = H_0^1(0, \pi)$ erklärte Bilinearform

$$a(u, v) := \int_{0}^{\pi} \big(u'(x)v'(x) - u(x)v(x)\big)\, dx$$

ist wegen der POINCARÉ-FRIEDRICHSschen Ungleichung (beachte Bemerkung 3.2.11) positiv, denn für $v \in H_0^1(0, \pi)$ gilt

$$a(v, v) = |v|_{1,2}^2 - \|v\|_{0,2}^2 \geq |v|_{1,2}^2 - 1 \cdot |v|_{1,2}^2 = 0\,.$$

Sie ist aber nicht *stark* positiv, denn für $v(x) = \sin x \in H_0^1(0, \pi)$ gilt

$$a(v, v) = \int_{0}^{\pi} \big(\cos^2 x - \sin^2 x\big)\, dx = 0\,.$$

Obgleich a auch beschränkt ist, gibt es für $f \equiv 1$ keine Lösung, für $f \equiv 0$ dagegen unendlich viele Lösungen $u(x) = c \sin x$ mit $c \in \mathbb{R}$ beliebig, vgl. auch Beispiel 2.2.1.   #

Auch die in Beispiel 3.3.1 auftretende Bilinearform ist nicht stark positiv (man wähle v mit $v(x) = 0$ für $x \in (0, \pi)$ und $v(x) = \sin x$ für $x \in (\pi, 2\pi)$).

Die Anwendung des Lemmas von LAX-MILGRAM auf unser lineares Randwertproblem (2.1.1) mit homogenen DIRICHLET-Daten führt auf

Korollar 3.4.10 *Sei* $V = H_0^1(a, b)$, $f \in V^*$, $c, c', d \in L^\infty(a, b)$ *und gelte für ein* $\underline{d} \in \mathbb{R}$

$$d(x) - \frac{1}{2} c'(x) \geq \underline{d} > -\frac{\pi^2}{(b - a)^2} \quad \textit{f. ü. in } (a, b) \ni x\,.$$

Dann besitzt die lineare Randwertaufgabe (2.1.1) mit homogenen DIRICHLET-*Randdaten in der schwachen Formulierung als Problem 3.3.2 genau eine Lösung $u \in V$.*

Den *Beweis*, der in der Anwendung des Lemmas von LAX-MILGRAM und im Nachweis der entsprechenden Eigenschaften der zugehörigen Bilinearform besteht, überlassen wir dem Leser (Aufgabe 5.45). Als Hinweis bemerken wir noch, dass

$$\int_a^b c(x)v'(x)v(x)dx = -\frac{1}{2}\int_a^b c'(x)v(x)^2 dx\,, \qquad (3.4.4)$$

wobei $c' \in L^\infty(a,b)$ die verallgemeinerte Ableitung von $c \in L^\infty(a,b)$ ist. Des Weiteren ist die POINCARÉ-FRIEDRICHSsche Ungleichung anzuwenden.

Wir geben noch ein Regularitätsresultat an.

Satz 3.4.11 *Seien die Voraussetzungen von Korollar 3.4.10 erfüllt und gelte zudem für ein $k \in \mathbb{N} \setminus \{0\}$, dass $c,d \in C^{k-1}[a,b]$ sowie $f,f',\ldots,f^{(k-1)} \in L^2(a,b)$. Dann gilt für die Lösung u des linearen Randwertproblems (2.1.1) mit homogenen* DIRICHLET-*Randdaten in der schwachen Formulierung als Problem 3.3.2 $u,u',\ldots,u^{(k+1)} \in L^2(a,b)$.*

Für einen *Beweis* verweisen wir auf GILBARG und TRUDINGER [52, S. 183 ff.], WLOKA [148, Satz 20.4, S. 317] oder DAUTRAY und LIONS [37, S. 425 ff.]. Gilt $c,d,f \in C[a,b]$, so folgt $u \in C^2[a,b]$ und u ist dann klassische Lösung von (2.1.1).

Wir kommen zum STURM-LIOUVILLE-Problem (2.6.1), welches mit $V = H_0^1(a,b)$ und

$$a(u,v) := \int_a^b \left(p(x)u'(x)v'(x) + q(x)u(x)v(x)\right)\,dx$$

in der Gestalt eines symmetrischen, linearen Variationsproblems geschrieben werden kann. Es gilt sodann

Korollar 3.4.12 *Seien $p,q \in C[a,b]$. Es gelte $p(x) \geq \mu$ $(x \in [a,b])$ für ein $\mu > 0$ sowie $\min_{x\in[a,b]} q(x) > -\mu\pi^2/(b-a)^2$. Dann gibt es zu jedem $f \in H^{-1}(a,b)$ genau ein $u \in H_0^1(a,b)$, welches Lösung von (2.6.1) in der schwachen Formulierung als Problem 3.3.2 ist. Gilt $p \in C^1[a,b]$ und $f \in C[a,b]$, so ist $u \in C^2[a,b]$ und damit klassische Lösung von (2.6.1).*

Der *Beweis* ergibt sich unmittelbar aus der Anwendung des Lemmas von LAX-MILGRAM. Hinsichtlich der Regularitätsaussage bemerken wir, dass aus $f \in C[a,b]$ wegen $qu \in C[a,b]$ (es ist $u \in H_0^1(a,b) \hookrightarrow C[a,b]$) folgt

$$(pu')' = f - qu \in C[a,b]\,.$$

Zuvor aber ist zu zeigen, dass u die schwachen Ableitungen $u', u'' \in L^2(a,b)$ besitzt. Mithin ist $pu' \in C^1[a,b]$ und wegen $p \in C^1[a,b]$ und $p(x) \geq \mu > 0$ folgt $u \in C^2[a,b]$.

3.5 Nichtlineare Variationsprobleme mit stark monotonem Operator

Wir wollen nun eine wichtige Verallgemeinerung auf *nichtlineare* Probleme studieren.

Vorgelegt sei das Randwertproblem mit homogenen DIRICHLET-Randdaten für die nichtlineare Differentialgleichung

$$- \left(\psi(|u'(x)|)\, u'(x) \right)' + c(x)u'(x) + d(x)u(x) = f(x)\,, \quad x \in (a,b)\,, \qquad (3.5.1)$$

wobei $\psi : \mathbb{R}_0^+ \to \mathbb{R}$ eine stetige Funktion sei, die folgenden Eigenschaften besitze: *Es gibt Konstanten $m, M > 0$, so dass für alle $s,t \in \mathbb{R}_0^+$ gilt*

$$|\psi(t)| \leq M\,, \ |\psi(t)t - \psi(s)s| \leq M\,|t-s|\,, \ \psi(t)t - \psi(s)s \geq m\,(t-s) \ \text{für } t \geq s\,. \tag{3.5.2}$$

Aus der dritten Eigenschaft folgt $\psi(t) \geq m$ und, dass $t \mapsto \psi(t)t$ streng monoton wachsend ist. Die erste Eigenschaft bedeutet die Beschränktheit von ψ, die zweite die LIPSCHITZ-Stetigkeit von $t \mapsto \psi(t)t$ für alle $t \geq 0$. Ein Beispiel ist etwa mit

$$\psi(t) = \begin{cases} 1 & \text{für } 0 \leq t \leq 1, \\[2mm] -\dfrac{4}{9}(t-1)^3 + 2(t-1)^2 + 1 & \text{für } 1 \leq t \leq 4, \\[2mm] 7 & \text{für } t \geq 4 \end{cases} \tag{3.5.3}$$

gegeben (siehe Bild 3.5.1).

Probleme dieser Gestalt treten unter anderem in der nichtlinearen Elastizitätstheorie und in der Theorie nichtnewtonscher Flüssigkeiten auf, wobei die Funktion ψ eine im Experiment zu bestimmende Materialfunktion ist, die ein nichtlineares HOOKEsches[1] Gesetz beschreibt.

Es sei wieder $V = H_0^1(a,b)$ und

$$a(u,v) := \int_a^b \left(\psi(|u'(x)|)\, u'(x)v'(x) + c(x)u'(x)v(x) + d(x)u(x)v(x) \right) dx\,,$$

---

[1] Robert HOOKE, geb. 1635 in Freshwater, gest. 1703 in London. HOOKE war Physiker und Professor für Geometrie. Unter anderem untersuchte er um 1678 den Zusammenhang zwischen Spannung und Dehnung bei festen Körpern.

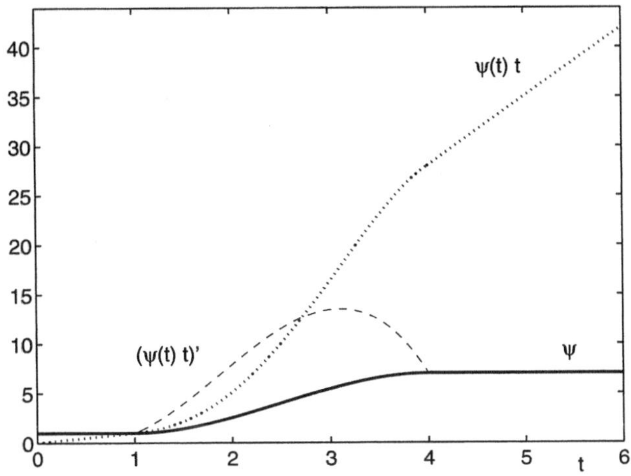

Bild 3.5.1: Funktion ψ aus (3.5.3) sowie $t \mapsto \psi(t)t$ und $t \mapsto (\psi(t)t)'$

so dass wir zu einer variationellen Formulierung wie in Problem 3.3.2 oder – nach Einführung des zugehörigen nichtlinearen Operators $A : V \to V^*$ – zur Operatorgleichung (3.3.4) gelangen.

Eine zweite nichtlineare Aufgabe sei von der Gestalt

$$-(a(x)u'(x))' + d(x, u(x)) = f(x)\,, \quad x \in (a, b)\,,\ u(a) = u(b) = 0\,. \qquad (3.5.4)$$

Dabei sei $d : [a, b] \times \mathbb{R} \to \mathbb{R}$ eine stetige Funktion mit den folgenden Eigenschaften: *Die Funktion ist im zweiten Argument gleichmäßig* LIPSCHITZ-*stetig, d. h. es gibt eine Konstante $L > 0$, so dass für alle $x \in [a, b]$, $s, t \in \mathbb{R}$ gilt*

$$|d(x, s) - d(x, t)| \le L\,|s - t|\,. \qquad (3.5.5a)$$

Des Weiteren ist d im zweiten Argument monoton wachsend, d. h. für alle $x \in [a, b]$, $s, t \in \mathbb{R}$ gilt

$$(d(x, s) - d(x, t))\,(s - t) \ge 0\,. \qquad (3.5.5b)$$

Auch hier wählen wir $V = H_0^1(a, b)$ und setzen

$$a(u, v) := \int_a^b \big(a(x)u'(x)v'(x) + d(x, u(x))v(x)\big)\,dx\,.$$

Um die Lösbarkeit der vorstehenden Aufgaben zu studieren, führen wir die wichtige Klasse der *stark monotonen* Operatoren ein, die eine Verallgemeinerung der streng monoton wachsenden reellen Funktionen darstellen. Die Theorie monotoner Operatoren geht insbesondere auf WAINBERG[1] (1959), ZARANTONELLO[2] (1960), BROWDER[3] (1963), MINTY[4] (1962) und BRÉZIS[5] (1968) zurück.

Definition 3.5.1 *Sei* $(V, \|\cdot\|)$ *ein reeller* BANACH-*Raum. Ein Operator* $A : V \to V^*$ *heißt*

- LIPSCHITZ-*stetig, falls es ein* $\beta > 0$ *gibt, so dass* $\|Au - Av\|_* \leq \beta \|u - v\|$ *für alle* $u, v \in V$ *gilt;*

- monoton, *falls* $\langle Au - Av, u - v \rangle \geq 0$ *für alle* $u, v \in V$ *gilt;*

- stark monoton, *falls es ein* $\mu > 0$ *gibt, so dass* $\langle Au - Av, u - v \rangle \geq \mu \|u - v\|^2$ *für alle* $u, v \in V$ *gilt.*

Ist A ein linearer Operator, so fallen die Begriffe *beschränkt* und LIPSCHITZ-*stetig* sowie *(stark) positiv* und *(stark) monoton* zusammen.

Es gilt

Satz 3.5.2 (ZARANTONELLO, 1960) *Sei* $(V, ((\cdot, \cdot)), \|\cdot\|)$ *ein reeller* HILBERT-*Raum und sei* $A : V \to V^*$ LIPSCHITZ-*stetig und stark monoton. Dann gibt es zu jedem* $f \in V^*$ *genau eine Lösung* $u \in V$ *der Operatorgleichung (3.3.4).*

Bevor wir einen Beweis geben, wollen wir zum besseren Verständnis die Aussage für den einfachen reellen Fall $V = \mathbb{R}$ verifizieren: Sei $g : \mathbb{R} \to \mathbb{R}$ eine stetige Funktion mit der Eigenschaft

$$(g(u) - g(v)) \cdot (u - v) \geq \mu |u - v|^2, \quad u, v \in \mathbb{R}.$$

---

[1]Morduchai Moisejewitsch WAINBERG ist als Autor des erstmals 1956 in russischer Sprache erschienenen Titels [140], als Autor von [141] und als Koautor von [145] bekannt.

[2]Eduardo H. ZARANTONELLO arbeitet am Centro Regional de Investigaciones Científicas y Tecnológicas (CRICyT) in Mendoza (Argentinien) und ist korrespondierendes Mitglied der argentinischen Academia Nacional de Ciencias Exactas, Físicas y Naturales.

[3]Felix E. BROWDER, geb. 1927 in Moskau. BROWDER ist Professor an der Rutgers University und war vorher am Massachusetts Institute of Technology und an Universitäten in Yale und Chicago tätig. Er ist einer der Begründer der Nichtlineraren Funktionalanalysis und wandte diese auf nichtlineare Differentialgleichungen an. Von 1999 bis 2000 war BROWDER Präsident der American Mathematical Society.

[4]George James MINTY, geb. 1930, gest. 1986. MINTY promovierte 1959 bei ROTHE an der Universität in Michigan. Die Beschäftigung mit elektrischen Schaltkreisen führte ihn sowohl zur Diskreten Mathematik als auch zur Funktionalanalysis. MINTY war Professor an der Indiana University.

[5]Haïm BRÉZIS, geb. 1944 in Riom-es-Montagnes. BRÉZIS ist Professor an der Pariser Université Pierre et Marie Curie und beschäftigt sich vor allem mit Fragen der Funktionalanalysis und deren Anwendung auf nichtlineare Differentialgleichungen und Variationsungleichungen. BRÉZIS ist Mitglied mehrerer wissenschaftlicher Akademien. Er schrieb unter anderem die beiden Bücher [22, 23].

Dann ist g offenbar streng monoton wachsend und wegen $(v = 0)$

$$g(u) \cdot u \geq g(0) \cdot u + \mu \, |u|^2$$

gilt $g(u) \to \infty$ für $u \to \infty$ sowie $g(u) \to -\infty$ für $u \to -\infty$ (man sagt, g sei *koerzitiv*, siehe auch Definition 3.6.1). Dann aber gibt es zu jedem $y \in \mathbb{R}$ genau ein $x \in \mathbb{R}$ mit $y = g(x)$ (siehe Bild 3.5.2).

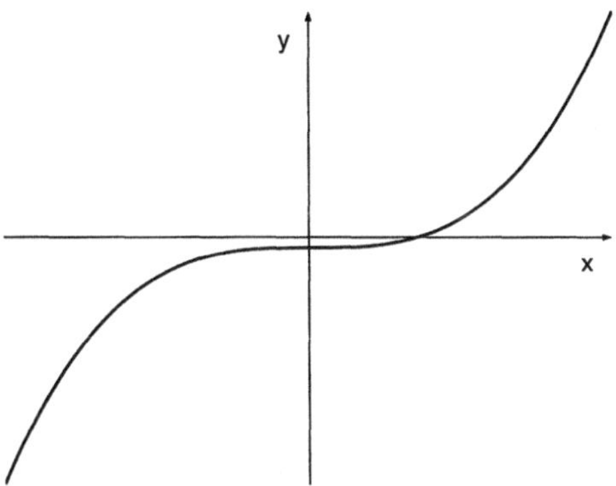

Bild 3.5.2: Stetige, streng monoton wachsende Funktion g mit $g(\mathbb{R}) = \mathbb{R}$

Beweis von Satz 3.5.2. Der Beweis ist analog zum Beweis des Lemmas von LAX-MILGRAM. Wir betrachten wieder die Iteration (3.4.2) und die Abbildung Φ aus (3.4.3).

Für beliebige $v, w \in V$ gilt dann (beachte, dass A nichtlinear ist) wegen starker Monotonie und LIPSCHITZ-Stetigkeit

$$\begin{aligned}
\|\Phi(v) - \Phi(w)\|^2 &= \|v - w - \tau I(Av - Aw)\|^2 \\
&= \|v - w\|^2 - 2\tau((I(Av - Aw), v - w)) + \tau^2 \|I(Av - Aw)\|^2 \\
&= \|v - w\|^2 - 2\tau\langle Av - Aw, v - w\rangle + \tau^2 \|Av - Aw\|_*^2 \\
&\leq \|v - w\|^2 - 2\tau\mu \|v - w\|^2 + \tau^2\beta^2 \|v - w\|^2 \\
&= \left(1 - 2\tau\mu + \tau^2\beta^2\right) \|v - w\|^2 \, .
\end{aligned}$$

Wählen wir nun $\tau \in (0, 2\mu/\beta^2)$, so ist Φ eine Kontraktion und der BANACHsche Fixpunktsatz (Satz A.2.2) liefert die Behauptung. #

Satz 3.5.2 besagt, dass der inverse Operator $A^{-1} : V^* \to V$ existiert. Dieser ist sogar LIPSCHITZ-stetig, denn für beliebige $f_1, f_2 \in V^*$ mit den zugehörigen Lösungen $u_1 = A^{-1}f_1$, $u_2 = A^{-1}f_2$ gilt wegen der starken Monotonie von A

$$\mu \, \|u_1 - u_2\|^2 \leq \langle Au_1 - Au_2, u_1 - u_2\rangle = \langle f_1 - f_2, u_1 - u_2\rangle \leq \|f_1 - f_2\|_* \|u_1 - u_2\| \, .$$

Dies besagt, dass die Lösung u der Aufgabe (3.3.4) stetig von f abhängt. Außerdem ist A^{-1} stark monoton, denn wegen der LIPSCHITZ-Stetigkeit von A gilt

$$\langle f_1 - f_2, A^{-1}f_1 - A^{-1}f_2 \rangle = \langle Au_1 - Au_2, u_1 - u_2 \rangle \geq \mu \, \|u_1 - u_2\|^2$$

$$\geq \frac{\mu}{\beta^2} \, \|Au_1 - Au_2\|_*^2 = \frac{\mu}{\beta^2} \, \|f_1 - f_2\|_*^2 \, .$$

Kehren wir zurück zu unserer nichtlinearen Aufgabe (3.5.1). Satz 3.5.2 führt unmittelbar auf

Korollar 3.5.3 *Sei* $V = H_0^1(a,b)$, $f \in V^*$, $c, c', d \in L^\infty(a,b)$ *und gelte für ein* $\underline{d} \in \mathbb{R}$

$$d(x) - \frac{1}{2}c'(x) \geq \underline{d} > -\frac{m\pi^2}{(b-a)^2} \quad \text{f. ü. in } (a,b) \ni x \, .$$

Dann besitzt die nichtlineare Randwertaufgabe (3.5.1) genau eine Lösung $u \in V$, *wenn* ψ *die Eigenschaften (3.5.2) besitzt.*

Beweis. Der Beweis besteht im Nachweis der starken Monotonie und LIPSCHITZ-Stetigkeit des zugehörigen Operators $A : V \to V^*$. Wir zeigen zunächst die LIPSCHITZ-Stetigkeit. Seien $u, v \in H_0^1(a,b)$ beliebig. Dann gilt für alle $w \in H_0^1(a,b)$ mit Dreiecks- und CAUCHY-SCHWARZscher Ungleichung

$$|\langle Au - Av, w \rangle| = |a(u,w) - a(v,w)|$$

$$= \left| \int_a^b \Big(\big(\psi(|u'(x)|)u'(x) - \psi(|v'(x)|)v'(x)\big)\, w'(x) + c(x)(u'(x) - v'(x))w(x) \right.$$

$$\left. + d(x)(u(x) - v(x))w(x) \Big)\, dx \right|$$

$$\leq \left(\int_a^b \big| \big(\psi(|u'(x)|)u'(x) - \psi(|v'(x)|)v'(x)\big) \big|^2 \, dx \right)^{1/2} |w|_{1,2}$$

$$+ \|c\|_{0,\infty}|u-v|_{1,2}\|w\|_{0,2} + \|d\|_{0,\infty}\|u-v\|_{0,2}\|w\|_{0,2} \, .$$

Wir müssen nun das erste Integral abschätzen. Sind $u'(x)$ und $v'(x)$ von gleichem Vorzeichen, so folgt aus der zweiten Ungleichung in (3.5.2)

$$\big| \big(\psi(|u'(x)|)u'(x) - \psi(|v'(x)|)v'(x)\big) \big| \leq M|u'(x) - v'(x)| \, .$$

Es gelte nun $u'(x) \geq 0$ und $v'(x) \leq 0$. Dann folgt mit der Dreiecksungleichung und der Beschränktheit von ψ

$$\big| \big(\psi(|u'(x)|)u'(x) - \psi(|v'(x)|)v'(x)\big) \big| \leq |\psi(|u'(x)|)u'(x)| + |\psi(|v'(x)|)v'(x)|$$

$$\leq |\psi(u'(x))|u'(x) - |\psi(-v'(x))|v'(x) \leq M\,(u'(x) - v'(x)) = M\,|u'(x) - v'(x)| \, .$$

Der Fall $u'(x) \leq 0 \leq v'(x)$ wird auf die gleiche Weise behandelt. Es folgt daher mit der POINCARÉ-FRIEDRICHSschen Ungleichung

$$|\langle Au - Av, w \rangle|$$
$$\leq M\,|u - v|_{1,2}|w|_{1,2} + \|c\|_{0,\infty}|u - v|_{1,2}\|w\|_{0,2} + \|d\|_{0,\infty}\|u - v\|_{0,2}\|w\|_{0,2}$$
$$\leq \left(M + \frac{b-a}{\pi}\|c\|_{0,\infty} + \frac{(b-a)^2}{\pi^2}\|d\|_{0,\infty} \right) |u - v|_{1,2}|w|_{1,2}\,,$$

was wegen

$$\|Au - Av\|_{-1,2} = \sup_{w \in H_0^1(a,b)\setminus\{0\}} \frac{|\langle Au - Av, w\rangle|}{|w|_{1,2}}$$

auf die gewünschte LIPSCHITZ-Stetigkeit von A führt.

Kommen wir zur Monotonie. Es gilt für beliebige $u, v \in H_0^1(a,b)$ (mit (3.4.4))

$$\langle Au - Av, u - v \rangle = a(u, u - v) - a(v, u - v)$$
$$= \int_a^b \Big(\big(\psi(|u'(x)|)u'(x) - \psi(|v'(x)|)v'(x)\big)\,(u'(x) - v'(x)) +$$
$$+ c(x)(u'(x) - v'(x))(u(x) - v(x)) + d(x)(u(x) - v(x))^2 \Big)dx$$
$$= \int_a^b \Big(\big(\psi(|u'(x)|)u'(x) - \psi(|v'(x)|)v'(x)\big)\,(u'(x) - v'(x)) +$$
$$+ \left(d(x) - \frac{c'(x)}{2} \right) (u(x) - v(x))^2 \Big)\,dx\,.$$

Gilt $u'(x) \geq v'(x) \geq 0$, so folgt aus der dritten Ungleichung in (3.5.2)

$$\big(\psi(|u'(x)|)u'(x) - \psi(|v'(x)|)v'(x)\big)\,(u'(x) - v'(x)) \geq m\,(u'(x) - v'(x))^2\,.$$

Gleiches folgt für $v'(x) \geq u'(x) \geq 0$ sowie für $u'(x) \leq v'(x) \leq 0$ und $v'(x) \leq u'(x) \leq 0$. Sei nun $u'(x) \leq 0 \leq v'(x)$, so folgt wegen $\psi(t) \geq m$ für $t \in \mathbb{R}_0^+$

$$\big(\psi(|u'(x)|)u'(x) - \psi(|v'(x)|)v'(x)\big)\,(u'(x) - v'(x))$$
$$= \psi(-u'(x))u'(x)(u'(x) - v'(x)) - \psi(v'(x))v'(x)(u'(x) - v'(x))$$
$$\geq m\,u'(x)(u'(x) - v'(x)) - m\,v'(x)(u'(x) - v'(x)) = m\,(u'(x) - v'(x))^2\,.$$

Gleiches folgt für $v'(x) \leq 0 \leq u'(x)$. Zusammen ergibt sich somit

$$\langle Au - Av, u - v \rangle \geq m\,|u - v|_{1,2}^2 + \underline{d}\,\|u - v\|_{0,2}^2\,,$$

was für $\underline{d} \geq 0$ bereits die gewünschte starke Monotonie von A zeigt. Ist dagegen $\underline{d} < 0$, so folgt mit Hilfe der POINCARÉ-FRIEDRICHSschen Ungleichung

$$\langle Au - Av, u - v \rangle \geq m\,|u - v|_{1,2}^2 + \frac{\underline{d}(b-a)^2}{\pi^2}\,|u - v|_{1,2}^2\,,$$

was wegen $\underline{d} > -m\pi^2/(b-a)^2$ ebenso die starke Monotonie zeigt.   #

Hinsichtlich der nichtlinearen Aufgabe (3.5.4) gilt

Korollar 3.5.4 *Sei* $V = H_0^1(a,b)$, $f \in V^*$ *und* $a \in L^\infty(a,b)$ *mit*

$$a(x) \geq \mu > 0 \quad f.\ \ddot{u}.\ in\ (a,b) \ni x\,.$$

Dann besitzt die nichtlineare Randwertaufgabe (3.5.4) genau eine Lösung $u \in V$, *wenn d die Eigenschaften (3.5.5) besitzt.*

Den *Beweis* überlassen wir dem Leser als Aufgabe 5.47. Es sei bemerkt, dass im Unterschied zu Satz 2.3.2 die LIPSCHITZ-Konstante nicht klein sein, dafür aber d einer Monotoniebedingung genügen muss.

Schließlich sei bemerkt, dass die Voraussetzung in den Sätzen 3.4.6 und 3.5.2, V sei HILBERT-Raum, abgeschwächt werden kann. Nach dem allgemeineren Hauptsatz über monotone Operatoren von BROWDER-MINTY (1963, vgl. etwa GAJEWSKI, GRÖGER und ZACHARIAS [49, Satz 2.1, S. 74]) genügt es, dass V ein reeller, reflexiver, separabler BANACH-Raum ist. Auch die noch recht starke Forderung der LIPSCHITZ-Stetigkeit kann weiter abgeschwächt werden. Die Beweise sind dann allerdings zu modifizieren und können unter Zuhilfenahme des GALERKIN-Verfahrens geführt werden.

Eine wichtige Verallgemeinerung wollen wir im nächsten Abschnitt behandeln.

3.6 Nichtlineare Variationsprobleme mit verstärkt stetiger Störung

Bei der Anwendung des Satzes von ZARANTONELLO oder dessen unmittelbarer Verallgemeinerung, dem Satz von BROWDER-MINTY, auf Differentialgleichungsprobleme stellt sich oft das Problem, dass zwar der Hauptteil, also jener mit der höchsten Ableitung, monoton ist, nicht aber die Terme mit Ableitungen niedrigerer Ordnung. LERAY, LIONS[1] und insbesondere BRÉZIS entwickelten daher die Theorie der so genannten *pseudomonotonen* Operatoren. Diese Theorie vereint

---

[1]Jacques-Louis LIONS, geb. 1928 in Grasse, gest. 2001 in Paris. LIONS promovierte bei SCHWARTZ in Nancy und befasste sich zunächst mit elliptischen und Evolutionsgleichungen in ihrer variationellen Formulierung. In den folgenden Jahren schrieb er insgesamt über 500 wissenschaftliche Abhandlungen. LIONS war Professor zunächst in Nancy, dann in Paris. Dort rief er in den 1960er Jahren ein wöchentliches Seminar zur Numerischen Analysis ins Leben. Er schrieb mehrere Monographien, darunter [87], und war Herausgeber so bedeutender Werke wie *Handbook of Numerical Analysis* (siehe [32]) und, gemeinsam mit DAUTRAY, *Mathematical Analysis and Numerical Methods for Science and Technology* (siehe [36, 37, 38, 39]). LIONS ist wohl einer der bedeutendsten Mathematiker des 20. Jahrhunderts, über dessen Schaffen – im weitesten Sinne auf dem Gebiete der partiellen Differentialgleichungen – der Nachruf von LAX, MAGENES und TEMAM [86] Aufschluss gibt.

Montonie- und Kompaktheitsargumente. Um den Einstieg etwas zu erleichtern, verzichten wir auf eine Definition des pseudomonotonen Operators und betrachten nur einen wichtigen Spezialfall des Hauptsatzes über pseudomonotone Operatoren von BRÉZIS (1968).

Definition 3.6.1 *Sei* $(V, \|\cdot\|)$ *ein reeller* BANACH-*Raum. Ein Operator* $A : V \to V^*$ *heißt*

- koerzitiv, *falls* $\dfrac{\langle Av, v \rangle}{\|v\|} \to \infty$ *für* $\|v\| \to \infty$ *gilt;*

- hemistetig, *falls die Abbildung* $t \mapsto \langle A(u + tv), w \rangle$ *für alle* $u, v, w \in V$ *auf* $[0, 1] \ni t$ *stetig ist;*

- verstärkt stetig, *falls* A *schwach konvergente in stark konvergente Folgen abbildet, also aus der schwachen Konvergenz* $\langle f, u_n \rangle \to \langle f, u \rangle$ *für alle* $f \in V^*$ *die starke Konvergenz* $\|Au_n - Au\|_* \to 0$ *für* $n \to \infty$ *folgt.*

Ein stark monotoner Operator ist koerzitiv (vgl. Aufgabe 5.49). Ein linearer und beschänkter Operator ist hemistetig. Ebenso ist ein LIPSCHITZ-stetiger Operator hemistetig (vgl. Aufgabe 5.50). Ist A linear und kompakt, so ist A auch verstärkt stetig. Ist V reflexiv und A verstärkt stetig, so ist A auch kompakt (siehe auch Seite 278).

Satz 3.6.2 *Sei* $(V, \|\cdot\|)$ *ein reeller, separabler, reflexiver* BANACH-*Raum, sei* $A_0 : V \to V^*$ *monoton und hemistetig, sei* $B : V \to V^*$ *verstärkt stetig und sei* $A = A_0 + B$ *beschränkt und koerzitiv. Dann gibt es zu jedem* $f \in V^*$ *mindestens eine Lösung* $u \in V$ *der Gleichung*

$$Au = f \quad in \ V^*.$$

Den *Beweis* werden wir in Abschnitt 4.2 führen, nachdem wir das GALERKIN-Verfahren behandelt haben.

In den Anwendungen auf Differentialgleichungen korrespondieren der Operator A_0 mit dem Hauptteil, der die höchste Ableitung enthält, und B mit den Termen, die Ableitungen niedrigerer Ordnung enthalten. Der Satz stellt nicht nur wegen der Störung von A_0 durch den verstärkt stetigen Operator B eine Verallgemeinerung des Satzes von ZARANTONELLO dar, sondern auch in Bezug auf den monotonen Hauptteil A_0, denn die LIPSCHITZ-Stetigkeit wurde wesentlich abgeschwächt.

Als ein Beispiel für die Anwendung von Satz 3.6.2 betrachten wir das Randwertproblem

$$-\varepsilon\, u''(x) + u(x)u'(x) = f(x), \quad x \in (a, b)\,, \ u(a) = u(b) = 0, \qquad (3.6.1)$$

wobei $\varepsilon > 0$ ein vorgegebener Parameter sei. Beachte, dass $uu' = \left(u^2/2\right)'$. Derartige Konvektions-Diffusions-Probleme treten bei der Beschreibung eines Stofftransports auf und wurden insbesondere von BURGERS[1] untersucht. Die Gleichung kann auch als die eindimensionale, stationäre NAVIER-STOKES-Gleichung angesehen werden (siehe Seite 139).

Korollar 3.6.3 *Für jedes $f \in H^{-1}(a,b)$ besitzt die Aufgabe (3.6.1) eine schwache Lösung $u \in H_0^1(a,b)$. Gilt*

$$(b-a)^{3/2}\,\|f\|_{-1,2} < \varepsilon^2 \pi\,, \tag{3.6.2}$$

so ist die Lösung eindeutig bestimmt.

Beweis. Wir betrachten in $V = H_0^1(a,b)$ die schwache Formulierung

$$\int_a^b \left(\varepsilon\,u'(x)v'(x) + u(x)u'(x)v(x)\right) dx = \langle f, v\rangle \quad \forall v \in H_0^1(a,b)\,,$$

die uns auf die Operatorgleichung

$$Au = f \quad \text{in } V^* = H^{-1}(a,b)$$

führt. Dabei ist A der auf $H_0^1(a,b)$ durch

$$A = A_0 + B\,, \quad \langle A_0 u, v\rangle := \varepsilon \int_a^b u'(x)v'(x)\,dx\,, \quad \langle Bu, v\rangle := \int_a^b u(x)u'(x)v(x)\,dx\,,$$

erklärte nichtlineare Operator.

Dass A_0 in $H^{-1}(a,b)$ abbildet sowie linear, beschränkt und stark positiv ist, wissen wir bereits. Folglich ist $A_0 : H_0^1(a,b) \to H^{-1}(a,b)$ auch monoton und hemistetig.

Hinsichtlich B beobachten wir zunächst mit partieller Integration, dass

$$\int_a^b u(x)u'(x)v(x)\,dx = -\frac{1}{2}\int_a^b u^2(x)v'(x)\,dx\,.$$

---

[1]Johannes Martinus BURGERS, geb. 1895 in Arnheim, gest. 1981 in Tacoma Park. BURGERS war Physiker und wirkte an der TU Delft und der University of Maryland. Gemeinsam mit VON KÁRMÁN veröffentlichte er im Jahre 1924 ein zweibändiges Werk zur Aerodynamik. Im Jahre 1948 stellte BURGERS die zeitabhängige Differentialgleichung

$$u_t - \varepsilon\,u_{xx} + uu_x = 0$$

zur Beschreibung turbulenter Strömungen auf.

Mit der CAUCHY-SCHWARZschen Ungleichung und wegen $u \in H_0^1(a,b) \hookrightarrow C[a,b]$ (Satz 3.2.12) folgt

$$|\langle Bu, v \rangle| \leq \frac{1}{2} \|u\|_{0,4}^2 \, |v|_{1,2} \leq \frac{\sqrt{b-a}}{2} \|u\|_{C[a,b]}^2 \, |v|_{1,2} \leq \frac{(b-a)^{3/2}}{2} \, |u|_{1,2}^2 \, |v|_{1,2} \, .$$

Dies zeigt insbesondere, dass B in $H^{-1}(a,b)$ abbildet, denn für alle $u \in H_0^1(a,b)$ gilt

$$\|Bu\|_{-1,2} \leq \frac{\sqrt{b-a}}{2} \|u\|_{C[a,b]}^2 \leq \frac{(b-a)^{3/2}}{2} \, |u|_{1,2}^2 \, .$$

Ferner ist B beschränkt, denn aus $|u|_{1,2} \leq M$ folgt $\|Bu\|_{-1,2} \leq (b-a)^{3/2} M^2/2$.

Da die Einbettung von $H_0^1(a,b)$ in $C[a,b]$ sogar kompakt ist, folgt die verstärkte Stetigkeit von $B : H_0^1(a,b) \to H^{-1}(a,b)$: Konvergiert die Folge $\{u_\nu\}$ in $H_0^1(a,b)$ schwach gegen u, so konvergiert sie bezüglich der Norm $\| \cdot \|_{C[a,b]}$ stark gegen u. Wegen

$$|\langle Bu_\nu - Bu, v \rangle| = \left| \frac{1}{2} \int_a^b \left(u_\nu^2(x) - u^2(x) \right) v'(x) \, dx \right|$$

$$\leq \frac{1}{2} \int_a^b |u_\nu(x) + u(x)| \, |u_\nu(x) - u(x)| \, |v'(x)| \, dx$$

$$\leq \frac{1}{2} \left(\|u_\nu\|_{0,2} + \|u\|_{0,2} \right) \|u_\nu - u\|_{C[a,b]} |v|_{1,2}$$

für alle $v \in H_0^1(a,b)$, folgt

$$\|Bu_\nu - Bu\|_{-1,2} \leq \frac{1}{2} \left(\|u_\nu\|_{0,2} + \|u\|_{0,2} \right) \|u_\nu - u\|_{C[a,b]} \to 0 \, ,$$

denn $\{u_\nu\}$ ist in $L^2(a,b)$ beschränkt. Dies zeigt $Bu_\nu \to Bu$ in $H^{-1}(a,b)$, so dass B verstärkt stetig ist.

Der Operator $A = A_0 + B$ ist beschränkt, denn A_0 und B sind beschränkt. Außerdem ist A koerzitiv, denn für alle $v \in V$ gilt

$$\langle Av, v \rangle = \langle A_0 v, v \rangle + \langle Bv, v \rangle \geq \varepsilon \, |v|_{1,2}^2 \, ,$$

da

$$\langle Bv, v \rangle = -\frac{1}{2} \int_a^b v^2(x) v'(x) \, dx = -\frac{1}{6} \int_a^b \left(v^3(x) \right)' dx = \frac{v^3(a) - v^3(b)}{6} = 0 \, .$$

Nach Satz 3.6.2 gibt es daher mindestens eine Lösung $u \in H_0^1(a,b)$.

Im Falle kleiner Daten können wir zudem die Einzigkeit beweisen. Seien hierzu u_1 und u_2 zwei verschiedene Lösungen. Dann gilt

$$
\begin{aligned}
\varepsilon \left| u_1 - u_2 \right|_{1,2}^2 &\le \langle A_0(u_1 - u_2), u_1 - u_2 \rangle \\[2mm]
&= \langle A_0 u_1, u_1 - u_2 \rangle - \langle A_0 u_2, u_1 - u_2 \rangle \\[2mm]
&= -\langle B u_1, u_1 - u_2 \rangle + \langle B u_2, u_1 - u_2 \rangle \\[2mm]
&= \frac{1}{2} \int_a^b \left(u_1^2(x) - u_2^2(x) \right) (u_1 - u_2)'(x)\, dx \\[2mm]
&= \frac{1}{2} \int_a^b (u_1(x) + u_2(x))(u_1(x) - u_2(x))(u_1 - u_2)'(x)\, dx \\[2mm]
&\le \frac{1}{2} \left(\| u_1 \|_{C[a,b]} + \| u_2 \|_{C[a,b]} \right) \| u_1 - u_2 \|_{0,2} | u_1 - u_2 |_{1,2} \\[2mm]
&\le \frac{(b-a)^{3/2}}{2\pi} \left(| u_1 |_{1,2} + | u_2 |_{1,2} \right) | u_1 - u_2 |_{1,2}^2 .
\end{aligned}
$$

In den letzten beiden Schritten haben wir die CAUCHY-SCHWARZsche, die POIN-CARÉ-FRIEDRICHSsche Ungleichung und die Ungleichung (3.2.3) für die Einbettung $H_0^1(a,b) \hookrightarrow C[a,b]$ benutzt.

Für jede Lösung u gilt außerdem die A-priori-Abschätzung

$$
\varepsilon | u |_{1,2}^2 \le \langle A u, u \rangle = \langle f, u \rangle \le \| f \|_{-1,2} | u |_{1,2} .
$$

Es folgt daher

$$
| u_1 - u_2 |_{1,2}^2 \left(\varepsilon - \frac{(b-a)^{3/2}}{\varepsilon \pi} \| f \|_{-1,2} \right) \le 0
$$

und mithin, unter der Voraussetzung (3.6.2), die Einzigkeit.   #

In Bild 3.6.1 sind Lösungen von (3.6.1) für $f(x) = x$, $(a,b) = (0,1)$ und verschiedene Werte für ε dargestellt. Wir sehen sehr gut die Ausbildung einer Grenzschicht bei $x = 1$, wenn $\varepsilon \to 0$. Dies ist typisch für so genannte *singulär gestörte Probleme*.

Bei großen Werten für ε überwiegt der Diffusionsterm $-\varepsilon u''$ und wir können den konvektiven Term $u u'$ vernachlässigen. Die Lösung des Randwertproblems

$$
-\varepsilon u_\infty''(x) = x , \quad x \in (0,1) , \ u_\infty(0) = u_\infty(1) = 0
$$

lautet $u_\infty(x) = x(1 - x^2)/(6\varepsilon)$. Die maximale Differenz zwischen dieser Lösung und der für $\varepsilon = 1$ numerisch berechneten Lösung des ursprünglichen Problems ist kleiner als $2 \cdot 10^{-4}$.

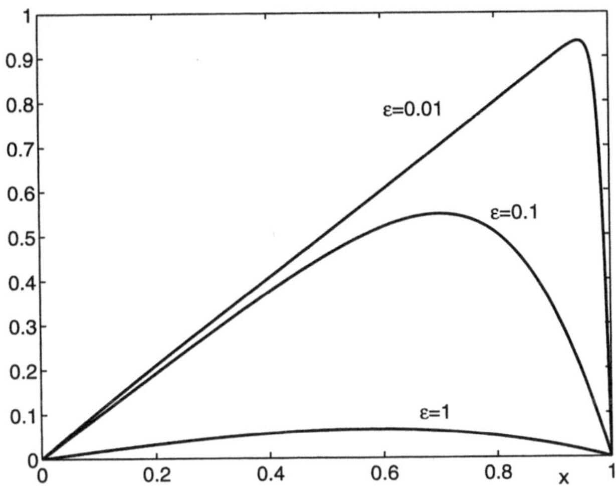

Bild 3.6.1: Näherungslösungen von (3.6.1) für $f(x) = x$

Bei kleinen Werten für ε dominiert dagegen die Konvektion. Die Lösung des Anfangswertproblems

$$u_0(x)u_0'(x) = x\,, \quad x \in (0,1)\,, \ u_0(0) = 0$$

ist $u_0(x) = x$. Die maximale Differenz zwischen dieser Lösung und der für $\varepsilon = 0.01$ numerisch berechneten Lösung des ursprünglichen Problems ist im Intervall $[0, 0.9]$ kleiner als $9 \cdot 10^{-3}$.

Als weiteres Beispiel (vgl. auch ZEIDLER [154, S. 590 ff.]) für die Anwendung von Satz 3.6.2 betrachten wir das semilineare Randwertproblem

$$-u''(x) + g(u(x)) = f(x)\,, \quad x \in (a,b)\,, \ u(a) = u(b) = 0\,, \tag{3.6.3}$$

wobei für die stetige Funktion $g : \mathbb{R} \to \mathbb{R}$

$$\inf_{s \in \mathbb{R}} g(s)s > -\infty \tag{3.6.4a}$$

gelte und es Zahlen $c > 0$, $r > 0$ gebe, so dass für alle $s \in \mathbb{R}$

$$|g(s)| \leq c(1 + |s|^r)\,. \tag{3.6.4b}$$

Korollar 3.6.4 *Unter den Voraussetzungen (3.6.4) besitzt das Randwertproblem (3.6.3) für jedes $f \in H^{-1}(a,b)$ eine schwache Lösung $u \in H_0^1(a,b)$.*

Beweis. Wir wählen wieder $V = H_0^1(a, b)$ und A_0 wie im Beweis zu Korollar 3.6.3 mit $\varepsilon = 1$.

Wegen

$$\left| \int_a^b g(u(x))v(x)\,dx \right| \leq \left(\int_a^b g(u(x))^2\,dx \right)^{1/2} \|v\|_{0,2}$$

$$\leq c\,\frac{b-a}{\pi} \left(\int_a^b (1 + |u(x)|^r)^2\,dx \right)^{1/2} |v|_{1,2} \leq c\,\frac{(b-a)^{3/2}}{\pi} \left(1 + \|u\|_{C[a,b]}^r \right) |v|_{1,2}$$

können wir den Operator $B : H_0^1(a, b) \to H^{-1}(a, b)$ durch

$$\langle Bu, v \rangle := \int_a^b g(u(x))v(x)\,dx$$

definieren und es gilt

$$\|Bu\|_{-1,2} \leq c\,\frac{(b-a)^{3/2}}{\pi} \left(1 + \|u\|_{C[a,b]}^r \right),$$

was zugleich die Beschränktheit von B und also von $A = A_0 + B$ zeigt.

Mit

$$\langle Bv, v \rangle = \int_a^b g(v(x))v(x)\,dx \geq (b-a) \inf_{s\in\mathbb{R}} g(s)s > -\infty$$

folgt die Koerzitivität des Operators A.

Es bleibt, die verstärkte Stetigkeit von B zu zeigen. Sei hierzu u_ν eine in $H_0^1(a, b)$ schwach konvergente Folge mit dem Grenzwert u. Diese konvergiert in $C[a, b]$ stark gegen u, d. h. $\|u_\nu - u\|_{C[a,b]} \to 0$. Als Komposition zweier stetiger Funktionen ist auch $x \mapsto g(u(x))$ (und entsprechend $x \mapsto g(u_\nu(x))$) auf $[a, b]$ stetig und es folgt

$$\max_{x\in[a,b]} |g(u_\nu(x)) - g(u(x))| \to 0\,.$$

Des Weiteren gilt für alle $v \in V$ mit CAUCHY-SCHWARZscher und POINCARÉ-FRIEDRICHSscher Ungleichung

$$\langle Bu_\nu - Bu, v \rangle = \int_a^b (g(u_\nu(x)) - g(u(x)))\,v(x)\,dx$$

$$\leq \sqrt{b-a} \max_{x\in[a,b]} |g(u_\nu(x)) - g(u(x))|\,\|v\|_{0,2}$$

$$\leq \frac{(b-a)^{3/2}}{\pi} \max_{x\in[a,b]} |g(u_\nu(x)) - g(u(x))|\,|v|_{1,2}\,,$$

so dass

$$\|Bu_\nu - Bu\|_{-1,2} \leq \frac{(b-a)^{3/2}}{\pi} \max_{x \in [a,b]} |g(u_\nu(x)) - g(u(x))| \to 0\,.$$

Die Voraussetzungen von Satz 3.6.2 sind also erfüllt und es folgt die Behauptung.

$$\#$$

Ist zum Beispiel $g(u) = u^3$, so sind die Voraussetzungen allesamt erfüllt. Ist dagegen $g(u) = u^2$, so ist die die Koerzitivität sichernde Voraussetzung (3.6.4a) verletzt.

Neben den Beispielen mit linearem Hauptteil und verstärkt stetiger Störung gibt es viele Anwendungen des Satzes 3.6.2, in denen der Hauptteil selbst nichtlinear ist. Allerdings entfaltet der Satz seine volle Bedeutung erst bei räumlich mehrdimensionalen Problemen und bei Problemen, in denen SOBOLEW-Räume Verwendung finden, die nicht auf dem L^2, sondern dem L^p mit $p \neq 2$ aufbauen. Ein Beispiel sind quasilineare Gleichungen, in denen ein *nichtlinearer* LAPLACE-*Operator* der Gestalt

$$-\nabla \cdot \left(|\nabla u|^{p-2}\nabla u\right)\,, \quad p \in [1, \infty)\,,$$

als Hauptteil auftritt.

4 GALERKIN-Verfahren

Nachstehend stellen wir ein konstruktives Verfahren vor, welches zur näherungsweisen Lösung des Problems 3.3.2 angewandt werden kann. Das nach GALERKIN[1] benannte Verfahren (in der Literatur finden sich auch die Bezeichnungen RITZ[2]-, PETROW-, BUBNOW- und FAEDO-GALERKIN- für das gleiche und ähnliche Verfahren) dient oftmals zum Beweis der Existenz von Lösungen eines vorgelegten Problems und stellt zudem die analytische Grundlage der aus der Numerischen Mathematik bekannten Finite-Elemente-Methode dar.

4.1 Diskrete Ersatzaufgabe und Fehlerabschätzungen

Definition 4.1.1 *Sei* $(V, \| \cdot \|)$ *ein reeller* BANACH-*Raum. Eine Folge* $\{V_m\}$ *von endlichdimensionalen Teilräumen* $V_m \subset V$, *welche die Eigenschaft der* limitierten Vollständigkeit

$$\lim_{m \to \infty} \operatorname{dist}(v, V_m) = 0 \quad \forall v \in V$$

besitzt, heißt GALERKIN-Schema *in* V.

Eine höchstens abzählbare Folge $\{\phi_j\}$ *von Elementen aus* V, *von denen je endlich viele linear unabhängig sind und die die Eigenschaft*

$$V = \operatorname{clos}_{\|\cdot\|} \bigcup_{m=1}^{\infty} V_m, \quad V_m = \operatorname{span}\{\phi_1, \ldots, \phi_m\},$$

besitzt, heißt Basis[3] *von* V.

---

[1] Boris Grigorjewitsch GALERKIN (sprich: Galjórkin), geb. 1871 in Polotsk, gest. 1945 in Moskau. GALERKIN studierte am Petersburger Technologischen Institut und arbeitete als Ingenieur erst in Charkow, dann in St. Petersburg. Seit dem Jahre 1914 beschäftigte er sich mit der näherungsweisen Lösung von Differentialgleichungen und stellte um 1915 das nach ihm benannte Verfahren auf. An verschiedenen Hochschulen in St. Petersburg lehrte GALERKIN Elastizitätstheorie und Strukturmechanik. Von 1940 bis zu seinem Tode war er Direktor des Instituts für Mechanik der sowjetischen Akademie der Wissenschaften.

[2] Walther RITZ, geb. 1978 in Sion, gest. 1909 in Göttingen. RITZ war Physiker in Göttingen. In seiner Habilitationsschrift (1908) beschreibt er das nach ihm benannte Verfahren zur Lösung symmetrischer Variationsprobleme.

[3] Es ist zwischen dem hier gewählten Begriff einer Basis und der SCHAUDER-Basis zu unterscheiden: Unter einer SCHAUDER-Basis wird eine höchstens abzählbare Menge $\{\phi_j\}_{j=1}^{\infty} \subset V$ verstanden, so dass es zu jedem $v \in V$ eindeutig Zahlen v_j mit $v = \sum_{j=1}^{\infty} v_j \phi_j$ gibt. Nicht jeder separable BANACH-Raum besitzt eine SCHAUDER-Basis (vgl. BRÉZIS [23, S. 88]). Im separablen HILBERT-Raum dagegen existiert stets eine Orthonormalbasis, die zugleich SCHAUDER-Basis und Basis in unserem Sinne ist. Ferner ist die GALERKIN-Basis von der algebraischen HAMEL-Basis zu unterscheiden.

Hierbei ist

$$\operatorname{dist}(v, V_m) := \inf_{w \in V_m} \|v - w\|.$$

Lemma 4.1.2 *Jeder separable* BANACH-*Raum* V *besitzt eine Basis. Ist* $\{\phi_j\}$ *eine Basis von* V, *so bilden die Mengen* $V_m = \operatorname{span}\{\phi_1, \ldots, \phi_m\}$ *ein* GALERKIN-*Schema.*

Beweis. Für den Fall, dass V nicht nur aus dem Nullelement besteht, betrachten wir eine höchstens abzählbare und in V dichte Teilmenge $\{\psi_j\}$, die es wegen der Separabilität von V geben muss. Wir wählen $\phi_1 = \psi_1$. Ist ψ_2 von ϕ_1 linear unabhängig, so wählen wir $\phi_2 = \psi_2$, andernfalls gehen wir zu ψ_3 über usf.

Sei $v \in V$ beliebig. Da $\{\psi_j\}$ und also auch $\bigcup_{m=1}^\infty V_m$ mit $V_m = \operatorname{span}\{\phi_1, \ldots, \phi_m\}$ dicht in V ist, gibt es zu jedem $\varepsilon > 0$ ein $\tilde{v} \in \bigcup_{m=1}^\infty V_m$, so dass

$$\|v - \tilde{v}\| < \varepsilon.$$

Wir wollen annehmen, dass $\tilde{v} \in V_{m^*}$. Dann aber gilt für alle $m \geq m^*$

$$\operatorname{dist}(v, V_m) := \inf_{w \in V_m} \|v - w\| \leq \|v - \tilde{v}\| < \varepsilon,$$

was die limitierte Vollständigkeit zeigt.   #

Sei nun V ein reeller, unendlichdimensionaler, separabler BANACH-Raum und $\{V_m\}$ ein GALERKIN-Schema in V. Statt der Lösung $u \in V$ von Problem 3.3.2 (linear oder auch nichtlinear) werden wir Näherungslösungen $u^{(m)} \in V_m$ zu bestimmen suchen mit dem Ziel, dass $\{u^{(m)}\}$ für $m \to \infty$ gegen u konvergiert. Wie wir weiter unten sehen, steht m oft im Zusammenhang mit einer Schrittweite $h := (b - a)/(m + 1)$, wobei $[a, b]$ ein Intervall ist, auf dem etwa die Funktion $u = u(x)$ gesucht ist. Zumeist wird daher mit h und nicht mit m indiziert und $h \to 0$ betrachtet. Es sei also $V_h \neq \emptyset$ ein endlichdimensionaler Unterraum von V. Die zu betrachtenden endlichdimensionalen Ersatzprobleme sind nun von folgender Gestalt:

Problem 4.1.3 *Zu gegebenem* $f \in V^*$ *finde* $u_h \in V_h$, *so dass für alle* $v_h \in V_h$ *gilt*

$$a(u_h, v_h) = \langle f, v_h \rangle. \tag{4.1.1}$$

Führen wir den (Prolongations-) Operator $p_h : V_h \to V$ ein, der V_h vermittels $p_h v_h = v_h$ in V einbettet, so ist der zu p_h duale Operator $p_h^* : V^* \to V_h^*$ durch

$$\langle p_h^* g, v_h \rangle = \langle g, p_h v_h \rangle \quad \forall g \in V^*, v_h \in V_h,$$

definiert. Der Operator p_h^* ist linear und wegen

$$\|p_h^* g\|_{V_h^*} := \sup_{v_h \in V_h \setminus \{0\}} \frac{|\langle p_h^* g, v_h \rangle|}{\|v_h\|_{V_h}} = \sup_{v_h \in V_h \setminus \{0\}} \frac{|\langle g, p_h v_h \rangle|}{\|p_h v_h\|_V} \leq \|g\|_{V^*}$$

auch beschränkt. Wegen

$$a(u_h, v_h) = \langle A u_h, v_h \rangle = \langle A p_h u_h, p_h v_h \rangle = \langle p_h^* A p_h u_h, v_h \rangle$$

können wir die GALERKIN-Gleichungen als Operatorgleichung

$$p_h^* A p_h u_h = p_h^* f \quad \text{in } V_h^* \tag{4.1.2}$$

schreiben, wobei $p_h^* A p_h : V_h \to (V \to V^* \to) V_h^*$.

Offenbar sind die diskreten Ersatzprobleme von der gleichen Struktur wie das Ausgangsproblem 3.3.2. Sei V ein HILBERT-Raum. Da V_h, mit dem Skalarprodukt aus V versehen, als abgeschlossener Unterraum wieder HILBERT-Raum ist[1], können wir ebenso das Lemma von LAX-MILGRAM (Satz 3.4.6) oder den Satz von ZARANTONELLO (Satz 3.5.2) anwenden und gewinnen so eine Aussage über die eindeutige Lösbarkeit der diskreten Ersatzprobleme, die letztlich (lineare oder nichtlineare) Gleichungssysteme darstellen.

Für die praktische Durchführbarkeit ist die Wahl des GALERKIN-Schemas, also der Funktionen, die eine Basis des Raumes V_h bilden, entscheidend. Hier kommen insbesondere Polynome und trigonometrische Polynome aber auch stückweise polynomiale Ansätze in Frage. Je nach Wahl können unterschiedliche Vor- und Nachteile bei der praktischen Lösung auftreten.

Es bleibt, den Fehler und die Konvergenz zu untersuchen. Das nachfolgende Resultat geht auf die Dissertation von CÉA[2] zurück.

Satz 4.1.4 (Lemma von CÉA, 1964) *Sei $(V, \|\cdot\|)$ ein reeller HILBERT-Raum und $V_h \subset V$ ein abgeschlossener Unterraum. Ferner sei $a : V \times V \to \mathbb{R}$ eine beschränkte, stark positive Bilinearform. Dann gilt für den Fehler $u - u_h$ zwischen der Lösung u von Problem 3.3.2 und der Lösung u_h von Problem 4.1.3*

$$\|u - u_h\| \leq \frac{\beta}{\mu} \inf_{v_h \in V_h} \|u - v_h\|.$$

Ist die Bilinearform a symmetrisch, so verbessert sich die Konstante in der Abschätzung zu $\sqrt{\beta/\mu}$.

---

[1] Jeder endlichdimensionale Unterraum eines linearen normierten Raumes ist abgeschlossen.

[2] Jean CÉA, geb. 1932. CÉA promovierte bei LIONS und war Professor in Nancy und Nizza. Er arbeitet vorwiegend zu Fragen der Optimierung und Numerischen Analysis. CÉA ist einer der Gründer der École Supérieure en Sciences Informatiques.

Beweis. Nach dem Lemma von LAX-MILGRAM gibt es genau eine Lösung $u \in V$ des Ausgangs- und genau eine Lösung $u_h \in V_h$ des Ersatzproblems. Sei $v_h \in V_h$ beliebig. Zunächst beobachten wir, dass

$$a(u - u_h, v_h) = 0 \quad \forall v_h \in V_h \, . \tag{4.1.3}$$

Sodann gilt wegen der Eigenschaften von a

$$\mu \left\| u - u_h \right\|^2 \le a(u - u_h, u - u_h) = a(u - u_h, u - v_h) \le \beta \left\| u - u_h \right\| \left\| u - v_h \right\|,$$

und es folgt die Behauptung.

Im symmetrischen Fall gilt wegen der starken Positivität von a, (4.1.3) und dem Satz von PYTHAGORAS (a definiert ein Skalarprodukt auf V) für beliebiges $v_h \in V_h$

$$\begin{aligned}
\mu \left\| u - u_h \right\|^2 &\le a(u - u_h, u - u_h) \\
&\le a(u - u_h, u - u_h) + a(u_h - v_h, u_h - v_h) \\
&= a(u - u_h, u - u_h) + 2a(u - u_h, u_h - v_h) + a(u_h - v_h, u_h - v_h) \\
&= a(u - u_h + u_h - v_h, u - u_h + u_h - v_h) \\
&= a(u - v_h, u - v_h) \\
&\le \beta \left\| u - v_h \right\|^2,
\end{aligned}$$

und es folgt die Behauptung. $\qquad\qquad\#$

Bemerkung 4.1.5 Mit dem Lemma von CÉA wurde der Fehler $u - u_h$ auf den *Approximationsfehler* zurückgeführt, der die Güte der Approximation des Raumes V durch den Raum V_h beschreibt:

$$\inf_{v_h \in V_h} \left\| u - v_h \right\| = \operatorname{dist}(u, V_h) \, .$$

Unter der Annahme der limitierten Vollständigkeit der Folge $\{V_h\}$ konvergiert die Folge der Näherungslösungen gegen die Lösung der ursprünglichen Aufgabe. Die Güte dieser Konvergenz (Konvergenzgeschwindigkeit) wird im Rahmen der Numerischen Analysis und Approximationstheorie untersucht.

Im Beweis wurde von $\dim V_h < \infty$ kein Gebrauch gemacht; es ist lediglich zu fordern, dass $V_h \subset V$ abgeschlossener Unterraum ist, um so die Lösbarkeit zu sichern. $\qquad\qquad\#$

Es sei bemerkt, dass die für den Beweis zentrale Eigenschaft (4.1.3) in die Literatur als GALERKIN-*Orthogonalität* Eingang gefunden hat: Es gilt $u - u_h \perp V_h$ bezüglich $a(\cdot, \cdot)$.

Wir geben nun noch eine unmittelbare Verallgemeinerung auf nichtlineare Probleme, deren Beweis völlig analog zum linearen Fall ist.

Satz 4.1.6 *Sei* $(V, \|\cdot\|)$ *ein reeller* HILBERT-*Raum und* $V_h \subset V$ *ein abgeschlossener Unterraum. Ferner sei* $A : V \to V^*$ *ein* LIPSCHITZ-*stetiger, stark monotoner Operator. Dann gilt für den Fehler* $u - u_h$ *zwischen der Lösung* u *der Operatorgleichung (3.3.4) und der Lösung* u_h *der Operatorgleichung (4.1.2)*

$$\|u - u_h\| \leq \frac{\beta}{\mu} \inf_{v_h \in V_h} \|u - v_h\|.$$

Beweis. Existenz und Einzigkeit der Lösungen $u \in V$ und $u_h \in V_h$ werden durch den Satz von ZARANTONELLO gesichert. Sei $v_h \in V_h$ beliebig. Zunächst beobachten wir die GALERKIN-Orthogonalität

$$\langle Au - Au_h, v_h \rangle = 0 \quad \forall v_h \in V_h. \tag{4.1.4}$$

Sodann gilt wegen der Eigenschaften von A

$$\mu \|u - u_h\|^2 \leq \langle Au - Au_h, u - u_h \rangle = \langle Au - Au_h, u - v_h \rangle$$
$$\leq \|Au - Au_h\|_* \|u - v_h\| \leq \beta \|u - u_h\| \|u - v_h\|,$$

und es folgt die Behauptung.   #

4.2 Beweis eines Existenzsatzes für nichtlineare Probleme

Das GALERKIN-Verfahren kann oft zum (konstruktiven) Beweis der Existenz von Lösungen einer Operator- oder Differentialgleichung benutzt werden.

Exemplarisch zeigen wir dies für Satz 3.6.2, der die Lösbarkeit der Operatorgleichung

$$A_0 u + Bu = f \quad \text{in } V^*$$

im reellen, separablen, reflexiven BANACH-Raum $(V, \|\cdot\|)$ unter den Annahmen sicherte, dass $A_0 : V \to V^*$ monoton und hemistetig, $B : V \to V^*$ verstärkt stetig und $A := A_0 + B$ koerzitiv und beschränkt ist.

Der besseren Übersichtlichkeit wegen, wollen wir den Beweis mit zwei Hilfsresultaten vorbereiten. Wir beginnen mit einem Lemma, welches eine Aussage über die Lösbarkeit nichtlinearer Gleichungssysteme, also die Lösbarkeit von Operatorgleichungen im Endlichdimensionalen, trifft. Vektoren aus $\mathbb{R}^m$ $(m \in \mathbb{N} \setminus \{0\})$ bringen wir im Folgenden ausnahmsweise in Fettdruck.

Lemma 4.2.1 *Sei* $\boldsymbol{h} : \mathbb{R}^m \to \mathbb{R}^m$ $(m \in \mathbb{N} \setminus \{0\})$ *für ein gewisses* $R > 0$ *auf der Kugel*

$$\bar{B}(0, R) := \{\boldsymbol{v} \in \mathbb{R}^m : \|\boldsymbol{v}\| \leq R\}$$

stetig, wobei $\|\cdot\|$ *eine beliebige Norm auf* $\mathbb{R}^m$ *bezeichne. Gilt für alle* $\boldsymbol{v} \in \mathbb{R}^m$ *mit* $\|\boldsymbol{v}\| = R$

$$\boldsymbol{h}(\boldsymbol{v}) \cdot \boldsymbol{v} := \sum_{j=1}^{m} h_j(\boldsymbol{v}) v_j \geq 0 \,,$$

so gibt es ein $\hat{\boldsymbol{v}} \in \bar{B}(0, R)$ *mit* $\boldsymbol{h}(\hat{\boldsymbol{v}}) = 0$.

Beweis. Die Aussage folgt aus dem BROUWERschen[1] Fixpunktsatz (Satz A.2.12). Wir führen den Beweis indirekt. Angenommen, für alle $\boldsymbol{v} \in \bar{B}(0, R)$ gilt $\boldsymbol{h}(\boldsymbol{v}) \neq 0$. Dann ist die Abbildung $\boldsymbol{g}$ mit

$$\boldsymbol{g}(\boldsymbol{v}) := -R\,\frac{\boldsymbol{h}(\boldsymbol{v})}{\|\boldsymbol{h}(\boldsymbol{v})\|}$$

auf $\bar{B}(0, R)$ wohldefiniert und stetig. Wegen $\|\boldsymbol{g}(\boldsymbol{v})\| = R$ bildet $\boldsymbol{g}$ die Kugel $\bar{B}(0, R)$ auf deren Rand ab. (Eine solche Abbildung wird auch *Retraktion* genannt.) Gemäß Satz A.2.12 besitzt $\boldsymbol{g}$ mindestens einen Fixpunkt $\boldsymbol{v}^*$, der auf dem Rand von $\bar{B}(0, R)$ liegt und mithin nicht der Nullvektor ist. Für $\boldsymbol{v}^*$ gilt

$$0 < \boldsymbol{v}^* \cdot \boldsymbol{v}^* = \boldsymbol{g}(\boldsymbol{v}^*) \cdot \boldsymbol{v}^* = -R\,\frac{\boldsymbol{h}(\boldsymbol{v}^*) \cdot \boldsymbol{v}^*}{\|\boldsymbol{h}(\boldsymbol{v}^*)\|} \leq 0 \,,$$

was ein Widerspruch in sich ist.   #

Eine wichtige Eigenschaft hemistetiger, monotoner Operatoren ist Gegenstand des folgenden Lemmas. Zuvor aber eine

Definition 4.2.2 *Seien* $(X, \|\cdot\|_X)$ *und* $(Y, \|\cdot\|_Y)$ *reelle* BANACH-*Räume. Ein Operator* $A : X \to Y$ *heißt* demistetig, *falls er jede in* X *stark konvergente in eine in* Y *schwach konvergente Folge abbildet, falls also aus* $\|u_\nu - u\|_X \to 0$ *für* $\nu \to \infty$

$$\langle f, Au_\nu - Au \rangle_{Y^* \times Y} \to 0 \quad \forall f \in Y^*$$

folgt.

---

[1]Luitzen Egbertus Jan BROUWER, geb. 1881 in Overschie (gehört heute zu Rotterdam), gest. 1966 in Blaricum. BROUWER studierte in Amsterdam bei KORTEWEG und trat später dessen Nachfolge an. Er befasste sich vornehmlich mit der Topologie und den logischen und erkenntnistheoretischen Grundlagen der Mathematik. BROUWER war neben WEYL der führende Vertreter des Intuitionismus und verneinte die Anwendung des Satzes vom ausgeschlossenen Dritten, sofern unendliche Mengen ins Spiel kamen. Später stellte KOLMOGOROW einen den Regeln der intuitionistischen Logik entsprechenden Kalkül des konstruktiven Problemlösens auf und auch BOREL sprach sich für ausschließlich konstruktive Definitionen aus.

Bildet A den reflexiven, reellen BANACH-Raum $(V, \|\cdot\|)$ in seinen Dualraum ab (also $X = V$ und $Y = V^*$), so ist A demistetig genau dann, wenn aus $\|u_\nu - u\| \to 0$ für $\nu \to \infty$

$$\langle Au_\nu - Au, v\rangle_{V^* \times V} \to 0 \quad \forall v \in V$$

folgt. Hierzu beachte man, dass wegen der Reflexivität jedes Element $v^{**} \in V^{**}(= Y^*)$ mit einem Element $v \in V(= X)$ identifiziert werden kann und

$$\langle v^{**}, g\rangle_{V^{**} \times V^*} = \langle g, v\rangle_{V^* \times V}$$

für alle $g \in V^*(= Y)$ gilt.

Lemma 4.2.3 *Sei* $(V, \|\cdot\|)$ *ein reflexiver, reeller* BANACH-*Raum und sei* $A_0 : V \to V^*$ *monoton und hemistetig. Dann ist* A_0 *demistetig.*

Für einen *Beweis*, der vom Satz von BANACH-STEINHAUS[1] Gebrauch macht, sei auf ZEIDLER [154, Propos. 26.4, S. 555 f.], GAJEWSKI, GRÖGER und ZACHARIAS [49, S. 61 ff.] oder RŮŽIČKA [116, Lemma 1.4, S. 61 ff.] verwiesen.

Beweis von Satz 3.6.2. Da V separabel ist, gibt es eine GALERKIN-Basis $\{\phi_j\}$ mit den zugehörigen Unterräumen $V_m := \mathrm{span}\{\phi_1, \ldots, \phi_m\}$ $(m \in \mathbb{N} \setminus \{0\})$. Jedes Element $v^{(m)} \in V_m$ können wir bezüglich dieser Basis darstellen, so dass die Abbildung

$$V_m \ni v^{(m)} = \sum_{j=1}^{m} v_j^{(m)} \phi_j \quad \longleftrightarrow \quad \boldsymbol{v}^{(m)} = (v_1^{(m)}, \ldots, v_m^{(m)}) \in \mathbb{R}^m$$

eineindeutig ist. Außerdem wird durch

$$\|\boldsymbol{v}^{(m)}\| := \|v^{(m)}\|$$

auf $\mathbb{R}^m$ eine Norm definiert.

Die GALERKIN-Approximation der ursprünglichen Aufgabe $Au = f$ in V^* lautet: *Finde ein* $u^{(m)} \in V_m$, *so dass für alle* $v^{(m)} \in V_m$

$$\langle Au^{(m)} - f, v^{(m)}\rangle = 0$$

gilt. Statt mit allen $v^{(m)} \in V_m$ genügt es, mit den Basisfunktionen $\phi_1, \ldots, \phi_m$ zu testen. Definieren wir die Abbildung $\boldsymbol{h}^{(m)} : \mathbb{R}^m \to \mathbb{R}^m$ via

$$h_j^{(m)}(\boldsymbol{v}^{(m)}) := \langle Av^{(m)} - f, \phi_j\rangle, \quad j = 1, \ldots, m,$$

---

[1]Hugo STEINHAUS, geb. 1887 in Jasło, gest. 1972 in Wrocław. STEINHAUS studierte unter anderem in Göttingen bei KLEIN und CARATHÉODORY und promovierte bei HILBERT. Er gehörte zur berühmten Lemberger Schule um BANACH und befasste sich unter anderem mit Fragen der Funktionalanalysis und Wahrscheinlichkeitsrechnung.

so ist $u^{(m)} \in V_m$ eine Lösung der diskreten Ersatzaufgabe genau dann, wenn

$$h^{(m)}(u^{(m)}) = 0 \,.$$

Für den Nachweis der Lösbarkeit der diskreten Ersatzaufgabe soll Lemma 4.2.1 bemüht werden. Wir zeigen zunächst, dass die Abbildung $h^{(m)}$ stetig ist. Sei hierzu $\{v_\nu^{(m)}\}$ eine bezüglich $\|\cdot\|$ gegen $v^{(m)}$ konvergierende Folge. Dann konvergiert die Folge $\{v_\nu^{(m)}\}$ der zugehörigen Elemente aus V_m bezüglich $\|\cdot\|$ gegen $v^{(m)} \in V$ und es gilt

$$\left\| h^{(m)}(v_\nu^{(m)}) - h^{(m)}(v^{(m)}) \right\|$$

$$= \left\| \left(\langle Av_\nu^{(m)} - Av^{(m)}, \phi_1 \rangle, \ldots, \langle Av_\nu^{(m)} - Av^{(m)}, \phi_m \rangle \right) \right\|$$

$$= \left\| \sum_{j=1}^{m} \langle Av_\nu^{(m)} - Av^{(m)}, \phi_j \rangle \, \phi_j \right\| \leq \sum_{j=1}^{m} \left| \langle Av_\nu^{(m)} - Av^{(m)}, \phi_j \rangle \right| \, \|\phi_j\| \,.$$

Wegen $A = A_0 + B$ gilt

$$\langle Av_\nu^{(m)} - Av^{(m)}, \phi_j \rangle = \langle A_0 v_\nu^{(m)} - A_0 v^{(m)}, \phi_j \rangle + \langle Bv_\nu^{(m)} - Bv^{(m)}, \phi_j \rangle \,.$$

Nach Lemma 4.2.3 ist A_0 demistetig, so dass $\langle A_0 v_\nu^{(m)} - A_0 v^{(m)}, \phi_j \rangle$ für alle ϕ_j gegen Null konvergiert, wenn nur $\nu \to \infty$. Entsprechendes gilt für $\langle Bv_\nu^{(m)} - Bv^{(m)}, \phi_j \rangle$, denn B ist verstärkt stetig und erst recht demistetig.

Wegen der Koerzitivität von A gibt es zu jedem $M > 0$ ein $R > 0$, so dass aus $v \in V$ mit $\|v\| \geq R$ folgt $\langle Av, v \rangle \geq M \|v\|$. Wir wählen $M > \|f\|_*$. Für die Abbildung $h^{(m)}$ beobachten wir dann, dass für alle $v^{(m)} \in \mathbb{R}^m$ mit $\|v^{(m)}\| = (\|v^{(m)}\| =)R$

$$h^{(m)}(v^{(m)}) \cdot v^{(m)} = \sum_{j=1}^{m} \langle Av^{(m)} - f, \phi_j \rangle \, v_j^{(m)} = \langle Av^{(m)} - f, v^{(m)} \rangle$$

$$= \langle Av^{(m)}, v^{(m)} \rangle - \langle f, v^{(m)} \rangle \geq M \|v^{(m)}\| - \|f\|_* \|v^{(m)}\| > 0$$

gilt, wobei wir im letzten Schritt die Ungleichung $|\langle f, v^{(m)} \rangle| \leq \|f\|_* \|v^{(m)}\|$ benutzt haben.

Die Voraussetzungen von Lemma 4.2.1 sind demnach erfüllt, so dass es zu jedem $m \in \mathbb{N} \setminus \{0\}$ mindestens eine Lösung $u^{(m)} \in V_m$ des diskreten Ersatzproblems gibt.

Betrachten wir die Folge der Näherungslösungen $\{u^{(m)}\}$. Es gilt die *A-priori-Abschätzung*

$$\|u^{(m)}\| \leq R \,,$$

denn andernfalls würde wegen der Koerzitivität von A

$$\langle Au^{(m)}, u^{(m)}\rangle \geq M\,\|u^{(m)}\| > \|f\|_*\,\|u^{(m)}\| \geq \langle f, u^{(m)}\rangle$$

folgen, was der Tatsache widerspricht, dass $u^{(m)}$ Lösung des diskreten Ersatzproblems ist. Da V ein reflexiver BANACH-Raum ist, gibt es gemäß Satz A.2.16 eine schwach konvergente Teilfolge $\{u^{(m')}\}$, deren Limes wir mit u bezeichnen wollen. Es gilt also

$$\langle g, u^{(m')} - u\rangle \to 0 \quad \forall g \in V^*$$

für $m' \to \infty$.

Da nach Voraussetzung A beschränkt ist, ist auch $\{Au^{(m')}\}$ in V^* beschränkt. Nach Satz A.2.18 gibt es dann eine Teilfolge $\{Au^{(m'')}\}$ und ein $\tilde{f} \in V^*$, so dass $\{Au^{(m'')}\}$ schwach* gegen $\tilde{f}$ konvergiert. Wegen der Reflexivität von V gilt also

$$\langle Au^{(m'')} - \tilde{f}, v\rangle \to 0 \quad \forall v \in V$$

für $m'' \to \infty$. Für die „Teilfolge der Teilfolge" gilt auch weiterhin $u^{(m'')} \rightharpoonup u$ in V für $m'' \to \infty$. Für den Rest des Beweises werden wir statt m'' nur m schreiben.

Wir zeigen nun, dass $f = \tilde{f}$. Da $\bigcup V_m \overset{d}{\subseteq} V$, gibt es zu jedem v und zu beliebigem $\varepsilon > 0$ ein $v^{(m_0)} \in V_{m_0}$, so dass

$$\|v - v^{(m_0)}\| < \varepsilon.$$

Für alle $m \geq m_0$ folgt sodann wegen $V_m \supseteq V_{m_0}$

$$0 \leq \left|\langle f - \tilde{f}, v\rangle\right| = \left|\langle f - \tilde{f}, v - v^{(m_0)}\rangle + \langle f - \tilde{f}, v^{(m_0)}\rangle\right|$$

$$\leq \left|\langle f - \tilde{f}, v - v^{(m_0)}\rangle\right| + \left|\langle f - \tilde{f}, v^{(m_0)}\rangle\right|$$

$$\leq \|f - \tilde{f}\|_*\,\|v - v^{(m_0)}\| + \left|\langle Au^{(m)} - \tilde{f}, v^{(m_0)}\rangle\right|.$$

Da $Au^{(m)} \overset{*}{\rightharpoonup} \tilde{f}$ für $m \to \infty$, folgt

$$0 \leq \left|\langle f - \tilde{f}, v\rangle\right| \leq \varepsilon\,\|f - \tilde{f}\|_*,$$

wobei $\varepsilon > 0$ und $v \in V$ beliebig waren. Mithin gilt $f = \tilde{f}$.

Schließlich wollen wir zeigen, dass für den Grenzwert u gilt $Au = f$. Da B verstärkt stetig ist, gilt zunächst

$$\|Bu^{(m)} - Bu\|_* \to 0$$

für $m \to \infty$. Es folgt

$$0 \le \left| \langle Bu^{(m)}, u^{(m)} \rangle - \langle Bu, u \rangle \right|$$

$$\le \left| \langle Bu^{(m)} - Bu, u^{(m)} \rangle \right| + \left| \langle Bu, u^{(m)} - u \rangle \right|$$

$$\le \| Bu^{(m)} - Bu \|_* \, \| u^{(m)} \| + \left| \langle Bu, u^{(m)} - u \rangle \right| \to 0 \qquad (4.2.1)$$

für $m \to \infty$, denn $\| u^{(m)} \| \le R$ und $u^{(m)} \rightharpoonup u$.

Mit $f_0 := f - Bu$ folgt deshalb für beliebiges $w \in V$

$$\langle f_0, u \rangle = \langle f - Bu, u \rangle = \lim_{m \to \infty} \langle f - Bu^{(m)}, u^{(m)} \rangle$$

$$= \lim_{m \to \infty} \langle Au^{(m)} - Bu^{(m)}, u^{(m)} \rangle = \lim_{m \to \infty} \langle A_0 u^{(m)}, u^{(m)} \rangle$$

$$= \lim_{m \to \infty} \left(\langle A_0 u^{(m)}, w \rangle + \langle A_0 w, u^{(m)} \rangle + \langle A_0 u^{(m)} - A_0 w, u^{(m)} - w \rangle - \langle A_0 w, w \rangle \right)$$

$$= \langle f_0, w \rangle + \langle A_0 w, u \rangle + \lim_{m \to \infty} \langle A_0 u^{(m)} - A_0 w, u^{(m)} - w \rangle - \langle A_0 w, w \rangle$$

$$\ge \langle f_0, w \rangle + \langle A_0 w, u - w \rangle \, .$$

Dabei haben wir im vorletzten Schritt

$$\lim_{m \to \infty} \langle A_0 u^{(m)}, w \rangle = \lim_{m \to \infty} \langle Au^{(m)} - Bu^{(m)}, w \rangle = \langle f - Bu, w \rangle = \langle f_0, w \rangle$$

und im letzten Schritt die Monotonie von A_0 ausgenutzt.

Für beliebige $w \in V$ gilt also

$$\langle A_0 w, u - w \rangle \le \langle f_0, u - w \rangle \, .$$

Setzen wir $w = u + tv$ mit $v \in V$ und $t \in (0, 1]$ beliebig, so folgt

$$\langle A_0(u + tv), v \rangle \ge \langle f_0, v \rangle$$

und wegen der Hemistetigkeit von A_0 ergibt sich für $t \to 0$

$$\langle A_0 u, v \rangle \ge \langle f_0, v \rangle \, .$$

Da v beliebig war, folgt mit $v := -v$ auch

$$\langle A_0 u, v \rangle \le \langle f_0, v \rangle \, ,$$

so dass für alle $v \in V$

$$\langle A_0 u, v \rangle = \langle f_0, v \rangle = \langle f - Bu, v \rangle$$

gilt. Somit ist u eine Lösung des ursprünglichen Problems. $\qquad$ #

4.3 Finite-Elemente-Methode

In diesem Abschnitt wollen wir ein Beispiel für die numerische Anwendung des GALERKIN-Verfahrens geben und mit Hilfe der so genannten *Methode der finiten Elemente (FEM)* näherungsweise die einfache Randwertaufgabe

$$-u''(x) = -25\pi^2 \sin(5\pi x) - 25 =: f(x)\,, \quad x \in (0,1)\,, \quad u(0) = u(1) = 0\,,$$

lösen. Die Methode der finiten Elemente ist eines der wichtigsten Verfahren zur numerischen Lösung von Rand- und Anfangsrandwertproblemen sowie Variationsproblemen und wird in den verschiedensten Gebieten von Praktikern angewandt, etwa in der Festkörper- und Strömungsmechanik.

Wir bemerken zunächst, dass die exakte Lösung durch

$$u(x) = -\sin(5\pi x) + \frac{25}{2}\, x(x-1)$$

gegeben ist. Wir setzen wieder $V = H_0^1(0,1)$ mit der Norm $\|\cdot\| \equiv |\cdot|_{1,2}$ sowie

$$a(u,v) := \int_0^1 u'(x)v'(x)dx\,.$$

Sei $m \in \mathbb{N} \setminus \{0\}$ gegeben. Wir zerlegen das Intervall $[0,1]$ äquidistant mit den Knoten $x_i = ih$ ($i = 0,1,\ldots,m+1$, $h = 1/(m+1)$). Als Basisfunktionen des endlichdimensionalen Teilraumes $V_h \subset V$ wählen wir die *linearen Hutfunktionen*

$$\phi_j(x) := \begin{cases} \dfrac{x - x_{j-1}}{h} & \text{für } x \in [x_{j-1}, x_j]\,, \\[2ex] \dfrac{x_{j+1} - x}{h} & \text{für } x \in [x_j, x_{j+1}]\,, \\[2ex] 0 & \text{sonst}\,, \end{cases} \qquad (4.3.1)$$

wobei j von 1 bis m läuft (siehe Bild 4.3.1). Diese bilden eine Knotenbasis, d. h. eine Basis mit der Eigenschaft $\phi_j(x_i) = \delta_{ij}$, und eine Partition der Eins in dem Sinne, dass $\sum_{j=0}^{m+1} \phi_j(x) = 1$ für alle $x \in [0,1]$, sofern man die äußeren Funktionen ϕ_0 und ϕ_{m+1} hinzunimmt. Dabei ist

$$\phi_0(x) := \begin{cases} \dfrac{x_1 - x}{h} & \text{für } x \in [0, x_1]\,, \\[2ex] 0 & \text{sonst}\,, \end{cases} \qquad \phi_{m+1}(x) := \begin{cases} \dfrac{x - x_m}{h} & \text{für } x \in [x_m, 1]\,, \\[2ex] 0 & \text{sonst}\,. \end{cases}$$

Hier werden die Funktionen ϕ_0 und ϕ_{m+1} wegen der homogenen DIRICHLET-Randdaten $u(0) = u(1) = 0$ allerdings nicht benötigt. Sei $V_h = \text{span}\{\phi_1, \ldots, \phi_m\}$.

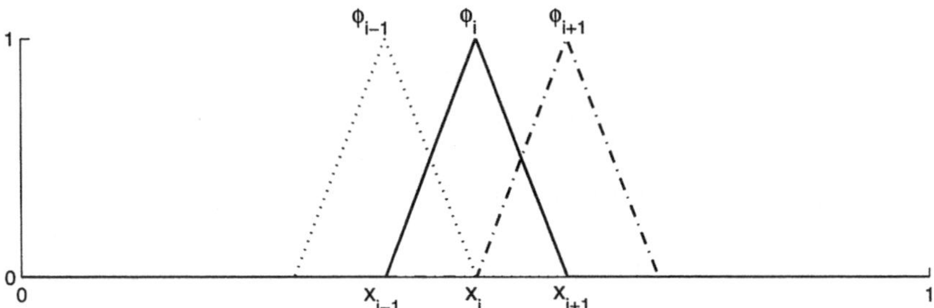

Bild 4.3.1: Lineare Hutfunktionen

Da $v_h \in V_h$ stets Linearkombination der Basisfunktionen ist, genügt es, die
GALERKIN-Gleichungen (4.1.1) nur für alle $v_h = \phi_i$ $(i = 1, \ldots, m)$ zu betrachten.
Des Weiteren ist auch u_h eine Linearkombination der Basisfunktionen, d. h. es
gibt Zahlen $u_1, \ldots, u_m$, so dass der Lösungsansatz

$$u_h(x) = \sum_{j=1}^{m} u_j \phi_j(x), \quad x \in [0,1].$$

gilt. Da f glatt ist, gilt für $i = 1, \ldots, m$

$$\langle f, \phi_i \rangle = \int_0^1 f(x)\phi_i(x)dx.$$

Nach Einsetzen in die GALERKIN-Gleichungen ergibt sich wegen der Bilinearität
von $a(\cdot, \cdot)$ nun ein lineares Gleichungssystem: Gesucht ist $\boldsymbol{u}_h := (u_1, \ldots, u_m)^\mathsf{T} \in$
$\mathbb{R}^m$ mit

$$\boldsymbol{A}_h \boldsymbol{u}_h = \boldsymbol{f}_h,$$

wobei

$$(\boldsymbol{A}_h)_{ij} := a(\phi_j, \phi_i), \quad (\boldsymbol{f}_h)_i := \int_0^1 f(x)\phi_i(x)dx.$$

Unsere Basisfunktionen ϕ_i haben jeweils nur einen lokalen Träger über einem
Doppelintervall $[x_{i-1}, x_{i+1}]$ und jeweils nur benachbarte Basisfunktionen haben
einen gemeinsamen Träger – das ist die entscheidende Idee der Finite-Elemente-
Methode. Daher ist die Systemmatrix $\boldsymbol{A}_h$ schwach besetzt, genauer eine Tridia-
gonalmatrix. Wie einfaches Integrieren zeigt, gilt

$$\boldsymbol{A}_h = \frac{1}{h}\begin{pmatrix} 2 & -1 & 0 & 0 & \ldots & 0 & 0 \\ -1 & 2 & -1 & 0 & \ldots & 0 & 0 \\ & & & \ldots\ldots\ldots & & & \\ 0 & 0 & 0 & 0 & \ldots & -1 & 2 \end{pmatrix}.$$

Ausnahmsweise können bei dieser einfachen Aufgabe die Integrale über f exakt ausgewertet werden. Im Allgemeinen werden jedoch geeignete Quadraturformeln zu benutzen sein. Die Lösung des Gleichungssystems führt schließlich auf unsere Näherungslösung u_h (siehe Bild 4.3.2). Zur Erstellung der Abbildungen wurde allerdings eine numerische Quadratur verwendet. Dies ist daran zu erkennen, dass in den Knoten x_i offenbar nicht notwendig $u_h(x_i) = u(x_i)$ gilt, obgleich bei dieser einfachen Aufgabe und bei linearen finiten Elementen die Näherungslösung u_h nichts anderes als die zugehörige Interpolierende der exakten Lösung ist, wie wir zum Schluss dieses Abschnitts zeigen werden. Die Lösbarkeit des Gleichungs-

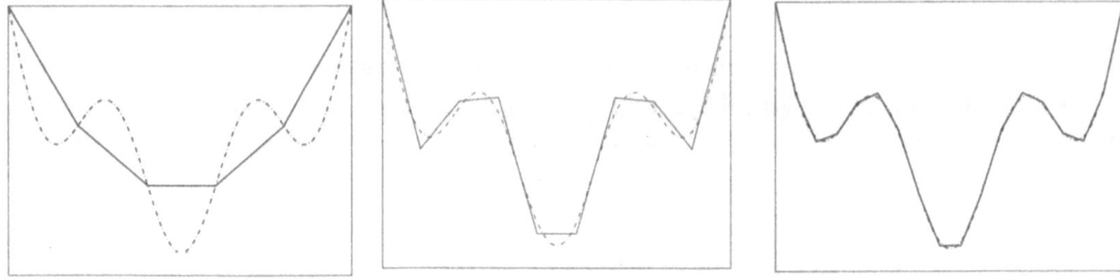

Bild 4.3.2: Exakte Lösung und Näherungslösungen für $m = 4$, 8 und 16

systems folgt im Übrigen bereits aus dem Lemma von LAX-MILGRAM, welches die Lösbarkeit der diskreten Ersatzaufgabe sichert.

Wir kommen nun zu einer Fehlerabschätzung. Nach dem Lemma von CÉA (Satz 4.1.4) gilt (beachte, dass hier $\mu = \beta = 1$)

$$|u - u_h|_{1,2} \leq \inf_{v_h \in V_h} |u - v_h|_{1,2} \,, \tag{4.3.2}$$

und es genügt, den Approximationsfehler abzuschätzen. Es ist also jener Fehler abzuschätzen, der die Güte der Approximation des Raumes V durch den Raum V_h beschreibt. Hierzu bezeichne $I_h u$ die zu unserer Diskretisierung passende, stückweise linear Interpolierende von u, genauer:

$$(I_h u)(x) = \sum_{i=1}^{m} u(x_i)\phi_i(x) \,, \quad x \in [0,1] \,.$$

Der so definierte Interpolationsoperator $I_h : V \to V_h$ ist wegen $V = H_0^1(0,1) \hookrightarrow \mathcal{C}[0,1]$ wohldefiniert. Wegen $I_h u \in V_h$ gilt nun

$$\inf_{v_h \in V_h} |u - v_h|_{1,2} \leq |u - I_h u|_{1,2} \,,$$

und wir haben den Approximationsfehler auf den *Interpolationsfehler* zurückgeführt. Offenbar gilt für $x \in [x_i, x_{i+1}]$

$$(I_h u)(x) = u(x_i) + \frac{u(x_{i+1}) - u(x_i)}{h} (x - x_i). \qquad (4.3.3)$$

Mithin folgt

$$|u - I_h u|^2_{1,2} = \sum_{i=0}^{m} \int_{x_i}^{x_{i+1}} \left(u'(x) - \frac{u(x_{i+1}) - u(x_i)}{h} \right)^2 dx. \qquad (4.3.4)$$

Satz 4.3.1 *Die Folge der durch die linearen Hutfunktionen (4.3.1) definierten Räume $V_h = \mathrm{span}\{\phi_1, \ldots, \phi_m\}$ $(h = 1/(m+1)$, $m \in \mathbb{N} \setminus \{0\})$ besitzt in $V = H_0^1(0,1)$ die Eigenschaft der limitierten Vollständigkeit: Für beliebiges $u \in V$ gilt*

$$\mathrm{dist}(u, V_h) = \inf_{v_h \in V_h} |u - v_h|_{1,2} \le |u - I_h u|_{1,2} \to 0 \quad \text{für } h \to 0,$$

wobei I_h der durch (4.3.2) definierte Interpolationsoperator ist.

Bevor wir zum Beweis kommen, merken wir an, dass die Folge der Finite-Elemente-Räume V_h zwar ein GALERKIN-Schema bildet. Da sich jedoch mit m auch die Zerlegung des Intervalls und mithin die Hutfunktionen $\phi_1, \ldots, \phi_m$ selbst ändern, kann nicht ohne weiteres eine Folge von Funktionen angegeben werden, die eine Basis in V bilden würde.

Beweis. Es bleibt zu zeigen, dass $|u - I_h u|_{1,2} \to 0$ für $h \to 0$ und beliebiges $u \in H_0^1(0,1)$. Nach Satz 3.2.13 wissen wir, dass $\mathcal{C}_0^\infty(0,1)$ dicht in $H_0^1(0,1)$ liegt, so dass es zu jedem $u \in H_0^1(0,1)$ und beliebigem $\varepsilon > 0$ ein $U \in \mathcal{C}_0^\infty(0,1)$ mit $|u - U|_{1,2} < \varepsilon/3$ gibt.

Mit der Dreiecksungleichung gilt

$$\begin{aligned} |u - I_h u|_{1,2} &= |u - U + U - I_h U + I_h U - I_h u|_{1,2} \\ &\le |u - U|_{1,2} + |U - I_h U|_{1,2} + |I_h U - I_h u|_{1,2}, \end{aligned}$$

und wir haben nun die einzelnen Terme der rechten Seite abzuschätzen.

Wir betrachten zunächst den letzten Term. Wegen der Linearität von I_h gilt

$$|I_h U - I_h u|_{1,2} = |I_h(U - u)|_{1,2},$$

und es bleibt die Beschränktheit von I_h zu zeigen. Mit (4.3.3) folgt für beliebiges

$v \in H_0^1(0,1)$

$$|I_h v|_{1,2}^2 = \int_0^1 \left((I_h v)'(x)\right)^2 dx = \frac{1}{h^2} \sum_{i=0}^m \int_{x_i}^{x_{i+1}} \left(v(x_{i+1}) - v(x_i)\right)^2 dx$$

$$= \frac{1}{h} \sum_{i=0}^m \left(v(x_{i+1}) - v(x_i)\right)^2 = \frac{1}{h} \sum_{i=0}^m \left(\int_{x_i}^{x_{i+1}} v'(x)\, dx\right)^2$$

$$\leq \sum_{i=0}^m \int_{x_i}^{x_{i+1}} v'(x)^2\, dx = |v|_{1,2}^2\,,$$

so dass

$$|I_h U - I_h u|_{1,2} \leq |u - U|_{1,2}\,.$$

Für den Term $|U - I_h U|_{1,2}$ beobachten wir Folgendes: Mit (4.3.4) (hier angewandt auf U statt u) und

$$\left(U'(x) - \frac{U(x_{i+1}) - U(x_i)}{h}\right)^2 = \left(U'(x) - \frac{1}{h}\int_{x_i}^{x_{i+1}} U'(\xi)\, d\xi\right)^2$$

$$= \frac{1}{h^2}\left(\int_{x_i}^{x_{i+1}} \left(U'(x) - U'(\xi)\right) d\xi\right)^2 \leq \frac{1}{h}\int_{x_i}^{x_{i+1}} \left(U'(x) - U'(\xi)\right)^2 d\xi$$

$$= \frac{1}{h}\int_{x_i}^{x_{i+1}} \left(\int_\xi^x U''(\zeta)\, d\zeta\right)^2 d\xi \leq \frac{1}{h}\int_{x_i}^{x_{i+1}} \left(\int_{x_i}^{x_{i+1}} |U''(\zeta)|\, d\zeta\right)^2 d\xi$$

$$= \left(\int_{x_i}^{x_{i+1}} |U''(\zeta)|\, d\zeta\right)^2 \leq h \int_{x_i}^{x_{i+1}} U''(\zeta)^2\, d\zeta$$

folgt

$$|U - I_h U|_{1,2} \leq h\, \|U''\|_{0,2}\,.$$

Zusammen ergibt sich

$$|u - I_h u|_{1,2} \leq 2\,|u - U|_{1,2} + h\,\|U''\|_{0,2}\,. \tag{4.3.5}$$

Wählen wir nun $h < h^* := \varepsilon/(3\|U''\|_{0,2})$, so folgt

$$|u - I_h u|_{1,2} < \varepsilon\,,$$

was die gewünschte Konvergenz zeigt.   #

Das bisherige Ergebnis zeigt nur die Konvergenz der Näherungslösungen u_h gegen die exakte Lösung u. Wir wollen nun annehmen, dass die exakte Lösung u eine höhere Glattheit besitzt: Es gelte zusätzlich $u'' \in L^2(0,1)$. Dann folgt ganz analog zu (4.3.5) die Fehlerabschätzung

$$|u - u_h|_{1,2} \leq \inf_{v_h \in V_h} |u - v_h|_{1,2} \leq |u - I_h u|_{1,2} \leq h \, \|u''\|_{0,2} \, ,$$

welche *lineare Konvergenz in* $|\cdot|_{1,2}$ zeigt.

Abschließend wollen wir noch eine interessante Eigenschaft zeigen, nämlich dass die Approximation mit u_h zur Interpolierenden $I_h u$ besser ist als die zur exakten Lösung u. Man sagt auch, u_h und $I_h u$ seien *superclose*. Bei unserer einfachen Aufgabe und bei Verwendung linearer finiter Elemente gilt sogar $u_h = I_h u$ und infolgedessen $u_h(x_i) = u(x_i)$ $(i = 1, \ldots, m)$. In den Knotenpunkten ist die Genauigkeit also höher (hier sogar exakt) als auf dem gesamten Intervall. Diese Eigenschaft wird auch *Superkonvergenz* genannt.

Zunächst beobachten wir für beliebiges $w \in H_0^1(0,1)$ und $i = 1, \ldots, m$ wegen der Eigenschaften von ϕ_i, dass

$$a(w, \phi_i) = \int_0^1 w'(x)\phi_i'(x)dx = \frac{1}{h}\int_{x_{i-1}}^{x_i} w'(x)dx - \frac{1}{h}\int_{x_i}^{x_{i+1}} w'(x)dx$$

$$= -\frac{1}{h}\left(w(x_{i-1}) - 2w(x_i) + w(x_{i+1})\right).$$

Wegen $(I_h u)(x_i) = u(x_i)$ $(i = 1, \ldots, m)$ folgt somit für die Differenz $w = u - I_h u$, dass

$$a(u - I_h u, \phi_i) = 0, \quad i = 1, \ldots, m.$$

Da jedes $v_h \in V_h$ Linearkombination der Hutfunktionen ϕ_i ist, folgt also

$$a(u - I_h u, v_h) = 0 \quad \forall v_h \in V_h.$$

Unter Ausnutzung der GALERKIN-Orthogonalität gilt schließlich

$$a(u_h - I_h u, v_h) = a(u - I_h u, v_h) = 0.$$

Setzen wir $v_h = u_h - I_h u$, so gelangen wir zu

$$|u_h - I_h u|_{1,2}^2 = a(u_h - I_h u, u_h - I_h u) = 0,$$

so dass tatsächlich $u_h = I_h u$ und daher $u_h(x_i) = (I_h u)(x_i) = u(x_i)$ für $i = 1, \ldots, m$.

5 Übungsaufgaben. Literaturhinweise

5.1 Übungsaufgaben

5.1 Zeige, dass für glattes c die lineare Randwertaufgabe (2.1.1) mit der auf Seite 12 angegebenen Transformation stets in ein symmetrisches Problem überführt werden kann.

5.2 Beweise Satz 2.1.3.

5.3 Zeige, dass (2.1.7) tatsächlich klassische Lösung der inhomogenen, linearen Differentialgleichung ist.

5.4 Finde eine partikuläre Lösung für die Differentialgleichung (2.1.6) mit der rechten Seite $f(x) = 1/(x-1)$ im angegebenen Intervall $(0,1)$, und zwar mit der Methode der Variation der Konstanten und mit der Methode von CAUCHY. Ist es Zufall, dass beide Lösungen gleich sind? Begründe, warum die Methode von CAUCHY stets zu einer partikulären Lösung führt.

5.5 Löse das Randwertproblem für die Differentialgleichung

$$-u''(x) + 2u'(x) + 8u(x) = f(x), \quad x \in (0,1),$$

mit den Randbedingungen $u(0) = 0$, $u(1) = 1$ sowie mit homogenen Randbedingungen für die rechten Seiten $f(x) \equiv 0$ und $f(x) = 6(1 - 4x^2)\mathrm{e}^{4x}$. Skizziere die Lösungen.

5.6 Unter welchen Bedingungen ist die Aufgabe $u''(x) = 0$ mit ROBINschen Randbedingungen lösbar?

5.7 Zeige, dass $u_1(x) = (1+x)^{-2}$ eine Lösung der Differentialgleichung

$$(1+x)u''(x) + (4+x)u'(x) + 2u(x) = 0, \quad x \in (0,1),$$

ist und bestimme die allgemeine Lösung. Löse das zugehörige Randwertproblem für homogene DIRICHLET-Randbedingungen.

5.8 Diskutiere das Lösungsverhalten von DIRICHLET-Randwertproblemen für die Differentialgleichung

$$-u''(x) + 3u'(x) - 2u(x) = -x^2 \,.$$

Was geschieht, wenn der Koeffizient 3 vor u' durch 2 ersetzt wird?

5.9 Wir betrachten das Randwertproblem für die Differentialgleichung

$$-u''(x) - u(x) = f(x), \quad x \in (0, \pi),$$

mit homogenen DIRICHLET-Randdaten, wobei $f(x) = -x^2 + \pi x - 2$ bzw. $f(x) = -\sin x$. Was kann über die Lösbarkeit im klassischen Sinne ausgesagt werden? Falls es Lösungen gibt, so gib diese an und skizziere sie.

5.10 Man überlege sich Beispiele und Gegenbeispiele für die Anwendung von Satz 2.3.2.

5.11 Beweise Satz 2.3.2 mit der verbesserten Bedingung (2.3.6) an L. Betrachte dazu die Menge

$$\left\{ v \in \mathcal{C}[a, b] : \|v\| := \sup_{x \in (a,b)} \frac{|v(x)|}{\sin \frac{\pi(x-a)}{b-a}} < \infty \right\}.$$

Zeige auch, dass (2.3.6) „scharf" ist.

5.12 Untersuche das semilineare Randwertproblem

$$-u''(x) = -e^{u(x)}, \quad x \in (a, b), \ u(a) = u(b) = 0,$$

auf Lösbarkeit. Zeige dafür zunächst, dass stets $u(x) \leq 0$ gilt. Betrachte dann die Abbildung T aus dem Beweis zu Satz 2.3.2 auf der Menge

$$\mathcal{M} := \{ v \in \mathcal{C}[a, b] : v(x) \leq 0 \text{ für } x \in [a, b] \}$$

und modifiziere den Beweis in geeigneter Weise.

5.13 Weise nach, dass durch (2.4.2) tatsächlich eine klassische Lösung des inhomogenen, linearen Randwertproblems mit homogenen DIRICHLET-Randdaten definiert wird. Ist umgekehrt auch jede klassische Lösung in der Form (2.4.2) darstellbar?

5.14 Für das Randwertproblem mit homogenen DIRICHLET-Randdaten aus Aufgabe 5.5 bestimme man die GREENsche Funktion und auf diesem Wege die Lösung des inhomogenen Problems.

5.15 Für die Lösungen aus Aufgabe 5.5 verifiziere man das Maximumprinzip aus Satz 2.5.2.

5.16 Man vergleiche die Aussagen der Sätze 2.2.4 und 2.5.5, wobei die Koeffizienten der zugrunde liegenden Differentialgleichung glatt seien. Unter welchen Bedingungen an c ist die eine Aussage schärfer als die andere?

5.17 Betrachte das DIRICHLET-Randwertproblem für die Gleichung des mathematischen Pendels

$$-u''(x) + d\,\sin u(x) = f(x)\,, \quad x \in (0,1)\,,\ u(0) = u(1) = 0\,,$$

und dessen Linearisierung mit $\sin u(x) \approx u(x)$ und untersuche auf klassische Lösbarkeit in Abhängigkeit von $d \in \mathbb{R}$. (Hinweis: Satz 2.3.2 und Korollar 2.4.3.)

5.18 Untersuche das semilineare Randwertproblem

$$-u''(x) = |u(x)|\,, \quad x \in (a,b)\,,\ u(a) = \alpha\,,\ u(b) = \beta\,,$$

in Abhängigkeit von der Wahl des Intervalls und der Randdaten auf Lösbarkeit und bestimme, wenn möglich, die Lösungen. (Hinweis: Die Aufgabe wird ausführlich in BAILEY, SHAMPINE und WALTMAN [9] diskutiert.)

5.19 Die folgenden Differentialgleichungen schreibe man in Gestalt eines STURM-LIOUVILLE-Problems und untersuche für homogene DIRICHLET-Randdaten auf einem geeigneten Intervall sodann auf klassische Lösbarkeit. Dabei ist λ ein gewisser Parameter. (Weitere Informationen und exakte Lösungen der nachstehenden Differentialgleichungen finden sich zum Beispiel in HEUSER [69] und in SMIRNOW [122])

a) HERMITEsche[1] Gleichung

$$u''(x) - 2xu'(x) + 2\lambda u(x) = 0\,;$$

b) BESSELsche[2] Gleichung

$$x^2 u''(x) + xu'(x) + (x^2 - \lambda^2)u(x) = 0\,;$$

c) LAGUERREsche[3] Gleichung

$$xu''(x) + (1 - x)u'(x) + \lambda u(x) = 0\,;$$

---

[1]Charles HERMITE, geb. 1822 in Dieuze, gest. 1901 in Paris. HERMITE beschäftigte sich vor allem mit elliptischen Funktionen und der Zahlen- und Invariantentheorie. Im Jahre 1870 wurde er Professor an der Pariser Sorbonne und war Lehrer sehr bekannter Mathematiker, unter anderem von POINCARÉ. Der Beweis der Transzendenz der Zahl e stammt von HERMITE.

[2]Friedrich Wilhelm BESSEL, geb. 1784 in Minden, gest. 1846 in Königsberg (heute Kaliningrad). BESSEL war Professor der Astronomie im damaligen Königsberg und leitete die dortige Sternwarte.

[3]Edmond Nicolas LAGUERRE, geb. 1834 in Bar-le-Duc, gest. 1886 ebd. Nach seinem Studium an der Pariser École Polytechnique entschied sich LAGUERRE für eine militärische Laufbahn, kehrte später aber an die École Polytechnique als Lehrer zurück. Neben Untersuchungen über spezielle Funktionen als Lösungen der nach ihm benannten Differentialgleichung beschäftigte er sich auch mit Fragen der Approximationstheorie und der Geometrie.

d) TSCHEBYSCHEWsche[1] Gleichung

$$(1 - x^2)u''(x) - xu'(x) + \lambda^2 u(x) = 0\,.$$

5.20 Beweise die so genannte LAGRANGE[2]-*Identität*: Sei

$$(Lu)(x) := -(p(x)u'(x))' + q(x)u(x)\,, \quad x \in (a,b)\,,$$

der das STURM-LIOUVILLE-Problem beschreibende Differentialoperator. Dann gilt für zwei Funktionen $u, v \in \mathcal{C}^2[a,b]$

$$uLv - vLu = \big(p(u'v - uv')\big)'\,.$$

Gilt außerdem $u(a) = u(b) = v(a) = v(b) = 0$, so folgt

$$(Lu, v)_{0,2} = (u, Lv)_{0,2}\,,$$

wobei $(\cdot, \cdot)_{0,2}$ wieder das Skalarprodukt (2.2.3) bezeichne.

5.21 (In Anlehnung an HEUSER [69, Aufg. 8, S. 389].)

a) Die Auslenkung u eines ungestörten, ungedämpften harmonischen Oszillators der Masse m mit der Federkonstanten $k > 0$, der sich zur Zeit $t = 0$ in Ruhe befindet ($u(0) = 0$) und eine gewisse Anfangsgeschwindigkeit $u'(0) > 0$ erfährt, genügt der Differentialgleichung

$$mu''(t) + ku(t) = 0\,, \quad t > 0\,.$$

In welchem Verhältnis müssen k und m stehen, damit sich der Oszillator nach 1 Sekunde wieder in der Gleichgewichtslage befindet? Wie lautet dann das Bewegungsgesetz?

b) Der Oszillator erfahre nun zusätzlich eine äußere, periodische Kraft $\delta \sin \omega t$ ($\delta, \omega > 0$). Unter welchen Bedingungen ist die Aufgabe dann lösbar? Wie lauten die Lösungen?

---

[1]Pafnuti Lwowitsch TSCHEBYSCHEW, geb. 1821 in Okatowo (bei Kaluga), gest. 1894 in St. Petersburg. Nach Studium und Doktorat in Moskau wurde TSCHEBYSCHEW Professor an der Petersburger Universität und schuf dort eine bedeutende mathematische Schule. Er beschäftigte sich mit Fragen der Analysis, Algebra und Zahlentheorie, aber auch der Wahrscheinlichkeitstheorie, der Mechanik und der Numerischen Mathematik. Eine Biographie findet sich in WUSSING und ARNOLD [149].

[2]Joseph Louis LAGRANGE, geb. 1736 in Turin, gest. 1813 in Paris. LAGRANGE beschäftigte sich vor allem mit Fragen der Analysis und Mechanik. Sein wohl wichtigstes Werk ist die „Mécanique analytique" aus dem Jahre 1788, die man als mathematische Vollendung der modernen Kinetik ansehen kann. LAGRANGE war Mitglied sowohl der Berliner als auch der Pariser Akademie der Wissenschaften und lehrte zunächst an der Pariser École Normale, kurze Zeit später an der École Polytechnique. Eine Biographie findet sich in WUSSING und ARNOLD [149].

5.22 Zeige, dass jede Lösung $u \in \mathcal{C}^1[a,b]$ der Integralgleichung (2.7.4) eine klassische Lösung des Randwertproblems (2.7.1) ist und umgekehrt.

5.23 Für die GREENsche Funktion (2.4.1) beweise die Beziehung (2.7.5).

5.24 Die Folge $\{v_n\}$ von Funktionen $v_n \in \mathcal{C}^1[a,b]$ konvergiere auf dem Intervall $[a,b]$ gleichmäßig gegen die Funktion g; die Folge $\{v_n'\}$ der Ableitungen konvergiere gleichmäßig gegen die Funktion h. Zeige, dass $g \in \mathcal{C}^1[a,b]$ und $g' = h$.

5.25 Bestimme sämtliche Ableitungen der in (3.1.1) definierten Funktion und zeige $\phi \in \mathcal{C}_0^\infty(\mathbb{R})$.

5.26 Zeige, dass aus $u \in \mathcal{C}[a,b]$ und

$$\int_a^b u(x)\phi(x)dx = 0 \quad \forall \phi \in \mathcal{C}_0(a,b)$$

$u(x) = 0$ für alle $x \in [a,b]$ folgt. (Folgerung aus dem Fundamentallemma der Variationsrechnung.) Dabei sei $\mathcal{C}_0(a,b) \subset \mathcal{C}(a,b)$ der Raum der stetigen Funktionen mit kompaktem Träger.

5.27 Beweise Korollar 3.1.9.

5.28 Zeige, dass die verallgemeinerte Ableitung einer stetig differenzierbaren Funktion mit der Ableitung im klassischen Sinne übereinstimmt. (Hinweis: Nutze Aufgabe 5.26.)

5.29 Sei u' verallgemeinerte Ableitung von u im Intervall (a,b). Zeige, dass u' auch verallgemeinerte Ableitung in jedem Teilintervall ist.

5.30 Sei $v \in L^1(a,b)$. Wir definieren die absolut stetige Funktion

$$u(x) := \int_{x_0}^x v(\xi)d\xi\,, \quad x \in [a,b]\,, \quad x_0 \in [a,b] \text{ fest.}$$

Zeige, dass v verallgemeinerte Ableitung von u in $[a,b]$ ist. (Hinweis: Satz von FUBINI.)

5.31 Man finde eine Funktion, die zwar fast überall im Intervall $[0,1]$ stetig ist, nicht jedoch fast überall gleich einer auf $[0,1]$ stetigen Funktion ist.

5.32 Sei $u : [a,b] \to \mathbb{R}$ stetig und stückweise stetig differenzierbar. Sei ferner $\mathcal{M}$ die Menge der Punkte x, in denen die klassische Ableitung $u'(x)$ existiert. Man zeige, dass dann

$$v(x) := \begin{cases} u'(x) & \text{für } x \in \mathcal{M}\,, \\ \text{beliebig} & \text{sonst}\,, \end{cases}$$

verallgemeinerte Ableitung von u ist.

5.33 Sei $\{u_n\} \subset L^1(a,b)$ eine Folge von Funktionen, die bezüglich der natürlichen Norm in $L^1(a,b)$ gegen u konvergiere. Außerdem mögen die verallgemeinerten Ableitungen u_n' existieren und bezüglich der natürlichen Norm in $L^1(a,b)$ gegen v konvergieren. Man zeige, dass die verallgemeinerte Ableitung von u existiert und gleich v ist.

5.34 Seien $u,v \in H^1(a,b)$. Beweise die Produktregel $(uv)' = u'v + uv'$. (Hinweis: Verwende, dass $\mathcal{C}^\infty[a,b]$ dicht in $H^1(a,b)$ liegt.)

5.35 Beweise Satz 3.2.12.

5.36 Beweise die POINCARÉ-FRIEDRICHSsche Ungleichung mit der verbesserten Konstanten $(b-a)/\pi$. (Hinweis: Entwicklung in FOURIER-Reihe.)

5.37 Sei $f \in L^2(a,b)$. Beweise mit Hilfe der POINCARÉ-FRIEDRICHSschen Ungleichung, dass

$$\|f\|_{-1,2} \leq \frac{b-a}{\sqrt{2}} \, \|f\|_{0,2}$$

(bzw. auch mit der verbesserten Konstanten $(b-a)/\pi$).

5.38 Konstruiere für das Intervall (a,b) eine Familie von Abschneidefunktionen ψ mit $0 \leq \psi(x) \leq 1$, die (3.2.4) genügen und für die es eine Konstante c unabhängig von δ gibt, so dass $|\psi'(x)| \leq c/\delta$.

5.39 Zeige, das $\mathcal{C}_0^\infty(a,b)$ dicht in $L^2(a,b)$ liegt. (Hinweis: Der Beweis kann ähnlich dem von Satz 3.2.13 geführt werden.)

5.40 Mit Hilfe der Beziehung (3.2.5) aus Satz 3.2.16 führe man die Berechnung von $\|f\|_{-1,2}$ auf die von $\|u_f\|_{0,2}$ zurück. Sei $f \in L^2(a,b)$. Wie können dann u_f und sodann $\|f\|_{-1,2}$ berechnet werden? Berechne die Dualnorm für das Beispiel $f(x) = 2x$ auf $[0,1]$ und vergleiche mit der Abschätzung aus Aufgabe 5.37.

5.41 Beweise Lemma 3.4.5.

5.42 Sei $V = \mathbb{R}^2$ mit dem üblichen Skalarprodukt und der EUKLIDischen Norm versehen. Zeige, dass durch die Matrix

$$A = \begin{pmatrix} 1 & 1 \\ 1/2 & -2 \end{pmatrix}$$

ein linearer, beschränkter, stark positiver Operator beschrieben wird, wenn Av die übliche Matrix-mal-Vektor-Multiplikation ist, und gib β und μ an. (Hinweis: Betrachte den symmetrischen Anteil $(A + A^{\mathsf{T}})/2$.)

5.43 Unter welchen Voraussetzungen an die Koeffizienten ist der zur Bilinearform aus der schwachen Formulierung (3.3.2) gehörende Operator $A : H_0^1(a,b) \to H^{-1}(a,b)$ symmetrisch? Wie lautet der duale Operator im nichtsymmetrischen Fall?

5.44 Zeige, dass das Energiefunktional (3.4.1) (streng) konvex ist, wenn a (stark) positiv ist, verifiziere die GÂTEAUX-Ableitung von J und zeige, dass die Lösung des zugehörigen Variationsproblems J minimiert und es kein weiteres Element aus V geben kann, welches J minimiert.

5.45 Beweise Korollar 3.4.10.

5.46 Man finde eine schwache Formulierung und eine schwache Lösung für das Randwertproblem

$$-(a(x)u'(x))' = 0\,, \quad x \in (0,2)\,, \quad u(0) = -4\,, u(2) = -1\,,$$

wenn

$$a(x) = \begin{cases} 1 & \text{für } x \in [-1,0)\,, \\ 2 & \text{für } x \in [0,1]\,. \end{cases}$$

5.47 Beweise Korollar 3.5.4.

5.48 Wie bereits in Aufgabe 5.10 suche man Beispiele und Gegenbeispiele, diesmal für die Anwendung von Korollar 3.5.4. Welche Unterschiede gibt es zu Satz 2.3.2?

5.49 Zeige, dass ein stark monotoner Operator koerzitiv ist.

5.50 Zeige, dass ein linearer, beschränkter sowie ein LIPSCHITZ-stetiger Operator hemistetig ist.

5.51 Untersuche das Randwertproblem

$$-u''(x) + \alpha \left(\sin u(x)\right) u'(x) = f(x)\,, \quad x \in (a,b)\,, u(a) = u(b) = 0\,,$$

wobei $\alpha \in \mathbb{R}$ ein vorgegebener Parameter sei, auf Lösbarkeit. (Hinweis: Wende Satz 3.6.2 an. Die Aufgabe wird für den räumlich mehrdimensionalen Fall ausführlich in ZEIDLER [154, S. 592 ff.] diskutiert.)

5.52 Es sei

$$J(v) := \int_0^1 \left(v'(x)^2 + v(x)^2 - 2v(x)\right) dx\,, \quad v \in V := H_0^1(0,1)\,.$$

a) Zeige, dass

$$u(x) = \frac{1}{1+e}\left(1 - e^x + e(1 - e^{-x})\right)$$

die einzige Lösung des Variationsproblems $J(v) \to \min$ ist.

b) Stelle das GALERKIN-Verfahren auf und bestimme die Näherungslösungen unter Verwendung linearer Hutfunktionen, wobei das Intervall $(0,1)$ in 2 bzw. 3 Teilintervalle äquidistant zerlegt werde.

c) Gib eine Fehlerabschätzung an und vergleiche die Näherungslösungen aus b) mit der exakten Lösung in den Punkten $x_n = n/10$ $(n = 1, \ldots, 5)$.

5.53 Es sei

$$a(u,v) := \int_0^1 x^2 u'(x)v'(x)dx \,, \quad u,v \in V := H_0^1(0,1) \,.$$

a) Zeige, dass $a(\cdot,\cdot)$ nicht stark positiv ist. (Hinweis: Betrachte lineare Hutfunktionen.)

b) Betrachte eine äquidistante Zerlegung des Intervalls $(0,1)$ mit der Schrittweite h und die zugehörigen linearen Hutfunktionen, die den Raum $V_h \subset V$ aufspannen mögen. Ist $a(\cdot,\cdot)$ stark positiv auf V_h?

5.54 Vorgelegt sei das Randwertproblem

$$-u''(x) + u(x) = f(x) \,, \quad x \in (0, \ln 2) \,, \ u(0) = u(\ln 2) = 0 \,.$$

Untersuche auf klassische und schwache Lösbarkeit und bestimme, wenn möglich, die Lösungen für $f(x) \equiv 1$ und $f(x) = e^{2x}$. Stelle das GALERKIN-Verfahren mit den Räumen

$$V_m := \mathrm{span}\left\{ x(\ln 2 - x), x^2(\ln 2 - x), \ldots, x^m(\ln 2 - x) \right\} \,, \quad m = 1, 2, \ldots,$$

auf, bestimme für verschiedene m Näherungslösungen und vergleiche mit der exakten Lösung. Verwende sodann die Räume

$$V_m := \mathrm{span}\left\{ \sin\frac{\pi x}{\ln 2}, \sin\frac{2\pi x}{\ln 2}, \ldots, \sin\frac{m\pi x}{\ln 2} \right\} \,, \quad m = 1, 2, \ldots,$$

für das GALERKIN-Verfahren.

5.2 Literaturhinweise

Es gibt eine Reihe einführender Lehrbücher über gewöhnliche Differentialgleichungen, in denen sich zumeist ein (kurzer) Abschnitt über (vornehmlich lineare) Randwertprobleme findet. Genannt seien BRAUN [21] mit vielen interessanten Anwendungen, HEUSER [69], ebenfalls mit zahlreichen Anwendungen, BOYCE und DiPrima [19] mit einer ausführlichen Behandlung der Reihenlösungen, sowie der Klassiker von CODDINGTON und LEVINSON [33], unter anderem mit einer Diskussion singulärer Randwertprobleme. Schließlich ist das Lehrbuch von HARTMAN [66] zu nennen, in dem neben Anfangswertproblemen, Differentialungleichungen, invarianten Mannigfaltigkeiten und vielem mehr auch lineare und nichtlineare Randwertprobleme behandelt werden.

Das Studium von Randwertproblemen für gewöhnliche Differentialgleichungen ist sicher eine (durchaus wichtige) Station beim Übergang zu partiellen Differentialgleichungen. Daher ist nur wenig eigenständige Literatur zu finden, so dass wir nicht umhin kommen, auf die einschlägige Literatur zu partiellen Differentialgleichungen zu verweisen, etwa auf die hervorragend geschriebenen Einführungen von ZACHMANOGLOU und THOE [151] sowie GUSTAFSON [62], auf den Klassiker MICHLIN [93] oder auf die sehr gelungene moderne Darstellung von RENARDY und ROGERS [112]. Auch die jüngst erschienene Einführung von TVEITO und WINTHER [139], in der analytische und numerische Aspekte gleichermaßen behandelt werden, kann empfohlen werden. Für das fortgeschrittenere Studium seien WLOKA [148], MIZOHATA [95], FRIEDMAN [47], EVANS [44] sowie GILBARG und TRUDINGER [52] genannt.

Zahlreiche Anwendungen und Beispiele für (gewöhnliche) Differentialgleichungen (und deren Randwertprobleme) findet der Leser etwa in dem Büchlein von GOERING [55] und in jedem Physikbuch (so in RENNERT et al. [113] und natürlich in dem mehrbändigen Werk zur Theoretischen Physik von LANDAU und LIFSCHITZ [84]). In JORDAN und SMITH [74] finden sich viele Beispiele zu nichtlinearen gewöhnlichen Differentialgleichungen und deren Anwendung; in OCKENDON et al. [101] findet der Leser dagegen Beispiele zu (nichtlinearen) partiellen Differentialgleichungen und deren Anwendung.

Die hier behandelten Resultate aus der klassischen Lösungstheorie für Randwertprobleme gewöhnlicher Differentialgleichungen sind zu einem Teil in dem Büchlein von COLLATZ [34] sowie in SMIRNOW [123] dargestellt. Einen sehr schönen Überblick über elementare Methoden zur Lösung gewöhnlicher Differentialgleichungen, samt einem Ausblick auf singulär gestörte Probleme, Differenzenverfahren und das GALERKIN-Verfahren bietet GOERING [54]. Neben einer Einführung in die Theorie und der Abhandlung elementarer Lösungsmethoden beinhaltet der Klassiker von KAMKE [75] auf über 300 Seiten zahlreiche Beispiele von (linearen als auch nichtlinearen) Differentialgleichungen nebst exakten Lösungen. Eine fast unerschöpfliche Quelle sowohl zu den Anfangs- und Randwertproblemen für gewöhnliche Differentialgleichungen aber stellt WALTER [146] dar.

Maximumprinzipien (für partielle Differentialgleichungen) werden ausführlich in dem Standardwerk von PROTTER und WEINBERGER [109] behandelt.

Das STURM-LIOUVILLE-Problem und die zugehörigen Eigenwertaufgaben werden recht ausführlich in HEUSER [69] sowie in BIRKHOFF und ROTA [15] behandelt.

Zahlreiche weitere Ergebnisse zur (klassischen) Lösbarkeit nichtlinearer Randwertprobleme sind in BERNFELD und LAKSHMIKANTHAM [13] zu finden. Neben Randwertproblemen für skalare Gleichungen werden dort auch solche für Systeme von Differentialgleichungen behandelt. Auch sei auf das Buch von BAILEY, SHAMPINE und WALTMAN [9] verwiesen, in dem sich weitere Beispiele semilinearer Randwertaufgaben finden und neben der Lösbarkeit auch deren numerische Lösung und die PICARD-Iteration studiert werden.

Die schwache Lösungstheorie lebt von funktionalanalytischen Methoden. Eine aus Sicht des Autors hervorragende Einführung in die Funktionalanalysis bieten KOLMOGOROW und FOMIN [78], BRÉZIS [23] sowie ZEIDLER [155, 156]. Zu empfehlen sind auch WERNER [147] und AUBIN [8].

Der Klassiker beim Studium von SOBOLEW-Räumen ist ADAMS [1], wenn auch in fast allen Büchern zur Theorie und Numerik partieller Differentialgleichungen eine Einführung zu finden ist. Zu empfehlen sind hier auch die ausführliche und gut verständliche Darstellung in MICHLIN [93] sowie die sehr gründliche, nicht unbedingt für Anfänger geeignete Darstellung in WLOKA [148] und nicht zuletzt AUBIN [8]. Gut verständlich ist die Darstellung in BRÉZIS [23] und in ZEIDLER [153, 154] sowie ZEIDLER [155, 156].

Aus dem fünfbändigen Werk von ZEIDLER zur Nichtlinearen Funktionalanalysis sind für das vorliegende Buch die Bände I, IIA und IIB [152, 153, 154] relevant. Jedem an Funktionalanalysis und an der Analysis und Numerischen Analysis von Differentialgleichungen Interessierten kann die ZEIDLERsche Enzyklopädie nur empfohlen werden. Sie besticht nicht nur durch ihren Umfang, sondern auch durch den Aufbau, der das schnelle Auffinden von Informationen leicht macht, und die verständliche Darstellung, die es dem Leser erlaubt, zunächst die grundlegenden Ideen zu erfassen und dann zu den Details vorzustoßen. Einen kompakteren Einstieg erlauben die beiden Bände [155, 156]. In beiden Werken finden sich zahlreiche Anwendungen, vornehmlich aus der Physik. Insbesondere finden sich ausführlich der Begriff der verallgemeinerten Ableitung und eine Einführung in die allgemeinere Theorie der Distributionen.

Distributionen bzw. verallgemeinerte Funktionen sind auch Gegenstand des in deutscher Sprache vierbändigen Kompendiums von GELFAND und SCHILOW [50]. Die mit dem Begriff der verallgemeinerten Ableitung im Zusammenhang stehende Theorie der absolut stetigen Funktionen ist in NATANSON [99] sowie in HEWITT und STROMBERG [70] dargestellt; für die Theorie des LEBESGUEschen Integrals kann ebenso NATANSON [99], HEWITT und STROMBERG [70] sowie KOLMOGOROW und FOMIN [78], aber auch BRÉZIS [23] empfohlen werden.

Eine Einführung der SOBOLEW-Räume mit Hilfe von FOURIER-Transformationen findet sich in TAYLOR [132] sowie DAUTRAY und LIONS [37]. Für das weitergehende Studium von Funktionen mit verallgemeinerter Ableitung ist auf ZIEMER [158] zu verweisen.

Eine Diskussion sowie Anwendungen des Lemmas von LAX-MILGRAM finden sich in zahlreichen Büchern. Zu empfehlen ist DAUTRAY und LIONS [37] mit zahlreichen Beispielen, aber auch ZEIDLER [153]. Dabei sind die Anwendungen allerdings zumeist auf partielle Differentialgleichungen ausgerichtet. Des Weiteren ist NEČAS [100] sowohl zu den SOBOLEW-Räumen als auch zur schwachen Lösungstheorie bei stationären (elliptischen) Differentialgleichungen zu empfehlen.

Die Theorie der monotonen Operatoren wird ausführlich in GAJEWSKI, GRÖGER und ZACHARIAS [49] und in ZEIDLER [154] behandelt. In letzterem finden sich auch die wichtigen Verallgemeinerungen auf pseudo- und maximal monotone Operatoren. Ebenso ist LIONS [87] zum weiterführenden Studium unabdingbar. Die unmittelbare Verallgemeinerung des Lemmas von LAX-MILGRAM und des Satzes von ZARANTONELLO stellt der Hauptsatz über monotone Operatoren von BROWDER-MINTY dar, dessen Beweis und eine Verifikation am Beispiele reeller Funktionen sich auch in dem sehr empfehlenswerten Büchlein von NAAS und TUTSCHKE [97] findet. Ein Klassiker zur Theorie der monotonen Operatoren ist WAINBERG [141]. Als modernes Lehrbuch ist das gerade erschienene Buch von RŮŽIČKA [116] zu empfehlen, in dem sowohl monotone, pseudomonotone als auch maximal monotone Operatoren behandelt werden. Auch SHOWALTER [121] behandelt die Theorie der monotonen Operatoren.

Leser, die sich für die Entwicklung der Analysis der (partiellen) Differentialgleichungen in den letzten etwa 100 Jahren interessieren, die die schwache Lösungstheorie, die Theorie der Distributionen und SOBOLEW-Räume, Elemente der Nichtlinearen Funktionalanalysis wie monotone Operatoren und vieles mehr beinhaltet, seien auf BRÉZIS und BROWDER [24] verwiesen.

Dem an nichtlinearen Problemen interessierten Leser sei ferner, neben den schon genannten Monographien, das vor kurzem erschienene Buch von CHIPOT [30] empfohlen, in dem zahlreiche stationäre und instationäre, nichtlineare Variationsprobleme mit modernen funktionalanalytischen Methoden behandelt werden.

Singulär gestörte Probleme werden einführend zum Beispiel in O'MALLEY [103] und ausführlich in ROOS, STYNES und TOBISKA [114] behandelt.

Einen schnellen, leicht verständlichen und doch gründlichen Einstieg in die Methode der finiten Elemente bieten GOERING, ROOS und TOBISKA [56]. Daneben sind das Buch von KNABNER und ANGERMANN [76] und als weiterführende Literatur das Standardwerk von CIARLET [31] zu empfehlen.

Dem mit der Numerischen Mathematik nicht vertrauten Leser können QUARTE-
RONI, SACCO undVALERI [110] oder PLATO [108] als gründliche Einführungen
dienen. In beiden Titeln findet sich unter anderem ein Abschnitt über die numerische Lösung von Randwertaufgaben für gewöhnliche Differentialgleichungen, in
dem Differenzenverfahren und die Finite-Elemente-Methode sowie in [110] auch
spektrale Kollokations- und in [108] auch Schießverfahren behandelt werden.

Schließlich sei auf den neueren Titel von ATKINSON und HAN [7] verwiesen, in
dem SOBOLEW-Räume, die variationelle Formulierung, das Lemma von LAX-
MILGRAM, das GALERKIN-Verfahren, die Finite-Elemente-Methode und vieles
mehr dargestellt und weitergeführt werden und das sicher auch dem Anfänger
gut zugänglich ist.

Der Leser möge auch einen Blick auf die Literaturhinweise in Abschnitt 9.2 und
im Anhang A.3 werfen.

Operator-Differentialgleichungen –
Evolutionsgleichungen erster Ordnung

6 Beispiele und Anwendungen. Abstrakte Formulierung

6.1 Beispiele und Anwendungen

In den folgenden Abschnitten sollen instationäre (zeitabhängige) Prozesse, etwa solche, die in einem räumlichen Gebiet ablaufen, beschrieben werden.

Betrachten wir **Prozesse der Wärmeausbreitung**, so werden wir jedem Punkt (x, y, z) in einem gewissen Ortsgebiet Ω zu jeder Zeit t im zu betrachtenden Zeitintervall $[0, T]$ die Temperatur $u(x, y, z, t)$ zuordnen. Die Wärmeausbreitung wird durch die partielle Differentialgleichung

$$u_t - \nabla \cdot (\mu \nabla u) + (c \cdot \nabla)u + g(u) = f \quad \text{in } \Omega \times (0, T), \qquad (6.1.1)$$

ergänzt um Rand- und Anfangsbedingungen, beschrieben, die aus der Bilanzierung der inneren Energie folgt. Dabei ergibt sich der Term $-\nabla \cdot (\mu \nabla u)$ mit dem Wärmeleitkoeffizienten $\mu = \mu(x, y, z, t) > 0$ aus der Tatsache, dass die Wärmestromdichte proportional dem Temperaturgradienten ist. Der Term $(c \cdot \nabla)u$ beschreibt Wärmekonvektion, also Wärmeausbreitung infolge von Stofftransport mit der Geschwindigkeit $c = c(x, y, z, t)$. Etwa aufgrund eines elektrischen Stromes oder einer Reaktion kann es erforderlich werden, eine innere Wärmequelle mit in das Modell einzubeziehen. Dies geschieht durch den Term $g(u)$, der im einfachsten Fall linear ist. Schließlich wird eine äußere Wärmequelle durch f beschrieben. Hängt μ selbst von der Temperatur u und deren Ableitungen ab, so gelangen wir zu einem so genannten *nichtlinearen* LAPLACE-*Operator*. Für den eindimensionalen Fall hatten wir bereits das Beispiel $-(\psi(|u'|)u')'$ mit einer gewissen Funktion ψ betrachtet (vgl. (3.5.1) und Korollar 3.5.3).

Differentialgleichungen der Gestalt (6.1.1) heißen *Konvektions-Diffusions-Gleichungen*[1] (sofern $g(u)$ nicht oder allenfalls linear auftritt) bzw. *Reaktions-Diffu-*

---

[1] Einige Autoren sprechen auch von Advektion statt Konvektion und behalten sich den Begriff der Konvektion für den Term $(u \cdot \nabla)u$ vor.

sions-Gleichungen (insbesondere, wenn der konvektive Term $(c \cdot \nabla)u$ nicht auftritt). Der Term $-\nabla \cdot (\mu \nabla u)$ beschreibt zumeist eine Diffusion oder Energiedissipation. In vielen Anwendungen – so in der Biologie – ist der Reaktionsterm g ein Polynom, etwa $g(u) = u(1 - u)$, wenn ein logistisches Wachstum einer Population der Modellierung zugrunde gelegt wird. Auch eine rationale Funktion, etwa $g(u) = u^2/(1 + u + u^2)$ kommt in Frage, vgl. MURRAY [96] oder auch CAPASSO [28]. Ein Beispiel für eine Reaktions-Diffusions-Gleichung ist uns bereits zu Beginn des Buches begegnet, als wir die Konzentration eines Stoffes in einem Strömungsreaktor beschrieben haben. Selbstverständlich kann u auch vektorwertig sein, etwa wenn mehrere Populationen oder verschiedene Stoffe betrachtet werden.

Die **Ausbildung von Mustern** (insbesondere in der Natur bei Tieren und Pflanzen) kann durch die unterschiedliche Konzentration bestimmter chemischer Stoffe modelliert werden, die wiederum gewissen Reaktions-Diffusions-Gleichungen der Gestalt (6.1.1) genügen.

Ein weiteres Beispiel hierfür ist die KURAMOTO[1]-SIVASHINSKY[2]-*Gleichung*, die zugleich **Turbulenzphänomene** in chemischen und Verbrennungsprozessen beschreibt (vgl. etwa TEMAM [135]). In einer Raumdimension lautet die Gleichung

$$u_t + \nu\, u_{xxxx} + u_{xx} + \frac{1}{2}\, u_x^2 = 0\,, \quad \nu > 0\,.$$

Eines der wohl bekanntesten Beispiele für mathematische Modelle komplexer nichtlinearer Phänomene ist die Beschreibung der **Bewegung von Flüssigkeiten und Gasen** durch die NAVIER-STOKES-*Gleichungen*. Sie gehen auf NAVIER[3] und STOKES[4] zurück. Die Bewegung eines zähen, inkompressiblen, homogenen, NEWTONschen Fluids bei konstanter Temperatur wird durch das nachstehende

---

[1]Yoshiki KURAMOTO war bis zum Jahre 2004 Professor für Physik an der Kyoter Universität. Er beschäftigt sich insbesondere mit Fragen der Nichtlinearen Dynamik, Turbulenz und Oszillation.

[2]Gregory SIVASHINSKY ist Professor an der School of Mathematical Sciences der Universität in Tel Aviv und befasst sich mit Problemen der Strömungsmechanik, insbesondere mit Fragen der Turbulenz und hydrodynamischen Stabilität. Er promovierte 1973 am Technion – Israel Institute of Technology.

[3]Claude Louis Marie Henri NAVIER, geb. 1785 in Dijon, gest. 1836 in Paris. NAVIER war Ingenieur und Professor an der noch heute bestehenden, im Jahre 1747 gegründeten École des Ponts et Chaussées in Paris und ab 1831 Nachfolger von CAUCHY auf der Professur für Analysis und Mechanik an der im Jahre 1794 gegründeten École Polytechnique. Er beschäftigte sich mit Fragen der Elastizitätstheorie, Hydraulik und des Brückenbaus, vgl. GRATTAN-GUINNESS [58].

[4]Sir George Gabriel STOKES, geb. 1819 in Skreen, gest. 1903 in Cambridge. STOKES war Professor der Mathematik in Cambridge und beschäftigte sich unter anderem mit Analysis, Fluoreszenz und Geodäsie.

nichtlineare System partieller Differentialgleichungen mit einer Nebenbedingung, ergänzt um Rand- und Anfangsbedingungen, beschrieben:

$$u_t - \nu\Delta u + (u \cdot \nabla)u + \nabla p = f, \quad \nabla \cdot u = 0 \quad \text{in } \Omega \times (0,T).$$

Dabei ist $\Omega \subset \mathbb{R}^d$ ($d \in \{2,3\}$) ein beschränktes, zwei- oder dreidimensionales räumliches Gebiet und $[0,T]$ das betrachtete Zeitintervall. Weiter bezeichne $u = u(x,t) : \Omega \times [0,T] \to \mathbb{R}^d$ das Geschwindigkeitsfeld mit der anfänglichen Geschwindigkeit $u_0 = u_0(x)$, $p = p(x,t) : \Omega \times [0,T] \to \mathbb{R}$ den Quotienten aus Druck und konstanter Dichte und schließlich $f = f(x,t) : \Omega \times [0,T] \to \mathbb{R}^d$ eine äußere spezifische Kraft.

Die Größen sind allesamt dimensionslos, nachdem geeignet skaliert wurde. Die bei der Skalierung vor der Zeitableitung stehende STROUHAL[1]-Zahl wird, wie in der mathematischen Literatur üblich, gleich Eins gesetzt. Der Parameter $\nu = \mathrm{Re}^{-1} > 0$ sei als konstant vorgegeben, wobei Re die REYNOLDS[2]-Zahl bezeichnet und das Produkt einer charakteristischen Geschwindigkeit mit einer die Geometrie beschreibenden Länge, dividiert durch die kinematische Viskosität des Fluids ist. Oftmals ist Re sehr groß, so dass es sich um ein singulär gestörtes Problem handelt. Die Gleichungen leiten sich aus der Erhaltung von Masse (Kontinuitätsgleichung) und Impuls (Bewegungsgleichung) ab.

Die mit den Gleichungen von NAVIER und STOKES berechnete Umströmung eines Zylinders und die hinter dem Zylinder im so genannten laminaren Nachlauf auftretende KÁRMÁNsche[3] Wirbelstraße sind in Bild 6.1.1 dargestellt.

Durch die bei der Ablösung der Wirbel vom umströmten Körper auftretenden Kräfte kann es zu Schwingungen des Körpers selbst kommen. Dies war wohl ursächlich für den Einsturz der Tacoma-Narrows-Brücke im US-Bundesstaat Washington im Jahre 1940, denn die Ablösung der aufgrund eines Sturmes an der Verkleidung entstandenen Wirbel geschah mit einer Frequenz, die gleich der Eigenfrequenz war, so dass es zu Resonanzeffekten kam.

Wichtige Fragen der Lösbarkeit insbesondere des räumlich dreidimensionalen NAVIER-STOKES-Problems blieben seit mehr als 100 Jahren unbeantwortet; sie

---

[1]Čeněk (Vincenc) STROUHAL, geb. 1850 in Seč, gest. 1922 in Prag. STROUHAL studierte in Prag bei MACH und habilitierte sich 1878 in Würzburg. Als Experimentalphysiker beschäftigte er sich insbesondere mit Fragen der Akustik und Tonerzeugung.

[2]Osborne REYNOLDS, geb. 1842 in Belfast, gest. 1912 in Watchet. REYNOLDS war Physiker und Ingenieur und lehrte unter anderem in Manchester. Um 1883 stellte er das Ähnlichkeitsgesetz auf, wonach Strömungen mit gleicher REYNOLDS-Zahl zueinander ähnlich sind.

[3]Theodore VON KÁRMÁN, geb. 1881 in Budapest, gest. 1963 in Aachen. VON KÁRMÁN war Ingenieur und Mathematiker, der um 1911 die nach ihm benannte Wirbelstraße untersuchte. In Rhode-Saint-Genèse, einem Vorort von Brüssel, befindet sich heute das nach VON KÁRMÁN benannte Institute for Fluid Dynamics.

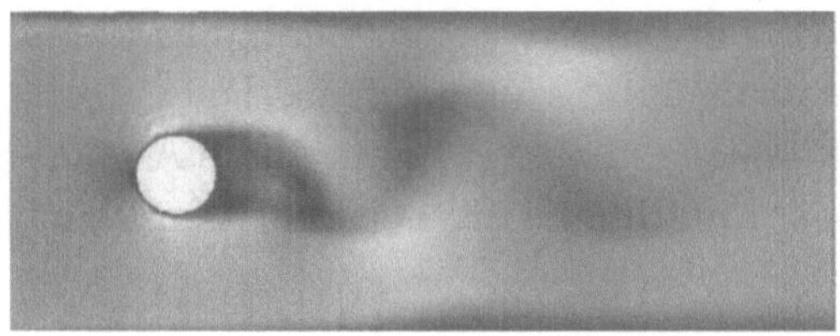 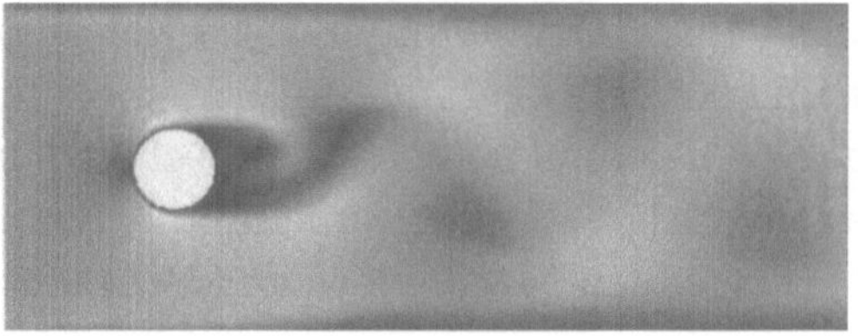

Bild 6.1.1: Umströmung eines Zylinders bei Re = 500 (Durchmesser 0.2 m, maximale Anströmgeschwindigkeit $2.5 \cdot 10^{-3}$ ms^{-1}, kinematische Viskosität von Wasser 10^{-6} m^{2}s^{-1}) und KÁRMÁNsche Wirbelstraße nach 800 (links) und 1600 (rechts) Sekunden

sind Gegenstand eines der Millenniumsprobleme des CLAY Mathematics Institute. Allein in den Jahren von 1991 bis 2000 widmeten sich mehr als 7800 mathematische Fachartikel der Thematik der NAVIER-STOKES-Gleichungen, vgl. auch das Standardwerk von TEMAM [133] oder das jüngst erschienene Buch von SOHR [126] sowie die dort angegebene Literatur für das weitergehende Studium.

Die **Ausbreitung infektiöser Krankheiten** in einer Population kann unter gewissen vereinfachenden Annahmen durch das *SIR-Modell*, welches auf KERMACK[1] und MCKENDRICK[2] (1927) zurückgeht (vgl. CAPASSO [28]), beschrieben werden. Dabei bezeichne $S = S(t)$ (Susceptibles) die Anzahl der für die Krankheit anfälligen Mitglieder der Population, $I = I(t)$ (Infectives) jene, die die Krankheit übertragen können und schließlich $R = R(t)$ (Removed) die Zahl der aus dem Krankheitsprozess ausgeschiedenen Mitglieder der Population.

Ohne Berücksichtigung einer räumlichen Ausbreitung kann der zeitliche Verlauf durch das nichtlineare, gekoppelte System gewöhnlicher Differentialgleichungen

$$S_t = -rSI\,, \quad I_t = rSI - \gamma I\,, \quad R_t = \gamma I\,,$$

ergänzt um Anfangsbedingungen, beschrieben werden. Dabei ist $r > 0$ die Infektionsrate und $\gamma > 0$ die Ausscheidungsrate, die als konstant angenommen werden.

---

[1]William Ogilvy KERMACK, geb. 1898 in Kirriemuir Angus, gest. 1970 in Aberdeen. KERMACK studierte unter anderem Mathematik in Aberdeen. Danach arbeitete er in der chemischen Industrie in Oxford und ging schließlich an die Chemical Section of the Royal College of Physicians Laboratory in Edinburgh, wo er experimentell zur Chemie arbeitete. Später war er Professor für Biochemie in Aberdeen. Neben den gemeinsam mit MCKENDRICK betriebenen Untersuchungen zur Epidemiologie befasste sich KERMACK auch mit Fragen der Statistik, mit der Lösung von Differentialgleichungen und mit geometrischen Problemen. Näheres ist in SMITH und KUH [124] zu finden.

[2]A. G. MCKENDRICK war Arzt und Superintendent des Royal College of Physicians Laboratory in Edinburgh.

Eine weitere Grundannahme ist, dass die Inkubationszeit vernachlässigbar klein ist und so die Übergänge $S \to I \to R$ ohne zeitlichen Verzug erfolgen. Die einzelnen Terme können auch statistisch gedeutet werden. So ist SI gerade die Anzahl der möglichen Treffen von für die Krankheit anfälligen mit den die Krankheit übertragenden Mitgliedern der Population.

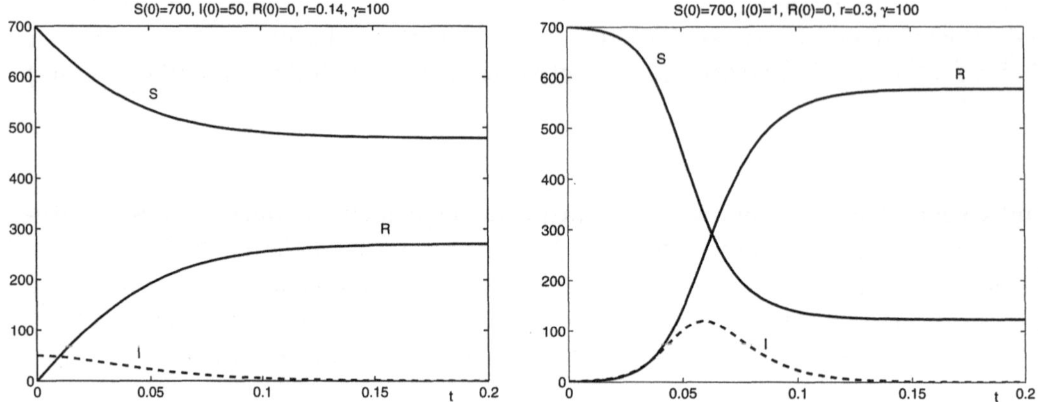

Bild 6.1.2: Zeitlicher Verlauf der Krankheitsausbreitung

Aus den Differentialgleichungen folgt sofort, dass $S + I + R$ konstant ist (keine natürlichen Geburten- oder Sterbefälle), S stets monoton fallend ist und I monoton fallend ist, sofern $S(0) < \gamma/r$. Andernfalls $(S(0) > \gamma/r)$ gibt es ein $t^* > 0$, so dass $I(t^*) > I(0)$ – man sagt dann, es entwickle sich eine Epidemie (siehe Bild 6.1.2).

Soll nun auch die räumliche Ausbreitung berücksichtigt werden, so ist in jeder der Gleichungen zumindest ein Diffusionsterm mit einem Diffusionskoeffizienten D hinzuzufügen, und wir gelangen zu dem System partieller Differentialgleichungen

$$ S_t = -rSI + D\Delta S, \quad I_t = rSI - \gamma I + D\Delta I, \quad R_t = \gamma I + D\Delta R, $$

welches wir um geeignete Rand- und Anfangsbedingungen zu ergänzen haben und wobei S, I und R nun Funktionen in x, y, z und t sind.

In Bild 6.1.3 ist ein räumlich eindimensionales Beispiel dargestellt. Weitere Varianten des SIR-Modells finden sich in CAPASSO [28].

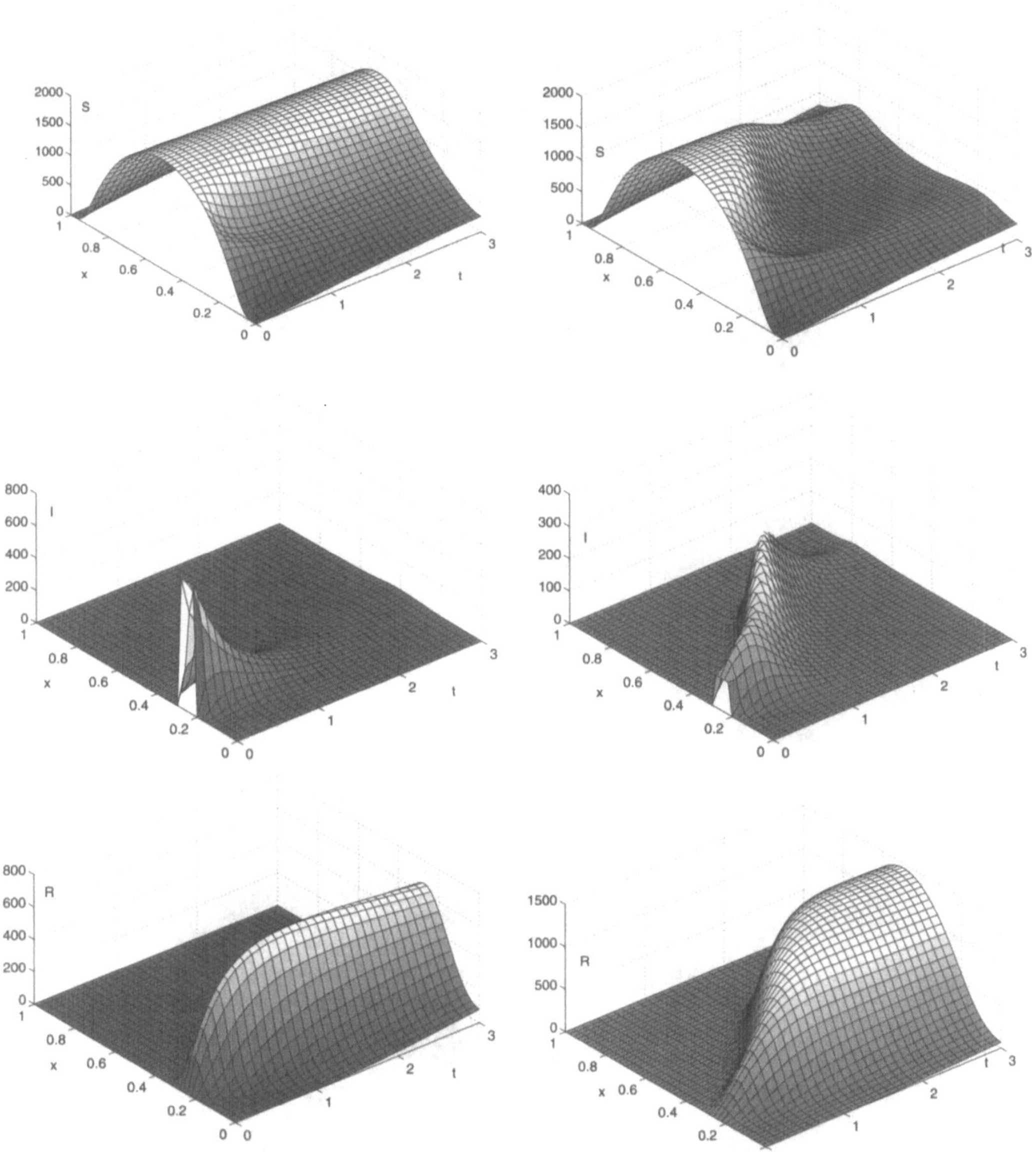

Bild 6.1.3: Zeitlicher und räumlicher Krankheitsverlauf mit $r = 0.002, \gamma = 3, D = 0.002$ (links, keine Epidemie) bzw. $r = 0.01, \gamma = 8, D = 0.002$ (rechts, Epidemie)

Wir kommen noch einmal zurück zur **Wärmeleitgleichung** und wollen die räumlich eindimensionale Temperaturverteilung in einem langen Stab, der von $x = 0$ bis $x = \pi$ reiche, im Zeitintervall $[0, T]$ betrachten. Die Temperatur

$u = u(x,t)$ genügt der partiellen Differentialgleichung

$$u_t - \mu\, u_{xx} = f\,, \quad (x,t) \in (0,\pi) \times (0,T)\,. \tag{6.1.2a}$$

Wie üblich geben wir die Temperatur am Rand und ebenso die anfängliche Temperaturverteilung u_0 vor:

$$u(0,t) = u(\pi,t) = 0\,, \ t \in [0,T]\,; \quad u(x,0) = u_0(x)\,, \ x \in (0,\pi)\,. \tag{6.1.2b}$$

Der Einfachheit halber haben wir hier angenommen, der Stab werde an seinen Enden stets auf die konstante Temperatur 0 gekühlt. Bild 6.1.4 zeigt die Lösung von (6.1.2) für den Fall, dass der Stab anfänglich im Bereich von $x_1 = \pi/4$ bis $x_2 = 5\pi/8$ eine Temperatur von 20 und sonst die Temperatur 0 hat und es keine äußere Wärmequelle gibt. Für $t > 0$ werden die Temperaturdifferenzen

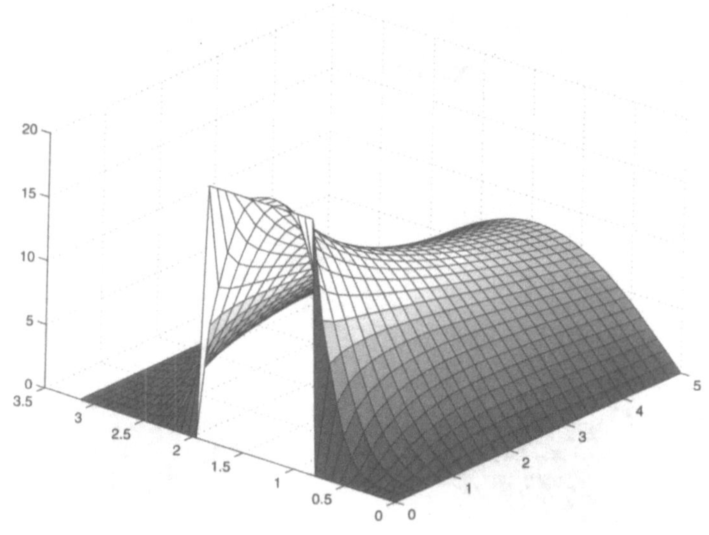

Bild 6.1.4: Lösung der Wärmeleitgleichung

um x_1 und x_2 sofort geglättet und langsam ausgeglichen; mit der Zeit nimmt die Temperatur exponentiell ab.

Für die Lösung wollen wir den Ansatz

$$u(x,t) = \sum_{j=1}^{\infty} u_j(t) \sin jx$$

versuchen, der insbesondere den homogenen DIRICHLET-Randdaten Rechnung trägt. Die Anfangsbedingung und die rechte Seite sollen dann als

$$u_0(x) = \sum_{j=1}^{\infty} u_j(0) \sin jx\,, \quad f(x,t) = \sum_{j=1}^{\infty} f_j(t) \sin jx$$

darstellbar sein (FOURIER-Entwicklung). Es folgt sodann das *abzählbar unendliche System gewöhnlicher Differentialgleichungen*

$$u_j'(t) + \mu j^2 u_j(t) = f_j(t)\,, \quad t \in (0,T)\,, \; j = 1,2,\dots$$

Wegen der Orthogonalität der Funktionen $\sin jx$ folgt für die Anfangsbedingungen

$$u_j(0) = \frac{2}{\pi} \int_0^{\pi} u_0(x) \sin jx\, dx\,.$$

Verschwindet die rechte Seite ($f(x) \equiv 0$), so lautet die exakte Lösung

$$u(x,t) = \sum_{j=1}^{\infty} u_j(0) \mathrm{e}^{-\mu j^2 t} \sin jx\,. \tag{6.1.3}$$

Ein weiteres Beispiel für ein abzählbar unendliches System gewöhnlicher Differentialgleichungen stammt aus der Stochastik: Ein System Σ möge sich stets in genau einem der Zustände E_i ($i = 1,2,\dots$) befinden. Die Zustände mögen sich einander paarweise ausschließen. Der Zustand des Systems zur Zeit $t \in [0,T]$ wird durch die Zufallsgröße X_t beschrieben, die stets einen der Werte $i = 1,2,\dots$ annehmen kann: Ist $X_t = i$, so besage dies, dass sich das System Σ zur Zeit t im Zustand E_i befindet. Man sagt auch, $\{X_t : t \in [0,T]\}$ sei ein **diskreter stochastischer Prozess**. Es sei $p_i(t) = P(X_t = i)$ die Wahrscheinlichkeit des Ereignisses $X_t = i$. Ähnlich den MARKOWschen[1] Ketten, bei denen nacheinander verschiedene Versuche ausgeführt werden (die Zeit also nur diskrete Werte annehmen kann), stellt sich die Frage nach der Wahrscheinlichkeit, dass das System vom i-ten Zustand in den j-ten übergeht. Genauer bezeichne

$$p_{ij}(s,t) = P(X_t = j | X_s = i)\,, \quad s < t\,, \; i,j = 1,2,\dots$$

die Wahrscheinlichkeit, dass sich das System zur Zeit t im Zustand E_j befindet, und zwar unter der Annahme, dass es zur Zeit s sich im Zustand E_i befand (bedingte Wahrscheinlichkeit). Gilt nun

$$p_{ij}(s,t) = P(X_t = j | X_s = i, X_{s'} = i', X_{s''} = i'', \dots)\,,$$

---

[1] Andrej Andrejewitsch MARKOW, geb. 1856 in Ryasan, gest. 1922 in Petrograd (heute wieder St. Petersburg). MARKOW war Schüler von TSCHEBYSCHEW in St. Petersburg und befasste sich zunächst mit Fragen der Zahlentheorie und Analysis, später dann mit der Wahrscheinlichkeitstheorie.

für beliebige Zeiten $t > s > s' > s'' > \dots$ und Zustände $E_j, E_i, E_{i'}, E_{i''}, \dots$, so sprechen wir von einem MARKOW*schen Prozess*. Die Wahrscheinlichkeit $p_{ij}(s,t)$ ist also vom Wert des Prozesses $\{X_t\}$ zu Zeiten vor s unabhängig. Es gilt stets

$$p_{ij}(s,t) \geq 0\,, \quad \sum_{j=1}^{\infty} p_{ij}(s,t) = 1\,.$$

Hängt nun $p_{ij}(s,t)$ nur von der Differenz $t - s$ ab, so nennen wir den Prozess *homogen* und schreiben kurz

$$p_{ij}(s, s + \tau) = p_{ij}(\tau)\,, \quad s, s + \tau \in [0, T]\,.$$

Nach dem Satz über die totale Wahrscheinlichkeit gilt

$$p_j(s + \tau) = \sum_{i=1}^{\infty} p_{ij}(\tau) p_i(s)\,.$$

Nehmen wir nun an, dass[1]

$$p_{ij}(\tau) = \begin{cases} p_{ij}\tau + o(\tau) & \text{falls } i \neq j\,, \\ 1 - p_{jj}\tau + o(\tau) & \text{falls } i = j\,, \end{cases}$$

mit nichtnegativen Zahlen p_{ij}, so folgt

$$p_{jj} = \sum_{\substack{j=1 \\ i \neq j}}^{\infty} p_{ij} + o(1)$$

als auch

$$\frac{p_j(s + \tau) - p_j(s)}{\tau} = \sum_{\substack{j=1 \\ i \neq j}}^{\infty} p_{ij} p_i(s) - p_{jj} p_j(s) + o(1)\,.$$

Der Grenzübergang $\tau \to 0$ führt sodann auf

$$p_{jj} = \sum_{\substack{j=1 \\ i \neq j}}^{\infty} p_{ij}$$

---

[1]Für eine Funktion $g = g(\tau)$ gilt $g(\tau) = o(\tau)$ bzw. $g(\tau) = o(1)$ für $\tau \to 0$ genau dann, wenn

$$\lim_{\tau \to 0} \frac{g(\tau)}{\tau} = 0 \quad \text{bzw.} \quad \lim_{\tau \to 0} g(\tau) = 0\,.$$

Die Bezeichnung ist als LANDAU-Symbol bekannt.

und das abzählbar unendliche System von Differentialgleichungen

$$p'_j(t) = \sum_{\substack{j=1 \\ i \neq j}}^{\infty} p_{ij}p_i(t) - p_{jj}p_j(t)\,, \quad j = 1, 2, \ldots\,, \tag{6.1.4a}$$

welches wir um die anfänglichen Wahrscheinlichkeiten $p_j(0)$ $(j = 1, 2, \ldots)$ ergänzen. Problematisch sind allerdings die Nebenbedingungen

$$0 \leq p_j(t) \leq 1\,, \quad j = 1, 2, \ldots, \quad \sum_{j=1}^{\infty} p_j(t) = 1\,, \quad t > 0\,, \tag{6.1.4b}$$

die die Lösungen p_j als Wahrscheinlichkeiten zu erfüllen haben.

Anwendungen finden sich etwa bei der Beschreibung der Bewegung von Molekülen, in der Genetik, bei der Ausbreitung von Bakterien oder der Produktion von Neutronen durch kosmische Strahlung, siehe auch FISZ [46] und DEIMLING [40].

Die räumliche und zeitliche **Ausbreitung einer Welle** kann durch die Differentialgleichung (2.2.2) beschrieben werden, welche uns schon auf Seite 24 begegnet ist. Derartige Probleme, in denen also eine zweite Zeitableitung auftritt, werden jedoch (bis auf einen kleinen Exkurs in Beispiel 7.2.13) nicht Gegenstand der folgenden Ausführungen sein – wir beschränken uns in diesem Buch auf das Studium von gewöhnlichen Operator-Differentialgleichungen bzw. Evolutionsgleichungen *erster* Ordnung.

Ebenso werden wir so genannte *hyperbolische Erhaltungsgleichungen*, die im räumlich eindimensionalen Fall von der Gestalt

$$u_t + f(u)_x = 0$$

sind (einschließlich der linearen Advektionsgleichung $u_t + au_x = 0$ mit einem Koeffizienten $a = a(x)$, die die Ausbreitung einer Welle in nur eine Richtung mit der Geschwindigkeit $f'(u) = a$ beschreibt), nicht untersuchen: Wir beschränken uns im Wesentlichen auf die Untersuchung von im weitesten Sinne parabolischen Differentialgleichungen. Das sind gerade jene Gleichungen der Gestalt $u_t + Au = f$, bei denen A ein positiver oder monotoner Operator ist (etwa $A \equiv -\Delta$, wenn wir geeignete Funktionenräume zugrunde legen).

6.2 Abstrakte Formulierung

Bei vielen Prozessen unterscheiden sich räumliches und zeitliches Verhalten und insbesondere die Zeit nimmt eine besondere Stellung ein. Soll die zeitliche Entwicklung, die Evolution, beschrieben werden, so macht es Sinn, so genannte *abstrakte Funktionen* einzuführen: Unter einer abstrakten Funktion verstehen wir dabei eine Funktion $\tilde{u} = \tilde{u}(t) : [0,T] \to X$, die für jeden Zeitpunkt $t \in [0,T]$ Element eines linearen Raumes X ist.

Bei den abzählbar unendlichen Systemen ist es nahe liegend, Folgen $\tilde{u}(t) = \{\tilde{u}_i(t)\}_{i=1}^{\infty}$ aus einem Folgenraum, etwa dem $l^1 := \{v = \{v_i\}_{i=1}^{\infty} : \sum_{i=1}^{\infty} |v_i| < \infty\}$, zu betrachten.

Der Bildraum X kann auch selbst wieder aus Funktionen in x bestehen und etwa der uns schon bekannte SOBOLEW-Raum $H_0^1(a,b)$ sein. Für jedes $t \in [0,T]$ ist $\tilde{u}(t)$ dann noch eine Funktion in x. Über

$$[\tilde{u}(t)](x) = u(x,t) \tag{6.2.1}$$

stellen wir den Zusammenhang zu den reellwertigen Funktionen $u = u(x,t) :$ $[a,b] \times [0,T] \to \mathbb{R}$ her. Wollen wir die Funktion u charakterisieren, so werden wir auf Funktionenräume zurückgreifen, die über $[a,b] \times [0,T]$ erklärt sind, zum Beispiel könnte $u \in C([a,b] \times [0,T])$ gelten. Dagegen werden wir $\tilde{u} : [0,T] \to X$ bezüglich t charakterisieren und es könnte zum Beispiel $\tilde{u} \in C([0,T];X)$ gelten; den Raum werden wir sogleich im nächsten Abschnitt definieren.

Geht die abstrakte Funktion via (6.2.1) aus einer reellwertigen Funktion hervor, so werden wir künftig in der Bezeichnung zwischen beiden nicht mehr unterscheiden, so dass $u(t) = u(\cdot,t)$.

Die Lösung $u = u(x,t)$ des Anfangsrandwertproblems (6.1.2) können wir als eine abstrakte Funktion $u = u(t)$ mit $[u(t)](x) = u(x,t)$ auffassen, die Werte in $H_0^1(0,\pi)$ annimmt und Lösung des Anfangswertproblems

$$u'(t) + Au(t) = f(t), \quad t \in (0,T), \; u(0) = u_0,$$

ist, wobei $A : H_0^1(0,\pi) \to H^{-1}(0,\pi)$ der durch

$$\langle Av, w \rangle = \mu \int_0^{\pi} v'(x)w'(x)\,dx$$

definierte Operator sei, der uns schon im ersten Teil des Buches begegnet ist. In welchem Sinne die Zeitableitung $u'(t)$ zu verstehen ist, wird später noch zu klären sein.

Nun wird auch die Bezeichnung *gewöhnliche Operator-Differentialgleichung erster Ordnung* verständlich: Es handelt sich um eine gewöhnliche Differentialgleichung erster Ordnung für eine abstrakte Funktion.

Der funktionalanalytische Zugang ist jedoch nicht einheitlich: So kann mit nur einem Funktionenraum X oder mit drei Räumen, nämlich mit einem GELFAND-Dreier (Evolutionstripel) $V \overset{d}{\hookrightarrow} H \overset{d}{\hookrightarrow} V^*$, gearbeitet werden. Dann wird gelten:

$$u(t) \in V, \quad u_0 \in H, \quad u'(t), f(t) \in V^*.$$

In dem Beispiel des diskreten MARKOWschen Prozesses ist es möglich – je nach den Eigenschaften der p_{ij} –, mit nur einem Raum, dem BANACH-Raum $X = l^1$ zu arbeiten. Beim Arbeiten mit nur einem Funktionenraum kann zumeist auf Verallgemeinerungen klassischer Resultate (Satz von PICARD-LINDELÖF oder, unter gewissen zusätzlichen Annahmen, Satz von PEANO[1]) zurückgegriffen werden.

Im Beispiel der Wärmeleitgleichung ist es angebracht, mit dem Evolutionstripel $H_0^1(0, \pi) \subset L^2(0, \pi) \subset H^{-1}(0, \pi)$ zu arbeiten, wobei die Lösung Werte in $H_0^1(0, \pi)$, deren Ableitung und die rechte Seite Werte in $H^{-1}(0, \pi)$ annehmen und die Anfangsbedingung schließlich aus $L^2(0, \pi)$ sein soll. Der Operator A : $H_0^1(0, \pi) \to H^{-1}(0, \pi)$ ist dabei ein linearer, *beschränkter* Operator. Dieser Ansatz führt auf *verallgemeinerte* bzw. *schwache* Lösungen, denen wir uns – wie schon in den vorangegangenen Abschnitten – vermittels variationeller Methoden (auch Energie- oder HILBERT-Raum-Methoden genannt), ergänzt um Monotonie- und Kompaktheitsargumente, nähern werden.

Eine weitere Variante, auf die wir nicht eingehen werden, besteht schließlich darin, die Aufgabe in einem BANACH- oder HILBERT-Raum X zu betrachten, wobei aber $u(t)$ Werte aus einem kleineren Raum, dem Definitionsbereich $\mathcal{D}(A) := \{v \in X : Av \in X\}$ des Operators A annehme. Dabei liege $\mathcal{D}(A)$ dicht in X. Der Operator A ist als Operator in X in aller Regel *unbeschränkt*. Dieser Zugang führt auf *milde* Lösungen und ist charakteristisch für die Halbgruppenmethode. Im Beispiel der Wärmeleitgleichung könnte man $X = L^2(0, \pi)$ und $\mathcal{D}(A) = \{v \in H_0^1(0, \pi) : \exists v_{xx} \in L^2(0, \pi)\}$ wählen. Aber auch bei dem aus dem MARKOWschen Prozess hervorgehenden abzählbar unendlichen System kann es erforderlich sein, mit $\mathcal{D}(A) := \{v = \{v_i\}_{i=1}^\infty : \sum_{i=1}^\infty p_{ii}|v_i| < \infty\}$ zu arbeiten.

Zwischen den beiden letztgenannten Zugängen gibt es einen engen Zusammenhang, siehe auch ZEIDLER [153, S. 103 ff., 405 f.].

---

[1]Giuseppe PEANO, geb. 1858 in Cuneo, gest. 1932 in Turin. PEANO studierte und unterrichtete an der Turiner Universität. Er befasste sich sowohl mit Differentialgleichungen als auch den logischen Grundlagen der Mathematik, etwa der mengentheoretischen Begründung der natürlichen Zahlen durch das PEANOsche Axiomensystem. Übrigens hat PEANO, der Idee einer Universalsprache folgend, einen Nachfolger des Esperanto geschaffen, die *Interlingua*, ursprünglich *Latino sine flexione* genannt (gewissermaßen Latein ohne Grammatik), siehe etwa STÖRIG [127].

7 Klassische Lösungstheorie

In diesem Abschnitt wollen wir Anfangswertprobleme der Gestalt

$$u'(t) = f(t, u(t)), \quad t \in [0, T], \ u(t_0) = u_0 \in X, \tag{7.0.1}$$

betrachten, wobei $u : [0, T] \to X$ die gesuchte Funktion mit dem Anfangswert $u_0 \in X$ zur Zeit $t_0 \in [0, T]$ und $f : [0, T] \times X \to X$ eine vorgegebene rechte Seite seien. Dabei sei $(X, \|\cdot\|)$ ein BANACH-Raum. Statt des Intervalls $[0, T]$ könnte auch jedes andere abgeschlossene und beschränkte Zeitintervall betrachtet werden. Es sei betont, dass auch der Fall $t_0 = T$ zugelassen ist. Gleichwohl werden wir, der Einfachheit halber, auch dann von einem Anfangswertproblem sprechen, wenn $t_0 \neq 0$. Viele Autoren bezeichnen das Anfangswertproblem für eine gewöhnliche Operator-Differentialgleichung auch als abstraktes CAUCHY-Problem.

Nach der Einführung einiger Funktionenräume und eines geeigneten Integralbegriffs bringen wir zunächst eine direkte Verallgemeinerung des bekannten Satzes von PICARD-LINDELÖF (vgl. Satz A.2.3) und diskutieren später, warum eine solche für den Satz von PEANO (vgl. Satz A.2.5) nicht ohne weiteres möglich ist. Ferner untersuchen wir die Frage der Stabilität und betrachten hierbei insbesondere so genannte *dissipative* Gleichungen. Schließlich widmen wir uns kurz der Frage der näherungsweisen Lösung.

7.1 Räume stetiger und BOCHNER-integrierbarer Funktionen

Im Folgenden wollen wir Eigenschaften abstrakter Funktionen $u : [0, T] \to X$ untersuchen. Dabei beschränken wir uns auf die Betrachtung endlicher Zeitintervalle $[0, T]$ mit $T > 0$, wobei sich die Definitionen ohne weiteres auf beliebige Intervalle übertragen lassen. Ferner sei $(X, \|\cdot\|)$ ein reeller BANACH-Raum mit dem Dualraum $(X^*, \|\cdot\|_*)$.

Mit $\mathcal{C}([0, T]; X)$ bezeichnen wir den linearen Raum der auf $[0, T]$ stetigen Funktionen mit Werten in X. In den Intervallgrenzen $t = 0$ und $t = T$ sind der rechts- bzw. linksseitige Grenzwert zu betrachten. Es ist $\mathcal{C}([0, T]; X)$ vom Raum der Funktionen zu unterscheiden, für die $t \mapsto \|u(t)\|$ stetig auf $[0, T]$ ist. Letzterer ist wegen der Dreiecksungleichung

$$\big| \|u(t_1)\| - \|u(t_2)\| \big| \leq \|u(t_1) - u(t_2)\|$$

umfassender. Funktionen aus $\mathcal{C}([0, T]; X)$ sind auf $[0, T]$ beschränkt, denn wegen der Stetigkeit von $t \mapsto \|u(t)\|$ auf $[0, T]$ existiert nach dem WEIERSTRASSschen Extremalprinzip das Maximum $\max_{t \in [0, T]} \|u(t)\|$.

Lemma 7.1.1 *Versehen mit der Norm*

$$\|u\|_{\mathcal{C}([0,T];X)} := \max_{t\in[0,T]} \|u(t)\|,$$

ist $\mathcal{C}([0,T];X)$ ein BANACH-Raum.

Den Nachweis überlassen wir dem Leser als Aufgabe 9.1. Es gilt $\mathcal{C}([0,T];\mathbb{R}) = C[0,T]$ sowie (siehe Aufgabe 9.2)

$$\mathcal{C}([0,T];C[a,b]) = C([a,b]\times[0,T]).$$

Satz 7.1.2 (WEIERSTRASSscher Approximationssatz) *Die Menge aller Polynome $p : [0,T] \to X$, $p(t) = \sum_{j=0}^{m} a_j t^j$ mit $a_j \in X$ $(j = 0,1,\ldots,m)$ und $m \in \mathbb{N}$, liegt dicht in $\mathcal{C}([0,T];X)$.*

Der *Beweis* wird dem Leser zur Übung empfohlen (Aufgabe 9.3). Es folgt unmittelbar

Korollar 7.1.3 *Ist X separabel, so ist auch $\mathcal{C}([0,T];X)$ separabel.*

Eine Funktion $u : [0,T] \to X$ heißt nun wie üblich im klassischen Sinne differenzierbar in $t \in [0,T]$, wenn es ein $u'(t) \in X$ – die so genannte *klassische* oder auch *starke Ableitung* – gibt, so dass

$$\lim_{\substack{h\to 0 \\ t+h\in[0,T]}} \left\| u'(t) - \frac{u(t+h)-u(t)}{h} \right\| = 0.$$

Es bezeichne sodann $\mathcal{C}^m([0,T];X)$ $(m \in \mathbb{N})$ den linearen Raum der auf $[0,T]$ stetigen Funktionen mit m-facher stetiger Ableitung und wir setzen $\mathcal{C}^0([0,T];X) := \mathcal{C}([0,T];X)$. Mit $\mathcal{C}^\infty([0,T];X)$ bezeichnen wir entsprechend den Raum der beliebig oft differenzierbaren Funktionen.

Lemma 7.1.4 *Ausgestattet mit der Norm*

$$\|u\|_{\mathcal{C}^m([0,T];X)} := \max_{t\in[0,T]} \sum_{j=0}^{m} \|u^{(j)}(t)\|,$$

ist $\mathcal{C}^m([0,T];X)$ $(m \in \mathbb{N})$ BANACH-Raum. Ist X separabel, so auch $\mathcal{C}^m([0,T];X)$.

Auch hier überlassen wir den *Beweis* dem Leser (Aufgabe 9.4).

Sehr häufig werden wir Funktionen $f = f(t,v)$ mit $t \in [0,T]$ und $v \in X$ betrachten und von nachstehendem Hilfsresultat Gebrauch machen.

Lemma 7.1.5 *Sei* $f : [0, T] \times X \to X$ *stetig. Dann ist für jedes feste* $v \in$
$\mathcal{C}([0,T]; X)$ *die Abbildung* $t \mapsto f(t, v(t))$ *wieder in* $\mathcal{C}([0,T]; X)$. *Desgleichen gilt,*
wenn f *auf* $[0, T] \times \bar{B}(u_0, r)$ *stetig ist und* $v(t) \in \bar{B}(u_0, r)$ *für alle* $t \in [0, T]$ *gilt,*
wobei

$$\bar{B}(u_0, r) := \{w \in X : \|w - u_0\| \leq r\}$$

die abgeschlossene Kugel um ein gewisses $u_0 \in X$ *vom Radius* $r > 0$ *sei.*

Der *Beweis* sei dem Leser wiederum zur Übung empfohlen (Aufgabe 9.5).

Unter der Stetigkeit von f auf $[0, T] \times X$ ist dabei Folgendes zu verstehen: Seien
$t \in [0, T]$ und $v \in X$ beliebig. Dann gibt es zu jedem $\varepsilon > 0$ ein $\delta > 0$, so dass für
alle $s \in [0, T]$ und $w \in X$ aus

$$|s - t| + \|v - w\| < \delta$$

folgt

$$\|f(s, v) - f(t, w)\| < \varepsilon.$$

Analog ist die Stetigkeit von f auf $[0, T] \times \bar{B}(u_0, r)$ erklärt.

Bemerkung 7.1.6 Ist $f = f(t, v)$ auf $[0, T] \times \bar{B}(u_0, r)$ stetig, so folgt die gleichmäßige Stetigkeit, wenn $X \cong \mathbb{R}^d$. Denn dann ist $[0, T] \times \bar{B}(u_0, r)$ auch kompakt.
Auch wird sodann gemäß dem WEIERSTRASSschen Extremalprinzip das Maxi-
mum

$$\max_{t \in [0,T], v \in \bar{B}(u_0,r)} \|f(t, v)\|$$

angenommen.

Gilt dagegen $\dim X = \infty$, so kann nach dem RIESZschen Kompaktheitssatz
(Satz A.2.10) $\bar{B}(u_0, r)$ nicht kompakt sein. Daher muss f weder gleichmäßig
stetig noch muss das Bild von $[0, T] \times \bar{B}(u_0, r)$ unter f beschränkt sein. Gleichwohl folgt die Beschränktheit, wenn r hinreichend klein oder wenn f im zweiten
Argument gleichmäßig LIPSCHITZ-stetig ist (Aufgabe 9.6).   #

Beispiel 7.1.7 Wir betrachten den Raum $X = l^2$ der quadratisch summierbaren
Folgen $u = (u_1, u_2, \dots)$ mit der Norm

$$\|u\|_{l^2} := \left(\sum_{k=1}^{\infty} |u_k|^2\right)^{1/2}$$

und die auf der Einheitskugel $\bar{B}(0, 1)$ durch

$$f(u) := \left(\sum_{k=1}^{\infty} \frac{2^{-k}}{1 + 3^{-k} - u_k}, 0, 0, \dots\right)$$

definierte Abbildung f. Diese ist wohldefiniert, bildet wieder in l^2 ab und ist stetig (siehe Aufgabe 9.7). Gleichwohl ist sie unbeschränkt, denn betrachten wir die beschränkte Menge $\{e_n\}$ von Elementen $e_n = (0, 0, \ldots, 0, 1, 0, \ldots) \in \bar{B}(0, 1) \subset l^2$, deren n-tes Folgenglied eine Eins und alle anderen Glieder gleich Null sind, so gilt

$$\|f(e_n)\|_{l^2} = \sum_{k=1}^{\infty} \frac{2^{-k}}{1 + 3^{-k} - \delta_{nk}} \geq \frac{2^{-n}}{1 + 3^{-n} - 1} = \left(\frac{3}{2}\right)^n \to \infty \quad \text{für} \quad n \to \infty.$$

Das Bild $f(\{e_n\})$ ist demnach unbeschränkt. $\qquad\qquad\qquad\qquad$ #

Wir wollen nun einen geeigneten Integralbegriff einführen, das auf BOCHNER[1] [17] (1933) zurückgehende BOCHNER-*Integral*. Gelegentlich werden wir auf einen Beweis verzichten und stattdessen auf die einschlägige Literatur verweisen.

Definition 7.1.8 *Eine Funktion* $u : [0, T] \to X$ *heißt* einfach, *wenn es höchstens endlich viele, paarweise disjunkte,* LEBESGUE-*messbare[2] Mengen* $E_i \subseteq [0, T]$ *(i = $1, \ldots, m \in \mathbb{N} \setminus \{0\}$) von endlichem* LEBESGUE-*Maß* $\mu(E_i)$ *gibt, so dass u auf jeder dieser Mengen einen konstanten Wert* $u_i \in X$ *($u_i \neq 0$) annimmt und sonst verschwindet. Unter dem* BOCHNER-Integral *einer einfachen Funktion u wird*

$$\int_0^T u(t)dt := \sum_{i=1}^m u_i\mu(E_i) \in X$$

verstanden.

Man beachte, dass das so definierte BOCHNER-Integral Element des BANACH-Raumes X ist. Einfache Funktionen werden auch *Treppenfunktionen* genannt, sofern die Mengen E_i als Intervalle gewählt werden können. Ist E_i ein Intervall, so ist $\mu(E_i)$ nichts anderes als die Intervalllänge.

Definition 7.1.9 *Eine Funktion* $u : [0, T] \to X$ *heißt* BOCHNER-*messbar, falls es eine Folge* $\{u_n\}$ *einfacher Funktionen gibt, so dass*

$$u_n(t) \to u(t) \quad \text{für fast alle } t \in [0, T].$$

---

[1]Salomon BOCHNER, geb. 1899 in Krakau (heute Kraków), gest. 1982 in Houston. BOCHNER studierte in Warschau und promovierte 1921 bei SCHMIDT in Berlin. Er wirkte unter anderem in Oxford, Cambridge, München und schließlich ab 1933 in Princeton. Neben Fragen der harmonischen und FOURIER-Analysis befasste sich BOCHNER mit der Geschichte der Mathematik.

[2]Eine knappe Darstellung des LEBESGUEschen Maßes und Integrals findet der Leser in GAJEWSKI, GRÖGER und ZACHARIAS [49]; ansonsten sei zum Beispiel auf KOLMOGOROW und FOMIN [78] oder NATANSON [99] verwiesen.

Die Konvergenz ist dabei die Normkonvergenz in X. Die BOCHNER-Messbarkeit wird deshalb auch *starke* Messbarkeit genannt, im Gegensatz zur *schwachen*, bei der letztlich nur *schwache Konvergenz* gefordert wird. (Der Begriff der schwachen Konvergenz ist im Anhang auf Seite 280 erklärt.)

Lemma 7.1.10 *Ist* $u : [0,T] \to X$ BOCHNER-*messbar, so ist* $t \mapsto \|u(t)\|$: $[0,T] \to \mathbb{R}$ LEBESGUE-*messbar.*

Beweis. Da u BOCHNER-messbar ist, gibt es eine Folge einfacher Funktionen u_n, so dass für fast alle $t \in [0,T]$

$$\lim_{n \to \infty} \|u(t) - u_n(t)\| = 0$$

gilt. Wegen

$$\big| \|u(t)\| - \|u_n(t)\| \big| \leq \|u(t) - u_n(t)\|,$$

folgt für fast alle $t \in [0,T]$

$$\lim_{n \to \infty} \big| \|u(t)\| - \|u_n(t)\| \big| = 0.$$

Da $t \mapsto \|u_n(t)\| : [0,T] \to \mathbb{R}$ einfache Funktion ist, ist $t \mapsto \|u(t)\|$ LEBESGUE-messbar (vgl. etwa NATANSON [99, Satz 3, S. 102]).   #

Definition 7.1.11 *Eine Funktion* $u : [0,T] \to X$ *heißt* schwach messbar, *falls* $t \mapsto \langle f, u(t) \rangle$ *für jedes* $f \in X^*$ LEBESGUE-*messbar ist.*

Ohne Beweis geben wir folgenden Satz, der eine Folgerung aus dem wichtigen Satz von PETTIS[1] (1938, vgl. etwa YOSIDA [150, S. 131]) ist:

Satz 7.1.12 *Sei* X *separabel. Eine Funktion* $u : [0,T] \to X$ *ist* BOCHNER-*messbar genau dann, wenn sie schwach messbar ist.*

Es folgt

Korollar 7.1.13 *Sei* X *separabel. Gibt es eine Folge* BOCHNER-*messbarer Funktionen* $u_n : [0,T] \to X$, *die fast überall im schwachen Sinne gegen die Funktion* $u : [0,T] \to X$ *konvergiert, so ist* u *selbst* BOCHNER-*messbar.*

Beweis. Nach Voraussetzung und Satz 7.1.12 sind die reellwertigen Funktionen $t \mapsto \langle f, u_n(t) \rangle$ für beliebiges $f \in X^*$ LEBESGUE-messbar. Außerdem gilt nach Voraussetzung

$$\langle f, u_n(t) \rangle \to \langle f, u(t) \rangle, \quad n \to \infty,$$

---

[1]Billy James PETTIS, geb. 1913, gest. 1979. PETTIS promovierte 1937 an der University of Virginia über die Integration in Vektorräumen und wirkte ab 1957 an der University of North Carolina.

für fast alle $t \in [0, T]$. Die Grenzfunktion $t \mapsto \langle f, u(t) \rangle$ ist daher LEBESGUE-messbar (vgl. etwa NATANSON [99, Satz 3, S. 102]), so dass u schwach messbar ist. Nach Satz 7.1.12 ist u dann auch BOCHNER-messbar. #

Definition 7.1.14 *Sei* $u : [0, T] \to X$ BOCHNER-*messbar und sei* $\{u_n\}$ *eine Folge einfacher Funktionen, die fast überall gegen* u *konvergiert. Dann heißt* u BOCHNER-*integrierbar, falls es zu jedem* $\varepsilon > 0$ *ein* $n^*(\varepsilon)$ *gibt, so dass für alle* $m, n \geq n^*(\varepsilon)$ *gilt:*

$$\int_0^T \|u_m(t) - u_n(t)\| \, dt < \varepsilon \,. \tag{7.1.1}$$

Das BOCHNER-*Integral über einer* LEBESGUE-*messbaren Menge* $B \subseteq [0, T]$ *wird sodann als*

$$\int_B u(t) dt := \lim_{n \to \infty} \int_0^T u_n(t) \chi_B(t) dt \in X \tag{7.1.2}$$

definiert, wobei χ_B *die charakteristische Funktion der Menge* B *bezeichne.*

Wie üblich schreiben wir $\int_a^b u(t) dt$, falls $B = (a, b)$, und setzen $\int_b^a u(t) dt := -\int_a^b u(t) dt$. Zur Rechtfertigung der Definition beobachten wir: Aus der Definition des BOCHNER-Integrals für einfache Funktionen, der Dreiecksungleichung und der Definition des LEBESGUE-Integrals folgt unmittelbar

$$\left\| \int_0^T u_n(t) dt \right\| \leq \int_0^T \|u_n(t)\| \, dt \,,$$

denn das Integral über eine einfache Funktion ist nichts anderes als eine endliche Summe. Wegen (7.1.1) ist die Folge der Integrale $\int_0^T u_n(t) dt$ daher eine CAUCHY-Folge in X. Da X vollständig ist, gibt es mithin einen Grenzwert. Dieser ist von der konkreten Wahl der Folge der einfachen Funktionen unabhängig, denn zwei oder mehr derartige Folgen können zu einer kombiniert werden und wegen der Konvergenz der gesamten Folge müssen auch alle Teilfolgen (gegen den gleichen Grenzwert) konvergieren. Somit ist die Definition des BOCHNER-Integrals über u sinnvoll.

Ist $X = \mathbb{R}$, so stimmt das BOCHNER- mit dem LEBESGUE-Integral überein.

Mit dem BOCHNER-Integral kann nun wie üblich gerechnet werden, insbesondere ist es per definitionem linear. Es gelten Analoga der Sätze von LEBESGUE (dominierte Konvergenz), FATOU[1] (siehe etwa BRÉZIS [22, S. 138]) und FUBINI.

---

[1]Pierre Joseph Louis FATOU, geb. 1878 in Lorient, gest. 1929 in Pornichet. Nach seinem Studium an der Pariser École Normale befasste sich FATOU mit der Theorie des LEBESGUEschen Integrals, der Theorie der konformen Abbildungen und, da er am Pariser Observatorium tätig war, mit der Beschreibung der Planetenbewegung durch Differentialgleichungen.

Die für unsere Anwendungen wohl wichtigsten Aussagen beinhaltet folgender
Satz, dessen erster Teil als Satz von BOCHNER bekannt ist.

Satz 7.1.15

(i) *Eine* BOCHNER-*messbare Funktion* $u : [0,T] \to X$ *ist genau dann* BOCHNER-
integrierbar, wenn $t \mapsto \|u(t)\|$ LEBESGUE-*integrierbar ist.*

(ii) *Sei* $u : [0,T] \to X$ BOCHNER-*integrierbar. Dann gilt für jede* LEBESGUE-
messbare Menge $B \subseteq [0,T]$

$$\left\| \int_B u(t)dt \right\| \leq \int_B \|u(t)\|\, dt$$

sowie

$$\left\langle f, \int_B u(t)dt \right\rangle = \int_B \langle f, u(t) \rangle\, dt \quad \forall f \in X^*.$$

(iii) *Sei neben* X *auch* Y BANACH-*Raum und sei* $A : X \to Y$ *ein linearer, beschränkter Operator. So folgt aus der* BOCHNER-*Integrierbarkeit der Funktion* u *mit Werten in* X *die* BOCHNER-*Integrierbarkeit der Funktion* $t \mapsto$
$(Au)(t)$ *mit Werten in* Y, *wobei* $(Au)(t) := Au(t)$ *für* $t \in [0,T]$, *und es gilt*

$$A \int_B u(t)dt = \int_B Au(t)dt.$$

Beweis. Ad (i). Sei u BOCHNER-integrierbar. Dann gibt es eine Folge einfacher
Funktionen u_n, die fast überall gegen u bezüglich $\|\cdot\|$ konvergiert. Wir hatten uns
im Beweis zu Lemma 7.1.10 bereits überlegt, dass die Funktionen $t \mapsto \|u_n(t)\|$
als auch $t \mapsto \|u(t)\|$ LEBESGUE-messbar sind. Als einfache Funktionen sind die
Funktionen $t \mapsto \|u_n(t)\|$ auch LEBESGUE-integrierbar. Wegen (7.1.1) ist die Folge
der Integrale $\int_0^T \|u_n(t)\|\, dt$ eine CAUCHY-Folge in X und folglich beschränkt. Da
für fast alle $t \in [0,T]$ gilt $\|u_n(t)\| \to \|u(t)\|$ für $n \to \infty$, ist nach dem Satz von
FATOU (vgl. etwa KOLMOGOROW und FOMIN [78, Satz 8, S. 303]) die Funktion
$t \mapsto \|u(t)\|$ LEBESGUE-integrierbar.

Wir wollen nun annehmen, u sei BOCHNER-messbar. Dann gibt es eine fast
überall in der Norm $\|\cdot\|$ gegen u konvergierende Folge einfacher Funktionen u_n.
Wir konstruieren eine weitere Folge einfacher Funktionen

$$v_n(t) := \begin{cases} u_n(t) & \text{falls } \|u_n(t)\| \leq 2\,\|u(t)\|, \\ 0 & \text{sonst}. \end{cases}$$

Sei $t \in [0,T]$ einer der Punkte, in denen u_n gegen u mit $u(t) \neq 0$ konvergiert und sei ε mit $0 < \varepsilon \leq \|u(t)\|$ beliebig. Dann gibt es ein $n_0(\varepsilon) \in \mathbb{N} \setminus \{0\}$, so dass für alle $n \geq n_0(\varepsilon)$

$$\|u_n(t)\| - \|u(t)\| \leq \|u_n(t) - u(t)\| < \varepsilon$$

gilt. Es folgt unmittelbar $v_n(t) = u_n(t)$ und

$$\|v_n(t) - u(t)\| < \varepsilon.$$

Desgleichen gilt für den Fall, dass $u(t) = 0$. Die Folge der einfachen Funktionen v_n konvergiert also für fast alle $t \in [0,T]$ bezüglich $\|\cdot\|$ ebenfalls gegen u.

Da aufgrund der Konstruktion der Funktionen v_n

$$\|v_n(t) - u(t)\| \leq \|v_n(t)\| + \|u(t)\| \leq 3\,\|u(t)\|$$

gilt und nach Voraussetzung $t \mapsto \|u(t)\|$ LEBESGUE-integrierbar ist, sind nach dem Satz von LEBESGUE über die dominierte Konvergenz (vgl. etwa KOLMOGO-ROW und FOMIN [78, Satz 6, S. 300]) auch die Funktionen $t \mapsto \|v_n(t) - u(t)\|$ LEBESGUE-integrierbar und es gilt

$$\lim_{n\to\infty} \int_0^T \|v_n(t) - u(t)\|\,dt = \int_0^T 0\,dt = 0\,.$$

Wegen

$$\|v_m(t) - v_n(t)\| \leq \|v_m(t) - u(t)\| + \|u(t) - v_n(t)\|$$

gibt es daher zu jedem $\varepsilon > 0$ ein $m_0(\varepsilon) \in \mathbb{N} \setminus \{0\}$, so dass für alle $m, n \geq m_0(\varepsilon)$

$$\int_0^T \|v_m(t) - v_n(t)\|\,dt < \varepsilon$$

gilt. Mithin ist u BOCHNER-integrierbar.

Ad (ii). Wir beschränken uns auf den Fall $B = (0,T)$. Sei $\{v_n\}$ die im ersten Teil des Beweises konstruierte Folge einfacher Funktionen. Gemäß der Definition des BOCHNER-Integrals gilt

$$\lim_{n\to\infty} \left\| \int_0^T v_n(t)dt - \int_0^T u(t)dt \right\| = 0..$$

Es folgt

$$\left\| \int_0^T u(t)dt \right\| = \lim_{n\to\infty} \left\| \int_0^T v_n(t)dt \right\| \leq \lim_{n\to\infty} \int_0^T \|v_n(t)\|\,dt = \int_0^T \|u(t)\|\,dt\,.$$

Dabei haben wir wieder benutzt, dass das Integral über eine einfache Funktion eine endliche Summe ist.

Der zweite Teil der Aussage (ii) ist der Spezialfall $Y = \mathbb{R}$ in (iii).

Ad (iii). Es bezeichne $\|\cdot\|_X$ die Norm in X und $\|\cdot\|_Y$ jene in Y. Wegen der Beschränktheit von A gibt es ein $\beta > 0$, so dass für alle $v \in X$

$$\|Av\|_Y \leq \beta \|v\|_X .$$

Sei $u : [0,T] \to X$ BOCHNER-integrierbar. Dann gibt es eine Folge $\{u_n\}$ einfacher Funktionen, die fast überall gegen u in der Norm von X konvergiert, und zudem ist $t \mapsto \|u(t)\|_X$ LEBESGUE-integrierbar. Wegen der Linearität und Beschränktheit von A folgt daher für alle $t \in [0,T]$

$$\|(Au)(t) - (Au_n)(t)\|_Y = \|Au(t) - Au_n(t)\|_Y = \|A(u(t) - u_n(t))\|_Y$$
$$\leq \beta \|u(t) - u_n(t)\|_X ,$$

so dass die Folge der Funktionen $Au_n : [0,T] \to Y$, die wiederum einfach sind, fast überall gegen $Au : [0,T] \to Y$ in der Norm von Y konvergiert. Mithin ist $t \mapsto (Au)(t)$ BOCHNER-messbar. Ferner gilt für alle $t \in [0,T]$

$$\|(Au)(t)\|_Y = \|Au(t)\|_Y \leq \beta \|u(t)\|_X ,$$

so dass aus der LEBESGUE-Integrierbarkeit von $t \mapsto \|u(t)\|_X$ auch die der Abbildung $t \mapsto \|(Au)(t)\|_Y$ folgt. Nach dem ersten Teil des Satzes ist dann aber Au BOCHNER-integrierbar.

Für den Wert des Integrals gilt per definitionem

$$\int_B (Au)(t)dt = \lim_{n \to \infty} \int_B Au_n(t)dt ,$$

wobei Konvergenz in der Norm von Y gemeint ist. Der Einfachheit halber wollen wir $B = (0,T)$ annehmen, sonst ist entsprechend der Definition mit der charakteristischen Funktion für B zu arbeiten. Zu den einfachen Funktionen u_n gehören jeweils endlich viele, disjunkte, LEBESGUE-messbare Teilmengen $E_{i,n} \subseteq [0,T]$ ($i = 1,\ldots,m_n \in \mathbb{N} \setminus \{0\}$), so dass u_n auf der Menge $E_{i,n}$ den konstanten Wert $u_{i,n} \in X$ annimmt und sonst Null ist. Dann aber ist Au_n ebenfalls einfache Funktion und nimmt auf $E_{i,n}$ den konstanten Wert $Au_{i,n} \in Y$ an. Sodann gilt per definitionem und wegen der Linearität von A

$$\int_B Au_n(t)dt = \sum_{i=1}^{m_n} Au_{i,n}\mu(E_{i,n}) = A\sum_{i=1}^{m_n} u_{i,n}\mu(E_{i,n}) = A\int_B u_n(t)dt .$$

Des Weiteren gilt

$$\lim_{n \to \infty} A\int_B u_n(t)dt = A \lim_{n \to \infty} \int_B u_n(t)dt$$

wegen der Beschränktheit (und mithin Stetigkeit) von A, was die Behauptung ergibt. Dabei existieren die Limites aufgrund der BOCHNER-Integrierbarkeit sowohl von u also auch Au. #

Satz 7.1.16 *Sei* $u \in C([0,T]; X)$. *Dann ist* u BOCHNER-*integrierbar.*

Beweis. Aus $u \in C([0,T]; X)$ folgt die gleichmäßige Stetigkeit und mithin die LEBESGUE-Integrierbarkeit der Abbildung $t \mapsto \|u(t)\|$. Gemäß Satz 7.1.15 ist u folglich BOCHNER-integrierbar, sofern u BOCHNER-messbar ist.

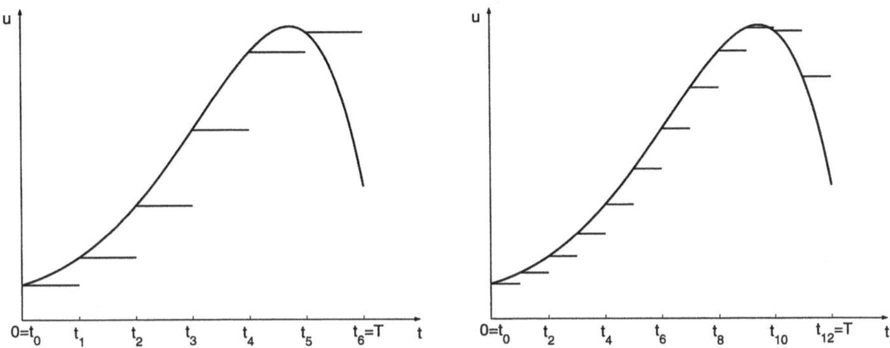

Bild 7.1.1: Approximation durch Treppenfunktionen

Wir definieren nun eine Folge von Treppenfunktionen, die für jedes $t \in [0,T]$ punktweise gegen u konvergiert, was die BOCHNER-Messbarkeit von u nach sich zieht: Sei $n \in \mathbb{N} \setminus \{0\}$ und $t_k^{(n)} = kT/n$ $(k = 0, 1, \ldots, n)$ sowie

$$u_n(t) := u(t_k^{(n)}) \quad \text{für } t \in [t_k^{(n)}, t_{k+1}^{(n)}), \ k = 0, 1, \ldots, n-1,$$

mit $u_n(T) := u(t_{n-1}^{(n)})$, siehe Bild 7.1.1.

Dann gilt für ein durch die vorstehende Definition gegebenes $k = k(t,n)$

$$\|u(t) - u_n(t)\| = \|u(t) - u(t_k^{(n)})\|,$$

wobei

$$|t - t_k^{(n)}| \leq |t_{k+1}^{(n)} - t_k^{(n)}| = \frac{T}{n}.$$

Wegen der Stetigkeit von u gibt es aber zu jedem $\varepsilon > 0$ ein $\delta > 0$ und folglich ein $n^*(\varepsilon) \in \mathbb{N} \setminus \{0\}$, so dass für alle $n \geq n^*(\varepsilon)$ gilt:

$$|t - t_k^{(n)}| \leq \frac{T}{n} < \delta \implies \|u(t) - u_n(t)\| < \varepsilon.$$

#

Von der folgenden, einfachen Aussage werden wir später noch Gebrauch machen:

Lemma 7.1.17 *Sei* $u \in C([0,T]; X)$. *Dann gilt*

$$\frac{1}{T} \int_0^T u(t)\, dt \in \overline{\mathrm{co}}\ \{u(t) : t \in [0,T]\}\,,$$

wobei $\overline{\mathrm{co}}$ *die abgeschlossene konvexe Hülle bezeichne.*

Beweis. Mit der Folge von Treppenfunktionen aus dem vorstehenden Beweis von Satz 7.1.16 gilt per definitionem

$$\int_0^T u(t)\, dt = \lim_{n \to \infty} \sum_{k=1}^n u(t_k^{(n)}) \frac{T}{n}\,,$$

so dass wegen

$$\frac{1}{n} \sum_{k=1}^n u(t_k^{(n)}) \in \mathrm{co}\ \{u(t) : t \in [0,T]\}$$

die Behauptung folgt.   #

Auch für BOCHNER-integrierbare Funktionen gilt der Zusammenhang zwischen absoluter Stetigkeit und klassischer Differenzierbarkeit fast überall, letztlich also der Hauptsatz der Differential- und Integralrechnung:

Definition 7.1.18 *Eine Funktion* $u : [0,T] \to X$ *heißt* absolut stetig, *falls es zu jedem* $\varepsilon > 0$ *ein* $\delta > 0$ *derart gibt, als dass für jedes endliche System disjunkter Teilintervalle* $(a_k, b_k) \subset [0,T]$ *(*$k = 1, \ldots, n$*) mit der Gesamtlänge* $\sum_{k=1}^n (b_k - a_k) < \delta$ *gilt*

$$\sum_{k=1}^n \|u(b_k) - u(a_k)\| < \varepsilon\,.$$

Offenbar sind LIPSCHITZ-stetige Funktionen absolut stetig, nicht aber umgekehrt. Ferner sind absolut stetige Funktionen auch stetig (man wähle nur $n = 1$); sie sind sogar gleichmäßig stetig.

Satz 7.1.19 *Ist* $u : [0,T] \to X$ BOCHNER-*integrierbar und* $t_0 \in [0,T]$, *so ist*

$$v(t) := \int_{t_0}^t u(s)\,ds\,, \quad t \in [0,T]\,,$$

absolut stetig und an fast allen Stellen $t \in [0,T]$ *im klassischen Sinne differenzierbar mit*

$$v'(t) = u(t)\,.$$

Insbesondere gilt dies für Stellen $t \in [0,T]$, *an denen* u *stetig ist.*

Beweis. Sei ein endliches System disjunkter Teilintervalle $(a_k, b_k) \subset [0, T]$ gegeben. Die absolute Stetigkeit der Funktion v folgt aus der absoluten Stetigkeit des LEBESGUEschen Integrals, denn

$$\|v(b_k) - v(a_k)\| = \left\| \int_{a_k}^{b_k} u(t) dt \right\| \leq \int_{a_k}^{b_k} \|u(t)\| \, dt \, .$$

Des Weiteren gilt für beliebige $t, t + h \in [0, T]$ $(h \in \mathbb{R})$

$$\left\| u(t) - \frac{v(t+h) - v(t)}{h} \right\| = \left\| u(t) - \frac{1}{h} \int_t^{t+h} u(s) \, ds \right\|$$

$$= \left\| \frac{1}{h} \int_t^{t+h} (u(t) - u(s)) \, ds \right\| \leq \frac{1}{|h|} \int_{\min\{t,t+h\}}^{\max\{t,t+h\}} \|u(t) - u(s)\| \, ds \, .$$

Nun ist es aber eine Eigenschaft des LEBESGUEschen Integrals (vgl. etwa ZEIDLER [154, S. 1019 (25e)] und beachte, dass nach Satz 7.1.15 (i) die Funktion $t \mapsto \|u(t)\|$ LEBESGUE-integrierbar ist), dass für fast alle $t \in [0, T]$ die rechte Seite vorstehender Ungleichung für $h \to 0$ gegen Null geht. Mithin ist v fast überall im klassischen Sinne differenzierbar mit $v'(t) = u(t)$. Ist u in t stetig, so gibt es zu jedem $\varepsilon > 0$ ein $\delta > 0$, so dass aus $|t - s| < \delta$ für $s \in [0, T]$ folgt $\|u(t) - u(s)\| < \varepsilon$. Wählen wir nun $|h| < \delta$, so folgt

$$\frac{1}{|h|} \int_{\min\{t,t+h\}}^{\max\{t,t+h\}} \|u(t) - u(s)\| \, ds < \frac{1}{|h|} \int_{\min\{t,t+h\}}^{\max\{t,t+h\}} \varepsilon \, ds = \varepsilon \, ,$$

was $v'(t) = u(t)$ in den Stetigkeitsstellen von u zeigt. $\quad\quad$ #

Umgekehrt gilt folgendes, auf KŌMURA[1] zurückgehendes Resultat:

Satz 7.1.20 (KŌMURA, 1967) *Sei X reflexiv und sei $v : [0, T] \to X$ absolut stetig. Dann existiert fast überall in $(0, T) \ni t$ die klassische Ableitung $v'(t)$ und v' ist auf $(0, T)$ BOCHNER-integrierbar. Für beliebiges, fest gewähltes $t_0 \in [0, T]$ gilt*

$$v(t) = v(t_0) + \int_{t_0}^t v'(s) ds \, , \quad t \in [0, T] \, .$$

Hierbei ist zu bemerken, dass v' zunächst nur fast überall definiert ist, beim Integrieren es aber auf Mengen vom Maße Null nicht weiter ankommt. Einen *Beweis* findet man in BRÉZIS [22, Coroll. A.2].

Die Reflexivität von X in Satz 7.1.20 ist wesentliche Voraussetzung, wie folgendes Beispiel zeigt:

---

[1]Yukio KŌMURA ist japanischer Mathematiker und befasst sich mit der Theorie der nichtlinearen Halbgruppen und akkretiven Operatoren.

Beispiel 7.1.21 Sei

$$u(x,t) := \begin{cases} 1 & \text{für } 0 \leq x \leq t, \\ 0 & \text{für } t < x \leq 1, \end{cases} \qquad (7.1.3)$$

siehe Bild 7.1.2. Offenbar gilt $x \mapsto u(x,t) \in L^1(0,1)$ für jedes $t \in [0,T]$, wobei

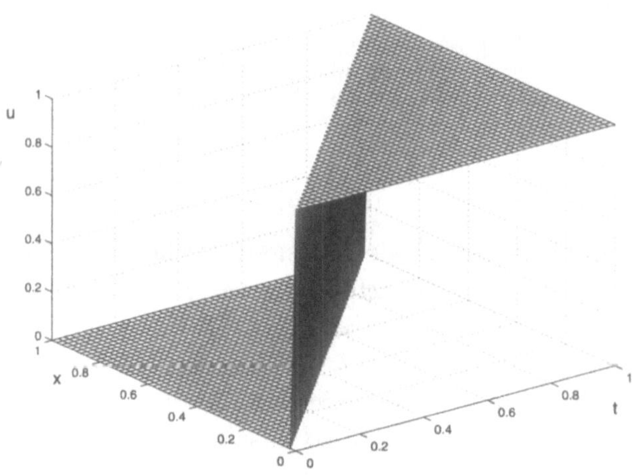

Bild 7.1.2: Beschränkte, absolut stetige Funktion

$$\|u(\cdot,t)\|_{0,1} = \int_0^1 |u(x,t)|\, dx = t.$$

Wir betrachten die abstrakte Funktion $u = u(t) : [0,1] \to L^1(0,1)$, definiert durch $[u(t)](x) = u(x,t)$. Beachte, dass $L^1(0,1)$ nicht reflexiv ist. Diese ist absolut stetig, denn sei mit $(a_k, b_k) \subset [0,T]$ $(k = 1, \ldots, n)$ ein System disjunkter Teilintervalle gegeben, wobei $\sum_{k=1}^{n}(b_k - a_k) < \delta$. Dann gilt

$$\|u(b_k) - u(a_k)\|_{0,1} = \int_0^{a_k} |u(x,b_k) - u(x,a_k)|\, dx + \int_{a_k}^{b_k} |u(x,b_k) - u(x,a_k)|\, dx$$

$$+ \int_{b_k}^1 |u(x,b_k) - u(x,a_k)|\, dx$$

$$= 0 + (b_k - a_k) + 0 = b_k - a_k,$$

woraus

$$\sum_{k=1}^{n} \|u(b_k) - u(a_k)\|_{0,1} = \sum_{k=1}^{n}(b_k - a_k) < \delta$$

folgt. Somit gilt $u \in \mathcal{C}([0,1]; L^1(0,1))$, so dass u gemäß Satz 7.1.16 BOCHNER-integrierbar ist.

Seien nun $t, t+h \in [0,T]$ $(h \in \mathbb{R})$. Dann gilt analog dem zuvor Gezeigten

$$\frac{1}{|h|} \|u(t+h) - u(t)\|_{0,1} = \frac{|h|}{|h|} = 1,$$

so dass wegen

$$\left| \|v\|_{0,1} - \frac{1}{|h|} \|u(t+h) - u(t)\|_{0,1} \right| \leq \left\| v - \frac{u(t+h) - u(t)}{h} \right\|_{0,1}$$

das Element $v \in L^1(0,1)$ nur dann starke Ableitung von u in t sein kann, wenn $\|v\|_{0,1} = 1$. Andererseits gilt für $h > 0$ (und entsprechend für $h < 0$)

$$\left\| v - \frac{u(t+h) - u(t)}{h} \right\|_{0,1} = \int_0^t |v(x)|\, dx + \int_t^{t+h} \left| v(x) - \frac{1}{h} \right| dx + \int_{t+h}^1 |v(x)|\, dx,$$

so dass $v(x) = 0$ fast überall in $(0,t) \cup (t+h,1)$ gelten muss, damit der Ausdruck überhaupt gegen Null konvergieren kann. Lässt man nun h gegen Null gehen, so muss also v fast überall verschwinden, was jedoch $\|v\|_{0,1} = 1$ widerspricht. Mithin kann es kein Element $v \in L^1(0,1)$ geben, das starke Ableitung von u in t ist: Die Funktion u ist nirgends differenzierbar. Man beachte jedoch das Ergebnis aus Aufgabe 9.10, in der u als abstrakte Funktion mit Werten im reflexiven BANACH-Raum $L^2(0,1)$ betrachtet wird. $\qquad\qquad \#$

Ein weiteres Beispiel ist Gegenstand der Aufgabe 9.11.

Wir fassen nun wieder Funktionen, die fast überall gleich sind, zu einer Äquivalenzklasse zusammen und kommen so zu den folgenden Räumen BOCHNER-integrierbarer Funktionen.

Definition 7.1.22 *Für $p \in [1, \infty)$ bezeichne $L^p(0,T;X)$ den linearen Raum von Äquivalenzklassen BOCHNER-integrierbarer Funktionen $u : [0,T] \to X$ mit*

$$\int_0^T \|u(t)\|^p\, dt < \infty.$$

Mit $L^\infty(0,T;X)$ sei der lineare Raum aller Äquivalenzklassen von wesentlich beschränkten BOCHNER-messbaren Funktionen bezeichnet, also jene BOCHNER-messbaren Funktionen, für die es ein $M > 0$ gibt, so dass für fast alle $t \in [0,T]$ gilt $\|u(t)\| \leq M$. Das Infimum aller dieser Schranken M heißt wesentliches Supremum $\operatorname{ess\,sup}_{t \in (0,T)} \|u(t)\|$.

Schließlich bezeichne $L^1_{\mathrm{loc}}(0,T;X)$ den Raum der auf jeder kompakten Teilmenge $B \subset (0,T)$ BOCHNER-integrierbaren Funktionen.

Die wichtigsten Eigenschaften dieser Räume sind in folgendem Satz zusammengefasst, der in wesentlichen Teilen wohl auf PHILLIPS[1] zurückgeht und dessen *Beweis* sich etwa in GAJEWSKI, GRÖGER und ZACHARIAS [49, Kap. IV § 1, S. 127 ff.] findet (vgl. auch Aufgaben 9.12 und 9.13).

Satz 7.1.23

(i) Mit

$$\|v\|_{L^p(0,T;X)} := \begin{cases} \left(\displaystyle\int_0^T \|v(t)\|^p dt \right)^{1/p} & \text{für } p \in [1,\infty), \\[2ex] \operatorname*{ess\,sup}_{t\in(0,T)} \|v(t)\| & \text{für } p = \infty \end{cases}$$

ist $L^p(0,T;X)$ $(p \in [1,\infty])$ BANACH-Raum.

(ii) Für $1 \le p < \infty$ liegt die Menge der einfachen Funktionen dicht in $L^p(0,T;X)$.

(iii) Für $1 \le p < \infty$ liegt der Raum $C([0,T];X)$ dicht und ist stetig eingebettet in $L^p(0,T;X)$. Ferner gilt $C([0,T];X) \hookrightarrow L^\infty(0,T;X)$.

(iv) Für $1 \le p < \infty$ ist $L^p(0,T;X)$ separabel, sofern X separabel ist.

(v) Sei $u \in L^p(0,T;X)$ und $f \in L^q(0,T;X^*)$ mit $1/p + 1/q = 1$ $(p,q \in [1,\infty])$, so ist $t \mapsto \langle f(t), u(t)\rangle \in L^1(0,T)$ und es gilt die HÖLDERsche Ungleichung

$$\int_0^T \langle f(t), u(t)\rangle_{X^* \times X}\, dt \le \|f\|_{L^q(0,T;X^*)} \|u\|_{L^p(0,T;X)} \,.$$

(vi) Für $1 < p < \infty$ ist $L^p(0,T;X)$ reflexiv, sofern X reflexiv oder X^* separabel ist. Sodann kann $(L^p(0,T;X))^*$ mit $L^q(0,T;X^*)$ $(1/p + 1/q = 1)$ identifiziert werden. Die duale Paarung ist durch

$$\langle f, u\rangle_{L^q(0,T;X^*)\times L^p(0,T;X)} = \int_0^T \langle f(t), u(t)\rangle_{X^* \times X}\, dt$$

gegeben. Ferner gilt $\bigl(L^1(0,T;X)\bigr)^* \cong L^\infty(0,T;X^*)$, wenn X reflexiv oder X^* separabel ist.

---

[1]Ralph S. PHILLIPS, geb. 1913 in Oakland, gest. 1998 in Stanford. PHILLIPS war zunächst in Washington, dann am Massachusetts Institute of Technology und Universitäten in New York, Stanford und anderen Orten tätig. Er befasste sich vor allem mit der Funktionalanalysis, Halbgruppen- und Spektraltheorie sowie funktionalanalytischen Methoden in der Theorie der Differentialgleichungen, aber auch, gemeinsam mit LAX, mit Anwendungen etwa in der Akustik. PHILLIPS ist unter anderem Koautor von [71]. Leben und Werk PHILLIPs werden in SARNAK [117] gewürdigt.

(vii) Ist H HILBERT-Raum mit dem Skalarprodukt $(\cdot,\cdot)$, so ist auch $L^2(0,T;H)$ HILBERT-Raum, und zwar mit dem Skalarprodukt

$$(u,v)_{L^2(0,T;H)} := \int_0^T (u(t),v(t))\, dt\,.$$

(viii) Sei neben X auch Y BANACH-Raum. Aus $X \hookrightarrow Y$ folgt $L^p(0,T;X) \hookrightarrow L^q(0,T;Y)$, sofern $1 \le q \le p \le \infty$.

Es sei bemerkt, dass (iv) unmittelbar aus (iii) und dem WEIERSTRASSschen Approximationssatz (Satz 7.1.2) folgt. Die Aussage (vi) wird in GAJEWSKI, GRÖGER und ZACHARIAS [49] unter der Voraussetzung bewiesen, dass X reflexiv *und* separabel ist. (Beachte: Ist X^* separabel, so auch X.)

Schließlich sei noch bemerkt, dass eine auf $(0,T)$ beschränkte, fast überall stetige Funktion mit Werten in X zu $L^p(0,T;X)$ für beliebiges $p \in [1,\infty]$ gehört (siehe ZEIDLER [153, S. 408] und vgl. auch Satz 7.1.16).

Sei $u = u(x,t)$ eine auf $(a,b) \times (0,T)$ LEBESGUE-integrierbare Funktion. Es stellt sich sodann die Frage, ob die daraus hervorgehende abstrakte Funktion $u = u(t)$ mit $[u(t)](x) = u(x,t)$ BOCHNER-integrierbar ist und welcher Zusammenhang besteht.

Satz 7.1.24 *Sei $1 \le p < \infty$. Dann gilt*

$$L^p(0,T;L^p(a,b)) \cong L^p((a,b) \times (0,T))\,. \tag{7.1.4}$$

Zum besseren Verständnis werden wir im Folgenden zwischen abstrakten Funktionen $\tilde{u}$ und reellwertigen Funktionen u unterscheiden.

Für den Beweis benötigen wir

Lemma 7.1.25 *Aus der BOCHNER-Messbarkeit der abstrakten Funktion $\tilde{u} = \tilde{u}(t) : [0,T] \to L^p(a,b)$ $(1 \le p \le \infty)$ folgt die LEBESGUE-Messbarkeit der reellwertigen Funktion $u = u(x,t) := [\tilde{u}(t)](x)$ über $(a,b) \times (0,T)$.*

Beweis. Wegen der BOCHNER-Messbarkeit von $\tilde{u}$ gibt es eine Folge $\{\tilde{u}_n\}$ einfacher Funktionen mit

$$\int_a^b |u_n(x,t) - u(x,t)|^p\, dx \to 0 \quad \text{bzw.} \quad \operatorname*{ess\,sup}_{x \in (a,b)} |u_n(x,t) - u(x,t)| \to 0\,, \quad n \to \infty\,,$$

für fast alle $t \in [0,T]$. Dabei haben wir wieder $u_n(x,t) := [\tilde{u}_n(t)](x)$ verwendet. Dann gibt es (vgl. etwa BRÉZIS [23, Thm. IV.9, S. 58]) eine Teilfolge, so dass für fast alle $x \in (a,b)$ und fast alle $t \in (0,T)$

$$|u_{n'}(x,t) - u_{n'}(x,t)| \to 0\,, \quad n' \to \infty\,.$$

Die Funktionen $u_{n'}$ sind auf $(a,b) \times (0,T)$ LEBESGUE-messbar, denn bezüglich t nehmen sie höchstens endlich viele Werte an und für jedes t sind sie bezüglich x LEBESGUE-messbar.

Gibt es aber eine Folge LEBESGUE-messbarer Funktionen, die fast überall auf $(a,b) \times (0,T)$ gegen u konvergiert, so ist u selbst LEBESGUE-messbar (vgl. etwa NATANSON [99, Satz 3, S. 102]).   #

Beweis von Satz 7.1.24. Wir zeigen zunächst

$$L^p(0,T; L^p(a,b)) \supseteq L^p((a,b) \times (0,T)).$$

Sei hierzu $u \in L^p((a,b) \times (0,T))$. Wir definieren die abstrakte Funktion $\tilde{u}$ via $[\tilde{u}(t)](x) := u(x,t)$. Da $u(\cdot,t) \in L^p(a,b)$, bildet $\tilde{u}$ in $L^p(a,b)$ ab.

Sei $f \in (L^p(a,b))^* \cong L^q(a,b)$ (mit $1/p + 1/q = 1$ und $q = \infty$ für $p = 1$) beliebig. Dann ist $(x,t) \mapsto f(x)u(x,t) \in L^1((a,b) \times (0,T))$. Nach dem Satz von FUBINI (vgl. etwa KOLMOGOROW und FOMIN [78, Satz 5, S. 315]) ist sodann

$$t \mapsto \int_a^b f(x)u(x,t)\,dx = \langle f, \tilde{u}(t) \rangle$$

auf $[0,T]$ LEBESGUE-integrierbar und folglich $t \mapsto \langle f, \tilde{u}(t) \rangle$ LEBESGUE-messbar. Dies aber ist nichts anderes als die schwache Messbarkeit von $\tilde{u}$. Da $L^p(a,b)$ für $1 \leq p < \infty$ separabel ist, folgt nach Satz 7.1.12 die BOCHNER-Messbarkeit von $\tilde{u}$. Gemäß Satz 7.1.15 (i) ist $\tilde{u}$ dann auch BOCHNER-integrierbar, denn nach dem bereits erwähnten Satz von FUBINI ist auch

$$t \mapsto \int_a^b |u(x,t)|^p\,dx = \|\tilde{u}(t)\|_{0,p}^p$$

auf $[0,T]$ LEBESGUE-integrierbar.

Es bleibt

$$L^p(0,T; L^p(a,b)) \subseteq L^p((a,b) \times (0,T))$$

zu zeigen. Sei hierzu $\tilde{u} \in L^p(0,T; L^p(a,b))$. Wir definieren die reellwertige Funktion $u = u(x,t)$ durch $u(x,t) := [\tilde{u}(t)](x)$. Es existiert das iterierte Integral

$$\int_0^T \left(\int_a^b |u(x,t)|^p\,dx \right) dt < \infty.$$

Da der Integrand nichtnegativ ist, existiert (nach den Sätzen von FUBINI und LEVI[1], siehe KOLMOGOROW und FOMIN [78, S. 317] oder auch NATANSON [99,

---

[1]Beppo LEVI, geb. 1875 in Turin, gest. 1961 in Rosario (Argentinien). LEVI ist Schüler von PEANO und befasste sich unter anderem mit Fragen der Zahlentheorie, algebraischen Geometrie sowie Analysis. Seit 1939 war LEVI Direktor des mathematischen Instituts der Universidad del Litoral in Rosario.

Satz 2, S. 400]) auch das Integral

$$\int_{(a,b)\times(0,T)} |u(x,t)|^p \, d(x,t)$$

und ist endlich, allerdings nur dann, wenn $u = u(x,t)$ auf $(a,b) \times (0,T)$ auch LEBESGUE-messbar ist. Dies aber haben wir bereits mit Lemma 7.1.25 gezeigt. Schließlich gilt noch

$$\int_{(a,b)\times(0,T)} |u(x,t)|^p \, d(x,t) = \int_0^T \left(\int_a^b |u(x,t)|^p \, dx \right) dt \,,$$

so dass die Normen in $L^p((a,b) \times (0,T))$ und $L^p(0,T;L^p(a,b))$ gleich sind. $\qquad$ #

Es ist zu bemerken, dass (7.1.4) für $p = \infty$ nicht gilt, wie das folgende Beispiel sogleich zeigen wird. Wir haben dennoch

Satz 7.1.26 *Es gilt*

$$L^\infty(0,T;L^\infty(a,b)) \subseteq L^\infty((a,b) \times (0,T)) \,. \tag{7.1.5}$$

Beweis. Wegen $\| \cdot \|_{L^\infty(0,T;L^\infty(a,b))} = \| \cdot \|_{L^\infty((a,b)\times(0,T))}$, folgt die Aussage unmittelbar aus Lemma 7.1.25. $\qquad$ #

Beispiel 7.1.27 Wir zeigen, dass die Inklusion in (7.1.5) echt ist. Dazu betrachten wir die Funktion (7.1.3) aus Beispiel 7.1.21. Es ist $u = u(x,t) \in L^\infty((0,1) \times (0,1))$. Ferner gilt $x \mapsto u(x,t) \in L^\infty(0,1)$ für jedes $t \in [0,1]$, wobei

$$\|u(\cdot,t)\|_{0,\infty} = 1 \,,$$

so dass wir via $\tilde{u}(t) = u(\cdot,t)$ die abstrakte Funktion $\tilde{u} : [0,1] \to L^\infty(0,1)$ betrachten können. Die Funktion $\tilde{u}$ ist als Funktion mit Werten in $L^\infty(0,1)$, wie gleich gezeigt wird, *nicht* BOCHNER-messbar und daher auch nicht Element des $L^\infty(0,1;L^\infty(0,1))$. Beachte, dass $L^\infty(0,1)$ nicht separabel ist, so dass Satz 7.1.12 keine Anwendung finden kann. Man überlegt sich leicht, dass $\tilde{u} \notin \mathcal{C}([0,1];L^\infty(0,1))$, so dass Satz 7.1.16 nicht angewandt werden kann.

Wir zeigen nun indirekt, dass $\tilde{u}$ nicht BOCHNER-messbar ist: Angenommen, $\tilde{u}$ ist BOCHNER-messbar als Funktion mit Werten in $L^\infty(0,1)$. Dann gibt es eine Folge $\{\tilde{u}_n\}$ einfacher Funktionen, die für fast alle $t \in (0,1)$ in der Norm $\| \cdot \|_{0,\infty}$ gegen $\tilde{u}$ konvergiert. Es gilt (mit $u_n(x,t) := [\tilde{u}_n(t)](x)$)

$$\|\tilde{u}_n(t) - \tilde{u}(t)\|_{0,\infty} = \max \left\{ \operatorname*{ess\,sup}_{x\in(0,t)} |u_n(x,t) - u(x,t)|, \operatorname*{ess\,sup}_{x\in(t,1)} |u_n(x,t) - u(x,t)| \right\}$$

$$= \max \left\{ \operatorname*{ess\,sup}_{x\in(0,t)} |u_n(x,t) - 1|, \operatorname*{ess\,sup}_{x\in(t,1)} |u_n(x,t)| \right\} \,,$$

so dass für fast alle $t \in [0,1]$

$$\operatorname{ess\,sup}_{x \in (0,t)} |u_n(x,t) - 1| \to 0, \quad \operatorname{ess\,sup}_{x \in (t,1)} |u_n(x,t)| \to 0, \quad n \to \infty. \qquad (7.1.6)$$

Sei ε mit $0 < \varepsilon < 1/2$ beliebig. Dann gibt es ein $n_0 \in \mathbb{N} \setminus \{0\}$, so dass für fast alle $t \in (0,1)$

$$1 - \varepsilon < u_{n_0}(x,t) < 1 + \varepsilon \text{ f. ü. in } (0,t) \ni x, \quad -\varepsilon < u_{n_0}(x,t) < \varepsilon \text{ f. ü. in } (t,1) \ni x$$

gilt. Da $\tilde{u}_{n_0}$ einfach ist, finden wir zwei Zeitpunkte $t_1 < t_2$, in denen die vorstehenden Abschätzungen erfüllt sind und in denen $\tilde{u}_{n_0}$ den gleichen Wert annimmt, so dass $u_{n_0}(x,t_1) = u_{n_0}(x,t_2) =: U_{n_0}(x)$. Im Intervall $(t_1,t_2) \ni x$ gilt also fast überall

$$1 - \varepsilon < U_{n_0}(x) \quad \text{und} \quad U_{n_0}(x) < \varepsilon,$$

was wegen $0 < \varepsilon < 1/2$ ein Widerspruch in sich ist.

Man beachte jedoch, dass $\tilde{u}$ als Funktion mit Werten in $L^1(0,1)$ durchaus BOCHNER-messbar und -integrierbar ist, wie in Beispiel 7.1.21 gezeigt wurde, und vergleiche auch mit Aufgabe 9.10.

$$\#$$

7.2   Eine Verallgemeinerung des Satzes von PICARD-LINDELÖF

Definition 7.2.1 *Unter einer klassischen Lösung des Anfangswertproblems (7.0.1) verstehen wir eine Funktion $u \in \mathcal{C}^1([0,T]; X)$, die sowohl der Differentialgleichung als auch der Anfangsbedingung genügt.*

Beispiel 7.2.2 Vorgelegt sei die einfache lineare Aufgabe

$$u'(t) = f(t), \quad t \in [0,T], \ u(0) = u_0 \in X,$$

wobei u und f Werte in einem BANACH-Raum X annehmen mögen. Ist nun f stetig, gilt also $f \in \mathcal{C}([0,T]; X)$, so ist f nach Satz 7.1.16 auch BOCHNER-integrierbar und es gilt gemäß Satz 7.1.19

$$\frac{d}{dt} \int_{t_0}^t f(s)\,ds = f(t)$$

für alle $t \in [0,T]$ und festes $t_0 \in [0,T]$. Da die Ableitung einer Konstanten stets Null ist, erhalten wir mithin

$$u(t) = c + \int_{t_0}^t f(s)\,ds, \quad c \in X,$$

als Lösung. Die Konstante bestimmt sich nun aus der Anfangsbedingung zu

$$c = u_0 - \int_{t_0}^{0} f(s)\,ds\,,$$

und wir gelangen so zu unserer Lösung

$$u(t) = u_0 + \int_{0}^{t} f(s)\,ds\,,$$

wie nicht anders zu erwarten war. Es folgt unmittelbar aus Satz 7.1.19, dass $u \in \mathcal{C}^1([0,T];X)$. Also ist u *klassische Lösung* unseres einfachen Anfangswertproblems. Neben u kann es offenbar auch keine weitere klassische Lösung geben, da die Aussage, dass aus $v' = 0$ folgt $v = const$, weiterhin gilt. $\qquad\qquad\#$

Im Folgenden sei

$$\bar{B}(u_0, r) := \{v \in X : \|v - u_0\| \leq r\}$$

die abgeschlossene Kugel im Banach-Raum $(X, \|\cdot\|)$ um $u_0 \in X$ mit dem Radius $r > 0$.

Satz 7.2.3 (Verallgemeinerter Satz von Picard-Lindelöf) *Sei $f : [0,T] \times \bar{B}(u_0, r) \to X$ stetig und im zweiten Argument gleichmäßig Lipschitz-stetig, so dass es eine Zahl $L > 0$ gibt und für alle $t \in [0,T]$ und $v, w \in \bar{B}(u_0, r)$*

$$\|f(t,v) - f(t,w)\| \leq L\,\|v - w\| \tag{7.2.1}$$

gilt. Dann gibt es eine Zahl $M > 0$, so dass für alle $t \in [0,T]$ und $v \in \bar{B}(u_0, r)$

$$\|f(t,v)\| \leq M \tag{7.2.2}$$

gilt und das Anfangswertproblem (7.0.1) besitzt auf dem Intervall

$$I = [0,T] \cap [t_0 - a, t_0 + a], \quad a = \min\left\{\frac{r}{M}, \frac{1}{2L}\right\}, \tag{7.2.3}$$

genau eine Lösung $u : I \to \bar{B}(u_0, r) \in \mathcal{C}^1(I; X)$.

Beweis. Die Beschränktheit von f auf $[0,T] \times \bar{B}(u_0, r)$ und mithin die Existenz von M ist für $\dim X < \infty$ klar; für $\dim X = \infty$ folgt sie – wie in Aufgabe 9.6 zu zeigen ist – aus Stetigkeit und Lipschitz-Bedingung.

Wir betrachten die Abbildung

$$(Tv)(t) := u_0 + \int_{t_0}^{t} f(\tau, v(\tau))\,d\tau\,, \quad t \in I\,. \tag{7.2.4}$$

Dabei ist das Integral als BOCHNER-Integral zu verstehen. Ist $v \in C(I; X)$ mit $v(t) \in \bar{B}(u_0, r)$ für alle $t \in I$, so ist auch Tv stetig auf I, denn gemäß Lemma 7.1.5 ist $t \mapsto f(t, v(t))$ stetig auf I und für beliebige $s, t \in I$ gilt

$$\|(Tv)(s) - (Tv)(t)\| = \left\| \int_t^s f(\tau, v(\tau)) \, d\tau \right\|$$

$$\leq \int_{\min\{s,t\}}^{\max\{s,t\}} \|f(\tau, v(\tau))\| \, d\tau \leq |s - t| \max_{\tau \in I} \|f(\tau, v(\tau))\| \leq M \, |s - t| \,.$$

Mehr noch: Wegen der Stetigkeit von f ist das Integral als Funktion der oberen Grenze wohldefiniert und es gilt $(Tv)'(t) = f(t, v(t))$ für alle $t \in I$, so dass Tv stetig differenzierbar ist (vgl. Sätze 7.1.16 und 7.1.19). Offenbar gilt auch $(Tv)(t_0) = u_0$ (was sofort aus der Definition des BOCHNER-Integrals folgt). Somit ist ein Fixpunkt u von T zu finden, denn dieser ist klassische Lösung des Anfangswertproblems.

Sei

$$\mathcal{A} := \{v \in C(I; X) : v(t) \in \bar{B}(u_0, r) \text{ für alle } t \in I\} \,.$$

Die Menge $\mathcal{A} \neq \emptyset$ ist abgeschlossene Teilmenge des BANACH-Raumes $C(I, X)$. Die Abgeschlossenheit ist wie folgt einzusehen: Konvergiert die Folge $\{v_n\} \subset \mathcal{A}$ gegen $v \in C(I; X)$, gilt also

$$\lim_{n \to \infty} \max_{t \in I} \|v_n(t) - v(t)\| = 0 \,,$$

so folgt für alle $t \in I$ mit der Dreiecksungleichung

$$\|v(t) - u_0\| \leq \|v(t) - v_n(t)\| + \|v_n(t) - u_0\| \leq \|v(t) - v_n(t)\| + r \to r \quad \text{für } n \to \infty \,.$$

Dass T stetige Funktionen wieder in stetige abbildet, hatten wir bereits gezeigt. Wir zeigen, dass überdies T die abgeschlossene Menge $\mathcal{A}$ in sich abbildet, wenn nur (7.2.3) erfüllt ist:

$$\max_{t \in I} \|(Tv)(t) - u_0\| = \max_{t \in I} \left\| \int_{t_0}^t f(\tau, v(\tau)) \, d\tau \right\| \leq M \max_{t \in I} |t - t_0| \leq Ma \leq r \,.$$

Ferner gilt für beliebige $v, w \in \mathcal{A}$

$$\max_{t \in I} \|(Tv)(t) - (Tw)(t)\| = \max_{t \in I} \left\| \int_{t_0}^t (f(\tau, v(\tau)) - f(\tau, w(\tau))) \, d\tau \right\|$$

$$\leq L \max_{t \in I} \int_{\min\{t_0,t\}}^{\max\{t_0,t\}} \|v(\tau) - w(\tau)\| \, d\tau$$

$$\leq L \max_{t \in I} |t - t_0| \max_{\tau \in I} \|v(\tau) - w(\tau)\|$$

$$\leq \frac{1}{2} \max_{\tau \in I} \|v(\tau) - w(\tau)\| \,,$$

so dass T kontrahierend ist. Nach dem Fixpunktsatz von BANACH (Satz A.2.2) gibt es nun genau ein $u \in \mathcal{A}$ mit $Tu = u$. Demnach kann das Anfangswertproblem auch keine weitere Lösung in $\mathcal{A}$ besitzen, denn diese müsste ebenso der Fixpunktgleichung genügen.   #

Zu betonen ist, dass der verallgemeinerte Satz von PICARD-LINDELÖF nur die *lokale Lösbarkeit* sichert, da f womöglich nur in einer sehr kleinen Kugel um u_0 stetig ist und einer LIPSCHITZ-Bedingung genügt. Auch ist das Zeitintervall I nicht notwendig das größtmögliche, in dem es eine Lösung gibt, wie das folgende Standardbeispiel zeigt.

Beispiel 7.2.4 Sei $X = \mathbb{R}$, $f(t, u) = u^3$ und $u_0 = 1$ mit $t_0 = 0$. Die Voraussetzungen des Satzes von PICARD-LINDELÖF sind für beliebiges $T > 0$ und jeden Radius $r > 0$ erfüllt, wobei $M = (1 + r)^3$ und $L = 3(1 + r)^2$. Gemäß (7.2.3) gibt es eine eindeutig bestimmte Lösung bis zu $t \approx 0.116$ (wähle $r = 0.2$), vgl. auch Bild 7.2.1.

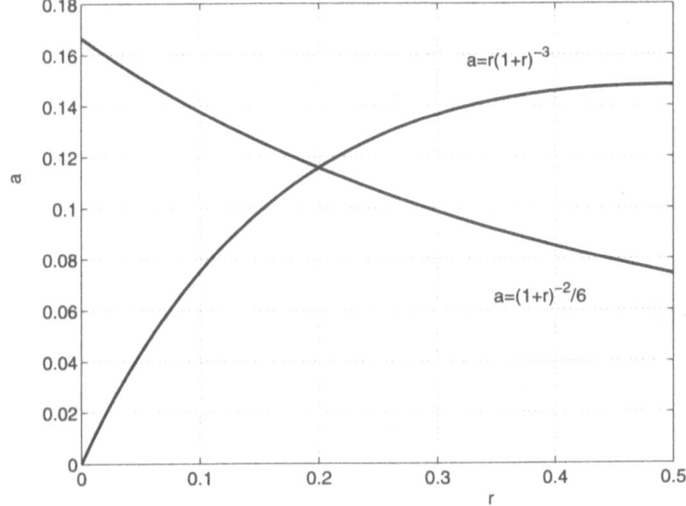

Bild 7.2.1: Existenzintervall nach dem Satz von PICARD-LINDELÖF

Die Lösung
$$u(t) = (1 - 2t)^{-1/2}$$

kann aber bis zu $t < 0.5$ fortgesetzt werden. Dann kommt es zu einem so genannten Blow-up, siehe Bild 7.2.2 (links).   #

Die Einzigkeit in Satz 7.2.3 folgt aus der LIPSCHITZ-Bedingung, wie folgendes Beispiel veranschaulicht.

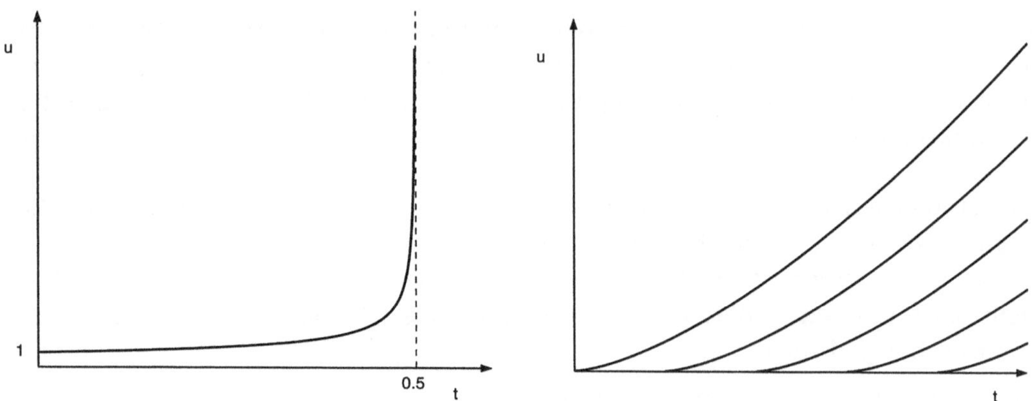

Bild 7.2.2: Lösungen zu den Beispielen 7.2.4 (links) und 7.2.5 (rechts)

Beispiel 7.2.5 Sei $X = \mathbb{R}$, $f(t, u) = \sqrt[3]{u}$ und $u_0 = 0$ mit $t_0 = 0$. Die Voraussetzungen des Satzes von PICARD-LINDELÖF sind bis auf die LIPSCHITZ-Bedingung (7.2.1) erfüllt. Die Funktion f ist in keiner Umgebung von $u_0 = 0$ LIPSCHITZ-stetig. Gleichwohl gibt es klassische Lösungen, und zwar unendlich viele,

$$
u_\tau(t) = \begin{cases} 0 & \text{für } t \leq \tau, \\[2mm] \left(\dfrac{2}{3}\,(t - \tau)\right)^{3/2} & \text{für } t \geq \tau, \quad \tau \in \mathbb{R}_0^+ \text{ beliebig,} \end{cases}
$$

siehe Bild 7.2.2 (rechts).   #

Gelten Stetigkeit und LIPSCHITZ-Bedingung für alle Radien, und zwar gleichmäßig (M, L sind unabhängig von r), so können wir die *globale Lösbarkeit* erwarten:

Satz 7.2.6 *Die Funktion $f : [0, T] \times X \to X$ sei stetig und im zweiten Argument gleichmäßig* LIPSCHITZ-*stetig, so dass es ein $L > 0$ gibt und für alle $t \in [0, T]$ und $v, w \in X$*

$$
\|f(t, v) - f(t, w)\| \leq L \, \|v - w\| \tag{7.2.5}
$$

gilt. Dann besitzt das Anfangswertproblem (7.0.1) auf dem gesamten Zeitintervall genau eine Lösung $u \in \mathcal{C}^1([0, T]; X)$.

Beweis. Es sei

$$
\mathcal{X} := (\mathcal{C}([0, T]; X), \|\cdot\|_{\mathcal{X}}), \quad \|v\|_{\mathcal{X}} := \max_{t \in [0, T]} e^{-L|t - t_0|} \|v(t)\|.
$$

Wir überlassen es dem Leser nachzuweisen, dass $\|\cdot\|_{\mathcal{C}([0,T];X)}$ und $\|\cdot\|_{\mathcal{X}}$ äquivalente Normen sind und mithin $\mathcal{X}$ BANACH-Raum ist (Aufgabe 9.14). Wir betrachten wieder die Abbildung T aus (7.2.4), die nun für alle $t \in [0,T]$ und $v \in \mathcal{X}$ definiert ist. Mit der gleichen Argumentation wie im Beweis zu Satz 7.2.3 folgt, dass T stetige Funktionen wieder in stetige abbildet und daher T den Raum $\mathcal{X}$ in sich abbildet. Tv ist sogar stetig differenzierbar auf $[0,T]$. Des Weiteren gilt für beliebige $v, w \in \mathcal{X}$

$$\|Tv - Tw\|_{\mathcal{X}} = \max_{t \in [0,T]} \mathrm{e}^{-L|t-t_0|} \left\| \int_{t_0}^{t} \left(f(\tau, v(\tau)) - f(\tau, w(\tau)) \right) d\tau \right\|$$

$$\leq L \max_{t \in [0,T]} \mathrm{e}^{-L|t-t_0|} \int_{\min\{t_0,t\}}^{\max\{t_0,t\}} \|v(\tau) - w(\tau)\|\, d\tau$$

$$\leq L \max_{t \in [0,T]} \mathrm{e}^{-L|t-t_0|} \int_{\min\{t_0,t\}}^{\max\{t_0,t\}} \mathrm{e}^{L|\tau-t_0|} d\tau \, \|v - w\|_{\mathcal{X}}$$

$$= L \max_{t \in [0,T]} \mathrm{e}^{-L|t-t_0|} \frac{\mathrm{e}^{L|t-t_0|} - 1}{L} \|v - w\|_{\mathcal{X}}$$

$$= \left(1 - \mathrm{e}^{-L \max_{t \in [0,T]} |t-t_0|} \right) \|v - w\|_{\mathcal{X}}$$

$$\leq \left(1 - \mathrm{e}^{-LT} \right) \|v - w\|_{\mathcal{X}} .$$

Dies zeigt aber die Kontraktivität von T auf $\mathcal{X}$. Nach dem BANACHschen Fixpunktsatz (Satz A.2.2) gibt es somit genau eine Lösung $u \in \mathcal{X}$ des Anfangswertproblems.   #

Der vorstehende Satz kann insbesondere auf (nichtautonome) lineare Systeme ($f = f(t,v)$ ist in v linear) angewandt werden:

Korollar 7.2.7 *Sei $A(t) : X \to X$ für jedes $t \in [0,T]$ ein linearer, beschränkter Operator und sei die Familie $\{A(t)\}_{t \in [0,T]}$ aller dieser Operatoren gleichmäßig beschränkt. Des Weiteren sei die Abbildung $t \mapsto A(t)$ auf $[0,T]$ stetig. Sei ferner $f \in \mathcal{C}([0,T];X)$. Dann besitzt das lineare Anfangswertproblem*

$$u'(t) + A(t)u(t) = f(t), \quad t \in [0,T],\ u(t_0) = u_0 \in X , \qquad (7.2.6)$$

genau eine Lösung $u \in \mathcal{C}^1([0,T];X)$.

Die gleichmäßige Beschränktheit der Operatoren $A(t)$ bedeutet, dass es eine Zahl $\beta > 0$ gibt, so dass für alle $t \in [0,T]$ und alle $v \in X$ gilt $\|A(t)v\| \leq \beta \|v\|$. Die Abbildung $t \mapsto A(t)$ ist eine Abbildung von $[0,T]$ in den BANACH-Raum der linearen, beschränkten Operatoren in X, versehen mit der Operatornorm $\|A\| := \sup_{v \in X \setminus \{0\}} \|Av\|/\|v\|$.

Der *Beweis* sei dem Leser zur Übung empfohlen (Aufgabe 9.15).

Zum Schluss dieses Abschnitts betrachten wir lineare Systeme mit zeitunabhängigem Operator. Hinsichtlich der Regularität von Lösungen gilt

Satz 7.2.8 *Sei u die klassische Lösung des Anfangswertproblems (7.2.6) mit einem linearen, beschränkten Operator $A : X \to X$ $(A(t) \equiv A)$ und gelte $f \in \mathcal{C}^m([0,T];X)$ $(m \in \mathbb{N})$. Dann ist $u \in \mathcal{C}^{m+1}([0,T];X)$. Aus $f \in \mathcal{C}^\infty([0,T];X)$ folgt $u \in \mathcal{C}^\infty([0,T];X)$.*

Beweis. Sei $m \geq 1$, denn sonst ist nichts zu zeigen. Zunächst gilt $u \in \mathcal{C}^1([0,T];X)$. Da A den Raum X in sich abbildet und linear und beschränkt ist, liegt die Abbildung $t \mapsto Au(t)$ wieder in $\mathcal{C}^1([0,T];X)$ (siehe auch Aufgabe 9.18). Dann aber ist

$$u'(t) = f(t) - Au(t)$$

auf $[0,T]$ einmal stetig differenzierbar, so dass $u \in \mathcal{C}^2([0,T];X)$ folgt. Die fortgesetzte Anwendung dieses Arguments führt auf die Behauptung.   #

Sei $t_0 = 0$. Geht man die Beweise zu Satz 7.2.6 bzw. Korollar 7.2.7 und Satz 7.2.8 noch einmal für den linearen Fall mit $A(t) \equiv A$ durch, so ist einzusehen, dass es zu jedem Anfangswert $u_0 \in X$ *für alle Zeiten* genau eine Lösung $u_{\text{hom}} \in \mathcal{C}^\infty(\mathbb{R};X)$ des zugehörigen homogenen Problems $(f \equiv 0)$ gibt.

Die Zuordnung $u_0 \mapsto u_{\text{hom}}(t)$ sei mit $\mathcal{L}(t)u_0$ bezeichnet:

$$u_{\text{hom}}(t) = \mathcal{L}(t)u_0 , \quad u_0 \in X , \, t \in \mathbb{R}, \tag{7.2.7}$$

wobei $\mathcal{L}$ der *Lösungsoperator* ist. Es gilt

Satz 7.2.9 *Sei u_{hom} die Lösung des homogenen Anfangswertproblems (7.2.6) mit einem linearen, beschränkten Operator $A : X \to X$ $(A(t) \equiv A)$ zum Anfangswert $u_0 \in X$ mit $t_0 = 0$. Für jedes $t \in \mathbb{R}$ wird sodann durch (7.2.7) ein linearer, beschränkter Operator $\mathcal{L}(t) : X \to X$ mit*

$$\|\mathcal{L}(t)u_0\| \leq e^{\beta|t|} \|u_0\| \tag{7.2.8}$$

definiert, wobei $\beta = \|A\|$. Es ist $\mathcal{L}(0)$ die identische Abbildung. Des Weiteren gilt

$$\mathcal{L}^{(m)}(t)u_0 := \frac{d^m}{dt^m} \mathcal{L}(t)u_0 = (-A)^m \mathcal{L}(t)u_0, \quad m \in \mathbb{N},$$

so dass auch $\mathcal{L}^{(m)}(t) : X \to X$ für jedes $m \in \mathbb{N}$ ein linearer, beschränkter Operator ist mit

$$\|\mathcal{L}^{(m)}(t)\| \leq \beta^m \, e^{\beta|t|} \|u_0\|.$$

Schließlich gilt für beliebige $s, t \in \mathbb{R}$ und beliebiges $u_0 \in X$

$$\mathcal{L}(s + t)u_0 = \mathcal{L}(s)\mathcal{L}(t)u_0 = \mathcal{L}(t)\mathcal{L}(s)u_0 \,. \qquad (7.2.9)$$

Beweis. Da zu jedem $u_0 \in X$ die Lösung $u_{\text{hom}} : \mathbb{R} \to X$ des homogenen Anfangswertproblems (7.2.6) (mit $A(t) \equiv A$) eindeutig bestimmt ist, ist $\mathcal{L}(t)$ für jedes t eine wohldefinierte Abbildung von X in X. Seien nun u_{hom} und v_{hom} die Lösungen zu den Anfangsbedingungen $u_0 \in X$ und $v_0 \in X$. Wir zeigen, dass $w_{\text{hom}} := u_{\text{hom}} + \lambda v_{\text{hom}}$ Lösung zum Anfangswert $w_0 := u_0 + \lambda v_0$ für beliebiges $\lambda \in \mathbb{R}$ ist, was die Linearität von $\mathcal{L}(t)$ nach sich zieht: Wegen der Linearität von A gilt für alle t

$$w'_{\text{hom}}(t) = u'_{\text{hom}}(t) + \lambda v'_{\text{hom}}(t) = -Au_{\text{hom}}(t) - \lambda Av_{\text{hom}}(t) = -Aw_{\text{hom}}(t) \,.$$

Damit ist w_{hom} Lösung zum Anfangswert $w(0) = u(0) + \lambda v(0) = u_0 + \lambda v_0 = w_0$. Die Beschränktheit von $\mathcal{L}(t)$ ist wie folgt einzusehen: Mit der Darstellung (7.2.4) gilt

$$u_{\text{hom}}(t) = u_0 - \int_0^t Au_{\text{hom}}(s)\, ds \,,$$

so dass wegen der Eigenschaften des BOCHNER-Integrals und der Beschränktheit von A

$$\|u_{\text{hom}}(t)\| \leq \|u_0\| + \beta \int_{\min\{0,t\}}^{\max\{0,t\}} \|u_{\text{hom}}(s)\|\, ds$$

folgt. Es gilt daher[1] für $t \geq 0$ (und analog für $t < 0$)

$$\frac{d}{dt}\left(e^{-\beta t} \int_0^t \|u_{\text{hom}}(s)\|\, ds \right) = e^{-\beta t}\left(\|u_{\text{hom}}(t)\| - \beta \int_0^t \|u_{\text{hom}}(s)\|\, ds \right) \leq e^{-\beta t}\|u_0\|.$$

Integration und Multiplikation mit $e^{\beta t}$ führen auf

$$\int_0^t \|u_{\text{hom}}(s)\|\, ds \leq \int_0^t e^{\beta(t-s)}ds\, \|u_0\| = \frac{1}{\beta}\left(e^{\beta t} - 1 \right)\|u_0\| \,,$$

so dass schließlich

$$\|u_{\text{hom}}(t)\| \leq e^{\beta t}\|u_0\|$$

und daher (7.2.8) folgt.

Wegen der Anfangsbedingung ist $\mathcal{L}(0)u_0 = u_0$ für jedes $u_0 \in X$, so dass $\mathcal{L}(0)$ die identische Abbildung in X ist.

---

[1]Dies ist ein einfacher, aber sehr fruchtbarer Trick bei der Behandlung zeitabhängiger Probleme, vgl. auch Lemma 7.3.2.

Der zweite Teil des Satzes folgt aus der Differentialgleichung und da $u_{\mathrm{hom}} \in \mathcal{C}^{\infty}(\mathbb{R}; X)$. Die via $\mathcal{L}'(t)u_0 := \frac{d}{dt}\mathcal{L}(t)u_0$ für $u_0 \in X$ definierte Abbildung bildet X für jedes t wieder in X ab und ist wegen

$$\mathcal{L}'(t)u_0 = u'_{\mathrm{hom}}(t) = -Au_{\mathrm{hom}}(t) = -A\mathcal{L}(t)u_0$$

und wegen der Linearität und Beschränktheit von A und $\mathcal{L}(t)$ wieder linear und beschränkt, wobei mit (7.2.8)

$$\|\mathcal{L}'(t)u_0\| = \|A\mathcal{L}(t)u_0\| \leq \beta\,\|\mathcal{L}(t)u_0\| \leq \beta\,\mathrm{e}^{\beta|t|}\,\|u_0\|$$

folgt. Fortgesetzte Anwendung liefert das Ergebnis für $\mathcal{L}^{(m)}(t)$.

Die Beziehung (7.2.9) folgt aus der Darstellung (7.2.4): Es gilt

$$
\begin{aligned}
u_{\mathrm{hom}}(t+s) &= u_0 - \int_0^{t+s} Au_{\mathrm{hom}}(\tau)\,d\tau \\
&= u_0 - \int_0^t Au_{\mathrm{hom}}(\tau)\,d\tau - \int_t^{t+s} Au_{\mathrm{hom}}(\tau)\,d\tau \\
&= u_{\mathrm{hom}}(t) - \int_0^s Au_{\mathrm{hom}}(t+\tau)\,d\tau\,.
\end{aligned}
$$

Letzteres ist aber die Lösung des Anfangswertproblems zur Zeit s mit dem Anfangswert $u_{\mathrm{hom}}(t)$, also $\mathcal{L}(s)u_{\mathrm{hom}}(t) = \mathcal{L}(s)\mathcal{L}(t)u_0$. Der Rest der Behauptung ergibt sich durch Vertauschen von s und t. $\qquad\qquad\#$

Die Menge aller Operatoren $\mathcal{L}(t)$ ($t \in \mathbb{R}$) bildet zusammen mit der Operation der Nacheinanderausführung eine kommutative Gruppe, wobei der zu $\mathcal{L}(t)$ inverse Operator durch $\mathcal{L}(-t)$ gegeben ist, denn $\mathcal{L}(t)\mathcal{L}(-t) = \mathcal{L}(0)$. In Aufgabe 9.19 ist zu zeigen, dass $\mathcal{L}$ sich als

$$\mathcal{L}(t) = \exp(-tA) := \sum_{j=0}^{\infty} \frac{(-tA)^j}{j!}\,, \quad t \in \mathbb{R}\,, \tag{7.2.10}$$

berechnet, wobei die Reihe wohldefiniert ist.

Es zeigt sich allerdings schon hier, dass der Zugang, in dem mit nur einem Raum X und einem linearen, beschränkten Operator $A : X \to X$ gearbeitet wird, in den Anwendungen nicht allzu weit tragen wird: Insbesondere in jenen Modellen, die eine Energiedissipation oder Diffusion beschreiben, hat die Zeit eine ausgezeichnete Richtung. Es ist dann nicht zu erwarten, dass auch das rückwärtige Problem wohlgestellt ist.

Für die Lösung u des inhomogenen Problems gilt

Satz 7.2.10 (Prinzip von DUHAMEL) *Sei u die klassische Lösung des Anfangswertproblems (7.2.6) mit einem linearen, beschränkten Operator $A : X \to X$ $(A(t) \equiv A)$ zum Anfangswert $u_0 \in X$ mit $t_0 = 0$ und $f \in \mathcal{C}([0,T];X)$. Ist $\mathcal{L}(t)$ $(t \in [0,T])$ der Lösungsoperator des zugehörigen homogenen Problems, so gilt für alle $t \in [0,T]$*

$$u(t) = \mathcal{L}(t)u_0 + \int_0^t \mathcal{L}(t-s)f(s)\,ds\,.$$

Beweis. Differentiation nach t führt auf

$$u'(t) = -A\mathcal{L}(t)u_0 + \mathcal{L}(0)f(t) - \int_0^t A\mathcal{L}(t-s)f(s)\,ds = -Au(t) + f(t)\,,$$

denn A und das Integral dürfen vertauscht werden (vgl. Satz 7.1.15). Die Anfangsbedingung ist offensichtlich erfüllt.   #

Bemerkung 7.2.11 Das Prinzip von DUHAMEL[1] ist auch als *Formel der Variation der Konstanten* bekannt.   #

Beispiel 7.2.12 Vorgelegt sei die Integro-Differentialgleichung

$$\frac{\partial u(x,t)}{\partial t} + \int_a^b k(x,\xi)u(\xi,t)\,d\xi = f(x,t)\,, \quad (x,t) \in (a,b) \times (0,T)\,,$$

mit einer vorgegebenen Funktion $k : [a,b] \times [a,b] \to \mathbb{R}$, dem so genannten Kern. Setzen wir

$$(Av)(x) := \int_a^b k(x,\xi)v(\xi)\,d\xi$$

und benutzen wieder die zugehörigen abstrakten Funktionen, so gelangen wir zur linearen Operator-Differentialgleichung

$$u'(t) + Au(t) = f(t)\,,$$

die wir um die Anfangsbedingung $u(0) = u_0$ ergänzen wollen. Ist $k \in L^2((a,b) \times (a,b))$, so gilt mit CAUCHY-SCHWARZscher Ungleichung und dem Satz von FUBINI

---

[1]Jean Marie Constant DUHAMEL, geb. 1797 in St. Malo, gest. 1872 in Paris. DUHAMEL studierte an der Pariser École Polytechnique und war später Professor an der École Normale und der École Polytechnique. Er befasste sich mit partiellen Differentialgleichungen und deren Anwendung in der Wärmelehre, Mechanik und Akustik.

für alle Funktionen $v \in L^2(a,b)$

$$\|Av\|_{0,2}^2 = \int_a^b \left| \int_a^b k(x,\xi)v(\xi)\,d\xi \right|^2 dx$$

$$\leq \int_a^b \left(\int_a^b k(x,\xi)^2\,d\xi \int_a^b v(\xi)^2\,d\xi \right) dx$$

$$= \|k\|_{L^2((a,b)\times(a,b))}^2 \|v\|_{0,2}^2 .$$

Daher ist der so genannte FREDHOLMsche Integraloperator $A : L^2(a,b) \to L^2(a,b)$ wohldefiniert und beschränkt (siehe auch Aufgabe 9.26). Gemäß Korollar 7.2.7 besitzt die Aufgabe eine eindeutig bestimmte Lösung $u \in \mathcal{C}^1([0,T]; L^2(a,b))$. #

Beispiel 7.2.13 Wir betrachten die lineare, gewöhnliche Operator-Differential-gleichung *zweiter* Ordnung

$$u''(t) + Au'(t) + Bu(t) = f(t), \quad t \in [0,T], \; u(0) = u_0, \; u'(0) = v_0, \quad (7.2.11)$$

wobei A und B lineare Operatoren auf dem BANACH-Raum $(X, \|\cdot\|)$ und $u_0, v_0 \in X$ seien. Derartige Probleme treten bei der Beschreibung von Wellenphänomenen auf. Gesucht ist eine klassische Lösung $u \in \mathcal{C}^2([0,T]; X)$, wobei wir $f \in \mathcal{C}([0,T]; X)$ voraussetzen wollen.

Mit $\boldsymbol{u} = (u, u')^\mathsf{T}$ können wir (7.2.11) als das System erster Ordnung

$$\boldsymbol{u}'(t) + \boldsymbol{A}\boldsymbol{u}(t) = \boldsymbol{f}(t), \quad t \in [0,T], \; \boldsymbol{u}(0) = \boldsymbol{u}_0, \quad (7.2.12)$$

schreiben. Dabei ist

$$\boldsymbol{A} := \begin{pmatrix} 0 & -I \\ B & A \end{pmatrix}, \quad \boldsymbol{f} := \begin{pmatrix} 0 \\ f \end{pmatrix}, \quad \boldsymbol{u}_0 := \begin{pmatrix} u_0 \\ v_0 \end{pmatrix},$$

wobei $I : X \to X$ die Identität in X bezeichne. Im Übrigen legen wir die übliche Matrix-mal-Vektor-Operation zugrunde. Versehen wir $\boldsymbol{X} := X \times X$ mit der Norm $\|\boldsymbol{v}\|_{\boldsymbol{X}} := \|v_1\| + \|v_2\|$ ($\boldsymbol{v} = (v_1, v_2)^\mathsf{T}$), so ist $(\boldsymbol{X}, \|\cdot\|_{\boldsymbol{X}})$ ein BANACH-Raum. Ist $\boldsymbol{u} = (u_1, u_2)^\mathsf{T} \in \mathcal{C}^1([0,T]; \boldsymbol{X})$ eine Lösung von (7.2.12), so ist $u_1 \in \mathcal{C}^2([0,T]; X)$ (mit $u_2 = u_1' \in \mathcal{C}^1([0,T]; X)$) eine Lösung von (7.2.11). Ist umgekehrt $u \in \mathcal{C}^2([0,T]; X)$ eine Lösung von (7.2.11), so ist $\boldsymbol{u} := (u, u')^\mathsf{T} \in \mathcal{C}^1([0,T]; \boldsymbol{X})$ eine Lösung von (7.2.12). Die Probleme (7.2.11) und (7.2.12) sind also äquivalent.

Da (7.2.12) eine Operator-Differentialgleichung *erster* Ordnung im BANACH-Raum $\boldsymbol{X}$ ist, können wir die Aussagen dieses Abschnitts anwenden. Hierzu beobachten wir, dass $\boldsymbol{A} : \boldsymbol{X} \to \boldsymbol{X}$ linear und auch beschränkt ist: Es gilt für alle

$$v = (v_1, v_2)^\mathsf{T} \in X$$

$$\|Av\|_X = \left\|(-v_2, Bv_1 + Av_2)^\mathsf{T}\right\|_X = \|v_2\| + \|Bv_1 + Av_2\|$$

$$\leq \beta_B \|v_1\| + (1 + \beta_A) \|v_2\| \leq \beta_A \|v\|_X, \quad \beta_A := \max(1 + \beta_A, \beta_B),$$

wobei β_A bzw. β_B die Konstante aus der Beschränktheit von A bzw. B bezeichne. Nach Korollar 7.2.7 gibt es genau eine Lösung, die wir nach dem Prinzip von DUHAMEL als

$$u(t) = \mathcal{L}(t)u_0 + \int_0^t \mathcal{L}(t - s)f(s)\,ds$$

darstellen können, wobei für $\mathcal{L}$ gemäß (7.2.10)

$$\mathcal{L}(t) = \exp(-tA) = \sum_{j=0}^\infty \frac{(-t)^j}{j!} \begin{pmatrix} 0 & -I \\ B & A \end{pmatrix}^j$$

gilt. Ist etwa $A \equiv 0$, so folgt

$$\mathcal{L}(t) = \begin{pmatrix} \displaystyle\sum_{j=0}^\infty \frac{t^{2j}(-B)^j}{(2j)!} & \displaystyle\sum_{j=0}^\infty \frac{t^{2j+1}(-B)^j}{(2j+1)!} \\[2em] \displaystyle\sum_{j=0}^\infty \frac{t^{2j+1}(-B)^{j+1}}{(2j+1)!} & \displaystyle\sum_{j=0}^\infty \frac{t^{2j}(-B)^j}{(2j)!} \end{pmatrix}$$

und mithin (beachte Satz 7.1.15 (iii))

$$u(t) = \left(\sum_{j=0}^\infty \frac{t^{2j}(-B)^j}{(2j)!}\right) u_0 + \left(\sum_{j=0}^\infty \frac{t^{2j+1}(-B)^j}{(2j+1)!}\right) v_0$$

$$+ \sum_{j=0}^\infty \frac{(-B)^j}{(2j+1)!} \int_0^t (t - s)^{2j+1} f(s)\,ds.$$

Wäre B eine positive reelle Zahl, so könnten wir die Reihen identifizieren und würden für die homogene Lösung das bekannte Ergebnis

$$u_{\mathrm{hom}}(t) = \cos(\sqrt{B}\,t)\,u_0 + \frac{1}{\sqrt{B}} \sin(\sqrt{B}\,t)\,v_0$$

erhalten.   #

7.3   Stabilität und dissipative Systeme

Eines der wohl wichtigsten Hilfsmittel beim Studium gewöhnlicher Differentialgleichungen ist das GRONWALLsche[1] Lemma. Wir formulieren es hier in größerer
Allgemeinheit, um auch später darauf zurückgreifen zu können.

Lemma 7.3.1 (GRONWALL, 1919) *Sei* $T \in \mathbb{R}^+ \cup \{\infty\}$, $t_0 \in [0, T)$, $a, b \in$
$L^\infty(t_0, T)$ *und* $\lambda \in L^1(t_0, T)$, $\lambda(t) \geq 0$ *fast überall in* $(t_0, T) \ni t$. *Dann folgt*
aus

$$a(t) \leq b(t) + \int_{t_0}^t \lambda(s)a(s)ds \qquad \textit{f. ü. in } (t_0, T) \qquad (7.3.1)$$

für fast alle $t \in (t_0, T)$

$$a(t) \leq b(t) + \int_{t_0}^t e^{\Lambda(t)-\Lambda(s)}\lambda(s)b(s)ds\,, \qquad (7.3.2)$$

wobei $\Lambda(t) := \int_{t_0}^t \lambda(\tau)d\tau$. *Ist* $b \in W^{1,1}(t_0, T)$, *so gilt*

$$a(t) \leq e^{\Lambda(t)}\left(b(t_0) + \int_{t_0}^t e^{-\Lambda(s)}b'(s)ds\right). \qquad (7.3.3)$$

Ist b *monoton wachsend und stetig, so folgt*

$$a(t) \leq e^{\Lambda(t)}b(t)\,. \qquad (7.3.4)$$

Beweis. Da $a, b \in L^\infty(t_0, T)$ und $\lambda \in L^1(t_0, T)$, sind die auftretenden Integrale
wohldefiniert. Sei

$$\tilde{a}(t) := e^{-\Lambda(t)} \int_{t_0}^t \lambda(s)a(s)ds\,.$$

Dann folgt fast überall wegen (7.3.1) und $\lambda(t) \geq 0$

$$\tilde{a}'(t) = e^{-\Lambda(t)}\lambda(t)\left(a(t) - \int_{t_0}^t \lambda(s)a(s)ds\right) \leq e^{-\Lambda(t)}\lambda(t)b(t)\,.$$

Mit $\tilde{a}(t_0) = 0$ führt Integration über t auf

$$\tilde{a}(t) \leq \int_{t_0}^t e^{-\Lambda(s)}\lambda(s)b(s)ds\,.$$

---

[1]Thomas Hakon GRÖNVALL (GRONWALL), geb. 1877 in Dylta Bruk, gest. 1932 in New York.
Nach seinem Studium in Uppsala und Stockholm promovierte GRONWALL in Uppsala über Systeme linearer Differentialgleichungen. Danach arbeitete er als Ingenieur in Deutschland und
den USA. Ab 1913 lehrte GRONWALL Mathematik in Princeton, ab 1925 Physik in New York.
Dort beschäftigte er sich auch mit Fragen der physikalischen Chemie und Atomphysik. Erstmals
1918/19 erwähnte GRONWALL in [59] das nach ihm benannte Lemma.

Mit (7.3.1) und der Definition von $\tilde{a}$ kommen wir zu

$$e^{-\Lambda(t)}\left(a(t) - b(t)\right) \leq e^{-\Lambda(t)} \int_{t_0}^{t} \lambda(s)a(s)ds = \tilde{a}(t) \leq \int_{t_0}^{t} e^{-\Lambda(s)}\lambda(s)b(s)ds\,,$$

und es folgt (7.3.2).

Ist b (im verallgemeinerten Sinne) differenzierbar, so folgt (7.3.3) unmittelbar aus partieller Integration:

$$\int_{t_0}^{t} e^{-\Lambda(s)}\lambda(s)b(s)ds = -e^{-\Lambda(t)}b(t) + b(t_0) + \int_{t_0}^{t} e^{-\Lambda(s)}b'(s)ds\,.$$

Beachte, dass $W^{1,1}(t_0, t) \hookrightarrow C[t_0, t]$ für alle $t \in (t_0, T)$ (vgl. Satz 3.1.10).

Sei schließlich b monoton wachsend und stetig. Wegen (7.3.2) und $\lambda(t) \geq 0$ folgt sodann

$$\begin{aligned}
a(t) &\leq b(t)\left(1 + \int_{t_0}^{t} e^{\Lambda(t)-\Lambda(s)}\lambda(s)ds\right) \\
&= b(t)\left(1 + e^{\Lambda(t)}\left(-e^{-\Lambda(t)} + 1\right)\right) = e^{\Lambda(t)}b(t)\,,
\end{aligned}$$

was die Behauptung (7.3.4) ist. $\#$

Man beachte, dass die Voraussetzung $\lambda(t) \geq 0$ f. ü. in (t_0, T) wesentlich ist. Für den Fall $\lambda < 0$ kann ein Gegenbeispiel konstruiert werden, siehe auch Aufgabe 9.20.

Ist λ hingegen negativ, so kann dennoch ein Resultat abgeleitet werden, wenn statt einer Abschätzung in integraler eine solche in differentieller Form vorliegt, mithin also mehr, nämlich lokale, Information vorausgesetzt werden kann:

Lemma 7.3.2 *Sei* $T \in \mathbb{R}^+ \cup \{\infty\}$, $t_0 \in [0, T)$, $a \in W^{1,1}(t_0, T)$ *und* $g, \lambda \in L^1(t_0, T)$. *Dann folgt aus*

$$a'(t) \leq g(t) + \lambda(t)a(t) \qquad \textit{f. ü. in } (t_0, T) \tag{7.3.5}$$

für fast alle $t \in (t_0, T)$

$$a(t) \leq e^{\Lambda(t)}a(t_0) + \int_{t_0}^{t} e^{\Lambda(t)-\Lambda(s)}g(s)ds\,, \tag{7.3.6}$$

wobei $\Lambda(t) := \int_{t_0}^{t} \lambda(s)ds$.

Beweis. Da $a \in W^{1,1}(t_0, t) \hookrightarrow \mathcal{C}[t_0, t]$ für alle $t \in (t_0, T)$ (siehe Satz 3.1.10) und $g, \lambda \in L^1(t_0, T)$, sind die auftretenden Terme wohldefiniert. Sei

$$\tilde{a}(t) = e^{-\Lambda(t)} a(t). \qquad (7.3.7)$$

Dann folgt aus (7.3.5)

$$\tilde{a}'(t) = e^{-\Lambda(t)} \left(a'(t) - \lambda(t) a(t) \right) \leq e^{-\Lambda(t)} g(t),$$

und Integration führt auf

$$\tilde{a}(t) - \tilde{a}(t_0) = e^{-\Lambda(t)} a(t) - a(t_0) \leq \int_{t_0}^{t} e^{-\Lambda(s)} g(s) ds.$$

Somit gilt (7.3.6) fast überall in (t_0, T).   #

Beachte, dass Integration von (7.3.5) mit $b(t) := a(t_0) + \int_{t_0}^{t} g(s) ds$ auf die Ungleichung (7.3.1) führt. Ist Lemma 7.3.1 anwendbar, gilt also $\lambda(t) \geq 0$, dann stimmt die Abschätzung (7.3.2) bzw. (7.3.3) mit der Ungleichung (7.3.6) überein.

Selbstverständlich können die vorstehenden Resultate auch für stetige Funktionen formuliert werden, so dass wir *für fast alle* durch *für alle* ersetzen können.

Wir sind nun in der Lage, Stabilitätsresultate für die Lösung des Anfangswertproblems (7.0.1) zu formulieren:

Satz 7.3.3 *Unter den Voraussetzungen des Satzes 7.2.3 sei u Lösung des Anfangswertproblems (7.0.1) zum Anfangswert $u_0 \in X$ im Intervall I. Dann gibt es auch zum beliebigen Anfangswert*

$$v_0 \in B(u_0, r) := \{ v \in X : \|v - u_0\| < r \}$$

in einem Intervall $I' \subseteq I$ eine Lösung v und es gilt für alle $t \in I'$

$$\|u(t) - v(t)\| \leq e^{L|t-t_0|} \|u_0 - v_0\| \leq e^{La} \|u_0 - v_0\|, \qquad a = \min\left\{ \frac{r}{M}, \frac{1}{2L} \right\}.$$

Beweis. Wegen $v_0 \in B(u_0, r)$ gibt es eine Kugel $\bar{B}(v_0, r') \subseteq \bar{B}(u_0, r)$, wobei $r' \leq r$, so dass f auch auf $[0, T] \times \bar{B}(v_0, r')$ der Bedingung (7.2.1) sowie (7.2.2) genügt. Sodann gibt es genau eine Lösung v zum Anfangswert v_0, und zwar auf dem Intervall

$$I' = [0, T] \cap [t_0 - a', t_0 + a'], \qquad a' = \min\left\{ \frac{r'}{M}, \frac{1}{2L} \right\} \leq \min\left\{ \frac{r}{M}, \frac{1}{2L} \right\} = a,$$

so dass $I' \subseteq I$. Man beachte, dass $u(t), v(t) \in \bar{B}(u_0, r)$ für alle $t \in I'$. Wegen der Darstellung der Lösungen als Fixpunkt der Abbildung T aus (7.2.4) folgt für alle $t \in I'$ mit Dreiecksungleichung und LIPSCHITZ-Bedingung

$$\|u(t) - v(t)\| \leq \|u_0 - v_0\| + \int_{\min\{t_0,t\}}^{\max\{t_0,t\}} \|f(\tau, u(\tau)) - f(\tau, v(\tau))\|\, d\tau$$

$$\leq \|u_0 - v_0\| + L \int_{\min\{t_0,t\}}^{\max\{t_0,t\}} \|u(\tau) - v(\tau)\|\, d\tau .$$

Mit dem Lemma von GRONWALL folgt die Behauptung. (Ist $t < t_0$, so ist im GRONWALLschen Lemma die Transformation $t \mapsto t_0 - t$ durchzuführen.)   #

Satz 7.3.4 *Unter den Voraussetzungen des Satzes 7.2.6 sei u globale Lösung des Anfangswertproblems (7.0.1) zum Anfangswert $u_0 \in X$. Dann gibt es auch eine globale Lösung v zum beliebigen Anfangswert $v_0 \in X$ und es gilt für alle $t \in [0, T]$*

$$\|u(t) - v(t)\| \leq e^{L|t-t_0|} \|u_0 - v_0\| \leq e^{LT} \|u_0 - v_0\| .$$

Den *Beweis* überlassen wir dem Leser (Aufgabe 9.21).

Hinsichtlich der Stabilität bezüglich der rechten Seite gilt

Satz 7.3.5 *Seien für $f, g : [0, T] \times \bar{B}(u_0, r) \to X$ ($u_0 \in X$, $r > 0$) die Voraussetzungen des Satzes 7.2.3 mit den Konstanten M_f, M_g, L_f und L_g erfüllt. Dann gibt es in einem gemeinsamen Zeitintervall $I \subseteq [0, T]$ ($t_0 \in I$) Lösungen u, v des Anfangswertproblems (7.0.1) zu derselben Anfangsbedingung u_0 und es gilt für alle $t \in I$*

$$\|u(t) - v(t)\| \leq |t - t_0|\, e^{\min\{L_f, L_g\}\, |t-t_0|} \sup_{t \in I, w \in \bar{B}(u_0,r)} \|f(t, w) - g(t, w)\|$$

$$\leq a\, e^{\min\{L_f, L_g\}\, a} \sup_{t \in I, w \in \bar{B}(u_0,r)} \|f(t, w) - g(t, w)\| ,$$

wobei

$$a = \min\left\{ \frac{r}{M_f}, \frac{1}{2L_f}, \frac{r}{M_g}, \frac{1}{2L_g} \right\} . \tag{7.3.8}$$

Beweis. Die lokale Existenz und Einzigkeit der Lösungen u, v ist durch den verallgemeinerten Satz von PICARD-LINDELÖF (Satz 7.2.3) gesichert. Als I wählen wir das kleinere der beiden durch (7.2.3) bedingten Zeitintervalle, so dass

$$I = [0, T] \cap [t_0 - a, t_0 + a] .$$

Sodann folgt aus der Darstellung als Fixpunkt der Abbildung T aus (7.2.4)

$$\|u(t) - v(t)\| \leq \int_{\min\{t_0,t\}}^{\max\{t_0,t\}} \|f(\tau, u(\tau)) - g(\tau, v(\tau))\|\, d\tau$$

$$\leq \int_{\min\{t_0,t\}}^{\max\{t_0,t\}} \|f(\tau, u(\tau)) - f(\tau, v(\tau))\|\, d\tau + \int_{\min\{t_0,t\}}^{\max\{t_0,t\}} \|f(\tau, v(\tau)) - g(\tau, v(\tau))\|\, d\tau$$

$$\leq L_f \int_{\min\{t_0,t\}}^{\max\{t_0,t\}} \|u(\tau) - v(\tau)\|\, d\tau + |t - t_0| \sup_{t \in I} \|f(t, v(t)) - g(t, v(t))\|.$$

Eine analoge Abschätzung kann mit L_g hergeleitet werden, so dass wir zu

$$\|u(t) - v(t)\| \leq \min\{L_f, L_g\} \int_{\min\{t_0,t\}}^{\max\{t_0,t\}} \|u(\tau) - v(\tau)\|\, d\tau$$
$$+ |t - t_0| \sup_{t \in I, w \in \bar{B}(u_0,r)} \|f(t, w) - g(t, w)\|$$

gelangen. Mit dem GRONWALLschen Lemma folgt die Behauptung.   #

Satz 7.3.6 *Seien für $f, g : [0, T] \times X \to X$ die Voraussetzungen des Satzes 7.2.6 mit den Konstanten L_f und L_g erfüllt. Dann gibt es globale Lösungen u, v des Anfangswertproblems (7.0.1) zu derselben Anfangsbedingung $u_0 \in X$ und es gilt für alle $t \in [0, T]$ mit a aus (7.3.8)*

$$\|u(t) - v(t)\| \leq |t - t_0|\, \mathrm{e}^{\min\{L_f, L_g\}\,|t-t_0|} \sup_{t \in [0,T], w \in X} \|f(t, w) - g(t, w)\|$$

$$\leq T\, \mathrm{e}^{\min\{L_f, L_g\}\, T} \sup_{t \in [0,T], w \in X} \|f(t, w) - g(t, w)\|.$$

Den *Beweis* überlassen wir wieder dem Leser (Aufgabe 9.22).

Wir kommen nun zu den so genannten *dissipativen Systemen*, die wir im HILBERT-Raum H (statt des BANACH-Raumes X) betrachten wollen.

Definition 7.3.7 *Sei ein $(H, (\cdot, \cdot), |\cdot|)$ HILBERT-Raum. Die Abbildung $f : [0, T] \times H \to H$ heißt*

- dissipativ, *falls für alle $t \in [0, T]$ und $v, w \in H$ gilt*

$$(f(t, v) - f(t, w), v - w) \leq 0;$$

- stark dissipativ, *falls es ein $\mu > 0$ gibt, so dass für alle $t \in [0, T]$ und $v, w \in H$ gilt*

$$(f(t, v) - f(t, w), v - w) \leq -\mu\, |v - w|^2. \tag{7.3.9}$$

Der Einfachheit halber werden wir die beiden Fälle durch die Betrachtung von $\mu \geq 0$ stets zusammenfassen. Ist ein Anfangswertproblem (7.0.1) mit dissipativer rechter Seite vorgelegt, so sprechen wir auch von einem *dissipativen System*. Eine große Rolle spielen dissipative Systeme in der Physik und Biologie.

Bemerkung 7.3.8 Ob ein System dissipativ ist, hängt von der Wahl des Skalarprodukts in H ab (siehe Aufgabe 9.24). #

Sei $f(t,v) = f(t) - Av$ mit einem womöglich nichtlinearen Operator $A : H \to H$. Dann ist das System (stark) dissipativ, wenn der Operator $-A$ (stark) dissipativ ist und

$$(Au - Av, u - v) \geq \mu\,|u - v|^2$$

für alle $u, v \in H$ gilt. Diese Bedingung erinnert an die (starke) Monotonie, unterscheidet sich aber wesentlich darin, dass die von uns betrachteten monotonen Operatoren einen BANACH-Raum in dessen Dualraum abbilden.

Bemerkung 7.3.9 Statt *dissipativ* (geprägt von PHILLIPS) ist auch der Begriff *akkretiv* (geprägt von FRIEDRICHS und KATO[1]) in der Literatur gebräuchlich: Ein (nichtlinearer) Operator $A : H \to H$ heißt akkretiv, wenn für alle $v, w \in H$ gilt $(Av - Aw, v - w) \geq 0$, wenn also $-A$ dissipativ ist. #

Genügt f auf dem ganzen Raum H einer LIPSCHITZ-Bedingung, so folgt mit CAUCHY-SCHWARZscher Ungleichung

$$(f(t,v) - f(t,w), v - w) \leq |f(t,v) - f(t,w)|\,|v - w| \leq L\,|v - w|^2\,.$$

Im Falle (starker) Dissipativität hat man daher mit (7.3.9) eine „bessere" Abschätzung zur Hand.

Beispiel 7.3.10 Das wohl einfachste dissipative System ist mit $f(t,v) = -\mu v$ ($\mu \geq 0$) in $H = \mathbb{R}$ gegeben. #

Um nun eine entscheidende Aussage für dissipative Systeme herleiten zu können, benötigen wir das nachstehende Hilfsresultat.

Lemma 7.3.11 *Sei* $(H, (\cdot, \cdot), |\cdot|)$ *ein* HILBERT-*Raum und* $u \in \mathcal{C}^1([0,T]; H)$. *Dann gilt für alle* $t \in [0,T]$

$$\frac{1}{2}\frac{d}{dt}|u(t)|^2 = (u'(t), u(t))\,.$$

---

[1]Tosio KATO, geb. 1917 in Kanuma, gest. 1999 in Berkeley. KATO studierte Theoretische Physik in Tokyo, wo er später auch lehrte. Ab 1962 war KATO Professor für Mathematik an der University of California, Berkeley. Er beschäftigte sich mit nichtlinearen partiellen Differentialgleichungen und Mathematischer Physik und ist vor allem für sein erstmalig 1966 erschienenes Standardwerk zur Störungstheorie linearer Operatoren bekannt.

Beweis. Seien $t, t + h \in [0, T]$. Es ist

$$\frac{1}{h} \left(|u(t+h)|^2 - |u(t)|^2 \right)$$

$$= \frac{1}{h} \left(u(t+h) - u(t), u(t+h) \right) + \frac{1}{h} \left(u(t+h) - u(t), u(t) \right).$$

Des Weiteren gilt

$$\left| \left(u'(t), u(t) \right) - \frac{1}{h} \left(u(t+h) - u(t), u(t) \right) \right| = \left| \left(u'(t) - \frac{1}{h}(u(t+h) - u(t)), u(t) \right) \right|$$

$$\leq \left| u'(t) - \frac{1}{h}(u(t+h) - u(t)) \right| |u(t)| \leq \left| u'(t) - \frac{1}{h}(u(t+h) - u(t)) \right| \|u\|_{C([0,T];H)},$$

so dass

$$\frac{1}{h} \left(u(t+h) - u(t), u(t) \right) \to \left(u'(t), u(t) \right) \quad \text{für } h \to 0.$$

Ähnlich gilt

$$\left| \left(u'(t), u(t) \right) - \frac{1}{h} \left(u(t+h) - u(t), u(t+h) \right) \right|$$

$$= \left| \left(u'(t), u(t) - u(t+h) \right) + \left(u'(t) - \frac{1}{h} \left(u(t+h) - u(t) \right), u(t+h) \right) \right|$$

$$\leq |u'(t)| \, |u(t+h) - u(t)| + \left| u'(t) - \frac{1}{h} \left(u(t+h) - u(t) \right) \right| |u(t+h)|$$

$$\leq |u(t+h) - u(t)| \, \|u'\|_{C([0,T];H)} + \left| u'(t) - \frac{1}{h} \left(u(t+h) - u(t) \right) \right| \|u\|_{C([0,T];H)}.$$

Wegen der Stetigkeit und stetigen Differenzierbarkeit von u folgt

$$\frac{1}{h} \left(u(t+h) - u(t), u(t+h) \right) \to \left(u'(t), u(t) \right) \quad \text{für } h \to 0.$$

Zusammen ergibt sich die Behauptung.   #

Satz 7.3.12 *Seien u und v klassische Lösungen des als dissipativ angenommenen Anfangswertproblems (7.0.1) in einem gemeinsamen Zeitintervall $I \subseteq [0, T]$ ($t_0 \in I$) zu den Anfangswerten u_0 und v_0 im* HILBERT-*Raum $(H, (\cdot, \cdot), |\cdot|)$. Dann gilt für alle $s, t \in I$*

$$|u(t) - v(t)| \leq e^{-\mu(t-s)} |u(s) - v(s)| \leq e^{-\mu(t-t_0)} |u_0 - v_0|, \quad t \geq s \geq t_0,$$

wobei $\mu \geq 0$ die Konstante aus der Dissipativität von f ist.

Beweis. Mit Lemma 7.3.11 gilt

$$\frac{1}{2}\frac{d}{dt}|u(t) - v(t)|^2 = \big(u'(t) - v'(t), u(t) - v(t)\big)$$

$$= \big(f(t, u(t)) - f(t, v(t)), u(t) - v(t)\big)$$

$$\leq -\mu\,|u(t) - v(t)|^2\,.$$

Es folgt für $t \in I$

$$\frac{d}{dt}\left(\mathrm{e}^{2\mu(t-t_0)}|u(t) - v(t)|^2\right) \leq 0\,.$$

Integration führt auf die Behauptung.   #

Es sei bemerkt, dass f nicht notwendig auf dem gesamten Raum H dissipativ sein muss. Vielmehr reicht es für den Beweis vorstehender Aussage, wenn f in einer gewissen Kugel, die $u(t)$ und $v(t)$ für alle Zeiten $t \in I$ enthält, dissipativ ist.

Bemerkung 7.3.13 Existieren die Lösungen u und v *für alle Zeiten* $t > 0$ und ist das System *stark* dissipativ, so nähern sich u und v mit wachsender Zeit immer weiter an.   #

Bemerkung 7.3.14 Betrachten wir das lineare System (7.2.6) mit $A(t) \equiv A$ und $X = H$, so ist dieses dissipativ, wenn A als Abbildung in H positiv ist, es also ein $\mu \geq 0$ gibt, so dass für alle $v \in H$ gilt $(Av, v) \geq \mu\,|v|^2$. Für zwei globale Lösungen u, v zu den Anfangswerten u_0, v_0 mit $t_0 = 0$ folgt sodann

$$|u(t) - v(t)| \leq \mathrm{e}^{-\mu(t-s)}|u(s) - v(s)| \leq \mathrm{e}^{-\mu t}\,|u_0 - v_0|\,, \quad 0 \leq s \leq t\,.$$

Im Falle der homogenen Gleichung ist $v(t) \equiv 0$ Lösung zum Anfangswert $v_0 = 0$ und es folgt die Abschätzung

$$|u(t)| \leq \mathrm{e}^{-\mu(t-s)}|u(s)| \leq \mathrm{e}^{-\mu t}\,|u_0|\,, \quad 0 \leq s \leq t\,,$$

die das Abklingverhalten der Lösung zeigt. Die vorstehende Abschätzung zeigt außerdem, dass der Lösungsoperator $\mathcal{L}(t)$ für alle $t > 0$ nichtexpansiv, bei starker Dissipativität sogar kontrahierend ist. Allerdings kann es schon im einfachen Fall $H = \mathbb{R}^d$ zu einem vorübergehenden Anwachsen in einer der Lösungskomponenten kommen (siehe auch Aufgabe 9.24).   #

Beispiel 7.3.15 Wir betrachten den FREDHOLMschen Integraloperator A aus Beispiel 7.2.12 mit stetigem Kern $k \in \mathcal{C}([-1, 1] \times [-1, 1])$ und werden zeigen, dass $-A$ in $L^2(-1, 1)$ nicht stark dissipativ sein kann.

Sei $\varepsilon \in (0,1)$ zunächst beliebig und sei $v(x) = 1$ für $x \in [-\varepsilon, \varepsilon]$ und $v(x) = 0$ sonst. Dann gilt

$$(Av, v)_{0,2} = \int_{-1}^{1} \int_{-1}^{1} k(x, \xi) v(\xi) v(x) \, d\xi dx = \int_{-\varepsilon}^{\varepsilon} \int_{-\varepsilon}^{\varepsilon} k(x, \xi) \, d\xi dx$$

$$\leq 4\varepsilon^2 \max_{-1 \leq x, \xi \leq 1} |k(x, \xi)| \, .$$

Andererseits gilt

$$\|v\|_{0,2}^2 = \int_{-1}^{1} v(x)^2 \, dx = 2\varepsilon \, .$$

Wählen wir

$$\varepsilon < \frac{\mu}{2} \left(\max_{-1 \leq x, \xi \leq 1} |k(x, \xi)| \right)^{-1}$$

für ein beliebiges $\mu > 0$, so folgt $(Av, v)_{0,2} < \mu \|v\|_{0,2}^2$. Der Operator $-A$ kann daher allenfalls dissipativ, nicht aber stark dissipativ sein.

Eine Fortsetzung findet dieses Beispiel in Aufgabe 9.26.   #

7.4   Eine Verallgemeinerung des Satzes von PEANO

Wir wollen uns noch einmal der Frage der Lösbarkeit des Anfangswertproblems (7.0.1) widmen. Der bekannte Satz von PEANO (Satz A.2.5) sichert bereits unter schwächeren Voraussetzungen als der Satz von PICARD-LINDELÖF – es fehlt an der LIPSCHITZ-Bedingung – die lokale Existenz einer Lösung, nicht aber deren Einzigkeit. Der Beweis beruht unter anderem auf dem Satz von ARZELÀ-ASCOLI (Satz A.2.7) und dieser wiederum auf dem Satz von BOLZANO[1]-WEIERSTRASS. Letzterer gilt allerdings nur im $\mathbb{R}^d$ und nicht in einem unendlichdimensionalen BANACH-Raum X, mit dem wir es vorliegend zu tun haben (siehe auch Bemerkung A.2.9 und den RIESZschen Kompaktheitssatz, Satz A.2.10). Um hier zu einer Verallgemeinerung zu gelangen, muss die Voraussetzung der Stetigkeit verstärkt werden.

Zur Veranschaulichung des Problems bringen wir das folgende Standardbeispiel, welches DEIMLING [40, Ex. 2.1, S. 18 f.] entnommen ist und auf DIEUDONNÉ[2] [41,

---

[1]Bernard BOLZANO, geb. 1781 in Prag, gest. 1848 ebd. Nachdem sich BOLZANO zur gleichen Zeit auf eine Professur für Religionsphilosophie und eine Professur für Elementarmathematik an der Prager Universität bewarb, letztere aber anderweitig besetzt wurde, wurde BOLZANO Priester und lehrte Religion. Doch auch weiterhin beschäftigte er sich mit Problemen der Analysis. Für eine Biographie sei auf WUSSING und ARNOLD [149] verwiesen.

[2]Jean Alexandre Eugène DIEUDONNÉ, geb. 1906 in Lille, gest. 1992 in Nizza. DIEUDONNÉ studierte an der École Normale in Paris und arbeitete unter anderem in Rennes, Nancy, São Pau-

Aufg. 5, S. 273] zurückgeht. Es zeigt, dass für $\dim X = \infty$ Stetigkeit allein nicht hinreicht, um die (lokale) Existenz einer Lösung zu gewährleisten.

Beispiel 7.4.1 Sei $X = c_0$ der Raum der Nullfolgen, versehen mit der Supremumnorm. Wir betrachten das abzählbar unendliche System gewöhnlicher Differentialgleichungen

$$u_i'(t) = 2\sqrt{|u_i(t)|}\,, \quad t \in [0, T]\,, \quad i = 1, 2, \ldots\,,$$

ergänzt um die Anfangsbedingungen

$$u_i(0) = u_{0i} := \frac{1}{i^2}\,, \quad i = 1, 2, \ldots\,,$$

und suchen eine Lösung $u = \{u_i\}_{i=1}^{\infty} : [0, T] \to X$. Der Anfangswert $u_0 = \{u_{0i}\}_{i=1}^{\infty}$ ist offenbar eine Nullfolge, also Element von X. Auch bildet die rechte Seite $f = f(u)$ mit $f_i(u) = 2\sqrt{|u_i|}$ eine Nullfolge wieder in eine Nullfolge ab.

Jedes einzelne der abzählbar unendlich vielen Anfangswertprobleme ist eindeutig lösbar, denn für alle $i = 1, 2, \ldots$ ist $f_i = 2\sqrt{|u_i|}$ als Abbildung von $\mathbb{R}$ in $\mathbb{R}$ in jeder Kugel, die nicht die Null enthält, LIPSCHITZ-stetig. Wegen $u_{0i} = 1/i^2 \neq 0$ kann somit stets eine Kugel um u_{0i} angegeben werden, auf der f_i LIPSCHITZ-stetig ist, und der Satz von PICARD-LINDELÖF ist anwendbar. Mit

$$u_i(t) = \left(t + \frac{1}{i}\right)^2\,, \quad t \in [0, T]\,,$$

ist die einzige Lösung des i-ten Anfangswertproblems gegeben. Es gilt aber

$$\lim_{i \to \infty} |u_i(t)| = t^2 \neq 0 \quad \text{für } t \neq 0\,,$$

so dass $u(t) = \{u_i(t)\}_{i=1}^{\infty}$ für $t \neq 0$ keine Nullfolge ist. Aufgefasst als Anfangswertproblem im unendlichdimensionalen Raum X, gibt es folglich keine Lösung.

Gleichwohl ist f stetig: Sei $v = \{v_i\}_{i=1}^{\infty}$ eine beliebige beschränkte Folge (etwa eine Nullfolge) und sei $\varepsilon > 0$ beliebig. Dann gibt es wegen der Stetigkeit der

---

lo, Michigan und schließlich Paris. DIEUDONNÉ beschäftigte sich insbesondere mit Fragen der Topologie, algebraischen Geometrie und Invariantentheorie. Er gehört zu den Begründern der Gruppe vornehmlich französischer Mathematiker, die unter dem Pseudonym Nicolas BOURBAKI seit 1935 die *Éléments de Mathématique* veröffentlichte. Ursprünglich sollte nur ein neues, axiomatisch aufgebautes, modernes Lehrbuch der Analysis geschrieben werden, doch dann entschloss sich die Gruppe, sämtliche Gebiete anzugehen. Später gehörte auch SCHWARTZ zu BOURBAKI. DIEUDONNÉ schrieb 1960 die in der deutschen Übersetzung neun Bände zählenden *Grundzüge der modernen Analysis* (siehe [41] für den ersten Band). Von DIEUDONNÉ stammt der Satz: „ ... im Prinzip hat die moderne Mathematik keinerlei utilitaristisches Ziel, sondern stellt eine intellektuelle Disziplin dar, deren praktischer Nutzen sich auf Null reduziert ... " (vgl. BLECHMAN, MYŠKIS und PANOVKO [16, S. 47].)

Funktion $\xi \mapsto 2\sqrt{|\xi|}$ ein $\delta > 0$, so dass für eine beliebige beschränkte Folge $w = \{w_i\}_{i=1}^{\infty}$ (insbesondere für eine Nullfolge) aus

$$\|v - w\| = \sup_{i=1,2,\dots} |v_i - w_i| < \delta$$

für jedes $i = 1, 2, \dots$ die Abschätzung

$$2\left|\sqrt{|v_i|} - \sqrt{|w_i|}\right| < \frac{\varepsilon}{2}$$

und mithin

$$\|f(v) - f(w)\| = 2 \sup_{i=1,2,\dots} \left|\sqrt{|v_i|} - \sqrt{|w_i|}\right| \leq \frac{\varepsilon}{2} < \varepsilon$$

folgt.

Eine Fortsetzung findet das Beispiel in Aufgabe 9.27.   #

Wie so oft beim Übergang vom Endlich- zum Unendlichdimensionalen, wird in der Verallgemeinerung des Satzes von PEANO *Stetigkeit* durch *Kompaktheit* ersetzt. Allerdings können wir selbst dann den Beweis des Satzes von PEANO nicht ohne weiteres übernehmen, denn der Satz von ARZELÀ-ASCOLI kann nicht zur Anwendung gelangen. Gleichwohl gibt es eine Verallgemeinerung, die wiederum ARZELÀ und ASCOLI zugeschrieben wird und in der – wie nicht anders zu erwarten – die Voraussetzung der Beschränktheit verschärft wird.

Satz 7.4.2 (Verallgemeinerter Satz von ARZELÀ-ASCOLI) *Eine Menge $\mathcal{M}$ von auf dem Intervall $[0, T]$ stetigen Funktionen mit Werten in einem BANACH-Raum X ist genau dann relativ kompakt in $\mathcal{C}([0, T]; X)$, wenn sie gleichgradig stetig ist und für jedes $t \in [0, T]$ die Menge*

$$\mathcal{M}(t) := \{v(t) \in X : v \in \mathcal{M}\}$$

relativ kompakt in X ist.

Für einen *Beweis* sei auf DIEUDONNÉ [41, Abschn. 7.5.7, S. 138] verwiesen.

Im Folgenden verstehen wir unter einer kompakten Abbildung wieder eine stetige Abbildung, die beschränkte in relativ kompakte Mengen abbildet (vgl. auch Seite 278).

Satz 7.4.3 (Verallgemeinerter Satz von PEANO) *Sei $f : [0, T] \times \bar{B}(u_0, r) \to X$ kompakt. Dann gibt es ein $M > 0$, so dass $\|f(t, v)\| \leq M$ für alle $t \in [0, T]$ und $v \in \bar{B}(u_0, r)$ gilt, und das Anfangswertproblem (7.0.1) besitzt auf dem Intervall*

$$I = [0, T] \cap \left[t_0 - \frac{r}{M}, t_0 + \frac{r}{M}\right]$$

mindestens eine Lösung $u : I \to \bar{B}(u_0, r) \in \mathcal{C}^1(I; X)$.

Beweis. Wir betrachten die in (7.2.4) definierte Selbstabbildung $T : \mathcal{A} \to \mathcal{A}$. Mit Hilfe des SCHAUDERschen Fixpunktsatzes (Satz A.2.13) zeigen wir die Existenz eines Fixpunktes von T.

Im Beweis zum verallgemeinerten Satz von PICARD-LINDELÖF (Satz 7.2.3) hatten wir bereits gezeigt, dass $\mathcal{A} \neq \emptyset$ abgeschlossen ist. Die Beschränktheit von $\mathcal{A}$ ist einzusehen, da für beliebiges $v \in \mathcal{A}$

$$\max_{t \in I} \|v(t)\| \leq \max_{t \in I} \|v(t) - u_0\| + \|u_0\| \leq r + \|u_0\|$$

gilt. Außerdem ist die Menge $\mathcal{A}$, wie man leicht zeigt, konvex.

Da f kompakt und $I \times \bar{B}(u_0, r)$ beschränkt ist, ist $f(I \times \bar{B}(u_0, r))$ relativ kompakt in X, also auch beschränkt, was die Existenz von $M < \infty$ rechtfertigt. Die Stetigkeit von T folgt aus der Stetigkeit von f: Seien $v \in \mathcal{A}$ und $\varepsilon > 0$ beliebig. Wegen der Stetigkeit von f, die bezüglich t gleichmäßig ist, gibt es ein $\delta > 0$, so dass für beliebiges $w \in \mathcal{A}$ aus

$$\|v - w\|_{C(I;X)} = \max_{t \in I} \|v(t) - w(t)\| < \delta$$

für alle $t \in I$

$$\|f(t, v(t)) - f(t, w(t))\| < \frac{\varepsilon M}{r}$$

folgt. Daher gilt

$$\|Tv - Tw\|_{C(I;X)} \leq \max_{t \in I} \int_{\min\{t_0,t\}}^{\max\{t_0,t\}} \|f(\tau, v(\tau)) - f(\tau, w(\tau))\| \, d\tau$$

$$< \max_{t \in I} \int_{\min\{t_0,t\}}^{\max\{t_0,t\}} \frac{\varepsilon M}{r} \, d\tau = \frac{\varepsilon M}{r} \max_{t \in I} |t - t_0| \leq \varepsilon.$$

Wir zeigen nun mit Hilfe des verallgemeinerten Satzes von ARZELÀ-ASCOLI (Satz 7.4.2) die Kompaktheitseigenschaft von T. Zunächst gilt: Zu jedem $\varepsilon > 0$ gibt es ein $\delta := \varepsilon/M$, so dass für alle $v \in \mathcal{A}$ und alle $s, t \in I$ aus

$$|s - t| < \delta = \frac{\varepsilon}{M}$$

folgt

$$\|(Tv)(s) - (Tv)(t)\| \leq \int_{\min\{s,t\}}^{\max\{s,t\}} \|f(\tau, v(\tau))\| \, d\tau \leq M \, |s - t| < \varepsilon.$$

Dies aber ist die gleichgradige Stetigkeit der Funktionen Tv mit $v \in \mathcal{A}$. Wegen der Stetigkeit von f ist nach Lemma 7.1.5 für beliebiges $v \in \mathcal{A}$ die Abbildung $t \mapsto f(t, v(t))$ auf $[0, T]$ stetig. Nach Lemma 7.1.17 gilt sodann für jedes $t \in I$

$$(Tv)(t) = u_0 + \int_{t_0}^{t} f(\tau, v(\tau)) \, d\tau \in \mathcal{N}(t, v),$$

wobei

$$\mathcal{N}(t,v) := \left\{ w \in X : w = u_0 + (t - t_0)\,\bar{w}\,,\ \bar{w} \in \overline{\mathrm{co}}\ \{f(\tau, v(\tau)) : \tau \in I\} \right\} \subseteq$$

$$\left\{ w \in X : w = u_0 + (t - t_0)\,\bar{w}\,,\ \bar{w} \in \overline{\mathrm{co}}\ \{f(\tau, z) : \tau \in I, z \in \bar{B}(u_0, r)\} \right\} =: \mathcal{N}(t)\,.$$

Da $f(I \times \bar{B}(u_0, r))$ relativ kompakt in X ist, sind nach dem Satz von MAZUR[1] (Satz A.2.1) die abgeschlossene konvexe Hülle $\overline{\mathrm{co}}\ \{f(\tau, z) : \tau \in I, z \in \bar{B}(u_0, r)\}$ und folglich $\mathcal{N}(t)$ kompakt in X. Es ist daher $\mathcal{M}(t) := \{(Tv)(t) : v \in \mathcal{A}\} \subseteq \mathcal{N}(t)$ relativ kompakt.

Dem verallgemeinerten Satz von ARZELÀ-ASCOLI zufolge ist $T(\mathcal{A})$ relativ kompakt und T daher ein kompakter Operator. Nach dem Fixpunktsatz von SCHAUDER (Satz A.2.13) besitzt T mindestens einen Fixpunkt in $\mathcal{A}$. Dieser ist klassische Lösung des Anfangswertproblems.   #

Hinsichtlich der Menge der Lösungen gilt

Satz 7.4.4 *Unter den Voraussetzungen des Satzes 7.4.3 ist die Lösungsmenge von (7.0.1) kompakt in $\mathcal{C}(I; X)$.*

Beweis. Zunächst halten wir nochmals fest, dass jede klassische Lösung des Anfangswertproblems (7.0.1) Fixpunkt der Abbildung $T : \mathcal{A} \to \mathcal{A}$ aus (7.2.4) ist und umgekehrt. Im Beweis zu Satz 7.4.3 hatten wir bereits gezeigt, dass T kompakt ist.

Sei $\{u_n\} \subset \mathcal{A}$ eine beliebige Folge von Lösungen. Da T kompakt ist, ist $\{Tu_n\}$ relativ kompakt, so dass es eine konvergente Teilfolge $\{Tu_{n'}\}$ gibt. Wegen $Tu_{n'} = u_{n'}$ besitzt die beliebige Folge $\{u_n\}$ von Lösungen also eine konvergente Teilfolge, so dass die Lösungsmenge relativ kompakt ist.

Es bleibt, die Abgeschlossenheit der Lösungsmenge zu zeigen. Sei hierzu $\{u_n\} \subset \mathcal{A}$ eine Folge von Lösungen, die in $\mathcal{C}(I; X)$ gegen u konvergiert. Da $\mathcal{A}$ abgeschlossen ist, ist $u \in \mathcal{A}$. Wir zeigen, dass dann u selbst Lösung ist: Da T stetig ist, folgt $Tu_n \to Tu$ für $n \to \infty$. Wegen $Tu_n = u_n$ gilt $Tu = u$, so dass u Lösung ist.   #

7.5 Zeitdiskretisierung durch einfache Einschrittverfahren

Ein Verfahren zur näherungsweisen Bestimmung der Lösung des Anfangswertproblems (7.0.1) haben wir indirekt bereits beim Beweis des verallgemeinerten

---

[1]Stanislaw MAZUR, geb. 1905, gest. 1981. MAZUR studierte und promovierte in Lwów (Lemberg, heute Lviv) bei BANACH. In dieser Zeit wurde MAZUR einer der engsten Mitarbeiter BANACHs und arbeitete über Probleme der Funktionalanalysis. Nachdem er zunächst in Lwów lehrte, ging MAZUR 1948 an die Universität in Warschau.

Satzes von PICARD-LINDELÖF kennen gelernt: die Methode der sukzessiven Approximation (PICARD-Iteration), die dem Beweis des BANACHschen Fixpunktsatzes (Satz A.2.2) zugrunde liegt und mithin auf die Fixpunktgleichung $u = Tu$ mit der Abbildung T aus (7.2.4) angewandt werden kann.

Wir wollen hier zunächst ein weiteres, sehr einfaches Verfahren diskutieren: das *explizite* EULER-*Verfahren*. Dabei beschränken wir uns auf ein äquidistantes Zeitgitter, wenngleich dies nicht erforderlich ist. Des Weiteren sei $t_0 = 0$.

Sei $N \in \mathbb{N} \setminus \{0\}$ vorgegeben. Wir betrachten sodann eine äquidistante Zerlegung des Zeitintervalls $[0, T]$ mit der Schrittweite $\Delta t = T/N$ und den Knoten $t_n = n\Delta t$ $(n = 0, 1, \ldots, N)$. Die Aufgabe besteht darin, Näherungswerte $u^n \approx u(t_n)$ in X zu bestimmen, wobei $u^0 = u_0$ exakt vorgeben werden kann. Es sei ausdrücklich betont, dass die Näherungswerte Elemente aus X sind; eine Diskretisierung bezüglich X ist nicht Gegenstand der folgenden Untersuchungen.

Das explizite EULER-Verfahren beruht auf der Approximation

$$u'(t_n) \approx \frac{u(t_{n+1}) - u(t_n)}{\Delta t}.$$

Wir betrachten also das Schema

$$\frac{u^{n+1} - u^n}{\Delta t} = f(t_n, u^n), \quad n = 0, 1, \ldots, N-1, \ u^0 \in X \text{ gegeben}, \qquad (7.5.1)$$

welches wir auch aus der Quadratur von

$$u(t_{n+1}) = u(t_n) + \int_{t_n}^{t_{n+1}} f(s, u(s)) \, ds$$

vermittels einer Rechteckregel herleiten können.

Für stetiges f ist das Verfahren wohldefiniert, und es kann in eindeutiger Weise eine Lösung $\{u^n\}_{n=0}^N \subset X$ bestimmt werden.

Satz 7.5.1 *Die Funktion* $f : [0, T] \times X \to X$ *sei stetig und genüge der folgenden* LIPSCHITZ-*Bedingung: Es gebe ein* $L > 0$, *so dass für alle* $s, t \in [0, T]$ *und* $v, w \in X$

$$\|f(s, v) - f(t, w)\| \leq L \left(|s - t| + \|v - w\|\right) \qquad (7.5.2)$$

gilt. Dann ist sowohl die Lösung $\{u^n\}_{n=0}^N$ *des expliziten* EULER-*Verfahrens (7.5.1) als auch deren diskrete Ableitung* $\{(u^n - u^{n-1})/(\Delta t)\}_{n=1}^N$ *gleichmäßig bezüglich der Schrittweite* Δt *beschränkt und es gilt:*

$$\|u^n\| \leq \|u^0\| + \frac{1}{L}(\omega_0^n - 1)\left(1 + \|f(0, u^0)\|\right), \quad n = 0, 1, \ldots, N, \quad (7.5.3)$$

$$\left\|\frac{u^n - u^{n-1}}{\Delta t}\right\| \leq \omega_0^{n-1}\left(1 + \|f(0, u^0)\|\right) - 1, \quad n = 1, \ldots, N. \qquad (7.5.4)$$

Weiterhin ist die Lösung stabil: Sind $\{u^n\}_{n=0}^N$ und $\{v^n\}_{n=0}^N$ die zu den Anfangs-bedingungen u^0 und v^0 berechneten Lösungen des expliziten EULER-*Verfahrens, so gilt*

$$\|u^n - v^n\| \le \omega_0^n \|u^0 - v^0\|, \quad n = 0, 1, \dots, N.$$
(7.5.5)

Besitzt die nach Satz 7.2.6 existierende globale Lösung u eine BOCHNER-*integrier-bare zweite Ableitung, so folgt für den Diskretisierungsfehler $e^n := u(t_n) - u^n$ ($n = 0, 1, \dots, N$) die Abschätzung*

$$\|e^n\| \le \omega_0^n \left(\|e^0\| + \Delta t \int_0^{t_n} \|u''(t)\| \, dt \right).$$
(7.5.6)

Es gilt ferner

$$\omega_0 := 1 + L\Delta t \le \mathrm{e}^{L\Delta t}, \quad \omega_0^n \le \mathrm{e}^{Lt_n} \le \mathrm{e}^{LT}, \quad \lim_{N \to \infty} \omega_0^N = \mathrm{e}^{LT}.$$

Beweis. Die Beschränktheit der diskreten Ableitung ist wie folgt einzusehen: Für $n = 1$ folgt die Abschätzung (7.5.4) unmittelbar aus $\|u^1 - u^0\| = \Delta t \|f(0, u_0)\|$. Für $n = 2, 3, \dots, N$ gilt wegen der LIPSCHITZ-Stetigkeit und mit der Dreiecksun-gleichung

$$\|u^n - u^{n-1}\| = \|u^{n-1} - u^{n-2} + \Delta t \left(f(t_{n-1}, u^{n-1}) - f(t_{n-2}, u^{n-2}) \right) \|$$

$$\le \|u^{n-1} - u^{n-2}\| + L\Delta t \left(\Delta t + \|u^{n-1} - u^{n-2}\| \right)$$

$$= \omega_0 \|u^{n-1} - u^{n-2}\| + L(\Delta t)^2$$

$$\le \omega_0^2 \|u^{n-2} - u^{n-3}\| + L \left(1 + \omega_0 \right) (\Delta t)^2$$

$$\le \cdots \le \omega_0^{n-1} \|u^1 - u^0\| + L \frac{\omega_0^{n-1} - 1}{\omega_0 - 1} (\Delta t)^2$$

$$= \Delta t \, \omega_0^{n-1} \|f(0, u^0)\| + \Delta t \left(\omega_0^{n-1} - 1 \right).$$

Man beachte, dass $\omega_0^{n-1} \le \mathrm{e}^{LT}$. Die Beschränktheit der Lösung ergibt sich sodann wegen

$$\|u^n\| \le \|u^{n-1}\| + \|u^n - u^{n-1}\|$$

$$\le \|u^{n-1}\| + \Delta t \, \omega_0^{n-1} \left(1 + \|f(0, u^0)\| \right)$$

$$\le \|u^{n-2}\| + \Delta t \left(\omega_0^{n-1} + \omega_0^{n-2} \right) \left(1 + \|f(0, u^0)\| \right)$$

$$\le \cdots \le \|u^0\| + \Delta t \left(1 + \|f(0, u^0)\| \right) \sum_{j=0}^{n-1} \omega_0^j$$

$$= \|u^0\| + \frac{1}{L} (\omega_0^n - 1) \left(1 + \|f(0, u^0)\| \right).$$

Wiederum wegen der LIPSCHITZ-Stetigkeit gilt

$$\|u^n - v^n\| = \|u^{n-1} - v^{n-1} + \Delta t\left(f(t_{n-1}, u^{n-1}) - f(t_{n-1}, v^{n-1})\right)\|$$

$$\leq \omega_0 \|u^{n-1} - v^{n-1}\|$$

und fortgesetzte Anwendung führt auf die Stabilitätsabschätzung.

Für die Fehlerabschätzung beobachten wir, dass

$$\frac{1}{\Delta t}\left(e^{n+1} - e^n\right) = \frac{1}{\Delta t}\left(u(t_{n+1}) - u(t_n)\right) - f(t_n, u^n)$$

$$= \frac{1}{\Delta t}\int_{t_n}^{t_{n+1}} u'(t)\,dt - f(t_n, u^n)$$

$$= \frac{1}{\Delta t}\int_{t_n}^{t_{n+1}} u'(t)\,dt - u'(t_n) + f(t_n, u(t_n)) - f(t_n, u^n)$$

$$= \frac{1}{\Delta t}\int_{t_n}^{t_{n+1}} (t_{n+1} - t)\,u''(t)\,dt + f(t_n, u(t_n)) - f(t_n, u^n).$$

Die Dreiecksungleichung, die Eigenschaften des BOCHNER-Integrals und die LIP-SCHITZ-Stetigkeit von f führen auf

$$\|e^{n+1}\| \leq \|e^n\| + \int_{t_n}^{t_{n+1}} (t_{n+1} - t)\,\|u''(t)\|\,dt + L\Delta t\,\|e^n\|$$

$$\leq \omega_0\,\|e^n\| + \Delta t\int_{t_n}^{t_{n+1}} \|u''(t)\|\,dt$$

$$\leq \omega_0^2\,\|e^{n-1}\| + \Delta t\left(\int_{t_n}^{t_{n+1}} \|u''(t)\|\,dt + \omega_0\int_{t_{n-1}}^{t_n} \|u''(t)\|\,dt\right)$$

$$\leq \cdots \leq \omega_0^{n+1}\,\|e^0\| + \Delta t\,\omega_0^n\int_0^{t_{n+1}} \|u''(t)\|\,dt.$$

Die Aussagen über ω_0 sind elementar. $\qquad\qquad\#$

Bemerkung 7.5.2 Die gleichmäßige Beschränktheit von diskreter Lösung und Ableitung entspricht der Aussage, dass die exakte Lösung und deren Ableitung beschränkt sind ($u, u' \in \mathcal{C}([0, T]; X)$). Die Fehlerabschätzung (7.5.6) zeigt die Konvergenz erster Ordnung des Verfahrens. $\qquad\qquad\#$

Der Einfachheit halber haben wir in Satz 7.5.1 nur den Fall betrachtet, dass f auf $[0, T] \times X$ stetig ist und auf ganz X einer LIPSCHITZ-Bedingung genügt. In ähnlicher Weise kann man den Fall behandeln, dass – wie in Satz 7.2.3 – Stetigkeit und LIPSCHITZ-Bedingung nur in einer gewissen Kugel gelten.

Eine ähnliche Aussage wie in Satz 7.5.1 kann auch für das *implizite* EULER-*Verfahren*

$$\frac{u^{n+1} - u^n}{\Delta t} = f(t_{n+1}, u^{n+1}), \quad n = 0, 1, \ldots, N - 1, \ u^0 \in X \text{ gegeben}, \quad (7.5.7)$$

gewonnen werden, allerdings unter der Voraussetzung, dass die Zeitschrittweite Δt hinreichend klein ist:

Satz 7.5.3 *Die Funktion $f : [0, T] \times X \to X$ sei stetig und genüge der* LIPSCHITZ-*Bedingung (7.5.2). Dann gibt es genau eine Lösung $\{u^n\}_{n=0}^N$ des impliziten* EULER-*Verfahrens (7.5.7), sofern $\Delta t < 1/L$. Die Aussagen des Satzes 7.5.1 gelten entsprechend, wobei ω_0 durch ω_1 und $\|f(0, u^0)\|$ durch $\|f(t_1, u^1)\|$ zu ersetzen ist. Dabei gilt*

$$\omega_1 := \frac{1}{1 - L\Delta t} \leq \exp\left(\frac{L\Delta t}{1 - L\Delta t}\right),$$

$$\omega_1^n \leq \exp\left(\frac{Lt_n}{1 - L\Delta t}\right) \leq \exp\left(\frac{LT}{1 - L\Delta t}\right), \quad \lim_{N \to \infty} \omega_1^N = e^{LT}.$$

Ferner gilt

$$\|f(t_1, u^1)\| \leq \omega_1 \left(L\Delta t + \|f(0, u^0)\|\right) \to \|f(0, u^0)\| \quad \text{für} \quad N \to \infty.$$

Beweis. Wir zeigen zunächst die Wohldefiniertheit des Schemas, also die Lösbarkeit der Gleichung

$$u^{n+1} = u^n + \Delta t \, f(t_{n+1}, u^{n+1})$$

für vorgegebenes $u^n \in X$, $\Delta t > 0$ und beliebiges $n = 0, 1, \ldots N - 1$. Wir können die Gleichung als Fixpunktgleichung auffassen und suchen sodann einen Fixpunkt der Abbildung T mit

$$Tv := u^n + \Delta t \, f(t_{n+1}, v).$$

Offenbar bildet T den Raum X in sich ab. Wegen

$$\|Tv - Tw\| = \Delta t \, \|f(t_{n+1}, v) - f(t_{n+1}, w)\| \leq L\Delta t \, \|v - w\|$$

ist T kontrahierend, sofern $L\Delta t < 1$. Nach dem BANACHschen Fixpunktsatz (Satz A.2.2) gibt es genau einen Fixpunkt, die gesuchte Lösung $u^{n+1} \in X$.

Hinsichtlich der Beschränktheit der Lösung und der diskreten Ableitung beobachten wir zunächst

$$\|u^n - u^{n-1}\| = \|u^{n-1} - u^{n-2} + \Delta t \left(f(t_n, u^n) - f(t_{n-1}, u^{n-1})\right)\|$$

$$\leq \|u^{n-1} - u^{n-2}\| + L\Delta t \left(\Delta t + \|u^n - u^{n-1}\|\right),$$

so dass

$$\|u^n - u^{n-1}\| \le \omega_1 \left(\|u^{n-1} - u^{n-2}\| + L(\Delta t)^2\right).$$

Die Behauptung folgt dann wie beim expliziten EULER-Verfahren. Desgleichen gilt für die Stabilitätsabschätzung.

Für die Fehlerabschätzung beobachten wir analog zum expliziten Verfahren

$$\frac{1}{\Delta t}\left(e^{n+1} - e^n\right) = \frac{1}{\Delta t}\left(u(t_{n+1}) - u(t_n)\right) - f(t_{n+1}, u^{n+1})$$

$$= -\frac{1}{\Delta t}\int_{t_n}^{t_{n+1}} (t - t_n)\, u''(t)\, dt + f(t_{n+1}, u(t_{n+1})) - f(t_{n+1}, u^{n+1}).$$

$$(7.5.8)$$

Die Dreiecksungleichung, die Eigenschaften des BOCHNER-Integrals und die LIP-SCHITZ-Stetigkeit von f führen auf

$$\|e^{n+1}\| \le \|e^n\| + \int_{t_n}^{t_{n+1}} (t - t_n)\, \|u''(t)\|\, dt + L\Delta t\, \|e^{n+1}\|;$$

die Behauptung folgt nun wie im Beweis zum expliziten Verfahren.

Die Aussagen über ω_1 sind elementar. Die Aussage über $\|f(t_1, u^1)\|$ folgt wegen

$$\|f(t_1, u^1)\| \le \|f(t_1, u^1) - f(0, u^0)\| + \|f(0, u^0)\|$$

$$\le L\left(\Delta t + \|u^1 - u^0\|\right) + \|f(0, u^0)\|$$

$$= L\Delta t\left(1 + \|f(t_1, u^1)\|\right) + \|f(0, u^0)\|.$$

$$\#$$

Auch hier trifft Bemerkung 7.5.2 zu.

Das implizite EULER-Verfahren hat den Vorteil, dass es, angewandt auf ein dissipatives System, dessen Struktur übernimmt und ein Analogon zu Satz 7.3.12 gilt. Dies liegt an der so genannten starken A- bzw. G-Stabilität des Verfahrens (vgl. etwa HAIRER und WANNER [63]). Der entscheidende Trick wird dabei die Beziehung

$$(v - w, v) = \frac{1}{2}\left(|v|^2 - |w|^2 + |v - w|^2\right) \ge \frac{1}{2}\left(|v|^2 - |w|^2\right) \tag{7.5.9}$$

sein, die für beliebige Elemente v, w aus dem HILBERT-Raum $(H, (\cdot, \cdot), |\cdot|)$ gilt. Hieraus folgt nämlich ein diskretes Analogon zu Lemma 7.3.11: Sei $\{w^n\}_{n=0}^{N} \subset H$. Dann gilt

$$\frac{1}{2\Delta t}\left(|w^{n+1}|^2 - |w^n|^2\right) \le \left(\frac{w^{n+1} - w^n}{\Delta t}, w^{n+1}\right), \quad n = 0, 1, \ldots, N-1. \tag{7.5.10}$$

Zuvor aber sei bemerkt, dass das implizite EULER-Verfahren im Falle eines stark dissipativen Systems auch dann wohldefiniert ist, wenn die Bedingung $L\Delta t < 1$ aus Satz 7.5.3 verletzt ist (siehe Aufgabe 9.28).

Satz 7.5.4 *Seien $\{u^n\}_{n=0}^N$ und $\{v^n\}_{n=0}^N$ Lösungen des impliziten EULER-Verfahrens (7.5.7) mit dissipativer rechter Seite zu den Anfangswerten u^0 und v^0 im HILBERT-Raum $(H, (\cdot,\cdot), |\cdot|)$. Dann gilt für alle $n = 0, 1, \ldots, N$*

$$|u^n - v^n| \le \bar{\omega}_1 \, |u^{n-1} - v^{n-1}| \le \cdots \le \bar{\omega}_1^n \, |u^0 - v^0| \,.$$

Ist $u \in C^1([0,T]; H)$ Lösung des Anfangswertproblems (7.0.1) zum Anfangswert $u_0 \in H$ mit $\mu > 0$ und existiert $u'' \in L^1(0,T;H)$, so gilt für den Diskretisierungsfehler $e^n = u(t_n) - u^n$ ($n = 0, 1, \ldots, N$) die Abschätzung

$$|e^n| \le \bar{\omega}_1^n \left(|e^0| + 2\Delta t \bar{\omega}_1 \int_0^{t_n} |u''(t)| \, dt \right) \,.$$

Dabei gilt für $\bar{\omega}_1 > 0$:

$$\exp(-\mu\Delta t) \le \bar{\omega}_1 := \frac{1}{\sqrt{1 + 2\mu\Delta t}} \le \exp\left(-\frac{\mu\Delta t}{1 + 2\mu\Delta t} \right), \quad \bar{\omega}_1 \approx \frac{1}{1 + \mu\Delta t},$$

$$\exp(-\mu t_n) \le \bar{\omega}_1^n \le \exp\left(-\frac{\mu t_n}{1 + 2\mu\Delta t} \right) \le 1, \quad \lim_{N \to \infty} \bar{\omega}_1^N = \mathrm{e}^{-\mu T},$$

wobei $\mu \ge 0$ die Konstante aus der Dissipativität von f ist.

Beweis. Wir zeigen zunächst den ersten Teil des Satzes. Für die Differenz $w^n = u^n - v^n$ gilt

$$\frac{w^{n+1} - w^n}{\Delta t} = f(t_{n+1}, u^{n+1}) - f(t_{n+1}, v^{n+1}) \,.$$

Testen mit w^{n+1} bezüglich des Skalarprodukts $(\cdot,\cdot)$ führt wegen (7.5.10) und der Dissipativität auf

$$\frac{1}{2\Delta t}\left(|w^{n+1}|^2 - |w^n|^2 \right) \le \left(f(t_{n+1}, u^{n+1}) - f(t_{n+1}, v^{n+1}), u^{n+1} - v^{n+1} \right)$$

$$\le -\mu \, |w^{n+1}|^2 \,.$$

Mithin gilt

$$|w^{n+1}|^2 \le \frac{1}{1 + 2\mu\Delta t} \, |w^n|^2 \,,$$

und es folgt die erste Behauptung.

Für den Beweis des zweiten Teils des Satzes beobachten wir, dass aus (7.5.8) mit (7.5.10) und Dissipativität

$$\frac{1}{2\Delta t}\left(|e^{n+1}|^2 - |e^n|^2\right) \leq \left(-\frac{1}{\Delta t}\int_{t_n}^{t_{n+1}}(t-t_n)\,u''(t)\,dt,\, e^{n+1}\right) - \mu\,|e^{n+1}|^2$$

folgt. Mit der CAUCHY-SCHWARZschen Ungleichung ergibt sich

$$\frac{1}{2\Delta t}\left(|e^{n+1}|^2 - |e^n|^2\right) \leq \frac{1}{\Delta t}\int_{t_n}^{t_{n+1}}(t-t_n)\,|u''(t)|\,dt\,|e^{n+1}| - \mu\,|e^{n+1}|^2$$

$$\leq \int_{t_n}^{t_{n+1}}|u''(t)|\,dt\,|e^{n+1}| - \mu\,|e^{n+1}|^2\,.$$

Die Auflösung dieser in $|e^{n+1}|$ quadratischen Ungleichung führt auf

$$|e^{n+1}| \leq \Delta t\,\bar{\omega}_1^2\int_{t_n}^{t_{n+1}}|u''(t)|\,dt + \left(\left(\Delta t\,\bar{\omega}_1^2\int_{t_n}^{t_{n+1}}|u''(t)|\,dt\right)^2 + \bar{\omega}_1^2\,|e^n|^2\right)^{1/2}$$

$$\leq 2\Delta t\,\bar{\omega}_1^2\int_{t_n}^{t_{n+1}}|u''(t)|\,dt + \bar{\omega}_1\,|e^n|\,.$$

Die Behauptung ergibt sich nun wie üblich durch fortgesetzte Anwendung der Ungleichung.

Die Aussagen über $\bar{\omega}_1$ sind elementar. $\qquad\qquad\#$

Man beachte, dass $\bar{\omega}_1$ im Gegensatz zu ω_1 aus Satz 7.5.3 stets kleiner oder gleich Eins ist.

8 Schwache Lösungstheorie

8.1 Verallgemeinerte Ableitung und der Raum $\mathcal{W}(0,T)$

Im Folgenden sei wieder ein endliches Zeitintervall $[0,T]$ mit $T > 0$ vorgegeben, und es bezeichne $(X, \|\cdot\|)$ einen reellen BANACH-Raum sowie $(X^*, \|\cdot\|_*)$ dessen Dualraum. In Hinblick auf Satz 7.1.20 wollen wir annehmen, X sei reflexiv.

Nach der Einführung des BOCHNER-Integrals in Abschnitt 7.1 sind wir jetzt in der Lage, den Ableitungsbegriff auch für abstrakte Funktionen zu verallgemeinern, und zwar in völliger Analogie zu Definition 3.1.2.

Definition 8.1.1 *Seien* $u, v \in L^1_{\mathrm{loc}}(0,T;X)$ *und gelte für alle* $\phi \in \mathcal{C}_0^\infty(0,T)$

$$\int_0^T u(t)\phi'(t)dt = -\int_0^T v(t)\phi(t)dt\,.$$

Dann heißt v *verallgemeinerte Ableitung von* u, *kurz:* $v = u'$.

Die Integrale sind dabei als BOCHNER-Integrale zu verstehen; sie sind also Elemente des Raumes X. Die verallgemeinerte Ableitung ist bis auf fast überall gleiche Funktionen eindeutig bestimmt (was sich unmittelbar aus dem noch folgenden Korollar 8.1.3 ergibt) und fällt mit der klassischen Ableitung, sofern diese existiert, zusammen. Sehr häufig trifft man in der Literatur auf die *distributionelle Zeitableitung* abstrakter Funktionen. Für den Zusammenhang gilt Bemerkung 3.1.4 ganz analog.

Bemerkung 8.1.2 Die oben definierte verallgemeinerte Ableitung ist von der in der Literatur oft als *schwache Ableitung* bezeichneten Ableitung zu unterscheiden: $u'(t) \in X$ heißt schwache Ableitung von u an der Stelle $t \in [0,T]$, wenn

$$\lim_{\substack{h \to 0 \\ t+h \in [0,T]}} \left\langle f, u'(t) - \frac{u(t+h)-u(t)}{h} \right\rangle = 0 \qquad \forall f \in X^*$$

gilt. #

Auch für abstrakte Funktionen gilt ein Analogon des Fundamentallemmas der Variationsrechnung (Satz 3.1.5) und des Korollars 3.1.9.

Satz 8.1.3 *Sei* $u \in L^1_{\mathrm{loc}}(0,T;X)$ *und gelte für alle* $\phi \in \mathcal{C}_0^\infty(0,T)$

$$\int_0^T u(t)\phi(t)dt = 0\,.$$

Dann folgt $u(t) = 0$ *für fast alle* $t \in [0,T]$.

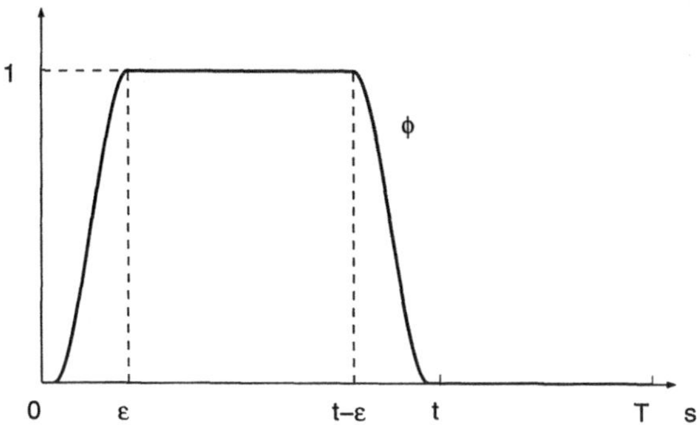

Bild 8.1.1: Funktion ϕ im Beweis zu Satz 8.1.3

Beweis. Seien $t \in (0,T]$ und ε mit $0 < \varepsilon < t/2$ beliebig. Wir wählen eine beliebige Funktion $\phi \in \mathcal{C}_0^\infty(0,T)$ (siehe auch Bild 8.1.1) mit den Eigenschaften

$$0 \le \phi(s) \le 1 \text{ für } s \in [0,T]\,, \quad \operatorname{supp}\phi \subset [0,t]\,, \quad \phi(s) = 1 \text{ für } s \in [\varepsilon, t-\varepsilon]\,.$$

Dann gilt wegen der Voraussetzung und der Eigenschaften des BOCHNER-Integrals (siehe insbesondere Satz 7.1.15 (ii))

$$\left\| \int_0^t u(s)\,ds \right\| = \left\| \int_0^t u(s)\,ds - \int_0^T u(s)\phi(s)\,ds \right\|$$

$$= \left\| \int_0^\varepsilon u(s)\,(1-\phi(s))\,ds + \int_{t-\varepsilon}^t u(s)\,(1-\phi(s))\,ds \right\|$$

$$\le \int_0^\varepsilon \|u(s)\|\,ds + \int_{t-\varepsilon}^t \|u(s)\|\,ds\,.$$

Man beachte, dass nach Satz 7.1.15 (i) die Funktion $t \mapsto \|u(t)\|$ LEBESGUE-integrierbar ist.

Wegen der absoluten Stetigkeit des LEBESGUE-Integrals geht die rechte Seite der letzten Abschätzung für $\varepsilon \to 0$ gegen Null, so dass

$$\left\| \int_0^t u(s)\,ds \right\| = 0$$

und also $\int_0^t u(s)\,ds = 0$ folgt. Nach Satz 7.1.19 existiert fast überall in $(0,T)$ die klassische Ableitung dieses Integrals als Funktion der oberen Grenze und es gilt

$$u(t) = \frac{d}{dt} \int_0^t u(s)\,ds = 0\,.$$

#

Korollar 8.1.4 *Sei $u \in L^1_{\mathrm{loc}}(0, T; X)$ und gelte für alle $\phi \in C_0^\infty(0, T)$*

$$\int_0^T u(t)\phi'(t)dt = 0\,.$$

Dann gibt es ein $c \in X$, so dass $u(t) = c$ für fast alle $t \in [0, T]$.

Beweis. Seien $\phi, \psi \in C_0^\infty(0, T)$ mit $\psi \neq 0$ beliebig. Dann gibt es wegen $\psi - \phi' \in C_0^\infty(0, T)$ eine Funktion $\chi \in C_0^\infty(0, T)$, so dass

$$\psi(t) = \phi'(t) + \chi(t) \int_0^T \psi(s)\,ds\,, \qquad \int_0^T \chi(t)\,dt = 1\,.$$

Es folgt

$$0 = \int_0^T u(t)\phi'(t)\,dt = \int_0^T u(t)\psi(t)\,dt - \int_0^T \left(u(t)\chi(t) \int_0^T \psi(s)\,ds \right) dt$$

$$= \int_0^T \left(u(t) - \int_0^T u(s)\chi(s)\,ds \right) \psi(t)\,dt\,,$$

so dass nach Satz 8.1.3

$$u(t) = \int_0^T u(s)\chi(s)\,ds$$

für fast alle $t \in [0, T]$ gilt. Die rechte Seite ist aber von t unabhängig. $\qquad$ #

Den Zusammenhang zwischen absolut stetigen Funktionen und der verallgemeinerten Ableitung beleuchten – in völliger Analogie zu Satz 3.1.10 – die beiden nachfolgenden Sätze (siehe auch Satz 7.1.19 und 7.1.20).

Satz 8.1.5 *Seien $u, v \in L^1(0, T; X)$. Dann sind folgende Aussagen äquivalent:*

(i) v ist verallgemeinerte Ableitung von u: $v = u'$.

(ii) Es gibt ein $u_0 \in X$, so dass

$$u(t) = u_0 + \int_0^t v(s)ds \quad f.\ \ddot{u}.\ in\ (0, T)\,.$$

(iii) Für alle $f \in X^*$ ist die reellwertige Funktion $t \mapsto \langle f, v(t) \rangle$ verallgemeinerte Ableitung von $t \mapsto \langle f, u(t) \rangle$ (im Sinne der Definition 3.1.2):

$$\frac{d}{dt}\langle f, u(t) \rangle = \langle f, v(t) \rangle \quad \forall f \in X^*\,.$$

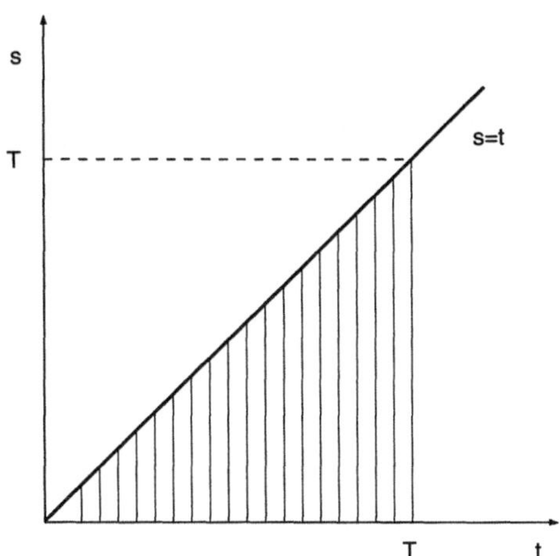

Bild 8.1.2: Integrationsgebiet im Beweis zu Satz 8.1.5

Beweis. Wir zeigen zunächst, dass (ii) aus (i) folgt. Sei

$$w(t) := u(t) - \int_0^t v(s)\,ds\,.$$

Nach dem Satz von FUBINI (in der Fassung für BOCHNER-Integrale, siehe auch Bild 8.1.2) gilt für alle $\phi \in C_0^\infty(0,T)$

$$\int_0^T \left(\int_0^t v(s)\,ds \right) \phi'(t)\,dt = \int_0^T v(s) \left(\int_s^T \phi'(t)\,dt \right) ds = - \int_0^T v(s)\phi(s)\,ds\,,$$

so dass nach Voraussetzung

$$\int_0^T w(t)\phi'(t)\,dt = \int_0^T u(t)\phi'(t)\,dt - \int_0^T \left(\int_0^t v(s)\,ds \right) \phi'(t)\,dt = 0\,.$$

Nach Korollar 8.1.4 ist w demnach fast überall konstant und gleich einem Element aus X, was die Behauptung (ii) ist.

Wir zeigen jetzt, dass (ii) die Aussage (i) nach sich zieht. Da $v \in L^1(0,T;X)$, ist

$$u(t) = u_0 + \int_0^t v(s)\,ds$$

gemäß Satz 7.1.19 absolut stetig und besitzt fast überall die klassische Ableitung $u'(t) = v(t)$. Diese ist zugleich die verallgemeinerte Ableitung, denn wiederum mit dem Satz von FUBINI gilt für beliebige Funktionen $\phi \in C_0^\infty(0,T)$

$$\int_0^T u(t)\phi'(t)\,dt = \int_0^T \left(u_0 + \int_0^t v(s)\,ds\right)\phi'(t)\,dt$$

$$= u_0 \int_0^T \phi'(t)\,dt + \int_0^T v(s)\left(\int_s^T \phi'(t)\,dt\right)ds$$

$$= 0 - \int_0^T v(s)\phi(s)\,ds\,.$$

Schließlich sind wegen Satz 7.1.15 (ii) die vorliegenden Aussagen (i) und (iii) zueinander äquivalent. Beachte dazu auch, dass die Abbildungen $t \mapsto \langle f, u(t)\rangle$ und $t \mapsto \langle f, v(t)\rangle$ aus $L^1(0,T)$ sind, denn es gilt

$$\int_0^T |\langle f, u(t)\rangle|\,dt \le \int_0^T \|f\|_* \|u(t)\|\,dt = \|f\|_* \|u\|_{L^1(0,T;X)}$$

und Entsprechendes für v.   #

Satz 8.1.6 *Sei*

$$W^{1,1}(0,T;X) := \{v \in L^1(0,T;X) : \exists v' \in L^1(0,T;X)\}$$

der Raum der $L^1(0,T;X)$-Funktionen, die eine verallgemeinerte Ableitung besitzen, die wieder in $L^1(0,T;X)$ liegt. Ist $u \in W^{1,1}(0,T;X)$, so ist u fast überall gleich einer auf $[0,T]$ absolut stetigen Funktion mit Werten in X.

Versehen mit der Norm

$$\|v\|_{W^{1,1}(0,T;X)} := \|v\|_{L^1(0,T;X)} + \|v'\|_{L^1(0,T;X)}$$

ist $W^{1,1}(0,T;X)$ ein BANACH-Raum und es gilt die stetige Einbettung

$$W^{1,1}(0,T;X) \hookrightarrow C([0,T];X)\,.$$

Der *Beweis* sei dem Leser überlassen (Aufgabe 9.31).

Wir hatten bereits bemerkt, dass das Arbeiten mit nur einem Raum X, also die Betrachtung von Operator-Differentialgleichungen mit $u(t) \in X$ und $u'(t) \in X$ sowie einer rechten Seite f, die aus $[0,T] \times X$ in X abbildet, oft an Grenzen stößt. Einen möglichen Ausweg hatten wir für die Wärmeleitgleichung vorgezeichnet: Man arbeite in drei Räumen, wobei $u(t) \in V$, $u_0 \in H$ sowie $u'(t) \in V^*$ gelte und f von $[0,T] \times V$ in V^* abbilde.

Für diese Art der Behandlung von Evolutionsgleichungen ist die folgende Begriffsbildung grundlegend und dementsprechend oft und ausführlich in der Literatur diskutiert (siehe etwa BRÉZIS [23, Rem. 1 in Abschn. V.2, S. 81], GAJEWSKI, GRÖGER und ZACHARIAS [49, Bem. 5.14 in Kap. I, S. 14], AUBIN [8, S. 63 ff.], WLOKA [148, § 17.1, S. 253 ff.] oder ZEIDLER [153, Abschn. 23.4, S. 416 f.]).

Definition 8.1.7 *Sei V ein reeller, separabler, reflexiver* BANACH-*Raum mit dem Dualraum V^*, H ein reeller, separabler* HILBERT-*Raum und sei V stetig eingebettet und liege dicht in H. Dann bilden die Räume V, H und V^* einen* GELFAND-Dreier *(Evolutionstripel).*

Es sei betont, dass wir, ZEIDLER [153] folgend, die Separabilität der Räume verlangen und uns wieder auf Räume über dem Körper der reellen Zahlen beschränken.

Das *Standardbeispiel* für einen GELFAND-Dreier hatten wir bereits in Bemerkung 3.2.17 betrachtet: $V = H_0^1(a,b)$, $H = L^2(a,b)$ und $V^* = H^{-1}(a,b)$. Bei nichtlinearen Problemen ist V zumeist ein SOBOLEW-Raum, der auf dem L^p mit $p \neq 2$ beruht.

Bemerkung 8.1.8 Wir werden Skalarprodukt bzw. Norm in H stets mit $(\cdot,\cdot)$ bzw. $|\cdot|$, die Norm in V stets mit $\|\cdot\|$ und die Dualnorm in V^* mit $\|\cdot\|_*$ bezeichnen. Ist V selbst ein HILBERT-Raum, so bezeichnen wir das Skalarprodukt in V mit $((\cdot,\cdot))$. Das duale Produkt zwischen V und V^* werden wir mit $\langle\cdot,\cdot\rangle$ bezeichnen.

$$\#$$

Wegen $V \hookrightarrow H$ gibt es eine Konstante $\alpha > 0$, so dass die Ungleichung

$$|v| \leq \alpha \|v\| \quad \forall v \in V$$

gilt, die wir als POINCARÉ-FRIEDRICHS*sche Ungleichung* bezeichnen werden. Hier liegt übrigens auch die Rechtfertigung der von uns gewählten Bezeichnung: Die zweifach gestrichene Norm $\|\cdot\|$ ist „stärker" und misst „genauer" als $|\cdot|$.

Die Definition 8.1.7 erfährt ihre Rechtfertigung durch die folgenden Beobachtungen. Sei f ein lineares, stetiges Funktional über H ($f \in H^*$). Da $V \subseteq H$, ist f auch linear über V. Außerdem gibt es eine Konstante $c > 0$, so dass mit der POINCARÉ-FRIEDRICHSschen Ungleichung

$$|\langle f,v\rangle| \leq c\,|v| \leq c\alpha \|v\|$$

für alle $v \in V$ gilt. Dies zeigt, dass f zugleich beschränkt über V ist. Wir können H^* daher als Teilmenge von V^* ansehen. Die Einbettung von H^* in V^* ist stetig. Denn sei $|f|_*$ die H^*-Norm von f, dann gilt

$$\|f\|_* = \sup_{v\in V\setminus\{0\}} \frac{|\langle f,v\rangle|}{\|v\|} \leq \sup_{v\in H\setminus\{0\}} \frac{|\langle f,v\rangle|}{\|v\|} \leq \alpha \sup_{v\in H\setminus\{0\}} \frac{|\langle f,v\rangle|}{|v|} = \alpha\,|f|_* .$$

Nach dem Darstellungssatz von F. RIESZ (Satz A.2.14) können wir H und H^* miteinander identifizieren und es gibt zu jedem $f \in H^*$ genau ein $u_f \in H$ mit $|f|_* = |u_f|$. Zwischen f und u_f werden wir im Folgenden nicht mehr unterscheiden.

Betrachten wir das Skalarprodukt $(\cdot, \cdot)$ in H als Abbildung auf $H \times V$, so ist die duale Paarung $\langle \cdot, \cdot \rangle$ als Abbildung auf $V^* \times V$ eine stetige Fortsetzung. Insbesondere gilt für alle $f \in H \cong H^*$ und $v \in V \subseteq H$ gemäß Satz A.2.14

$$\langle f, v \rangle = (f, v).$$

Es folgt mit der CAUCHY-SCHWARZschen und POINCARÉ-FRIEDRICHSschen Ungleichung für alle $f \in H \cong H^* \hookrightarrow V^*$

$$\|f\|_* = \sup_{v \in V \setminus \{0\}} \frac{|\langle f, v \rangle|}{\|v\|} = \sup_{v \in V \setminus \{0\}} \frac{|(f, v)|}{\|v\|} \leq \sup_{v \in V \setminus \{0\}} \frac{|f|\,|v|}{\|v\|} \leq \alpha\,|f|.$$

Wegen der Reflexivität von V können wir jedes Element aus V auch als lineares stetiges Funktional über V^* auffassen und umgekehrt. In diesem Sinne ist das duale Produkt zwischen V^* und V (bzw. V^{**} und V^*) symmetrisch, so dass wir zwischen $\langle f, v \rangle$ und $\langle v, f \rangle$ nicht zu unterscheiden brauchen (vergleiche auch KOLMOGOROW und FOMIN [78, Abschn. 4.2.4, S. 191 f.]).

Liegt V dicht in H und ist V reflexiv, so liegt auch H^* dicht in V^*. Denn sei $v \in V$ und gelte $\langle f, v \rangle = (f, v) = 0$ für alle $f \in H^* \cong H$. Dann folgt $v = 0$. Wegen der Reflexivität von V ist daher jedes lineare, stetige Funktional, welches für alle $f \in H^*$ verschwindet, das Nullfunktional. Aus dem Satz von HAHN-BANACH (vgl. auch WERNER [147, Korollar III.1.9, S. 99]) folgt, dass dies nur möglich ist, wenn der Abschluß von H^* bzgl. $\|\cdot\|_*$ mit V^* übereinstimmt.

Wir gelangen so zu

$$V \overset{d}{\hookrightarrow} H \cong H^* \overset{d}{\hookrightarrow} V^*.$$

Gelegentlich sind bei einem GELFANDschen Dreier die Einbettungen sogar kompakt. So gilt insbesondere

$$H_0^1(a, b) \overset{c,d}{\hookrightarrow} L^2(a, b) \overset{c,d}{\hookrightarrow} H^{-1}(a, b).$$

Satz 8.1.9 *Sei $V \subseteq H \subseteq V^*$ ein GELFAND-Dreier. Dann ist*

$$\mathcal{W}(0, T) := \{u \in L^2(0, T; V) : \exists u' \in L^2(0, T; V^*)\}$$

in natürlicher Weise ein linearer Raum und, versehen mit der Norm

$$\|u\|_{\mathcal{W}(0,T)} := \left(\|u\|^2_{L^2(0,T;V)} + \|u'\|^2_{L^2(0,T;V^*)} \right)^{1/2},$$

ein BANACH-*Raum. Ferner ist* $u \in \mathcal{W}(0,T)$ *fast überall gleich einer Funktion aus* $\mathcal{C}([0,T];H)$ *und es gilt die stetige Einbettung*

$$\mathcal{W}(0,T) \hookrightarrow \mathcal{C}([0,T];H).$$

Für beliebige $u,v \in \mathcal{W}(0,T)$ *gilt die Regel der partiellen Integration*

$$\int_s^t \left(\langle u'(\tau), v(\tau) \rangle + \langle u(\tau), v'(\tau) \rangle \right) d\tau = (u(t), v(t)) - (u(s), v(s)), \ 0 \le s \le t \le T.$$

$$(8.1.1)$$

Schließlich liegt $\mathcal{C}^\infty([0,T];V)$ *dicht in* $\mathcal{W}(0,T)$.

Beweis. Wegen $V \subseteq V^*$ gilt $L^2(0,T;V) \subseteq L^2(0,T;V^*) \subseteq L^1(0,T;V^*)$, so dass die Definition des Raumes $\mathcal{W}(0,T)$ sinnvoll ist, wenn wir die Funktion und deren verallgemeinerte Ableitung zunächst als Elemente des $L^1(0,T;V^*)$ betrachten. Den Nachweis, dass $\mathcal{W}(0,T)$ ein linearer Raum und dass $\|\cdot\|_{\mathcal{W}(0,T)}$ eine Norm ist, überlassen wir dem Leser.

Die Vollständigkeit von $\mathcal{W}(0,T)$ ist wie folgt einzusehen: Sei $\{u_n\} \subset \mathcal{W}(0,T)$ eine CAUCHY-Folge. Dann ist $\{u_n\}$ bzw. $\{u_n'\}$ eine CAUCHY-Folge in $L^2(0,T;V)$ bzw. $L^2(0,T;V^*)$ und wegen der Vollständigkeit gibt es daher ein Element $u \in L^2(0,T;V)$ bzw. $v \in L^2(0,T;V^*)$, so dass

$$\|u_n - u\|_{L^2(0,T;V)} \to 0, \quad \|u_n' - v\|_{L^2(0,T;V^*)} \to 0 \quad \text{für} \quad n \to \infty.$$

Wir behaupten, v ist die verallgemeinerte Ableitung von u. Es gilt

$$\int_0^T u(t)\phi'(t)\, dt = \int_0^T (u(t) - u_n(t))\phi'(t)\, dt + \int_0^T u_n(t)\phi'(t)\, dt$$

$$= \int_0^T (u(t) - u_n(t))\phi'(t)\, dt - \int_0^T u_n'(t)\phi(t)\, dt$$

$$= \int_0^T (u(t) - u_n(t))\phi'(t)\, dt - \int_0^T (u_n'(t) - v(t))\phi(t)\, dt - \int_0^T v(t)\phi(t)\, dt$$

für beliebige $\phi \in \mathcal{C}_0^\infty(0,T)$. Da für $n \to \infty$

$$\left\| \int_0^T (u(t) - u_n(t))\phi'(t)\, dt \right\|_* \le \max_{t \in [0,T]} |\phi'(t)| \int_0^T \|u(t) - u_n(t)\|_*\, dt \to 0,$$

$$\left\| \int_0^T (u_n'(t) - v(t))\phi(t)\, dt \right\|_* \le \max_{t \in [0,T]} |\phi(t)| \int_0^T \|u_n'(t) - v(t)\|_*\, dt \to 0,$$

folgt die Behauptung.

Wir zeigen nun, dass $\mathcal{C}^\infty([0,T];V) \overset{d}{\subseteq} \mathcal{W}(0,T)$. Für hinreichend kleine $\varepsilon \in (0,\varepsilon_0)$ betrachten wir zu gegebenem $u \in \mathcal{W}(0,T)$ die Mittelfunktionen $u_\varepsilon = \rho_\varepsilon * u$ mit den Mittelungskernen ρ_ε. Es gilt $u_\varepsilon \in \mathcal{C}^\infty([0,T];V)$. Ferner gilt $u_\varepsilon \to u$ in $L^2(0,T;V)$; der Beweis ist völlig analog zum Beweis von Satz 3.1.8 (iv), wobei statt des Betrags die Norm $\|\cdot\|$ zu verwenden ist. Ebenso gilt $(u')_\varepsilon \to u'$ in $L^2(0,T;V^*)$. Da sich außerdem (wie im Beweis zu Lemma 3.2.6) zeigen lässt, dass $(u')_\varepsilon = (u_\varepsilon)'$ für alle $t \in [\varepsilon_0, T-\varepsilon_0]$, konvergiert u_ε für $\varepsilon \to 0$ in $\mathcal{W}(\varepsilon_0, T-\varepsilon_0)$ gegen u. Der Rest des Beweises beruht auf der Lokalisierung der Funktion $u \in \mathcal{W}(0,T)$ und folgt den gleichen Schritten wie der Beweis von Satz 3.2.5.

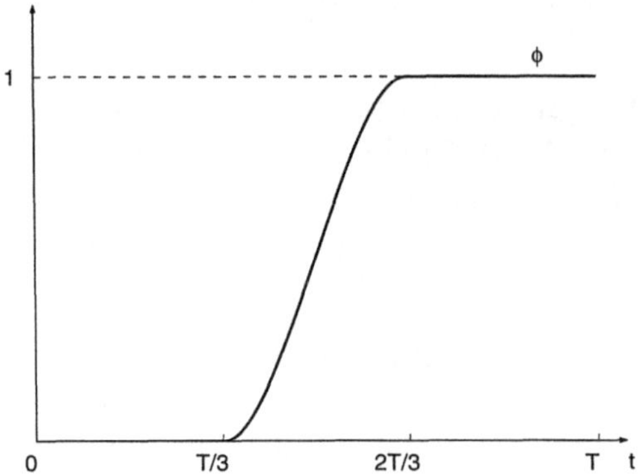

Bild 8.1.3: Funktion ϕ im Beweis zu Satz 8.1.9

Wir kommen jetzt zur stetigen Einbettung $\mathcal{W}(0,T) \hookrightarrow \mathcal{C}([0,T];H)$. Sei die beliebige Funktion $v \in \mathcal{C}^1([0,T];V)$ durch

$$v(t) = \phi(t)v(t) + (1-\phi(t))v(t) =: v_1(t) + v_2(t), \quad t \in [0,T],$$

zerlegt, wobei[1] (siehe auch Bild 8.1.3)

$$\phi(t) = \begin{cases} 0 & \text{für } t \in \left[0, \frac{T}{3}\right], \\[2mm] 2\left(\frac{3}{T}\right)^3 \left(t - \frac{T}{3}\right)^2 \left(\frac{5T}{6} - t\right) & \text{für } t \in \left[\frac{T}{3}, \frac{2T}{3}\right], \\[2mm] 1 & \text{für } t \in \left[\frac{2T}{3}, T\right]. \end{cases}$$

---

[1]Auf die konkrete Gestalt von ϕ kommt es nicht weiter an. Es genügt, eine Funktion $\phi \in \mathcal{C}^1[0,T]$ mit $0 \le \phi(t) \le 1$ zur Hand zu haben, die in $t=0$ gleich Null und in $t=T$ gleich Eins ist. Mit der angegebenen Funktion und Zerlegung gelingt zugleich die für den Nachweis, dass $\mathcal{C}^\infty([0,T];V)$ dicht in $\mathcal{W}(0,T)$ liegt, benötigte Lokalisierung (siehe auch den Beweis zu Satz 3.2.5 mit einer etwas anderen Lokalisierung).

Es gilt $\phi \in C^1[0,T]$ sowie

$$0 \leq \phi(t) \leq 1 \text{ für } t \in [0,T], \quad \max_{t\in[0,T]} |\phi'(t)| = \phi'\left(\frac{T}{2}\right) = \frac{9}{2T}.$$

Beachte, dass $v_1(0) = 0 = v_2(T)$.

Die Regel der partiellen Integration (8.1.1) gilt – wie in Aufgabe 9.32 zu zeigen ist – für Funktionen aus $C^1([0,T];V)$. Daher folgt

$$(v_1(t), v(t)) = (v_1(0), v(0)) + \int_0^t \left(\langle v_1'(\tau), v(\tau)\rangle + \langle v_1(\tau), v'(\tau)\rangle\right) d\tau$$

$$= \int_0^t \left(\phi'(\tau)\,|v(\tau)|^2 + 2\phi(\tau)\langle v'(\tau), v(\tau)\rangle\right) d\tau$$

sowie

$$(v_2(t), v(t)) = (v_2(T), v(T)) - \int_t^T \left(\langle v_2'(\tau), v(\tau)\rangle + \langle v_2(\tau), v'(\tau)\rangle\right) d\tau$$

$$= -\int_t^T \left(-\phi'(\tau)\,|v(\tau)|^2 + 2(1 - \phi(\tau))\langle v'(\tau), v(\tau)\rangle\right) d\tau,$$

wobei die Ableitungen $v'(\tau), v_1'(\tau), v_2'(\tau) \in V$ wegen $V \subseteq H \subseteq V^*$ als Elemente aus V^* aufgefasst werden können und $\langle v(\tau), v(\tau)\rangle = |v(\tau)|^2$ gilt.

Es folgt wegen $V \hookrightarrow H$ und der Eigenschaften von ϕ

$$|v(t)|^2 = (v_1(t), v(t)) + (v_2(t), v(t))$$

$$= \int_0^T \left(\phi'(\tau)\,|v(\tau)|^2 + 2\phi(\tau)\langle v'(\tau), v(\tau)\rangle\right) d\tau - 2\int_t^T \langle v'(\tau), v(\tau)\rangle d\tau$$

$$\leq \max_{t\in[0,T]} |\phi'(t)| \int_0^T \alpha^2 \|v(\tau)\|^2 d\tau + 4\int_0^T |\langle v'(\tau), v(\tau)\rangle|\, d\tau$$

$$\leq \frac{9\alpha^2}{2T} \|u\|_{L^2(0,T;V)}^2 + 2\,\|v\|_{\mathcal{W}(0,T)}^2,$$

so dass

$$\|v\|_{C([0,T];H)} \leq c\,\|v\|_{\mathcal{W}(0,T)}, \quad c := \left(\frac{9\alpha^2}{2T} + 2\right)^{1/2}.$$

Dabei haben wir die Definition der Dualnorm und die binomische Ungleichung angewandt:

$$|\langle v'(\tau), v(\tau)\rangle| \leq \|v'(\tau)\|_* \|v(\tau)\| \leq \frac{1}{2}\left(\|v'(\tau)\|_*^2 + \|v(\tau)\|^2\right).$$

Sei nun $u \in \mathcal{W}(0,T)$ beliebig. Nach dem ersten Teil des Beweises gibt es eine Folge $\{u_n\} \subset \mathcal{C}^\infty([0,T];V)$ mit $\|u_n - u\|_{\mathcal{W}(0,T)} \to 0$ für $n \to \infty$. Diese ist CAUCHY-Folge in $\mathcal{W}(0,T)$. Für beliebige Indizes $n,k \in \mathbb{N} \setminus \{0\}$ folgt

$$\|u_n - u_k\|_{\mathcal{C}([0,T];H)} \le c\,\|u_n - u_k\|_{\mathcal{W}(0,T)}$$

aus der soeben gezeigten Abschätzung. Dann aber ist $\{u_n\}$ auch CAUCHY-Folge in $\mathcal{C}([0,T];H)$ und wegen der Vollständigkeit von $\mathcal{C}([0,T];H)$ besitzt $\{u_n\}$ den Grenzwert $\tilde{u} \in \mathcal{C}([0,T];H)$. Wegen der Eindeutigkeit des Grenzwertes ist u fast überall gleich der stetigen Funktion $\tilde{u}$, so dass $\mathcal{W}(0,T) \subseteq \mathcal{C}([0,T];H)$.

Aus der zuvor für Funktionen aus $\mathcal{C}^1([0,T];V)$ gezeigten Abschätzung und der Dreiecksungleichung folgt außerdem

$$\|\tilde{u}\|_{\mathcal{C}([0,T];H)} \le \|\tilde{u} - u_n\|_{\mathcal{C}([0,T];H)} + \|u_n\|_{\mathcal{C}([0,T];H)}$$

$$\le \|\tilde{u} - u_n\|_{\mathcal{C}([0,T];H)} + c\,\|u_n\|_{\mathcal{W}(0,T)}$$

$$\le \|\tilde{u} - u_n\|_{\mathcal{C}([0,T];H)} + c\,\|u_n - u\|_{\mathcal{W}(0,T)} + c\,\|u\|_{\mathcal{W}(0,T)}\,.$$

Für $n \to \infty$ folgt die Abschätzung

$$\|\tilde{u}\|_{\mathcal{C}([0,T];H)} \le c\,\|u\|_{\mathcal{W}(0,T)}\,, \tag{8.1.2}$$

die die Stetigkeit der Einbettung von $\mathcal{C}([0,T];H)$ in $\mathcal{W}(0,T)$ zeigt.

Schließlich zeigen wir die Gültigkeit der Regel der partiellen Integration (8.1.1) für beliebige Funktionen $u,v \in \mathcal{W}(0,T)$. Nach dem soeben Gezeigten machen $u(s), u(t)$ usf. Sinn, da wir u,v als Funktionenen aus $\mathcal{C}([0,T];H)$ auffassen können.

Da $\mathcal{C}^\infty([0,T];V) \overset{d}{\subseteq} \mathcal{W}(0,T)$, gibt es Folgen $\{u_n\}, \{v_n\} \subset \mathcal{C}^\infty([0,T];V)$, so dass

$$\|u_n - u\|_{\mathcal{W}(0,T)} \to 0\,, \quad \|v_n - v\|_{\mathcal{W}(0,T)} \to 0 \quad \text{für} \quad n \to \infty\,.$$

Für u_n, v_n gilt (gemäß Aufgabe 9.32) bereits (8.1.1), so dass für $0 \le s < t \le T$

$$(u_n(t), v_n(t)) = (u_n(s), v_n(s)) + \int_s^t \left(\langle u_n'(\tau), v_n(\tau) \rangle + \langle u_n(\tau), v_n'(\tau) \rangle \right) d\tau\,. \tag{8.1.3}$$

Mit (8.1.2) folgt für alle $t \in [0,T]$

$$|(u_n(t), v_n(t)) - (u(t), v(t))| = |(u_n(t) - u(t), v_n(t)) + (u(t), v_n(t) - v(t))|$$

$$\le |u_n(t) - u(t)|\,|v_n(t)| + |u(t)|\,|v_n(t) - v(t)|$$

$$\le c^2\,\|u_n - u\|_{\mathcal{W}(0,T)}\,\|v_n\|_{\mathcal{W}(0,T)} + c^2\,\|u\|_{\mathcal{W}(0,T)}\,\|v_n - v\|_{\mathcal{W}(0,T)}$$

und daher

$$|(u_n(t), v_n(t)) - (u(t), v(t))| \to 0 \quad \text{für} \quad n \to \infty.$$

Beachte dabei, dass $\{v_n\}$ als konvergente Folge in $\mathcal{W}(0,T)$ beschränkt ist. Ferner gilt

$$|\langle u_n'(\tau), v_n(\tau)\rangle - \langle u'(\tau), v(\tau)\rangle| = |\langle u_n'(\tau) - u'(\tau), v_n(\tau)\rangle + \langle u'(\tau), v_n(\tau) - v(\tau)\rangle|$$

$$\leq \|u_n'(\tau) - u'(\tau)\|_* \|v_n(\tau)\| + \|u'(\tau)\|_* \|v_n(\tau) - v(\tau)\|.$$

Es folgt mit CAUCHY-SCHWARZscher Ungleichung

$$\left| \int_s^t \langle u_n'(\tau), v_n(\tau)\rangle d\tau - \int_s^t \langle u'(\tau), v(\tau)\rangle d\tau \right|$$

$$\leq \int_s^t \|u_n'(\tau) - u'(\tau)\|_* \|v_n(\tau)\| \, d\tau + \int_s^t \|u'(\tau)\|_* \|v_n(\tau) - v(\tau)\| \, d\tau$$

$$\leq \left(\int_s^t \|u_n'(\tau) - u'(\tau)\|_*^2 \, d\tau \right)^{1/2} \left(\int_s^t \|v_n(\tau)\|^2 \, d\tau \right)^{1/2}$$

$$+ \left(\int_s^t \|u'(\tau)\|_*^2 \, d\tau \right)^{1/2} \left(\int_s^t \|v_n(\tau) - v(\tau)\|^2 \, d\tau \right)^{1/2}$$

$$\leq \|u_n - u\|_{\mathcal{W}(0,T)} \|v_n\|_{\mathcal{W}(0,T)} + \|u\|_{\mathcal{W}(0,T)} \|v_n - v\|_{\mathcal{W}(0,T)},$$

so dass

$$\left| \int_s^t \langle u_n'(\tau), v_n(\tau)\rangle d\tau - \int_s^t \langle u'(\tau), v(\tau)\rangle d\tau \right| \to 0 \quad \text{für} \quad n \to \infty.$$

Entsprechendes gilt für den Term mit $\langle u_n(\tau), v_n'(\tau)\rangle$. Zusammen folgt daher aus (8.1.3) durch Übergang zu den Grenzwerten die Behauptung. #

Ist V selbst HILBERT-Raum, so ist auch $\mathcal{W}(0,T)$ ein HILBERT-Raum. Wir werden hiervon allerdings keinen Gebrauch machen.

Es folgt nun eine Verallgemeinerung von Lemma 7.3.11.

Korollar 8.1.10 *Sei $u \in \mathcal{W}(0,T)$. Dann gilt*

$$\frac{1}{2}\frac{d}{dt}|u(t)|^2 = \langle u'(t), u(t)\rangle \tag{8.1.4}$$

im verallgemeinerten Sinne bzw. fast überall auf $(0,T)$.

Beweis. Wegen $u \in \mathcal{W}(0,T)$, also $u \in L^2(0,T;V) \subseteq L^2(0,T;H)$ und $u' \in L^2(0,T;V^*)$, gilt

$$t \mapsto |u(t)|^2 \in L^1(0,T), \quad t \mapsto \langle u'(t), u(t) \rangle \in L^1(0,T).$$

Es gilt zunächst (8.1.4) im verallgemeinerten Sinne, denn sei $\phi \in \mathcal{C}_0^\infty(0,T)$. Dann folgt aus (8.1.1) mit $v = \phi u$ unter Beachtung von $v' = \phi' u + \phi u'$ und mit $s = 0$, $t = T$

$$\int_0^T \left(2\langle u'(t), u(t) \rangle \phi(t) + \langle u(t), u(t) \rangle \phi'(t) \right) dt = 0.$$

Dies ist aber nichts anderes als die Definition der verallgemeinerten Ableitung, angewandt auf (8.1.4), denn $\langle u(t), u(t) \rangle = |u(t)|^2$.

Gilt nun (8.1.4) im Sinne der verallgemeinerten Ableitung nach Definition 3.1.2, so ist $t \mapsto |u(t)|^2$ nach Satz 3.1.10 absolut stetig und besitzt fast überall in $(0,T)$ eine klassische Ableitung, die mit der verallgemeinerten übereinstimmt. Insofern gilt (8.1.4) auch fast überall auf $(0,T)$.   #

Wir kommen nun zu einigen wichtigen Kompaktheitsaussagen für Räume abstrakter Funktionen. Zunächst verweisen wir aber auf die beiden grundlegenden Sätze A.2.16 und A.2.18.

In unseren Anwendungen benötigen wir folgendes

Korollar 8.1.11 *Sei $V \subseteq H \subseteq V^*$ ein* GELFAND*-Dreier und $\{u_n\}$ eine in $L^2(0,T;V)$ und $L^\infty(0,T;H)$ beschränkte Folge abstrakter Funktionen. Dann gibt es ein Element $u \in L^2(0,T;V) \cap L^\infty(0,T;H)$ und eine Teilfolge $\{u_{n'}\}$, so dass*

$$u_{n'} \rightharpoonup u \quad in \quad L^2(0,T;V) \quad und \quad u_{n'} \overset{*}{\rightharpoonup} u \quad in \quad L^\infty(0,T;H).$$

Beweis. Da $L^2(0,T;V)$ ein reflexiver, separabler BANACH-Raum ist (siehe Satz 7.1.23), gibt es nach Satz A.2.16 eine in $L^2(0,T;V)$ schwach konvergente Teilfolge. Diese ist weiterhin in $L^\infty(0,T;H)$ beschränkt.

Da $L^\infty(0,T;H)$ der Dualraum des separablen Raumes $L^1(0,T;H)$ ist (wiederum siehe Satz 7.1.23), können wir nach Satz A.2.18 eine schwach* konvergente Teilfolge auswählen. Diese ist natürlich auch Teilfolge der ursprünglichen Folge und bleibt schwach konvergent in $L^2(0,T;V)$.   #

Es gilt ferner der auf LIONS und AUBIN[1] zurückgehende

---

[1]Jean-Pierre AUBIN, geb. 1939 in Abidjan. AUBIN promovierte 1966 bei LIONS und ist, nach kurzen Aufenthalten in Lyon und an an der Purdue University, seit 1969 Professor an der Université de Paris-Dauphine. Er beschäftigt sich mit Fragen der Numerischen Analysis, der mathematischen Ökonomie und Spieltheorie, der Evolutionstheorie, der Theorie der neuronalen Netze und vielem mehr. AUBIN ist Autor unter anderem von [8].

Satz 8.1.12 (LIONS-AUBIN, 1963/69) *Seien* X_1, X_0, X_{-1} BANACH-*Räume und seien* X_1, X_{-1} *reflexiv. Gilt* $X_1 \stackrel{c}{\hookrightarrow} X_0 \hookrightarrow X_{-1}$ *so ist der* BANACH-*Raum*

$$\left\{ v \in L^r(0,T;X_1) : \exists v' \in L^s(0,T;X_{-1}) \right\}, \quad T > 0,$$

ausgestattet mit der Norm

$$\|v\|_{L^r(0,T;X_1)} + \|v'\|_{L^s(0,T;X_{-1})},$$

für $1 < r, s < \infty$ *kompakt in* $L^r(0,T;X_0)$ *eingebettet.*

Einen *Beweis* findet man in LIONS [87, Thm. 5.1 in Abschn. 1.5.2, S. 57 ff.], TEMAM [133, Abschn. III § 2, S. 270 ff.], RŮŽIČKA [116, Lemma 3.74, S. 121] und SHOWALTER [121, Propos. 1.3, S. 106 f.].

Es sei bemerkt, dass r und s keine zueinander konjugierten Exponenten zu sein brauchen. In unserer Anwendung wird $X_1 = V$, $X_0 = H$ und $X_{-1} = V^*$ gerade ein GELFAND-Dreier mit $V \stackrel{c}{\hookrightarrow} H$ sein. Dann folgt $\mathcal{W}(0,T) \stackrel{c}{\hookrightarrow} L^2(0,T;H)$. Insbesondere folgt dann aus der Beschränktheit einer Funktionenfolge in $L^2(0,T;V)$ und der Folge der Ableitungen in $L^2(0,T;V^*)$ die Existenz einer in $L^2(0,T;H)$ stark konvergenten Teilfolge.

Bemerkung 8.1.13 Aus der Beschränktheit einer Folge $\{u_n\}$ in $L^\infty(0,T;H)$ und der starken Konvergenz gegen ein u in $L^2(0,T;H)$ folgt die starke Konvergenz in $L^q(0,T;H)$ für beliebiges $q \in [1,\infty)$. Für $q \in [1,2]$ ist die Aussage klar; für $q > 2$ gilt

$$\|u_n - u\|_{L^q(0,T;H)} \leq \|u_n - u\|_{L^\infty(0,T;H)}^{1-2/q} \|u_n - u\|_{L^2(0,T;H)}^{2/q}.$$

#

8.2 Variationelle Formulierung und Operator-Differentialgleichung

Bereits im Rahmen der schwachen Lösungstheorie für Randwertprobleme gewöhnlicher Differentialgleichungen zweiter Ordnung hatten wir die Grundidee für den Übergang von der klassischen zur variationellen Formulierung beobachten können: Man multipliziere mit einer beliebigen Testfunktion, integriere über das räumliche Gebiet und wende auf den Hauptteil, der die höchste Ortsableitung enthält, partielle Integration an. Auch bei den instationären Aufgaben ist das Vorgehen das gleiche.

Betrachten wir etwa die einfache lineare Aufgabe

$$u_t - \mu\, u_{xx} + c u_x + d u = f \quad \text{in} \quad (a,b) \times (0,T)\,,$$

$$u(a,t) = u(b,t) = 0 \quad \text{für} \quad t \in (0,T)\,, \quad u(x,0) = u_0(x) \quad \text{für} \quad x \in (a,b)\,,$$

wobei $u = u(x,t)$ die gesuchte Funktion ist und $\mu > 0$ sowie die Funktionen $c = c(x,t)$, $d = d(x,t)$ und $f = f(x,t)$ vorgegeben seien. Multiplizieren wir mit einer Funktion $v = v(x)$, die den homogenen DIRICHLET-Randbedingungen genügt, und integrieren wir anschließend über (a,b), so gelangen wir mit partieller Integration zu

$$\int_a^b \big(u_t(x,t)v(x) + \mu u_x(x,t)v_x(x) + c(x,t)u_x(x,t)v(x) + d(x,t)u(x,t)v(x)\big)\,dx$$

$$= \int_a^b f(x,t)v(x)\,dx\,.$$

Mit der (unter gewissen Voraussetzungen gültigen) Identität $\int_a^b u_t(x,t)v(x)\,dx = \frac{d}{dt}\int_a^b u(x,t)v(x)\,dx$ gelangen wir so zu der integralen Beziehung

$$\frac{d}{dt}\,(u(\cdot,t),v)_{0,2} + a(t;u(\cdot,t),v) = (f(\cdot,t),v)\,,$$

die im Intervall $(0,T)$ für alle geeigneten v gelten soll. Dabei bezeichne $(\cdot,\cdot)_{0,2}$ wieder das $L^2(a,b)$-Skalarprodukt und es sei

$$a(t;u,v) := \int_a^b \big(\mu u_x(x,t)v_x(x) + c(x,t)u_x(x,t)v(x) + d(x,t)u(x,t)v(x)\big)\,dx$$

$$\tag{8.2.1}$$

die uns schon aus Abschnitt 3.3 bekannte Bilinearform, die jetzt zusätzlich von der Zeit abhängt. Dies bildet die Grundlage für die Abschwächung des Lösungsbegriffs: Bezüglich des Ortes hatten wir bereits mit den Räumen $V = H_0^1(a,b)$ und $V^* = H^{-1}(a,b)$ gearbeitet. Wir werden auch die Zeitableitung im verallgemeinerten Sinne auffassen und betrachten Evolutionsprobleme der folgenden Gestalt, wobei $V \subseteq H \subseteq V^*$ stets ein GELFAND-Dreier sei.

Problem 8.2.1 *Zu gegebenen $u_0 \in H$ und $f \in L^2(0,T;V^*)$ finde $u \in \mathcal{W}(0,T)$ mit $u(0) = u_0$, so dass für alle $v \in V$*

$$\frac{d}{dt}(u(t),v) + a(t;u(t),v) = \langle f(t),v\rangle \tag{8.2.2}$$

im verallgemeinerten Sinne auf $(0,T)$ gilt.

„Im verallgemeinerten Sinne" bedeutet, dass für alle $\phi \in \mathcal{C}_0^\infty(0,T)$ und $v \in V$

$$-\int_0^T (u(t),v)\phi'(t)\,dt + \int_0^T a(t;u(t),v)\phi(t)\,dt = \int_0^T \langle f(t),v\rangle\phi(t)\,dt$$

gilt.

Hinsichtlich der Form $a : [0,T] \times V \times V \to \mathbb{R}$ sei auf die Ausführungen in den Abschnitten 3.3 und 3.4 verwiesen. Eigenschaften wie Beschränktheit und (starke) Positivität sollen bei zeitabhängigen Formen $a(t;\cdot,\cdot)$ *bezüglich t gleichmäßig* erfüllt sein, so dass die auftretenden Konstanten *unabhängig von t* sind: Die Abbildung a heißt (bezüglich t) gleichmäßig beschränkt, wenn es eine Konstante $\beta > 0$ gibt, so dass für alle $t \in [0,T]$ und $u,v \in V$

$$|a(t;u,v)| \le \beta\,\|u\|\,\|v\|$$

gilt. Sie heißt (bezüglich t) gleichmäßig stark positiv, wenn es eine Konstante $\mu > 0$ gibt, so dass für alle $t \in [0,T]$ und $v \in V$

$$a(t;v,v) \ge \mu\,\|v\|^2$$

gilt. Außerdem wollen wir stets annehmen, dass die Abbildung $t \mapsto a(t;u,v)$ für feste $u,v \in V$ zumindest LEBESGUE-messbar ist.

Zur Formulierung des Problems sind einige Worte zu verlieren: Zunächst macht die Anfangsbedingung Sinn, denn wegen $u \in \mathcal{W}(0,T) \hookrightarrow \mathcal{C}([0,T];H)$ gibt es in der Äquivalenzklasse der fast überall zu u gleichen Funktionen einen stetigen Repräsentanten mit Werten in H.

Ist $u \in \mathcal{W}(0,T)$, so ist wegen $u \in L^2(0,T;V) \subseteq L^2(0,T;V^*)$ gemäß Satz 8.1.5 $t \mapsto \langle u'(t),v\rangle \in L^2(0,T)$ für alle $v \in V \cong V^{**}$ verallgemeinerte Ableitung von $t \mapsto (u(t),v) \in L^2(0,T)$. Beachte hierzu

$$\int_0^T |\langle u'(t),v\rangle|^2\,dt \le \int_0^T \|u'(t)\|_*^2\,\|v\|^2\,dt = \|u'\|_{L^2(0,T;V^*)}^2\,\|v\|^2 < \infty$$

und entsprechend

$$\int_0^T |(u(t),v)|^2\,dt \le \int_0^T |u(t)|^2\,|v|^2\,dt = \|u\|_{L^2(0,T;H)}^2\,|v|^2 < \infty.$$

Wir können statt (8.2.2) daher auch

$$\langle u'(t),v\rangle + a(t;u(t),v) = \langle f(t),v\rangle \tag{8.2.3}$$

schreiben.

Weiterhin ist $t \mapsto (u(t), v)$ fast überall gleich einer absolut stetigen Funktion und besitzt als solche fast überall eine klassische Ableitung. Ist $a : [0, T] \times V \times V \to \mathbb{R}$ eine bezüglich t gleichmäßig beschränkte Bilinearform, die als Funktion in t für feste $u, v \in V$ LEBESGUE-messbar ist, so gilt auch $t \mapsto a(t; u(t), v) \in L^2(0, T)$, denn

$$\int_0^T |a(t; u(t), v)|^2 \, dt \leq \beta^2 \int_0^T \|u(t)\|^2 \|v\|^2 \, dt = \beta^2 \|u\|_{L^2(0,T;V)}^2 \|v\|^2 < \infty \, .$$

Außerdem gilt $t \mapsto \langle f(t), v \rangle \in L^2(0, T)$. Gleichung (8.2.2) bzw. (8.2.3) kann daher auch als Gleichung verstanden werden, die *fast überall in* $(0, T)$ gilt, wobei die einzelnen Terme Elemente aus $L^2(0, T)$ sind.

Schließlich ist die Formulierung als *Operator-Differentialgleichung*

$$u'(t) + A(t)u(t) = f(t) \quad \text{in } V^*, \text{ f. ü. in } (0, T),$$

äquivalent. Dabei ist $A(t) : V \to V^*$ für jedes $t \in [0, T]$ der zur Form $a(t; \cdot, \cdot) : V \times V \to \mathbb{R}$ zugehörige Operator. Ist a bilinear und gleichmäßig beschränkt, so ist die Familie der linearen Operatoren $A(t)$ ebenfalls gleichmäßig beschränkt, denn für beliebige $u \in V$ gilt

$$\|A(t)u\|_* = \sup_{v \in V \setminus \{0\}} \frac{|\langle A(t)u, v \rangle|}{\|v\|} = \sup_{v \in V \setminus \{0\}} \frac{|a(t; u, v)|}{\|v\|} \leq \beta \|u\| \, .$$

Setzen wir wieder voraus, dass $t \mapsto a(t; u, v)$ für feste $u, v \in V$ LEBESGUE-messbar und dass a eine gleichmäßig beschränkte Bilinearform ist, so können wir via $(Au)(t) := A(t)u(t)$ einen linearen und beschränkten Operator

$$A : L^2(0, T; V) \to L^2(0, T; V^*)$$

konstruieren: Für jedes $u \in L^2(0, T; V)$ ist die abstrakte Funktion $t \mapsto (Au)(t) : [0, T] \to V^*$ BOCHNER-messbar. Das Argument aus dem Beweis von Satz 7.1.15 (iii) ist wegen der Zeitabhängigkeit von A hier zwar nicht anwendbar. Wegen der BOCHNER-Messbarkeit von u gibt es aber eine Folge $\{u_n\}$ einfacher Funktionen, die für fast alle t in der Norm von V gegen u konvergiert. Wir können

$$u_n(t) = \sum_{i=1}^{m_n} u_{n,i} \chi_{E_{n,i}}(t) \, , \quad u_{n,i} \in V \, ,$$

annehmen (siehe auch Definition 7.1.8). Wegen der Linearität (im nichtlinearen Fall ist die Argumentation schwieriger und wir wollen hier darauf verzichten) gilt für alle $v \in V$ und $t \in [0, T]$

$$\langle (Au_n)(t), v \rangle = a(t; u_n(t), v) = \sum_{i=1}^{m_n} a(t; u_{n,i}, v) \chi_{E_{n,i}}(t) \, .$$

Da $t \mapsto a(t; u_{n,i}, v)$ nach Voraussetzung LEBESGUE-messbar ist, ist auch $t \mapsto$ $\langle (Au_n)(t), v \rangle$ als Summe und Produkt messbarer Funktionen LEBESGUE-messbar (vgl. hierzu etwa NATANSON [99, Satz 1, S. 100]). Aufgrund der Linearität und der gleichmäßigen Beschränktheit der Operatoren $\{A(t)\}$ gilt

$$|\langle (Au_n)(t), v \rangle - \langle (Au)(t), v \rangle| = |\langle A(t)(u_n(t) - u(t)), v \rangle|$$

$$\leq \|A(t)(u_n(t) - u(t))\|_* \|v\| \leq \beta \|u_n(t) - u(t)\|_* \|v\|,$$

so dass die Folge LEBESGUE-messbarer Funktionen $t \mapsto \langle (Au_n)(t), v \rangle$ fast überall gegen die Funktion $t \mapsto \langle (Au)(t), v \rangle$ konvergiert. Mithin ist auch diese LEBESGUE-messbar (vgl. etwa NATANSON [99, Satz 3, S. 102]). Da V reflexiv ist und $v \in V \cong V^{**}$ beliebig war, ist dies die schwache Messbarkeit von $t \mapsto (Au)(t)$. Nach Satz 7.1.12 ist $t \mapsto (Au)(t)$ dann auch BOCHNER-messbar, denn V ist nach Voraussetzung separabel.

Außerdem gilt für beliebige $u \in L^2(0, T; V)$

$$\int_0^T \|(Au)(t)\|_*^2 \, dt \leq \beta^2 \int_0^T \|u(t)\|^2 \, dt = \beta^2 \|u\|_{L^2(0,T;V)}^2.$$

Die Operator-Differentialgleichung

$$u' + Au = f \quad \text{in} \quad L^2(0, T; V^*)$$

ist daher äquivalent zu (8.2.2).

Selbstverständlich können auch nichtlineare Probleme sowohl in der variationellen Form des Problems 8.2.1 als auch in Operatorform formuliert werden. Oft ist jedoch ein anderer Lösungsraum zu wählen, da u' nicht mehr in $L^2(0, T; V^*)$ liegt, sondern vielmehr in einem Raum $L^q(0, T; V^*)$ mit $q < 2$. Denn es ist $u' = f - Au$ und $A(t)$ mag zwar den Raum V in V^* abbilden, jedoch folgt hieraus im Allgemeinen nicht, dass A (via $(Au)(t) = A(t)u(t)$) auch den Raum $L^2(0, T; V)$ in $L^2(0, T; V^*)$ abbildet. Geeignet ist dann oftmals statt $\mathcal{W}(0, T)$ der Lösungsraum

$$\mathcal{W}^p(0, T) := \left\{ v \in L^p(0, T; V) : \exists v' \in (L^p(0, T; V))^* = L^q(0, T; V^*) \right\},$$

mit zueinander konjugierten Exponenten $p, q \in (1, \infty)$ $(1/p + 1/q = 1)$. Wir werden hierauf im übernächsten Abschnitt näher eingehen.

8.3 Lineare Evolutionsgleichungen und deren Zeitdiskretisierung

In diesem Abschnitt widmen wir uns Problem 8.2.1 mit einer Bilinearform a. In Ergänzung zu den schon in Definition 3.4.1 erklärten Begriffen geben wir

Definition 8.3.1 *Sei $V \subseteq H \subseteq V^*$ ein* GELFAND-*Dreier. Die Abbildung $a :$ $[0,T] \times V \times V \to \mathbb{R}$ genügt (bezüglich t) gleichmäßig einer* GÅRDING*schen[1] Ungleichung, falls es Konstanten $\mu > 0$ und $\kappa \geq 0$ gibt, so dass für alle $v \in V$ gilt*

$$a(t; v, v) \geq \mu \left\| v \right\|^2 - \kappa \left| v \right|^2 .$$

Offenbar ist a gleichmäßig stark positiv, wenn $\kappa = 0$. Desgleichen gilt, wenn $\kappa \in (0, \mu/\alpha^2)$, denn wegen der stetigen Einbettung $V \hookrightarrow H$ gilt für alle $v \in V$

$$a(t; v, v) \geq \mu \left\| v \right\|^2 - \kappa \left| v \right|^2 \geq \left(\mu - \alpha^2 \kappa \right) \left\| v \right\|^2 .$$

Bemerkung 8.3.2 Ist $a : [0,T] \times V \times V \to \mathbb{R}$ eine bezüglich t gleichmäßig beschränkte, einer GÅRDINGschen Ungleichung genügende Bilinearform, so wird für ein beliebiges $t_0 \in [0,T]$ durch

$$((u, v)) := \frac{a(t_0; u, v) + a(t_0; v, u)}{2} + \kappa \, (u, v)$$

auf V ein Skalarprodukt erklärt und die hierdurch induzierte Norm ist äquivalent zur Norm $\| \cdot \|$, siehe auch Aufgabe 9.33.   #

Genüge a gleichmäßig einer GÅRDINGschen Ungleichung. Mit der Transformation

$$\hat{u}(t) := \mathrm{e}^{-\kappa t} u(t), \quad \hat{f}(t) := \mathrm{e}^{-\kappa t} f(t), \quad \hat{a}(t; v, w) := a(t; v, w) + \kappa \, (v, w) \quad (8.3.1)$$

ist (8.2.2) äquivalent zu

$$\frac{d}{dt}(\hat{u}(t), v) + \hat{a}(t; \hat{u}(t), v) = \langle \hat{f}(t), v \rangle \quad \forall v \in V , \qquad (8.3.2)$$

siehe auch Aufgabe 9.34. Dabei ist $\hat{a}(t; \cdot, \cdot)$ eine gleichmäßig beschränkte, stark positive Bilinearform.

Bevor wir zur Frage der Lösbarkeit des linearen Problems 8.2.1 kommen, wollen wir *A-priori-Abschätzungen* und Stabilitätsaussagen herleiten.

Satz 8.3.3 *Sei $u \in \mathcal{W}(0, T)$ eine Lösung von Problem 8.2.1, wobei die Bilinearform $a : [0,T] \times V \times V \to \mathbb{R}$ bezüglich t gleichmäßig einer* GÅRDING*schen Ungleichung genüge und beschränkt sei. Dann gelten für alle $t \in [0, T]$ die A-priori-Abschätzungen*

$$|u(t)|^2 + \mu \int_0^t \mathrm{e}^{2\kappa(t-s)} \|u(s)\|^2 \, ds \leq \mathrm{e}^{2\kappa t} |u_0|^2 + \frac{1}{\mu} \int_0^t \mathrm{e}^{2\kappa(t-s)} \|f(s)\|_*^2 \, ds$$

$$\leq \mathrm{e}^{2\kappa T} \left(|u_0|^2 + \frac{1}{\mu} \|f\|_{L^2(0,T;V^*)}^2 \right) =: M(u_0, f)$$

---

[1]Lars GÅRDING, geb. 1918. GÅRDING ist emeritierter Professor am Mathematischen Institut der Universität in Lund. Er beschäftigte sich unter anderem mit Fragen der Algebra, mit partiellen Differentialgleichungen und der Distributionentheorie. In jüngerer Zeit sind mehrere Aufsätze zu mathematik-historischen und philosophischen Themen erschienen.

sowie

$$\int_0^t \|u'(s)\|_*^2 \, ds \leq 2 \int_0^t \|f(s)\|_*^2 \, ds + 2\beta^2 \int_0^t \|u(s)\|^2 \, ds$$

$$\leq 2 \left(\|f\|_{L^2(0,T;V^*)}^2 + \frac{\beta^2}{\mu} M(u_0, f) \right) =: M'(u_0, f).$$

Beweis. Wir testen in (8.2.3) mit $v = u(t)$. Dann gilt wegen Korollar 8.1.10 mit GÅRDINGscher, CAUCHY-SCHWARZscher und binomischer Ungleichung

$$\frac{1}{2}\frac{d}{dt}|u(t)|^2 + \mu \|u(t)\|^2 - \kappa |u(t)|^2 \leq \langle u'(t), u(t)\rangle + a(t; u(t), u(t)) = \langle f(t), u(t)\rangle$$

$$\leq \|f(t)\|_*\|u(t)\| \leq \frac{1}{2\mu} \|f(t)\|_*^2 + \frac{\mu}{2} \|u(t)\|^2.$$

Es folgt

$$\frac{d}{dt}\left(e^{-2\kappa t}|u(t)|^2\right) + \mu\,e^{-2\kappa t} \|u(t)\|^2 \leq \frac{1}{\mu}\,e^{-2\kappa t} \|f(t)\|_*^2$$

und Integration führt auf die erste Behauptung. Wegen

$$\langle u'(t), v\rangle = \langle f(t), v\rangle - a(t; u(t), v) \leq \|f(t)\|_*\|v\| + \beta \|u(t)\| \|v\|$$

und der Definition der Dualnorm folgt

$$\|u'(t)\|_* \leq \|f(t)\|_* + \beta \|u(t)\|$$

und mithin die zweite Behauptung. #

Wegen der Linearität der Aufgabe folgt unmittelbar eine Aussage über die Stabilität der Lösung gegenüber Störungen der Daten.

Korollar 8.3.4 *Unter den Voraussetzungen von Satz 8.3.3 seien $v, w \in \mathcal{W}(0,T)$ Lösungen von Problem 8.2.1 zu den Anfangsbedingungen $v_0, w_0 \in H$ und den rechten Seiten $g, h \in L^2(0,T;V^*)$. Dann ist $u := v - w$ Lösung zum Anfangswert $u_0 = v_0 - w_0$ und zur rechten Seite $f = g - h$ und es gelten die Abschätzungen aus Satz 8.3.3.*

Wir kommen nun zur Frage der Lösbarkeit.

Satz 8.3.5 (LIONS, 1961) *Sei $V \subseteq H \subseteq V^*$ ein GELFAND-Dreier. Die Bilinearform $a : [0,T] \times V \times V \to \mathbb{R}$ sei bezüglich t LEBESGUE-messbar, genüge gleichmäßig einer GÅRDINGschen Ungleichung und sei gleichmäßig beschränkt. Dann besitzt das Problem 8.2.1 für jedes $u_0 \in H$ und $f \in L^2(0,T;V^*)$ genau eine Lösung.*

Den *Beweis* werden wir weiter unten führen.

Für den Nachweis der Existenz von Lösungen instationärer Aufgaben gibt es insbesondere die Möglichkeit der Konstruktion von Näherungslösungen durch eine

- Zeitdiskretisierung oder
- GALERKIN-Approximation.

Die Semidiskretisierung in der Zeit führt unmittelbar auf stationäre Probleme, deren Lösbarkeit wir bereits im ersten Teil des Buches untersucht haben. Die GALERKIN-Approximation führt auf ein endliches System gewöhnlicher Differentialgleichungen.

Bei beiden Zugängen ist zu zeigen, dass zumindest eine Teilfolge der Folge der Näherungslösungen in einem gewissen Sinne konvergiert und der Grenzwert eine Lösung des ursprünglichen Problems ist. Die Konvergenz einer (Teil-) Folge kann zumeist aus der gleichmäßigen Beschränktheit der Näherungslösungen, also aus A-priori-Abschätzungen, mit Hilfe von Kompaktheitsargumenten gefolgert werden.

Ein Beweis von Satz 8.3.5 findet sich in WLOKA [148, Satz 26.1, S. 384 ff.] sowie in ZEIDLER [153, Thm. 23.A, Coroll. 23.26, Sect. 23.9, S. 424 ff.]; beide benutzen eine GALERKIN-Approximation. Wir gehen einen anderen Weg und werden Satz 8.3.5 mit Hilfe der zeitlichen Semidiskretisierung durch das implizite EULER-Verfahren (unter der zusätzlichen Annahme, dass $t \mapsto a(t; \cdot, \cdot)$ fast überall auf $(0, T)$ stetig ist) beweisen.

Wegen der Transformation (8.3.1) können wir uns im Folgenden auf die Betrachtung einer bezüglich t gleichmäßig stark positiven Bilinearform zurückziehen. Durch eine entsprechende Rücktransformation können die Aussagen leicht auf lineare Evolutionsgleichungen übertragen werden, deren Bilinearform einer GÅRDINGschen Ungleichung genügt.

Sei $N \in \mathbb{N} \setminus \{0\}$ vorgegeben und das Zeitintervall $[0, T]$ äquidistant zur Schrittweite $\Delta t = T/N$ mit den Knoten $t_n = n\Delta t$ $(n = 0, 1, \ldots, N)$ zerlegt. Gesucht sind Näherungswerte $u^n \approx u(t_n) \in V$ $(n = 1, \ldots, N)$, die aus dem Schema

$$\left(\frac{u^{n+1} - u^n}{\Delta t}, v \right) + a(t_{n+1}; u^{n+1}, v) = \langle f^{n+1}, v \rangle \quad \forall v \in V \qquad (8.3.3)$$

zu bestimmen sind, wobei $u^0 \in H$ und

$$f^{n+1} = \frac{1}{\Delta t} \int_{t_n}^{t_n+1} f(t)\, dt \in V^*$$

gegeben sind. Dabei ist f^{n+1} die für das EULER-Verfahren natürliche Restriktion.

Satz 8.3.6 *Sei $a : [0,T] \times V \times V \to \mathbb{R}$ eine bezüglich t stetige, gleichmäßig beschränkte, stark positive Bilinearform und gelte $u^0, u_0 \in H$ sowie $f \in L^2(0,T;V^*)$. Dann gibt es genau eine Lösung $\{u^n\}$ des impliziten* EULER-*Verfahrens (8.3.3). Für $\{u^n\}$ gilt die A-priori-Abschätzung*

$$|u^n|^2 + \sum_{j=1}^{n} |u^j - u^{j-1}|^2 + \mu \Delta t \sum_{j=1}^{n} \|u^j\|^2 \le M(u^0, f), \quad n = 1, \ldots, N.$$

Für die diskrete Zeitableitung gilt

$$\Delta t \sum_{j=1}^{n} \left\| \frac{u^j - u^{j-1}}{\Delta t} \right\|_*^2 \le M'(u^0, f), \quad n = 1, \ldots, N.$$

Ist $u \in \mathcal{W}(0,T)$ Lösung von Problem 8.2.1 und existiert die verallgemeinerte Ableitung $(f - u')'$ mit $(f - u')' \in L^2(0,T;V^*)$, so gilt für den Diskretisierungsfehler $e^n = u(t_n) - u^n$ $(n = 0,1,\ldots,N)$ die Abschätzung

$$|e^n|^2 + \mu \Delta t \sum_{j=1}^{n} \|e^j\|^2 \le |e^0|^2 + \frac{(\Delta t)^2}{3\mu} \|(f - u')'\|_{L^2(0,T;V^*)}^2. \tag{8.3.4}$$

Beweis. Wegen $f \in L^2(0,T;V^*)$ ist $\{f^n\}$ wohldefiniert.

Wir zeigen zunächst, dass zu gegebenem $u^n \in H \subseteq V^*$ genau ein $u^{n+1} \in V$ $(n = 0,1,\ldots,N-1)$ existiert, welches (8.3.3) genügt. Sei hierzu

$$c_{n+1}(v,w) := (v,w) + \Delta t\, a(t_{n+1}; v, w), \quad g^{n+1} := u^n + \Delta t\, f^{n+1}.$$

Unter Beachtung der stetigen Einbettung $V \hookrightarrow H$ ist leicht nachzuweisen, dass $c_{n+1} : V \times V \to \mathbb{R}$ bilinear, stark positiv und beschränkt ist. Außerdem gilt $g^{n+1} \in V^*$. Nach dem Lemma von LAX-MILGRAM (Satz 3.4.6) gibt es daher genau eine Lösung $u^{n+1} \in V$ der zu (8.3.3) äquivalenten Gleichung

$$c_{n+1}(u^{n+1}, v) = \langle g^{n+1}, v \rangle \quad \forall v \in V.$$

Setzen wir $v = u^{n+1}$ in (8.3.3) und nutzen (7.5.9) sowie die gleichmäßig starke Positivität von a, so folgt mit binomischer Ungleichung

$$\frac{1}{2\Delta t} \left(|u^{n+1}|^2 - |u^n|^2 + |u^{n+1} - u^n|^2 \right) + \mu \|u^{n+1}\|^2$$

$$\le \frac{1}{\Delta t} \left(u^{n+1} - u^n, u^{n+1} \right) + a(t_{n+1}; u^{n+1}, u^{n+1})$$

$$= \langle f^{n+1}, u^{n+1} \rangle \le \|f^{n+1}\|_* \|u^{n+1}\| \le \frac{1}{2\mu} \|f^{n+1}\|^2 + \frac{\mu}{2} \|u^{n+1}\|^2.$$

Summation führt auf die Abschätzung

$$|u^n|^2 + \sum_{j=1}^{n} |u^j - u^{j-1}|^2 + \mu \Delta t \sum_{j=1}^{n} \|u^j\|^2 \le |u^0|^2 + \frac{\Delta t}{\mu} \sum_{j=1}^{n} \|f^j\|_*^2.$$

Mit den Eigenschaften des BOCHNER-Integrals und der CAUCHY-SCHWARZschen Ungleichung finden wir

$$\Delta t \sum_{j=1}^{n} \|f^j\|_*^2 = \frac{1}{\Delta t} \sum_{j=1}^{n} \left\| \int_{t_{j-1}}^{t_j} f(t)\, dt \right\|_*^2 \le \frac{1}{\Delta t} \sum_{j=1}^{n} \left(\int_{t_{j-1}}^{t_j} \|f(t)\|_*\, dt \right)^2$$

$$\le \frac{1}{\Delta t} \sum_{j=1}^{n} \left(\int_{t_{j-1}}^{t_j} dt \int_{t_{j-1}}^{t_j} \|f(t)\|_*^2\, dt \right) = \int_0^{t_n} \|f(t)\|_*^2\, dt \le \|f\|_{L^2(0,T;V^*)}^2, \quad (8.3.5)$$

und es folgt die behauptete A-priori-Abschätzung für $\{u^n\}$.

Da a gleichmäßig beschränkt ist, gilt für alle $v \in V$

$$\left(\frac{u^{n+1} - u^n}{\Delta t}, v \right) = \langle f^{n+1}, v \rangle - a(t_{n+1}; u^{n+1}, v) \le \|f^{n+1}\|_* \|v\| + \beta \|u^{n+1}\| \|v\|.$$

Es folgt daher

$$\left\| \frac{u^{n+1} - u^n}{\Delta t} \right\|_* \le \|f^{n+1}\|_* + \beta \|u^{n+1}\|$$

und somit

$$\Delta t \sum_{j=1}^{n} \left\| \frac{u^j - u^{j-1}}{\Delta t} \right\|_*^2 \le 2\Delta t \sum_{j=1}^{n} \|f^j\|_*^2 + 2\beta^2 \Delta t \sum_{j=1}^{n} \|u^j\|^2.$$

Mit (8.3.5) und der Abschätzung für $\{u^n\}$ folgt die Behauptung.

Hinsichtlich der Fehlerabschätzung beobachten wir zunächst, dass wegen $u', f \in L^2(0,T;V^*)$ und $(f - u')' \in L^2(0,T;V^*)$ gemäß Satz 8.1.6 $f - u'$ fast überall gleich einer stetigen Funktion mit Werten in V^* ist. Daher ist es im Folgenden erlaubt, $f(t_{n+1}) - u'(t_{n+1})$ zu betrachten. Analog zu (7.5.8) gilt für alle $v \in V$

und $n = 0, 1, \ldots, N - 1$ die *Fehlergleichung*

$$\left(\frac{e^{n+1} - e^n}{\Delta t}, v \right) + a(t_{n+1}; e^{n+1}, v)$$

$$= \left(\frac{u(t_{n+1}) - u(t_n)}{\Delta t}, v \right) + a(t_{n+1}; u(t_{n+1}), v) - \langle f^{n+1}, v \rangle$$

$$= \left(\frac{1}{\Delta t} \int_{t_n}^{t_{n+1}} u'(t)\,dt, v \right) + \langle f(t_{n+1}) - u'(t_{n+1}), v \rangle - \left\langle \frac{1}{\Delta t} \int_{t_n}^{t_{n+1}} f(t)\,dt, v \right\rangle$$

$$= \left\langle \frac{1}{\Delta t} \int_{t_n}^{t_{n+1}} (t - t_n)(f - u')'(t)\,dt, v \right\rangle =: \langle \rho^{n+1}, v \rangle.$$

Dabei ist $\rho^{n+1} \in V^*$ der *Konsistenzfehler*. Die Fehlergleichung ist von derselben Struktur wie das Verfahren (8.3.3), so dass die A-priori-Abschätzung

$$|e^n|^2 + \sum_{j=1}^{n} |e^j - e^{j-1}|^2 + \mu \Delta t \sum_{j=1}^{n} \|e^j\|^2 \le |e^0|^2 + \frac{\Delta t}{\mu} \sum_{j=1}^{n} \|\rho^j\|_*^2$$

folgt. Für den Konsistenzfehler gilt dabei die Abschätzung

$$\Delta t \sum_{j=1}^{n} \|\rho^j\|_*^2 = \frac{1}{\Delta t} \sum_{j=1}^{n} \left\| \int_{t_{j-1}}^{t_j} (t - t_{j-1})(f - u')'(t)\,dt \right\|_*^2$$

$$\le \frac{1}{\Delta t} \sum_{j=1}^{n} \left(\int_{t_{j-1}}^{t_j} (t - t_{j-1}) \left\| (f - u')'(t) \right\|_* dt \right)^2$$

$$\le \frac{1}{\Delta t} \sum_{j=1}^{n} \left(\int_{t_{j-1}}^{t_j} (t - t_{j-1})^2\,dt \int_{t_{j-1}}^{t_j} \left\| (f - u')'(t) \right\|_*^2 dt \right)$$

$$= \frac{(\Delta t)^2}{3} \int_0^{t_n} \|(f - u')'(t)\|_*^2\,dt \le \frac{(\Delta t)^2}{3} \|(f - u')'\|_{L^2(0,T;V^*)}^2.$$

Es folgt die Fehlerabschätzung.   #

Ist mit den Abschätzungen aus Satz 8.3.3 gerade die Stabilität der Lösung in den Normen der Räume $L^\infty(0, T; H)$ (bzw. $\mathcal{C}([0, T]; H)$) und $L^2(0, T; V)$ sowie der Ableitung in der $L^2(0, T; V^*)$-Norm gegeben, so gilt dies analog für die Lösung des impliziten EULER-Verfahrens, diesmal unter Benutzung der entsprechenden diskreten Normen. Hinzu kommt der stabilisierende Term $\left(\sum_j |u^j - u^{j-1}|^2 \right)^{1/2}$, der als Approximation von $\sqrt{\Delta t}\,\|u'\|_{L^2(0,T;H)}$ interpretiert werden kann. Dies macht insoweit Sinn, als dass für die exakte Lösung zwar zunächst lediglich $u' \in L^2(0,T;V^*)$, wegen der noch zu untersuchenden parabolischen Glättungseigenschaft aber auch $t \mapsto \sqrt{t}u'(t) \in L^2(0,T;H)$ gilt. Dieser zusätzliche Term wird sogleich für die Konvergenz von Näherungslösungen von Bedeutung sein.

Die Regularitätsannahme $(f - u')' \in L^2(0,T;V^*)$ ist, wie wir später noch genauer untersuchen werden, erfüllt, wenn $u_0 \in \mathcal{D}(A) := \{v \in V : A(0)v \in H\}$, $f, f' \in L^2(0,T;V^*)$ und die LEBESGUE-messbare Ableitung $a'(t;\cdot,\cdot)$ von $a(t;\cdot,\cdot)$ existiert und auf $V \times V$ bezüglich t gleichmäßig beschränkt ist.

Für das Weitere wollen wir $u^0 \in V$ annehmen. Aus den diskreten Werten $\{u^n\}$ konstruieren wir durch stückweise lineare bzw. konstante Interpolation zwei auf dem gesamten Intervall $[0,T]$ definierte Funktionen $U_{\Delta t}$ und $V_{\Delta t}$: Für $t \in (t_n, t_{n+1}]$ $(n = 0, 1, \ldots, N - 1)$ sei

$$U_{\Delta t}(t) = \frac{u^{n+1} - u^n}{\Delta t}(t - t_n) + u^n = u^n \frac{t_{n+1} - t}{\Delta t} + u^{n+1}\frac{t - t_n}{\Delta t},$$

$$V_{\Delta t}(t) = u^{n+1}.$$

Außerdem sei $U_{\Delta t}(0) = u^0$ und $V_{\Delta t}(0) = u^1$ (siehe auch Bild 8.3.1).

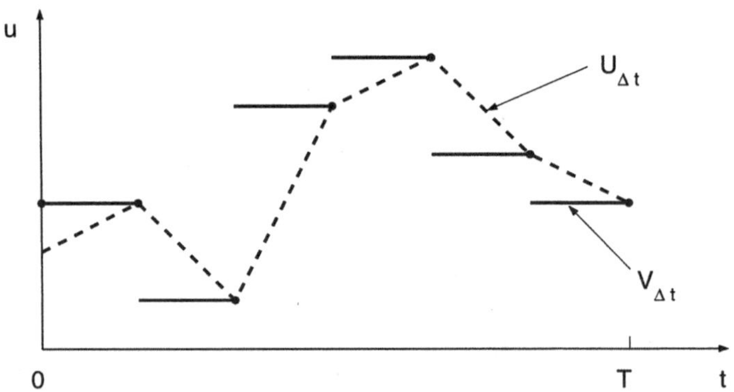

Bild 8.3.1: Kontinuierliche Näherungslösungen $U_{\Delta t}$ und $V_{\Delta t}$

Lemma 8.3.7 *Sei $\{N_k\}$ eine Folge natürlicher Zahlen mit $N_k \to \infty$ und $\{(\Delta t)_k\}$ $((\Delta t)_k = T/N_k)$ die zugehörige Folge von Schrittweiten. Unter den Voraussetzungen von Satz 8.3.6 sind für $u^0 \in V$ die Folgen $\{U_{(\Delta t)_k}\}$ und $\{V_{(\Delta t)_k}\}$ in $L^\infty(0,T;H)$ und $L^2(0,T;V)$ beschränkt. Die Folge der Ableitungen $\{U'_{(\Delta t)_k}\}$ ist in $L^2(0,T;V^*)$ beschränkt.*

Beweis. Wir verzichten auf die Indizierung mit k. Wegen $u^0 \in V$ ist die Funktion $U_{\Delta t}$ aus $\mathcal{C}([0,T];V)$ und daher auch BOCHNER-messbar. Die Funktion $V_{\Delta t}$ ist als

Treppenfunktion ebenfalls BOCHNER-messbar. Wie in Aufgabe 9.36 zu zeigen ist, gilt

$$\int_0^T \|U_{\Delta t}(t)\|^2 dt \le \frac{4\Delta t}{3} \sum_{j=0}^N \|u^j\|^2, \quad \int_0^T \|V_{\Delta t}(t)\|^2 dt = \Delta t \sum_{j=1}^N \|u^j\|^2, \quad (8.3.6)$$

so dass wegen der A-priori-Abschätzung aus Satz 8.3.6 $U_{\Delta t}, V_{\Delta t} \in L^2(0,T;V)$ mit

$$\|U_{\Delta t}\|_{L^2(0,T;V)} \le \sqrt{\frac{4M(u^0,f)}{3\mu}}, \quad \|V_{\Delta t}\|_{L^2(0,T;V)} \le \sqrt{\frac{M(u^0,f)}{\mu}}$$

gilt. Ferner gilt aufgrund der Konstruktion $U_{\Delta t}, V_{\Delta t} \in L^\infty(0,T;H)$ und mit Satz 8.3.6

$$\max_{t\in[0,T]} |V_{\Delta t}(t)| \le \max_{t\in[0,T]} |U_{\Delta t}(t)| = \max_{j=0,1,\dots,N} |u^j| \le \sqrt{M(u^0,f)}. \qquad (8.3.7)$$

Schließlich ist $U_{\Delta t}$ stückweise im klassischen Sinne differenzierbar mit

$$U'_{\Delta t}(t) = \frac{u^{n+1} - u^n}{\Delta t} \in V \quad \text{für} \quad t \in (t_n, t_{n+1}),$$

so dass $U_{\Delta t}$ auch im verallgemeinerten Sinne differenzierbar ist. Es gilt $U'_{\Delta t} \in L^2(0,T;V^*)$, wobei mit Satz 8.3.6

$$\|U'_{\Delta t}(t)\|_{L^2(0,T;V^*)} = \left(\Delta t \sum_{j=1}^N \left\| \frac{u^j - u^{j-1}}{\Delta t} \right\|_*^2 \right)^{1/2} \le \sqrt{M'(u_0,f)} \qquad (8.3.8)$$

folgt. $\qquad\qquad\qquad\qquad\qquad\qquad\qquad\qquad\qquad\qquad\qquad\qquad\qquad\qquad$ #

Aus Korollar 8.1.11 und Satz 8.1.12 folgt

Satz 8.3.8 *Unter den Voraussetzungen des Lemmas 8.3.7 gibt es eine Teilfolge $\{N_{k'}\}$ und ein $U \in L^\infty(0,T;H) \cap L^2(0,T;V)$, so dass für $k' \to \infty$*

$$U_{(\Delta t)_{k'}}, V_{(\Delta t)_{k'}} \rightharpoonup U \text{ in } L^2(0,T;V), \quad U_{(\Delta t)_{k'}}, V_{(\Delta t)_{k'}} \overset{*}{\rightharpoonup} U \text{ in } L^\infty(0,T;H).$$

Außerdem existiert die verallgemeinerte Ableitung $U' \in L^2(0,T;V^*)$ und es gilt

$$U'_{(\Delta t)_{k'}} \rightharpoonup U' \text{ in } L^2(0,T;V^*).$$

Gilt darüberhinaus $V \overset{c}{\hookrightarrow} H$, so konvergieren $U_{(\Delta t)_{k'}}$ und $V_{(\Delta t)_{k'}}$ für $k' \to \infty$ stark in $L^q(0,T;H)$ mit $q \in [1,\infty)$ gegen U.

Bevor wir zum Beweis kommen, wollen wir die verschiedenen Konvergenzarten einmal ausschreiben (siehe auch Satz 7.1.23 und Seite 280). Wir verzichten wieder auf die Indizierung mit k. Es gilt $U_{\Delta t} \rightharpoonup U$ in $L^2(0,T;V)$ genau dann, wenn

$$\int_0^T \langle g(t), U_{\Delta t}(t) - U(t)\rangle \, dt \to 0 \quad \forall g \in L^2(0,T;V^*)\,.$$

Wegen $(L^1(0,T;H))^* \cong L^\infty(0,T;H)$ gilt $U_{\Delta t} \overset{*}{\rightharpoonup} U$ in $L^\infty(0,T;H)$ genau dann, wenn

$$\int_0^T (g(t), U_{\Delta t}(t) - U(t)) \, dt \to 0 \quad \forall g \in L^1(0,T;H)\,.$$

Ferner gilt $U_{\Delta t} \to U$ in $L^q(0,T;H)$ genau dann, wenn

$$\int_0^T |U_{\Delta t}(t) - U(t)|^q \, dt \to 0\,.$$

Schließlich gilt $U'_{\Delta t} \rightharpoonup U'$ in $L^2(0,T;V^*)$ wegen der Reflexivität von V genau dann, wenn

$$\int_0^T \langle U'_{\Delta t}(t) - U'(t), v(t)\rangle \, dt \to 0 \quad \forall v \in L^2(0,T;V)\,.$$

Beweis von Satz 8.3.8. Sei $\{N_k\}$ beliebig mit $N_k \to \infty$. Nach Korollar 8.1.11 kann wegen Lemma 8.3.7 eine Teilfolge $\{N_{k'}\}$ ausgewählt werden, so dass

$$U_{(\Delta t)_{k'}} \rightharpoonup U \text{ in } L^2(0,T;V)\,, \quad U_{(\Delta t)_{k'}} \overset{*}{\rightharpoonup} U \text{ in } L^\infty(0,T;H)$$

für ein $U \in L^\infty(0,T;H) \cap L^2(0,T;V)$ sowie

$$V_{(\Delta t)_{k'}} \rightharpoonup V \text{ in } L^2(0,T;V)\,, \quad V_{(\Delta t)_{k'}} \overset{*}{\rightharpoonup} V \text{ in } L^\infty(0,T;H)$$

für ein $V \in L^\infty(0,T;H) \cap L^2(0,T;V)$. Da mit Satz 8.3.6

$$\int_0^T \left|U_{(\Delta t)_{k'}} - V_{(\Delta t)_{k'}}\right|^2 dt = \frac{(\Delta t)_{k'}}{3} \sum_{j=1}^N |u^j - u^{j-1}|^2 \le \frac{(\Delta t)_{k'}}{3} M(u^0, f)$$

für $N_{k'} \to \infty$ gegen Null konvergiert und $V \overset{d}{\subseteq} H$, folgt die Gleichheit der Limites U und V.

Wegen der gleichmäßigen Beschränktheit der Ableitungen $U'_{(\Delta t)_{k'}}$ in $L^2(0,T;V^*)$ gibt es eine Teilfolge, die schwach gegen ein Element $W \in L^2(0,T;V^*)$ konvergiert. Wir behaupten $W = U'$ im verallgemeinerten Sinne. Sei hierzu $\phi \in C_0^\infty(0,T)$ und $v \in V \cong V^{**}$ beliebig; es gilt $v\phi, v\phi' \in L^2(0,T;V)$. Wir verzichten nun wieder auf den Index k. Da $U'_{\Delta t}$ die verallgemeinerte Ableitung von $U_{\Delta t}$ ist und $U_{\Delta t}, U \in L^2(0, T; V) \subseteq L^2(0, T; V^*)$, gilt nach Satz 8.1.5

$$\int_0^T \langle W(t), v\rangle \phi(t)\, dt + \int_0^T \langle U(t), v\rangle \phi'(t)\, dt$$

$$= \int_0^T \langle W(t) - U'_{\Delta t}(t), v\rangle \phi(t)\, dt + \int_0^T \langle U(t) - U_{\Delta t}(t), v\rangle \phi'(t)\, dt \,.$$

Die rechte Seite geht aber wegen der zuvor gezeigten schwachen Konvergenz gegen Null, so dass $t \mapsto \langle W(t), v\rangle$ für alle $v \in V$ die verallgemeinerte Ableitung von $t \mapsto \langle U(t), v\rangle$ ist. Nach Satz 8.1.5 folgt die Behauptung.

Der letzte Teil des Satzes ist wegen Lemma 8.3.7 eine direkte Folge aus dem Satz von LIONS-AUBIN (Satz 8.1.12 mit $X_1 = V$, $X_0 = H$, $X_{-1} = V^*$ und $r = s = 2$) unter Beachtung der Bemerkung 8.1.13. #

Wir können nun Satz 8.3.5 beweisen, nehmen dafür aber zusätzlich an, dass $t \mapsto a(t; u, v)$ für feste $u, v \in V$ fast überall auf $(0, T)$ stetig ist.

Beweis von Satz 8.3.5. Die Einzigkeit der Lösung folgt unmittelbar aus Korollar 8.3.4, denn seien v, w zwei verschiedene Lösungen, so ist die Differenz $u = v - w$ wegen der Linearität der Aufgabe Lösung zur Anfangsbedingung $u_0 = 0$ mit der rechten Seite $f \equiv 0$. Nach der Stabilitätsabschätzung folgt aber $u \equiv 0$, was im Widerspruch zur Annahme steht.

Wegen der Transformation (8.3.1) können wir uns auf den Fall einer gleichmäßig beschränkten und stark positiven Bilinearform beschränken. Wir betrachten die Semidiskretisierung in der Zeit durch das implizite EULER-Verfahren. Nach den vorangegangenen Aussagen gibt es, sofern $u^0 \in V$, Teilfolgen $U_{(\Delta t)_{k'}}$, $V_{(\Delta t)_{k'}}$, die im entsprechenden Sinne gegen ein $U \in \mathcal{W}(0, T)$ konvergieren. Auf die lästige Indizierung mit k' verzichten wir wieder. Wir zeigen, dass U eine Lösung des Problems 8.2.1 mit $U(0) = u^0 \in V$ ist.

Äquivalent zu (8.3.3) gilt im verallgemeinerten Sinne auf $(0, T)$

$$\langle U'_{\Delta t}(t), v\rangle + a_{\Delta t}\left(t; V_{\Delta t}(t), v\right) = \langle F_{\Delta t}(t), v\rangle \quad \forall v \in V \,.$$

Dabei seien $a_{\Delta t}$ und $F_{\Delta t}$ stückweise konstante Interpolationen, so dass für $t \in (t_n, t_{n+1}]$ $(n = 0, 1, \dots, N - 1)$

$$a_{\Delta t}(t; \cdot, \cdot) = a(t_{n+1}; \cdot, \cdot), \quad F_{\Delta t}(t) = f^{n+1}$$

sowie

$$a_{\Delta t}(0; \cdot, \cdot) = a(t_1, \cdot, \cdot), \quad F_{\Delta t}(0) = f^1 \,.$$

Sei $\phi \in \mathcal{C}_0^\infty(0,T)$. Dann gilt für $\Delta t \to 0$ und alle $v \in V$

$$\int_0^T \langle U'_{\Delta t}(t), v \rangle \, \phi(t) \, dt \to \int_0^T \langle U'(t), v \rangle \, \phi(t) \, dt \,,$$

denn $U'_{\Delta t} \rightharpoonup U'$ in $L^2(0,T;V^*)$ und $v\phi \in L^2(0,T;V) \cong L^2(0,T;V^{**})$.
Es gilt ferner

$$\left| \int_0^T \left(a_{\Delta t}(t; V_{\Delta t}(t), v) - a(t; U(t), v) \right) \phi(t) \, dt \right|$$

$$\leq \left| \int_0^T \left(a_{\Delta t}(t; V_{\Delta t}(t), v) - a_{\Delta t}(t; U(t), v) \right) \phi(t) \, dt \right|$$

$$+ \left| \int_0^T \left(a_{\Delta t}(t; U(t), v) - a(t; U(t), v) \right) \phi(t) \, dt \right| \,.$$

Wegen der Stetigkeit von $t \mapsto a(t; \cdot, \cdot)$ fast überall auf $(0,T)$ gilt für fast alle $t \in (0,T)$

$$|a_{\Delta t}(t; U(t), v) - a(t; U(t), v)| \to 0 \quad \text{für } \Delta t \to 0 \,,$$

so dass der zweite Summand in der vorstehenden Abschätzung für $\Delta t \to 0$ gegen Null geht. Hierfür beachte man wegen

$$|a_{\Delta t}(t; U(t), v) - a(t; U(t), v)| \leq 2\beta \, \|U(t)\| \, \|v\|$$

die Existenz einer integrierbaren Majorante und den Satz von LEBESGUE über die dominierte Konvergenz (vgl. etwa KOLMOGOROW und FOMIN [78, Satz 6, S. 300]).

Sei $A(t) : V \to V^*$ der zu $a(t; \cdot, \cdot)$ zugehörige Operator. Dieser ist linear und bezüglich t gleichmäßig beschränkt. Wegen der Reflexivität von V bildet der duale Operator $A(t)^*$ ebenfalls V in V^* ab und es gilt

$$\left| \int_0^T \left(a_{\Delta t}(t; V_{\Delta t}(t), v) - a_{\Delta t}(t; U(t), v) \right) \phi(t) \, dt \right| = \left| \int_0^T \langle V_{\Delta t}(t) - U(t), h(t) \rangle \, dt \right| \,,$$

wobei $h(t) = A(t_{n+1})^* v\phi(t)$ für $t \in (t_n, t_{n+1}]$ und $h(0) = 0$. Der vorstehende Ausdruck konvergiert für $\Delta t \to 0$ gegen Null, denn $V_{\Delta t} \rightharpoonup U$ in $L^2(0,T;V)$ und $h \in L^2(0,T;V^*)$. Letzteres ist einzusehen, da die Funktion h BOCHNER-messbar ist und da

$$\|A(t_{n+1})^* v\|_* = \sup_{w \in V \setminus \{0\}} \frac{|\langle A(t_{n+1})^* v, w \rangle|}{\|w\|} = \sup_{w \in V \setminus \{0\}} \frac{|\langle A(t_{n+1})w, v \rangle|}{\|w\|}$$

$$= \sup_{w \in V \setminus \{0\}} \frac{|a(t_{n+1}; w, v)|}{\|w\|} \leq \sup_{w \in V \setminus \{0\}} \frac{\beta \, \|w\| \, \|v\|}{\|w\|} = \beta \, \|v\| \,,$$

so dass

$$\int_0^T \|h(t)\|_*^2 \, dt \le \beta^2 T \max_{t \in [0,T]} |\phi(t)|^2 \, \|v\|^2 < \infty .$$

Es folgt

$$\int_0^T a_{\Delta t}(t; V_{\Delta t}(t), v)\phi(t) \, dt \to \int_0^T a(t; U(t), v)\phi(t) \, dt \quad \text{für } \Delta t \to 0 .$$

Wie in Aufgabe 9.37 zu zeigen ist, gilt

$$F_{\Delta t} \to f \quad \text{in } L^2(0, T; V^*)$$

für $\Delta t \to 0$. Daraus folgt insbesondere

$$\int_0^T \langle F_{\Delta t}(t), v \rangle \phi(t) \, dt \to \int_0^T \langle f(t), v \rangle \phi(t) \, dt .$$

Der Grenzübergang zeigt nun, dass für $U \in \mathcal{W}(0, T)$ die Beziehung

$$\int_0^T \left(\langle U'(t), v \rangle + a(t; U(t), v) \right) \phi(t) \, dt = \int_0^T \langle f(t), v \rangle \phi(t) \, dt$$

für alle $v \in V$ und $\phi \in \mathcal{C}_0^\infty(0, T)$ gilt. Nach dem Fundamentallemma der Variationsrechnung (Lemma 3.1.5) folgt daher, dass fast überall in $(0, T)$

$$\langle U'(t), v \rangle + a(t; U(t), v) = \langle f(t), v \rangle \quad \forall v \in V$$

gilt.

Wir zeigen schließlich $U(0) = u^0$. Seien hierzu $v \in V$ und $\phi \in \mathcal{C}[0, T]$ mit $\phi(T) = 0$ beliebig. Dann ist $v\phi \in L^2(0, T; V)$ und es gilt nach der Regel der partiellen Integration (siehe Satz 8.1.9)

$$\int_0^T \left(\langle U'_{\Delta t}(t), v \rangle \phi(t) + \langle U_{\Delta t}(t), v \rangle \phi'(t) \right) dt = -\left(U_{\Delta t}(0), v \right) \phi(0) = -(u^0, v)\phi(0) .$$

Da aber $U_{\Delta t} \rightharpoonup U$ in $L^2(0, T; V)$ und $U'_{\Delta t} \rightharpoonup U'$ in $L^2(0, T; V^*)$, folgt im Limes

$$-(u^0, v)\phi(0) = \int_0^T \left(\langle U'(t), v \rangle \phi(t) + \langle U(t), v \rangle \phi'(t) \right) dt = -(U(0), v)\phi(0) .$$

Mithin gilt $(U(0) - u^0, v) = 0$ für alle $v \in V \overset{d}{\subseteq} H$, was $U(0) = u^0$ nach sich zieht.

Die Annahme $u^0 \in V$ stellt keine Einschränkung dar. Denn sei $u_0 \in H$ gegeben. Da $V \overset{d}{\subseteq} H$, gibt es eine Folge $\{u_\nu^0\} \subset V$, die für $\nu \to \infty$ in der Norm von

H gegen u_0 konvergiert. Betrachten wir die zugehörige Folge $\{U_\nu\} \subset \mathcal{W}(0,T)$ von Lösungen des Problems 8.2.1 zu den Anfangsbedingungen u_ν^0, so gilt für die Differenz $U_\mu - U_\nu$ gemäß Korollar 8.3.4 die Abschätzung

$$\|U_\mu - U_\nu\|_{\mathcal{W}(0,T)} \leq const\, |u_\mu^0 - u_\nu^0|\,,$$

wobei die Konstante *const* nur von β und μ abhängt. Dies zeigt, dass $\{U_\nu\}$ eine CAUCHY-Folge im BANACH-Raum $\mathcal{W}(0,T)$ ist. Mithin gibt es einen Grenzwert $u \in \mathcal{W}(0,T)$ mit $u(0) = u_0 \in H$ und u ist Lösung des ursprünglichen Problems. Um dies zu zeigen, ist wieder der Grenzübergang von U_ν zu u in der Gleichung zu vollziehen, was hier wegen $U_\nu \to u$ in $L^2(0,T;V)$ und $U_\nu' \to u'$ in $L^2(0,T;V^*)$ keine Schwierigkeiten bereitet.   #

8.4 Nichtlineare Evolutionsgleichungen und deren GALERKIN-Approximation

In diesem Abschnitt wollen wir Problem 8.2.1 mit einer nichtlinearen Form a behandeln. Genauer suchen wir Lösungen des Anfangswertproblems

$$u'(t) + A(t)u(t) = f(t) \quad \text{in } V^*,\ \text{f. ü. in } (0,T), \quad u(0) = u_0\,. \tag{8.4.1}$$

Dabei sei $V \subseteq H \subseteq V^*$ wieder ein GELFAND-Dreier und $\{A(t)\}$ eine Familie von nicht notwendig linearen Operatoren, die V in V^* abbilden. Um die Vielfalt der Anwendungen nicht allzu stark einzuschränken, werden wir diesmal den Lösungsbegriff nicht auf dem L^2, sondern dem L^p mit $p \in (1,\infty)$ aufbauen und Lösungen im Raum

$$\mathcal{W}^p(0,T) = \big\{v \in L^p(0,T;V) : \exists v' \in L^q(0,T;V^*)\big\}\,, \quad \frac{1}{p} + \frac{1}{q} = 1,\ p \in (1,\infty),$$

suchen. Das Anfangswertproblem (8.4.1) ist dann äquivalent zu

$$u' + Au = f \quad \text{in } L^q(0,T;V^*),\ u(0) = u_0\,,$$

wobei A der durch $(Au)(t) := A(t)u(t)$ erklärte Operator sei.

Es gilt ganz analog zu Satz 8.1.9 und Korollar 8.1.10

Satz 8.4.1 *Sei $V \subseteq H \subseteq V^*$ ein GELFAND-Dreier. Dann ist $\mathcal{W}^p(0,T)$ mit $p \in (1,\infty)$ in natürlicher Weise ein linearer Raum und, versehen mit der Norm*

$$\|u\|_{\mathcal{W}^p(0,T)} := \|u\|_{L^p(0,T;V)} + \|u'\|_{L^q(0,T;V^*)}\,,$$

ein BANACH-Raum. Ferner ist $u \in \mathcal{W}^p(0,T)$ fast überall gleich einer Funktion aus $\mathcal{C}([0,T];H)$ und es gilt die stetige Einbettung

$$\mathcal{W}^p(0,T) \hookrightarrow \mathcal{C}([0,T];H)\,.$$

Für beliebige $u, v \in \mathcal{W}^p(0, T)$ gilt die Regel der partiellen Integration (8.1.1) sowie (8.1.4). Schließlich liegt $C^\infty([0, T]; V)$ dicht in $\mathcal{W}^p(0, T)$.

Den *Beweis*, der den gleichen Schritten wie die Beweise zu Satz 8.1.9 und Korollar 8.1.10 folgt, überlassen wir dem Leser zur Übung (Aufgabe 9.39). Man beachte, dass sich $\mathcal{W}^2(0, T)$ und $\mathcal{W}(0, T)$ nur durch zueinander äquivalente Normen unterscheiden. Die Norm in $\mathcal{W}(0, T)$ hatten wir so gewählt, dass sie, falls V ein HILBERT-Raum ist, mit dem Skalarprodukt verträglich ist.

Das zentrale Ergebnis dieses Abschnitts ist

Satz 8.4.2 *Sei $V \subseteq H \subseteq V^*$ ein GELFAND-Dreier. Gegeben seien Operatoren $A_0(t) : V \to V^*$ und $B(t) : V \to V^*$ ($t \in [0, T]$), die den folgenden Bedingungen mit geeigneten Zahlen $p, q \in (1, \infty)$ $(1/p + 1/q)$ genügen:*

(i) Die Operatoren $A(t) := A_0(t) + B(t) : V \to V^*$ sind demistetig. Außerdem gibt es zu jedem $c > 0$ eine LEBESGUE-integrierbare Funktion $\omega = \omega(t)$, so dass für alle $v \in V$ mit $\|v\| \leq c$ gilt

$$\|A(t)v\|_* \leq \omega(t), \quad t \in [0, T].$$

(ii) Die durch $(A_0 v)(t) := A_0(t)v(t)$ und $(Bv)(t) := B(t)v(t)$ definierten Operatoren A_0 und B bilden den Raum $L^p(0, T; V)$ in $L^q(0, T; V^*)$ ab.

(iii) Der Operator $A_0 : L^p(0, T; V) \to L^q(0, T; V^*)$ ist monoton und hemistetig.

(iv) Der Operator $B : L^p(0, T; V) \to L^q(0, T; V^*)$ ist verstärkt stetig.

(v) Der Operator $A = A_0 + B$ ist koerzitiv und es gibt Zahlen $M > 0$, $\Lambda \geq 0$, so dass für alle $v \in L^p(0, T; V)$ gilt

$$\langle Av, v \rangle \geq M \|v\|_{L^p(0,T;V)}^p - \Lambda.$$

(vi) Der Operator $A : L^p(0, T; V) \to L^q(0, T; V^*)$ ist beschränkt und es gibt eine Zahl $K > 0$, so dass für alle $v \in L^p(0, T; V)$ gilt

$$\|Av\|_{L^q(0,T;V^*)} \leq K \left(1 + \|v\|_{L^p(0,T;V)}^{p-1} \right).$$

Dann gibt es zu gegebenem $u_0 \in H$ und $f \in L^q(0, T; V^*)$ mindestens eine Lösung $u \in \mathcal{W}^p(0, T)$ des Anfangswertproblems (8.4.1).

Es sei daran erinnert, dass (siehe auch Satz 7.1.23 (vi))

$$\langle Av, v \rangle = \int_0^T \langle A(t)v(t), v(t) \rangle \, dt,$$

wobei links die duale Paarung zwischen den Räumen $(L^p(0,T;V))^* \cong L^q(0,T;V^*)$ und $L^p(0,T;V)$, rechts dagegen jene zwischen V^* und V steht.

Den *Beweis* werden wir mit Hilfe des GALERKIN-Verfahrens führen. Es sei auch auf Abschnitt 3.6 verwiesen, in dem wir einen Spezialfall des Hauptsatzes über pseudomonotone Operatoren von BRÉZIS für die Summe aus einem monotonen, hemistetigen und einem verstärkt stetigen Operator behandelt hatten, und auf Abschnitt 4.2 in dem hierfür der Existenzbeweis vermittels einer GALERKIN-Approximation geführt wurde.

Zuvor beweisen wir einige A-priori-Abschätzungen.

Satz 8.4.3 *Unter den Voraussetzungen des Satzes 8.4.2 sei $u \in \mathcal{W}^p(0,T)$ eine Lösung von (8.4.1). Dann gilt*

$$\|u\|_{C([0,T];H)}^2 + M \|u\|_{L^p(0,T;V)}^p \leq |u_0|^2 + C \|f\|_{L^q(0,T;V^*)}^q + 2\Lambda =: M_p(u_0,f),$$

$$\|u'\|_{L^q(0,T;V^*)}^q \leq C \left(1 + M_p(u_0,f)\right) =: M_p'(u_0,f),$$

$$\|Au\|_{L^q(0,T;V^*)}^q \leq M_p'(u_0,f).$$

Dabei ist C eine nur von M, K und p abhängige Konstante.

Beweis. Wir bilden in (8.4.1) das duale Produkt $\langle \cdot, v \rangle$ mit $v = u(t)$. Mit (8.1.4) (beachte $u \in \mathcal{W}^p(0,T)$ und Satz 8.4.1) und YOUNGscher[1] Ungleichung gilt

$$\frac{1}{2}\frac{d}{dt}|u(t)|^2 + \langle A(t)u(t), u(t)\rangle = \langle f(t), u(t)\rangle \leq \|f(t)\|_* \|u(t)\|$$

$$\leq \frac{C}{2}\|f(t)\|_*^q + \frac{M}{2}\|u(t)\|^p, \quad C = \frac{p-1}{p}\left(\frac{Mp}{2}\right)^{-1/(p-1)}.$$

Integration führt für alle $t \in [0,T]$ auf

$$|u(t)|^2 + 2\int_0^t \langle A(s)u(s), u(s)\rangle\, ds \leq |u_0|^2 + C\int_0^t \|f(s)\|_*^q\, ds + M\int_0^t \|u(s)\|^p\, ds$$

$$\leq |u_0|^2 + C\|f\|_{L^q(0,T;V^*)}^q + M\|u\|_{L^p(0,T;V)}^p.$$

Die Ungleichung bleibt gültig, wenn wir auf der linken Seite das Maximum über alle t betrachten. Wegen der Koerzitivitätsbedingung nach Voraussetzung (v) in Satz 8.4.2 gelangen wir so zu

$$\max_{t\in[0,T]} |u(t)|^2 + 2M\|u\|_{L^p(0,T;V)}^p - 2\Lambda \leq |u_0|^2 + C\|f\|_{L^q(0,T;V^*)}^q + M\|u\|_{L^p(0,T;V)}^p,$$

---

[1]William Henry YOUNG, geb. 1863 in London, gest. 1942 in Lausanne. YOUNG arbeitete in Lausanne, oft gemeinsam mit seiner Frau Grace (geb. CHISHOLM), die in Göttingen bei KLEIN studiert hatte, über verschiedenste Probleme der Mathematik, etwa zur Differentialrechnung, Geometrie, Integration und über FOURIER-Reihen.

und es folgt die Behauptung.

Für die Ableitung beobachten wir

$$\left|\langle u'(t),v\rangle\right| = \left|\langle f(t),v\rangle - \langle A(t)u(t),v\rangle\right| \leq \|f(t)\|_* \|v\| + \|A(t)u(t)\|_* \|v\|$$

für alle $v \in V$, so dass

$$\|u'(t)\|_* \leq \|f(t)\|_* + \|A(t)u(t)\|_* \,.$$

Mit der Ungleichung (A.1.2) und der Wachstumsbedingung nach Voraussetzung (vi) in Satz 8.4.2 folgt

$$\int_0^T \|u'(t)\|_*^q \, dt \leq \int_0^T \left(\|f(t)\|_* + \|A(t)u(t)\|_*\right)^q \, dt$$

$$\leq 2^{q-1} \int_0^T \left(\|f(t)\|_*^q + \|A(t)u(t)\|_*^q\right) dt$$

$$= 2^{q-1} \left(\|f\|_{L^q(0,T;V^*)}^q + \|Au\|_{L^q(0,T;V^*)}^q\right)$$

$$\leq 2^{q-1} \left(\|f\|_{L^q(0,T;V^*)}^q + K^q \left(1 + \|u\|_{L^p(0,T;V)}^{p-1}\right)^q\right)$$

$$\leq 2^{q-1} \left(\|f\|_{L^q(0,T;V^*)}^q + 2^{q-1} K^q \left(1 + \|u\|_{L^p(0,T;V)}^{(p-1)q}\right)\right).$$

Da $(p-1)q = p$, ergibt sich, zusammen mit der ersten Abschätzung, die zweite Behauptung.

Aus Voraussetzung (vi) in Satz 8.4.2 folgt, zusammen mit der ersten Abschätzung, auch die Abschätzung für Au.   #

Wir kommen nun zum

Beweis von Satz 8.4.2. Da V separabel ist, gibt es eine GALERKIN-Basis $\{\phi_j\}$ mit den zugehörigen Unterräumen $V_m := \mathrm{span}\{\phi_1,\ldots,\phi_m\}$ ($m \in \mathbb{N} \setminus \{0\}$). Jedes Element $v^{(m)} \in V_m$ können wir bezüglich dieser Basis darstellen, so dass die Abbildung

$$V_m \ni v^{(m)} = \sum_{j=1}^m v_j^{(m)} \phi_j \quad \longleftrightarrow \quad \boldsymbol{v}^{(m)} = \left(v_1^{(m)},\ldots,v_m^{(m)}\right)^{\mathsf{T}} \in \mathbb{R}^m$$

eineindeutig ist. Durch $\|\boldsymbol{v}^{(m)}\| := |v^{(m)}|$ wird auf $\mathbb{R}^m$ eine Norm definiert.

Da $\bigcup_{m=1}^\infty V_m \overset{d}{\subseteq} V \overset{d}{\subseteq} H$, gibt es zu $u_0 \in H$ eine Folge von Elementen $a^{(m)} \in V_m$, so dass

$$|a^{(m)} - u_0| \to 0 \quad \text{für } m \to \infty.$$

Wir betrachten die GALERKIN-Approximation von (8.4.1)

$$\langle u^{(m)\prime}(t), v^{(m)}\rangle + \langle A(t)u^{(m)}(t), v^{(m)}\rangle = \langle f(t), v^{(m)}\rangle \quad \forall v^{(m)} \in V_m\,, \text{ f. ü. in } (0,T),$$

$$u^{(m)}(0) = a^{(m)}\,. \tag{8.4.2}$$

Dabei können wir $u^{(m)} : [0,T] \to V_m$ und $a^{(m)} \in V_m$ als

$$u^{(m)}(t) = \sum_{j=1}^{m} u_j^{(m)}(t)\phi_j\,, \quad a^{(m)} = \sum_{j=1}^{m} a_j^{(m)}\phi_j$$

darstellen.

Da $V_m = \mathrm{span}\{\phi_1,\ldots,\phi_m\}$, genügt es, in (8.4.2) mit $v^{(m)} = \phi_i$ $(i = 1,\ldots,m)$ zu testen. Gesucht ist also eine Funktion $\boldsymbol{u}^{(m)} : [0,T] \to \mathbb{R}^m$ mit $\boldsymbol{u}^{(m)}(t) = \left(u_1^{(m)}(t),\ldots,u_m^{(m)}(t)\right)^{\mathsf{T}}$, so dass

$$\boldsymbol{G}^{(m)}\,\boldsymbol{u}^{(m)\prime}(t) = \boldsymbol{h}^{(m)}(t,\boldsymbol{u}^{(m)}(t)) \quad \text{f. ü. in } (0,T),$$

$$\boldsymbol{u}^{(m)}(0) = \boldsymbol{a}^{(m)} := \left(a_1^{(m)},\ldots,a_m^{(m)}\right)^{\mathsf{T}} \tag{8.4.3}$$

gilt. Dabei ist (beachte $\langle \phi_j, \phi_i\rangle = (\phi_j, \phi_i)$, denn $\phi_i, \phi_j \in V$)

$$\boldsymbol{G}^{(m)} := ((\phi_i, \phi_j))_{i,j=1}^{m} \in \mathbb{R}^{m\times m}$$

die GRAM*sche*[1] *Matrix*, die wegen der linearen Unabhängigkeit der Basiselemente $\phi_i \in V \subseteq H$ und der Eigenschaften des Skalarprodukts in H nichtsingulär und sogar symmetrisch positiv definit ist. Die Funktion $\boldsymbol{h}^{(m)} : [0,T] \times \mathbb{R}^m \to \mathbb{R}^m$ ist für $(t, \boldsymbol{w}^{(m)}) \in [0,T] \times \mathbb{R}^m$ durch

$$h_i^{(m)}(t, \boldsymbol{w}^{(m)}) := \langle f(t), \phi_i\rangle - \langle A(t)w^{(m)}, \phi_i\rangle\,, \quad i = 1,\ldots,m,$$

gegeben.

Die Abschätzungen aus Satz 8.4.3 bleiben auch für die Näherungslösungen $u^{(m)}$ (nicht aber für deren Ableitungen $u^{(m)\prime}$) richtig und der Beweis ist derselbe, so dass

$$\|u^{(m)}\|_{C([0,T];H)}^2 + M\,\|u^{(m)}\|_{L^p(0,T;V)}^p \leq M_p(a^{(m)}, f)\,,$$

$$\|Au^{(m)}\|_{L^q(0,T;V^*)}^q \leq M_p'(a^{(m)}, f)$$

---

[1]Jorgen Pedersen GRAM, geb. 1850 in Nustrup, gest. 1916 in Kopenhagen. Nachdem sich GRAM zunächst mit der Invariantentheorie befasste, wandte er sich der Stochastik und Numerischen Mathematik, aber auch der Zahlentheorie zu. GRAM arbeitete bei einer Versicherungsgesellschaft; im Jahre 1884 gründete er seine eigene Versicherungsfirma.

gilt. Da die Folge der Anfangswerte $a^{(m)}$ in H konvergiert, ist die Folge $\{|a^{(m)}|\}$ beschränkt, so dass es eine von m unabhängige Schranke *const* gibt und

$$\|u^{(m)}\|_{C([0,T];H)} + \|u^{(m)}\|_{L^p(0,T;V)} + \|Au^{(m)}\|_{L^q(0,T;V^*)} \leq const \qquad (8.4.4)$$

gilt. Es folgt insbesondere für alle $t \in [0,T]$

$$\|u^{(m)}(t)\| \leq C_p(u_0,f) := \left(\sup_{m=1,2,\ldots} |a^{(m)}|^2 + C\,\|f\|_{L^q(0,T;V^*)}^q + 2\Lambda \right)^{1/2} . \qquad (8.4.5)$$

Mit Hilfe des Satzes von CARATHÉODORY[1] (Satz A.2.6) wollen wir die Existenz einer Lösung des durch die GALERKIN-Approximation entstandenen Anfangswertproblems für ein endliches System nichtlinearer gewöhnlicher Differentialgleichungen zeigen. Allerdings ist eine direkte Anwendung nicht möglich, denn die Majorantenbedingung in Satz A.2.6 bereitet Schwierigkeiten.

Wir betrachten deshalb statt (8.4.3) das Problem

$$G^{(m)}\,\tilde{u}^{(m)\prime}(t) = \tilde{h}^{(m)}(t,\tilde{u}^{(m)}(t)) \quad \text{f. ü. in } (0,T),$$

$$\tilde{u}^{(m)}(0) = a^{(m)}, \qquad (8.4.6)$$

wobei für $(t,w^{(m)}) \in [0,T] \times \mathbb{R}^m$

$$\tilde{h}^{(m)}(t,w^{(m)}) := \begin{cases} h^{(m)}(t,w^{(m)}), & \text{falls } \|w^{(m)}\| \leq C_p(u_0,f), \\[2ex] h^{(m)}\left(t, \dfrac{w^{(m)}}{\|w^{(m)}\|}\, C_p(u_0,f)\right), & \text{falls } \|w^{(m)}\| > C_p(u_0,f). \end{cases}$$

Angenommen, $\tilde{u}^{(m)}$ ist eine Lösung dieses Problems im Sinne des Satzes von CARATHÉODORY. Dann ist $\tilde{u}^{(m)} : [0,T] \to \mathbb{R}^m$ absolut stetig. Die zugehörige Funktion $\tilde{u}^{(m)} : [0,T] \to V_m$ ist wegen

$$\|u^{(m)}(t) - u^{(m)}(s)\| = \left\| \sum_{j=1}^m \left(u_j^{(m)}(t) - u_j^{(m)}(s) \right) \phi_j \right\|$$

$$\leq \sum_{j=1}^m |u_j^{(m)}(t) - u_j^{(m)}(s)|\,\|\phi_j\|, \quad s,t \in [0,T],$$

---

[1] Constantin CARATHÉODORY, geb. 1873 in Berlin, gest. 1950 in München. Nach seiner Promotion in Göttingen wirkte CARATHÉODORY unter anderem in Hannover, Berlin, Smyrna (heute Izmir) und Athen. Er beschäftigte sich vor allem mit der Variationsrechnung und der Funktionentheorie.

als Funktion mit Werten in V ebenfalls absolut stetig und mithin BOCHNER-integrierbar.

Wir zeigen zunächst, dass $\tilde{u}^{(m)}$ zugleich Lösung des ursprünglichen Problems (8.4.3) ist. Genauer zeigen wir, dass für jede Lösung von (8.4.6) für alle $t \in [0, T]$ gilt $\|\tilde{\boldsymbol{u}}^{(m)}(t)\| \leq C_p(u_0, f)$.

Da die Abbildung $t \mapsto \|\tilde{\boldsymbol{u}}^{(m)}(t)\| = |\tilde{u}^{(m)}(t)|$ auf $[0, T]$ LEBESGUE-messbar ist, sind die Mengen

$$\mathcal{E}_{\leq} := \{t \in [0, T] : \|\tilde{\boldsymbol{u}}^{(m)}(t)\| \leq C_p(u_0, f)\},$$

$$\mathcal{E}_{>} := \{t \in [0, T] : \|\tilde{\boldsymbol{u}}^{(m)}(t)\| > C_p(u_0, f)\}$$

LEBESGUE-messbar. Die durch

$$\tilde{U}^{(m)}(t) := \begin{cases} \tilde{u}^{(m)}(t) & \text{für } t \in \mathcal{E}_{\leq}, \\[2ex] \dfrac{\tilde{u}^{(m)}(t)}{|\tilde{u}^{(m)}(t)|} C_p(u_0, f) & \text{für } t \in \mathcal{E}_{>} \end{cases}$$

definierte Funktion ist daher BOCHNER-messbar. Sie ist sogar aus $L^p(0, T; V)$, denn

$$\int_0^T \|\tilde{U}^{(m)}(t)\|^p \, dt = \int_{\mathcal{E}_{\leq}} \|\tilde{u}^{(m)}(t)\|^p \, dt + \int_{\mathcal{E}_{>}} \left\| \frac{\tilde{u}^{(m)}(t)}{|\tilde{u}^{(m)}(t)|} C_p(u_0, f) \right\|^p dt$$

$$\leq \int_{\mathcal{E}_{\leq}} \|\tilde{u}^{(m)}(t)\|^p \, dt + \int_{\mathcal{E}_{>}} \|\tilde{u}^{(m)}(t)\|^p \, dt$$

$$= \int_0^T \|\tilde{u}^{(m)}(t)\|^p \, dt.$$

Es gilt

$$\tilde{h}_i^{(m)}(t, \tilde{\boldsymbol{u}}^{(m)}(t)) = \langle f(t), \phi_i \rangle - \langle A(t)\tilde{U}^{(m)}(t), \phi_i \rangle, \quad i = 1, \ldots, m,$$

so dass (8.4.6) zur variationellen Formulierung

$$\langle \tilde{u}^{(m)\prime}(t), v^{(m)} \rangle + \langle A(t)\tilde{U}^{(m)}(t), v^{(m)} \rangle = \langle f(t), v^{(m)} \rangle \; \forall v^{(m)} \in V_m, \text{ f. ü. in } (0, T),$$

mit $\tilde{u}^{(m)}(0) = a^{(m)}$ äquivalent ist. Testen wir mit $v^{(m)} = \tilde{U}^{(m)}(t)$ und integrieren anschließend, so folgt – wie schon beim Beweis der A-priori-Abschätzungen in Satz 8.4.3 –

$$\max_{t \in [0, T]} \left(2 \int_0^t \langle \tilde{u}^{(m)\prime}(s), \tilde{U}^{(m)}(s) \rangle ds + |a^{(m)}|^2 \right) + M \|\tilde{U}^{(m)}\|^p_{L^p(0, T; V)} \leq M_p(a^{(m)}, f).$$

Mithin gilt

$$2 \int_0^t \langle \tilde{u}^{(m)\prime}(s), \tilde{U}^{(m)}(s) \rangle \, ds + |a^{(m)}|^2 \leq C_p(u_0, f)^2 . \qquad (8.4.7)$$

Es gilt ferner

$$\int_0^t \langle \tilde{u}^{(m)\prime}(s), \tilde{U}^{(m)}(s) \rangle \, ds$$

$$= \int_{[0,t] \cap \mathcal{E}_\leq} \langle \tilde{u}^{(m)\prime}(s), \tilde{u}^{(m)}(s) \rangle \, ds + \int_{[0,t] \cap \mathcal{E}_>} \langle \tilde{u}^{(m)\prime}(s), \tilde{u}^{(m)}(s) \rangle \frac{C_p(u_0, f)}{|\tilde{u}^{(m)}(s)|} \, ds$$

$$= \frac{1}{2} \int_{[0,t] \cap \mathcal{E}_\leq} \frac{d}{ds} |\tilde{u}^{(m)}(s)|^2 \, ds + \int_{[0,t] \cap \mathcal{E}_>} \frac{C_p(u_0, f)}{2 \, |\tilde{u}^{(m)}(s)|} \frac{d}{ds} |\tilde{u}^{(m)}(s)|^2 \, ds$$

$$= \frac{1}{2} \int_{[0,t] \cap \mathcal{E}_\leq} \frac{d}{ds} |\tilde{u}^{(m)}(s)|^2 \, ds + C_p(u_0, f) \int_{[0,t] \cap \mathcal{E}_>} \frac{d}{ds} |\tilde{u}^{(m)}(s)| \, ds .$$

Wegen der absoluten Stetigkeit von $t \mapsto |\tilde{u}^{(m)}(t)|$ ist die Menge $[0, t] \cap \mathcal{E}_>$ entweder leer oder Vereinigung von Intervallen, in deren Endpunkten t_k

$$|\tilde{u}^{(m)}(t_k)| = C_p(u_0, f) \quad \text{oder} \quad t_k = t$$

gilt. Der Zeitpunkt $t = 0$ gehört nicht zu $\mathcal{E}_>$, denn $C_p(u_0, f)$ wurde so gewählt, dass $|a^{(m)}| \leq C_p(u_0, f)$. Ist $t = 0$ Randpunkt von $\mathcal{E}_>$, so gilt $|\tilde{u}^{(m)}(0)| = |a^{(m)}| = C_p(u_0, f)$. Ist $[0, t] \cap \mathcal{E}_> = \emptyset$, so ist nichts weiter zu zeigen, denn dann gilt $|\tilde{u}^{(m)}(t)| \leq C_p(u_0, f)$.

Gehört t zur Menge $[0, t] \cap \mathcal{E}_>$, so folgt

$$\int_{[0,t] \cap \mathcal{E}_>} \frac{d}{ds} |\tilde{u}^{(m)}(s)| \, ds = |\tilde{u}^{(m)}(t)| - C_p(u_0, f)$$

sowie

$$\int_{[0,t] \cap \mathcal{E}_\leq} \frac{d}{ds} |\tilde{u}^{(m)}(s)|^2 \, ds = C_p(u_0, f)^2 - |a^{(m)}|^2 .$$

Zusammen ergibt sich

$$2 \int_0^t \langle \tilde{u}^{(m)\prime}(s), \tilde{U}^{(m)}(s) \rangle \, ds + |a^{(m)}|^2 = 2C_p(u_0, f) \, |\tilde{u}^{(m)}(t)| - C_p(u_0, f)^2$$

und daher wegen (8.4.7)

$$2C_p(u_0, f) \, |\tilde{u}^{(m)}(t)| - C_p(u_0, f)^2 \leq C_p(u_0, f)^2 ,$$

woraus die Behauptung $|\tilde{u}^{(m)}(t)| \leq C_p(u_0, f)$ folgt.

Gehört t nicht zur Menge $[0, t] \cap \mathcal{E}_>$, so folgt

$$\int_{[0,t] \cap \mathcal{E}_>} \frac{d}{ds} |\tilde{u}^{(m)}(s)|\, ds = 0$$

sowie

$$\int_{[0,t] \cap \mathcal{E}_\leq} \frac{d}{ds} |\tilde{u}^{(m)}(s)|^2\, ds = |\tilde{u}^{(m)}(t)|^2 - |a^{(m)}|^2 \,.$$

Dies bleibt auch für den Fall richtig, dass t Randpunkt von $[0, t] \cap \mathcal{E}_>$ ist, denn dann gilt $|\tilde{u}^{(m)}(t)| = C_p(u_0, f)$. Zusammen ergibt sich

$$2 \int_0^t \langle \tilde{u}^{(m)\prime}(s), \tilde{U}^{(m)}(s) \rangle + |a^{(m)}|^2\, ds = |\tilde{u}^{(m)}(t)|^2 \,,$$

woraus ebenfalls die Behauptung folgt.

Im Folgenden überprüfen wir, ob die Voraussetzungen des Satzes von CARATHÉO-DORY für (8.4.6) erfüllt sind. Für $f \in L^q(0, T; V^*)$ ist $t \mapsto \langle f(t), v \rangle \in L^q(0, T)$ für alle $v \in V$. Aus der BOCHNER-Messbarkeit von $t \mapsto (Av)(t)$ für $v \in L^p(0, T; V)$ (siehe Voraussetzung (ii)) folgt die LEBESGUE-Messbarkeit von $t \mapsto \langle A(t)v, w \rangle$ für alle $v, w \in V$. Somit folgt die LEBESGUE-Messbarkeit von $t \mapsto \tilde{h}_i^{(m)}(t, \boldsymbol{w}^{(m)})$ $(i = 1, \ldots, m)$ auf $[0, T]$ für alle $\boldsymbol{w}^{(m)} \in \mathbb{R}^m$.

Ähnlich wie im Beweis zu Satz 3.6.2 (siehe Seite 117) folgt die Stetigkeit der Abbildung $\boldsymbol{w}^{(m)} \to \tilde{\boldsymbol{h}}^{(m)}(t, \boldsymbol{w}^{(m)})$ auf $(\mathbb{R}^m, \|\cdot\|)$ für festes $t \in [0, T]$ aus der Demistetigkeit von $A(t)$ (Voraussetzung (i)). Sei $\{v_\nu^{(m)}\} \subset \mathbb{R}^m$ eine gegen $v^{(m)} \in \mathbb{R}^m$ konvergierende Folge. Wegen der Äquivalenz der Normen auf $\mathbb{R}^m$ konvergiert die Folge der zugehörigen Funktionen $v_\nu^{(m)}$ in der Norm $\|\cdot\|$ gegen $v^{(m)}$.

Sei $\|v^{(m)}\| < C_p(u_0, f)$. Wir können $\|v_\nu^{(m)}\| < C_p(u_0, f)$ annehmen. Für $i = 1, \ldots, m$ und $t \in [0, T]$ gilt

$$\left| \tilde{h}^{(m)}(t, v_\nu^{(m)}) - \tilde{h}^{(m)}(t, v^{(m)}) \right| = \left| \left\langle A(t)v_\nu^{(m)} - A(t)v^{(m)}, \phi_i \right\rangle \right| \,.$$

Da $A(t)$ demistetig ist, geht der Ausdruck für $\nu \to \infty$ gegen Null.

Sei $\|v^{(m)}\| > C_p(u_0, f)$. Wir können $\|v_\nu^{(m)}\| > C_p(u_0, f)$ annehmen. Wegen $\|v_\nu^{(m)} - v^{(m)}\| \to 0$ gilt auch $|v_\nu^{(m)}| \to |v^{(m)}|$ für $m \to \infty$. Es folgt

$$C_p(u_0, f) \left\| \frac{v_\nu^{(m)}}{|v_\nu^{(m)}|} - \frac{v^{(m)}}{|v^{(m)}|} \right\| = \frac{C_p(u_0, f)}{|v_\nu^{(m)}|} \left\| v_\nu^{(m)} - \frac{|v_\nu^{(m)}|}{|v^{(m)}|} v^{(m)} \right\|$$

$$\leq \left(\left\| v_\nu^{(m)} - v^{(m)} \right\| + \left\| v^{(m)} \right\| \left| 1 - \frac{|v_\nu^{(m)}|}{|v^{(m)}|} \right| \right) \to 0 \quad \text{für} \quad m \to \infty.$$

Wenden wir wieder die Demistetigkeit an, so geht für $i = 1, \ldots, m$ und $t \in [0, T]$ der Ausdruck

$$\left| \tilde{h}^{(m)}(t, v_\nu^{(m)}) - \tilde{h}^{(m)}(t, v^{(m)}) \right| = \left| \left\langle A(t) \frac{v_\nu^{(m)} C_p(u_0, f)}{|v_\nu^{(m)}|} - A(t) \frac{v^{(m)} C_p(u_0, f)}{|v^{(m)}|}, \phi_i \right\rangle \right|$$

für $m \to \infty$ gegen Null.

Betrachten wir schließlich den Fall $\|v^{(m)}\| = C_p(u_0, f)$. Aus $\|v_\nu^{(m)} - v^{(m)}\| \to 0$ für $m \to \infty$ folgt, dass sowohl $\|v_\nu^{(m)} - v^{(m)}\|$ als auch

$$\left\| \frac{v_\nu^{(m)} C_p(u_0, f)}{|v_\nu^{(m)}|} - v^{(m)} \right\| \leq \frac{C_p(u_0, f)}{|v_\nu^{(m)}|} \left\| v_\nu^{(m)} - v^{(m)} \right\| + \|v^{(m)}\| \left| 1 - \frac{C_p(u_0, f)}{|v_\nu^{(m)}|} \right|$$

für $m \to \infty$ gegen Null geht. Die weiteren Überlegungen sind analog zu den vorherigen beiden Fällen.

Auch die Majorantenbedingung aus dem Satz von CARATHÉODORY ist erfüllt. Zunächst erinnern wir daran, dass auf dem endlichdimensionalen Raum V_m alle Normen äquivalent sind. Ist eine Menge von Elementen $\boldsymbol{w}^{(m)}$ aus $\mathbb{R}^m \cong V_m$ bezüglich der Norm $\|\boldsymbol{w}^{(m)}\| = |w^{(m)}|$ beschränkt, so ist sie es auch bezüglich der Norm $\|w^{(m)}\|$. Nach Voraussetzung (i) gibt es eine (von $C_p(u_0, f)$ abhängige) LEBESGUE-integrierbare Funktion $\omega = \omega(t)$, so dass für alle $(t, \boldsymbol{w}^{(m)}) \in [0, T] \times \mathbb{R}^m$ mit $\|\boldsymbol{w}^{(m)}\| \leq C_p(u_0, f)$ und $i = 1, \ldots, m$ gilt

$$\left| h_i^{(m)}(t, \boldsymbol{w}^{(m)}) \right| \leq |\langle f(t), \phi_i \rangle| + \left| \langle A(t) w^{(m)}, \phi_i \rangle \right|$$

$$\leq \left(\|f(t)\|_* + \|A(t) w^{(m)}\|_* \right) \|\phi_i\|$$

$$\leq \left(\|f(t)\|_* + \omega(t) \right) \|\phi_i\|.$$

Dabei ist die rechte Seite LEBESGUE-integrierbar, denn wegen $f \in L^q(0, T; V^*)$ und der Eigenschaften des BOCHNER-Integrals gilt $t \mapsto \|f(t)\|_* \in L^q(0, T) \subseteq L^1(0, T)$ $(q > 1)$. Wegen der Definition von $\tilde{\boldsymbol{h}}$ gilt demnach

$$\left| \tilde{h}_i^{(m)}(t, \boldsymbol{w}^{(m)}) \right| \leq \left(\|f(t)\|_* + \omega(t) \right) \|\phi_i\| \quad \forall \boldsymbol{w}^{(m)} \in \mathbb{R}^m.$$

Nach alledem können wir den Satz von CARATHÉODORY (Satz A.2.6) anwenden und es gibt eine absolut stetige, fast überall im klassischen Sinne differenzierbare Lösung $\boldsymbol{u}^{(m)} : [0, T] \to \mathbb{R}^m$ (und mithin ein $u^{(m)} : [0, T] \to V_m$). Die Komponenten $u_i^{(m)} = u_i^{(m)}(t)$ sind im verallgemeinerten Sinne auf $[0, T]$ differenzierbar.

Da die Räume $L^p(0, T; V)$, $L^q(0, T; V^*)$ und H reflexiv sind, gibt es wegen der A-priori-Abschätzung (8.4.4) nach Satz A.2.16 Elemente $U \in L^p(0, T; V)$, $V \in$

$L^q(0,T;V^*)$, $\theta \in H$ und eine Teilfolge von Näherungslösungen – der Einfachheit halber werden wir sie weiter mit $\{u^{(m)}\}$ bezeichnen –, so dass für $m \to \infty$

$$u^{(m)} \rightharpoonup U \quad \text{in } L^p(0,T;V),$$

$$Au^{(m)} \rightharpoonup V \quad \text{in } L^q(0,T;V^*),$$

$$u^{(m)}(T) \rightharpoonup \theta \quad \text{in } H.$$

Dabei haben wir unter anderem verwendet, dass die Folge $\{u^{(m)}(T)\}$ in H beschränkt ist. Wir zeigen zunächst, dass U eine verallgemeinerte Ableitung $U' \in L^q(0,T;V^*)$ besitzt,

$$U' + V = f \tag{8.4.8}$$

auf $[0,T]$ im verallgemeinerten Sinne und $U(0) = u_0$ gilt. Danach werden wir $AU = V$ zeigen und nachweisen, dass U eine Lösung von Problem (8.4.1) ist.

Sei $n \in \mathbb{N} \setminus \{0\}$ fest. Für alle $m \geq n$ gilt wegen $V_m \supseteq V_n$

$$\left\langle u^{(m)\prime}(t), v^{(n)} \right\rangle + \left\langle A(t)u^{(m)}(t), v^{(n)} \right\rangle = \left\langle f(t), v^{(n)} \right\rangle \quad \forall v^{(n)} \in V_n$$

auf $[0,T]$ im verallgemeinerten Sinne. Es folgt für alle $v^{(n)} \in V_n$ und $\phi \in C_0^\infty(0,T)$

$$-\int_0^T \left(u^{(m)}(t) - U(t), v^{(n)} \right) \phi'(t)\,dt + \int_0^T \left\langle A(t)u^{(m)}(t) - V(t), v^{(n)} \right\rangle \phi(t)\,dt$$

$$= \int_0^T \left(U(t), v^{(n)} \right) \phi'(t)\,dt + \int_0^T \left\langle f(t) - V(t), v^{(n)} \right\rangle \phi(t)\,dt.$$

Betrachten wir $m \to \infty$, so gelangen wir wegen der Konvergenzeigenschaften der Folge der Näherungslösungen und da $v^{(n)}\phi \in L^p(0,T;V)$, $v^{(n)}\phi' \in L^q(0,T;V^*)$ zu

$$0 = \int_0^T \left(U(t), v^{(n)} \right) \phi'(t)\,dt + \int_0^T \left\langle f(t) - V(t), v^{(n)} \right\rangle \phi(t)\,dt.$$

Diese Beziehung gilt für alle $v^{(n)} \in V_n$ mit $n \leq m$. Da wir $m \to \infty$ betrachten, gilt sie sogar für alle $v^{(n)} \in \bigcup_{n=1}^\infty V_n$. Es folgt

$$\int_0^T (U(t), v)\phi'(t)\,dt = -\int_0^T \langle f(t) - V(t), v \rangle \phi(t)\,dt \quad \forall v \in V, \ \phi \in C_0^\infty(0,T),$$

denn $\bigcup_{n=1}^\infty V_n$ liegt dicht in V. Dabei gilt $U \in L^p(0,T;V) \subseteq L^1(0,T;V^*)$, $f-V \in L^q(0,T;V^*) \subseteq L^1(0,T;V^*)$ sowie $v \in V \cong V^{**}$, denn $V \hookrightarrow H \hookrightarrow V^*$ und V ist reflexiv. Dann aber ist gemäß Satz 8.1.5 $f - V$ verallgemeinerte Ableitung von U. Da außerdem $U' = f - V \in L^q(0,T;V^*)$, folgt $U \in \mathcal{W}^p(0,T) \hookrightarrow \mathcal{C}([0,T];H)$.

Für Funktionen aus $\mathcal{W}^p(0,T)$ gilt die Regel der partiellen Integration (siehe Satz 8.4.1). Seien $v^{(n)} \in V_n$ und $\phi \in \mathcal{C}^1[0,T]$ beliebig. Dann gilt $v^{(n)}\phi \in \mathcal{W}^p(0,T)$. Es folgt mit (8.4.8) und den GALERKIN-Gleichungen

$$\left(U(T),v^{(n)}\right)\phi(T) - \left(U(0),v^{(n)}\right)\phi(0)$$

$$= \int_0^T \left(\left\langle U'(t),v^{(n)}\right\rangle \phi(t) + \left(U(t),v^{(n)}\right)\phi'(t)\right)dt$$

$$= \int_0^T \left(\left\langle f(t)-V(t),v^{(n)}\right\rangle \phi(t) + \left(U(t),v^{(n)}\right)\phi'(t)\right)dt$$

$$= \int_0^T \left(\left\langle u^{(m)\prime}(t)+A(t)u^{(m)}(t)-V(t),v^{(n)}\right\rangle \phi(t) + \left(U(t),v^{(n)}\right)\phi'(t)\right)dt$$

$$= \left(u^{(m)}(T),v^{(n)}\right)\phi(T) - \left(u^{(m)}(0),v^{(n)}\right)\phi(0)$$

$$+ \int_0^T \left(-\left(u^{(m)}(t)-U(t),v^{(n)}\right)\phi'(t) + \left\langle A(t)u^{(m)}(t)-V(t),v^{(n)}\right\rangle \phi(t)\right)dt\,.$$

Durch den Grenzübergang $m \to \infty$ erhalten wir wegen $\bigcup_{n=1}^{\infty} V_n \overset{d}{\subseteq} V$ und da $u^{(m)}(0) = a^{(m)} \to u_0$ sowie $u^{(m)}(T) \rightharpoonup \theta$ in H

$$(U(T)-\theta,v)\phi(T) = (U(0)-u_0,v)\phi(0)$$

für alle $v \in V \overset{d}{\subseteq} H$ und $\phi \in \mathcal{C}^1[0,T]$. Wählen wir einmal ϕ derart, dass $\phi(0) = 0$, ein anderes Mal derart, dass $\phi(T) = 0$, so erhalten wir

$$U(0) = u_0\,, \quad U(T) = \theta\,.$$

Wir zeigen nun, dass $V = AU$ gilt und dass $U \in \mathcal{W}^p(0,T)$ eine Lösung des ursprünglichen Problems (8.4.1) ist. Wir erinnern daran, dass $A = A_0 + B$. Hinsichtlich B gilt (analog zu (4.2.1))

$$\left|\left\langle Bu^{(m)},u^{(m)}\right\rangle - \left\langle BU,U\right\rangle\right|$$

$$\leq \|Bu^{(m)} - BU\|_{L^q(0,T;V^*)}\, \|u^{(m)}\|_{L^p(0,T;V)} + \left|\left\langle BU,u^{(m)}-U\right\rangle\right| \to 0$$

für $m \to \infty$, denn $B : L^p(0,T;V) \to L^q(0,T;V^*)$ ist nach Voraussetzung (iv) verstärkt stetig und $u^{(m)} \rightharpoonup U$ in $L^p(0,T;V)$. Dabei haben wir benutzt, dass schwach konvergente Folgen beschränkt sind und dass $BU \in L^q(0,T;V^*)$.

Mit (8.1.4) (vergleiche auch Satz 8.4.1) gilt

$$\left\langle u^{(m)\prime}, u^{(m)} \right\rangle = \int_0^T \left\langle u^{(m)\prime}(t), u^{(m)}(t) \right\rangle dt = \frac{1}{2}\left(\left| u^{(m)}(T) \right|^2 - \left| u^{(m)}(0) \right|^2 \right).$$

Da $u^{(m)}(0) = a^{(m)} \to u_0$ sowie $u^{(m)}(T) \rightharpoonup \theta = U(T)$ in H für $m \to \infty$, folgt mit Lemma A.2.15 und wiederum mit (8.1.4)

$$\liminf_{m\to\infty} \left\langle u^{(m)\prime}, u^{(m)} \right\rangle \geq \frac{1}{2}\left(|U(T)|^2 - |u_0|^2 \right) = \int_0^T \langle U'(t), U(t) \rangle dt = \langle U', U \rangle.$$

Es gilt ferner

$$\left\langle A_0 u^{(m)}, u^{(m)} \right\rangle = \left\langle f, u^{(m)} \right\rangle - \left\langle Bu^{(m)}, u^{(m)} \right\rangle - \left\langle u^{(m)\prime}, u^{(m)} \right\rangle.$$

Somit folgt mit (8.4.8)

$$\limsup_{m\to\infty} \left\langle A_0 u^{(m)}, u^{(m)} \right\rangle \leq \langle f, U \rangle - \langle BU, U \rangle - \langle U', U \rangle = \langle V - BU, U \rangle.$$

Der Rest des Beweises verläuft analog zum Beweis von Satz 3.6.2 (siehe auch Seite 119): Sei $w \in L^p(0, T; V)$ beliebig. Dann gilt wegen der Monotonie von $A_0 : L^p(0, T; V) \to L^q(0, T; V^*)$ (Voraussetzung (iii))

$$\left\langle A_0 u^{(m)}, u^{(m)} \right\rangle$$
$$= \left\langle A_0 u^{(m)}, w \right\rangle + \left\langle A_0 w, u^{(m)} \right\rangle + \left\langle A_0 u^{(m)} - A_0 w, u^{(m)} - w \right\rangle - \langle A_0 w, w \rangle$$
$$\geq \left\langle A_0 u^{(m)}, w \right\rangle + \left\langle A_0 w, u^{(m)} \right\rangle - \langle A_0 w, w \rangle.$$

Es folgt wegen $u^{(m)} \rightharpoonup U$ in $L^p(0, T; V)$, $Au^{(m)} \rightharpoonup V$ in $L^q(0, T; V^*)$ und $Bu^{(m)} \to BU$ in $L^q(0, T; V^*)$ (beachte, dass B verstärkt stetig ist)

$$\langle V - BU, U \rangle \geq \limsup_{m\to\infty} \left\langle A_0 u^{(m)}, u^{(m)} \right\rangle$$
$$\geq \lim_{m\to\infty} \left(\left\langle A_0 u^{(m)}, w \right\rangle + \left\langle A_0 w, u^{(m)} \right\rangle \right) - \langle A_0 w, w \rangle$$
$$= \lim_{m\to\infty} \left(\left\langle Au^{(m)}, w \right\rangle - \left\langle Bu^{(m)}, w \right\rangle + \left\langle A_0 w, u^{(m)} \right\rangle \right) - \langle A_0 w, w \rangle$$
$$= \langle V, w \rangle - \langle BU, w \rangle + \langle A_0 w, U \rangle - \langle A_0 w, w \rangle.$$

Somit gilt für alle $w \in L^p(0, T; V)$

$$\langle A_0 w, U - w \rangle \leq \langle V - BU, U - w \rangle.$$

Setzen wir $w = U + sv$ mit $v \in L^p(0,T;V)$ und $s \in [0,1]$ beliebig, so folgt wegen der Hemistetigkeit von $A_0 : L^p(0,T;V) \to L^q(0,T;V^*)$ (Voraussetzung (iii))

$$\langle A_0 U, v \rangle = \lim_{s \to 0} \langle A_0(U + sv), v \rangle \geq \langle V - BU, v \rangle.$$

Ersetzen wir v durch $-v$, so folgt $A_0 U = V - BU$ und also die Behauptung $AU = V$.

Zusammen mit (8.4.8) folgt

$$U' + AU = f \quad \text{in } L^q(0,T;V^*),$$

so dass $U \in \mathcal{W}^p(0,T)$ eine Lösung des Problems (8.4.1) ist, denn wir hatten bereits $U(0) = u_0$ gezeigt.   #

Die Voraussetzung der Hemistetigkeit kann etwas abgeschwächt werden, denn eigentlich ist es die *Radialstetigkeit* (für alle $u, v \in V$ ist die Abbildung $s \mapsto \langle A(u+sv), v \rangle$ auf $[0,1] \ni s$ stetig), die benötigt wird. Wendet man statt des Satzes von CARATHÉODORY die in GAJEWSKI, GRÖGER und ZACHARIAS [49, Lemma 1.3, S. 202 ff.] angegebene Verallgemeinerung an, so kann die Voraussetzung (i) an $A(t)$ ebenfalls abgeschwächt werden.

Der Frage der Einzigkeit wird in Aufgabe 9.40 nachgegangen. Welche Eigenschaften des Operators $A_0(t)$ die Voraussetzungen in Satz 8.4.2 nach sich ziehen, zeigt

Lemma 8.4.4 *Sei $V \subseteq H \subseteq V^*$ ein GELFAND-Dreier. Gegeben seien Operatoren $A_0(t) : V \to V^*$ ($t \in [0,T]$), die den folgenden Bedingungen mit geeigneten Zahlen $p, q \in (1, \infty)$ ($1/p + 1/q = 1$) genügen:*

(i) Die Funktionen $t \mapsto \langle A_0(t)v, w \rangle$ sind für alle $v, w \in V$ auf $[0,T]$ LEBESGUE-messbar.

(ii) Die Operatoren $A_0(t) : V \to V^*$ sind monoton und hemistetig.

(iii) Die Operatoren $A_0(t) : V \to V^*$ sind beschränkt und es gibt eine nichtnegative Funktion $k = k(t) \in L^q(0,T)$ sowie eine Zahl $\beta > 0$, so dass für alle $v \in V$ und $t \in [0,T]$ gilt

$$\|A_0(t)v\|_* \leq \beta \|v\|^{p-1} + k(t).$$

Dann bildet der durch $(A_0 u)(t) := A_0(t)u(t)$ erklärte Operator von $L^p(0,T;V)$ in $L^q(0,T;V^*)$ ab, ist monoton, hemistetig und beschränkt und es gilt für alle $u \in L^p(0,T;V)$

$$\|A_0 u\|_{L^q(0,T;V^*)} \leq 2^{1/p} \beta \|u\|_{L^p(0,T;V)}^{p-1} + 2^{1/p} \|k\|_{L^q(0,T)}. \tag{8.4.9}$$

Es gelte außerdem:

(iv) Die Operatoren $A_0(t) : V \to V^*$ sind koerzitiv und es gibt Zahlen $M > 0$, $\lambda \geq 0$, so dass für alle $v \in V$ und $t \in [0,T]$ gilt

$$\langle A_0(t)v, v \rangle \geq M \|v\|^p - \lambda.$$

Dann ist auch $A_0 : L^p(0,T;V) \to L^q(0,T;V^*)$ *koerzitiv und es gilt für alle* $u \in L^p(0,T;V)$

$$\langle A_0 u, u \rangle \geq M \|u\|^p_{L^p(0,T;V)} - \lambda T. \tag{8.4.10}$$

Beweis. Sei $u \in L^p(0,T;V)$. Dann ist u auf $[0,T]$ BOCHNER-messbar. Es lässt sich zeigen, dass $t \mapsto A_0(t)u(t)$ BOCHNER-messbar ist.

Ohne ins Detail gehen zu wollen, sei bemerkt, dass der Nachweis auf den CA-RATHÉODORY-*Bedingungen* (siehe auch Satz A.2.6) beruht: Sei $w \in V$ fest und $g(t,v) := \langle A_0(t)v, w \rangle$ für $(t,v) \in [0,T] \times V$. Dann ist nach Voraussetzung $t \mapsto g(t,v)$ für jedes $v \in V$ auf $[0,T]$ LEBESGUE-messbar. Außerdem ist $v \mapsto g(t,v)$ für jedes $t \in [0,T]$ auf V stetig, denn $A_0(t)$ ist als monotoner, hemistetiger Operator gemäß Lemma 4.2.3 demistetig (siehe auch Seite 117). Es folgt, dass $t \mapsto g(t,u(t)) = \langle A_0(t)u(t), w \rangle$ für jede BOCHNER-messbare Funktion $u = u(t) : [0,T] \to V$ auf $[0,T]$ LEBESGUE-messbar ist. Das ist aber nichts anderes als die schwache Messbarkeit von $t \mapsto A_0(t)u(t)$, denn V ist reflexiv. Da V separabel ist, folgt nach Satz 7.1.12 die BOCHNER-Messbarkeit.

Wegen der Wachstumsbedingung nach Voraussetzung (iii) gilt

$$\int_0^T \|(A_0 u)(t)\|^q_* \, dt \leq \int_0^T \left(\beta \|u(t)\|^{p-1} + k(t)\right)^q dt$$

$$\leq 2^{q-1} \int_0^T \left(\beta^q \|u(t)\|^{(p-1)q} + k(t)^q\right) dt$$

$$= 2^{q-1}\beta^q \int_0^T \|u(t)\|^p \, dt + 2^{q-1} \int_0^T k(t)^q \, dt < \infty.$$

Dabei haben wir $pq = p + q$ sowie die Ungleichung (A.1.2) benutzt. Somit gilt $A_0 u \in L^q(0,T;V^*)$, wenn $u \in L^p(0,T;V)$.

Zugleich zeigt die Abschätzung, dass A_0 beschränkt ist, denn in $L^p(0,T;V)$ beschränkte Mengen werden in Mengen abgebildet, die in $L^q(0,T;V^*)$ beschränkt sind. Die Behauptung (8.4.9) folgt wegen $(q-1)/q = 1/p$ und $p/q = p - 1$ mit

$$\left(2^{q-1}\beta^q \int_0^T \|u(t)\|^p \, dt + 2^{q-1} \int_0^T k(t)^q \, dt\right)^{1/q}$$

$$\leq 2^{1/p}\beta \|u\|^{p-1}_{L^p(0,T;V)} + 2^{1/p} \|k\|_{L^q(0,T)}.$$

Den Nachweis, dass $A_0 : L^p(0,T;V) \to L^q(0,T;V^*)$ monoton und hemistetig ist, überlassen wir dem Leser als Aufgabe 9.41.

Aus der Koerzitivitätsbedingung nach Voraussetzung (iv) folgt für beliebige $u \in L^p(0,T;V)$

$$\langle A_0 u, u \rangle = \int_0^T \langle A_0(t)u(t), u(t) \rangle \, dt \geq \int_0^T (M \|u(t)\|^p - \lambda) \, dt$$

$$= M \|v\|_{L^p(0,T;V)}^p - \lambda T \, .$$

Es folgt insbesondere wegen $p > 1$

$$\frac{\langle A_0 u, u \rangle}{\|u\|_{L^p(0,T;V)}} \to \infty \quad \text{für} \quad \|u\|_{L^p(0,T;V)} \to \infty \, ,$$

was die Koerzitivität von A_0 ist.   #

Ist $B \equiv 0$ und genügen die Operatoren $A_0(t)$ den Voraussetzungen des vorstehenden Lemmas, so sind die Voraussetzungen aus Satz 8.4.2 allesamt gesichert. Die Lösung ist dann sogar eindeutig bestimmt.

Hinsichtlich der verstärkt stetigen Störung B ist es schwieriger, Bedingungen für $B(t)$ anzugeben, so dass B die gewünschten Eigenschaften besitzt. Oft helfen Kompaktheitseigenschaften der zugrunde liegenden Räume (siehe auch Satz 8.1.12 von LIONS-AUBIN) sowie Aussagen über die Interpolation von Funktionenräumen.

Wie schon im linearen Fall können auch Probleme mit einem Operator $A = A_0 + \kappa I$ mit Hilfe einer Transformation, die ähnlich (8.3.1) ist, behandelt werden (siehe Aufgabe 9.42).

Zum Schluß müssen wir anmerken, dass auch der in diesem Abschnitt behandelte Zugang nicht für alle nichtlinearen Aufgaben geeignet ist. So besitzt zum Beispiel das räumlich dreidimensionale NAVIER-STOKES-Problem, welches wir auf Seite 139 vorgestellt hatten, bei geeigneter Wahl des GELFAND-Dreiers verallgemeinerte Lösungen $u \in L^2(0,T;V) \cap L^\infty(0,T;H)$, deren Ableitung aber nur in $L^{4/3}(0,T;V^*)$ liegt; der Lösungsraum ist also kein Raum der Gestalt $\mathcal{W}^p(0,T)$ und Korollar 8.1.10 gilt so nicht. Gleichwohl lassen sich die (funktional-) analytischen *Methoden* übertragen.

8.5 Regularität, Kompatibilität der Daten und Glättungseigenschaft

In diesem Abschnitt befassen wir uns mit der Frage der Regularität von Lösungen des Problems 8.2.1 mit einer Bilinearform $a : [0,T] \times V \times V$.

Wir wollen annehmen, dass die Abbildung $t \mapsto a(t; u, v)$ für ein $k \in \mathbb{N} \setminus \{0\}$ für feste $u, v \in V$ auf $[0, T]$ die klassischen Ableitungen

$$a'(\cdot; u, v), \ a''(\cdot; u, v), \ \ldots, a^{(k)}(\cdot; u, v)$$

besitzt und $t \mapsto a^{(k)}(t; u, v)$ auf $[0, T]$ LEBESGUE-messbar ist. Die Abbildungen $t \mapsto a^{(j)}(t; u, v)$ $(j = 0, 1, \ldots, k-1)$ sind dann auf $[0, T]$ stetig. Wie üblich sei $a^{(0)}$ die Form a selbst. Außerdem seien die Formen $a^{(j)}$ bezüglich t gleichmäßig beschränkt, so dass es eine Zahl $\beta > 0$ gibt und für alle $t \in [0, T]$, $u, v \in V$ gilt

$$|a^{(j)}(t; u, v)| \leq \beta \|u\| \|v\|, j = 0, 1, \ldots, k.$$

Da die Formen $a^{(j)}(t; \cdot, \cdot)$ weiterhin bilinear sind, gibt es zugehörige lineare Operatoren $A^{(j)}(t) : V \to V^*$ $(t \in [0, T], j = 0, 1, \ldots, k)$ mit

$$\langle A^{(j)}(t)u, v \rangle = a^{(j)}(t; u, v) \quad \forall u, v \in V.$$

Die Bezeichnung $A^{(j)}(t)$ ist gerechtfertigt, denn $A^{(j)}$ ist zugleich die j-te Ableitung der Abbildung $t \mapsto A(t)$, wobei $A(t) \equiv A^{(0)}(t)$ der zur Bilinearform $a(t; \cdot, \cdot)$ zugehörige Operator sei (siehe Aufgabe 9.44).

Genügt a bezüglich t gleichmäßig einer GÅRDINGschen Ungleichung, so besitzt das Problem 8.2.1 gemäß Satz 8.3.5 genau eine Lösung $u \in \mathcal{W}(0, T)$.

Nehmen wir an, die Lösung u besitze die verallgemeinerten Ableitungen[1]

$$u^{(j)} \in L^2(0, T; V) \ (j = 1, \ldots, k) \quad \text{und} \quad u^{(k+1)} \in L^2(0, T; V^*). \qquad (8.5.1)$$

Nach den Sätzen 8.1.6 und 8.1.9 folgt

$$u^{(j)} \in \mathcal{C}([0, T]; V) \ (j = 0, 1 \ldots, k-1) \quad \text{und} \quad u^{(k)} \in \mathcal{C}([0, T]; H),$$

so dass

$$u^{(j)}(0) \in V \ (j = 1, \ldots, k-1) \quad \text{und} \quad u^{(k)}(0) \in H.$$

Besitzt die rechte Seite $f \in L^2(0, T; V^*)$ die verallgemeinerten Ableitungen $f^{(j)} \in L^2(0, T; V^*)$ $(j = 1, \ldots, k)$, so folgt mit der LEIBNIZschen[2] Formel (siehe auch

---

[1]Die Bezeichnung der Ableitungen $u^{(j)}$ ist nicht mit der Bezeichnung von GALERKIN-Approximationen aus dem vorherigen Abschnitt zu verwechseln.

[2]Gottfried Wilhelm LEIBNIZ, geb. 1646 in Leipzig, gest. 1716 in Hannover. LEIBNIZ ist einer der großen Universalgelehrten, der sich neben Philosophie, Theologie, Mechanik und vielem mehr auch mit Mathematik, insbesondere mit der Infinitesimalrechnung, befasste. Viele Bezeichnungen in der Mathematik, wie das Gleichheitszeichen, gehen auf LEIBNIZ zurück.

Aufgabe 9.44) durch sukzessives Differenzieren und Einsetzen

$$u'(t) = f(t) - A(t)u(t),$$

$$u''(t) = f'(t) - A'(t)u(t) - A(t)u'(t) = f'(t) - A(t)f(t) + A(t)^2 u(t) - A'(t)u(t),$$

$$u'''(t) = f''(t) - A''(t)u(t) - 2A'(t)u'(t) - A(t)u''(t) = \ldots$$

usf.

Für $t = 0$ erhalten wir insbesondere

$$u(0) = u_0,$$

$$u'(0) = u_0' := f(0) - A(0)u_0, \qquad (8.5.2)$$

$$u''(0) = u_0'' := f'(0) - A(0)f(0) + A(0)^2 u_0 - A'(0)u_0,$$

und wir können dies bis $u^{(k)}(0) = u_0^{(k)}$ fortsetzen. Die rekursive Definition der $u_0^{(j)}$ liegt dabei auf der Hand.

Gilt etwa $u'(0) = f(0) - A(0)u_0 \in V$, so besagt dies nichts über die einzelnen Terme, denn wir wissen nur, dass $f(0), A(0)u_0 \in V^*$. Dies folgt aus $u_0 \in V$ und da $f \in \mathcal{C}([0,T]; V^*)$ (denn $f, f' \in L^2(0,T; V^*)$). Dass $u'(0) \in V^*$, ist also leicht zu erschließen. Es stellt sich aber die Frage nach dem „bestmöglichen" Raum, in dem $u'(0)$ liegt und $u'(t)$ für $t \to 0$ gegen u_0' konvergiert.

Welche Bedingungen an die Daten u_0 und f zu stellen sind, um die Regularität (8.5.1) zu erzielen, beinhaltet

Satz 8.5.1 *Sei $V \subseteq H \subseteq V^*$ ein* GELFAND-*Dreier und $a : [0,T] \times V \times V \to \mathbb{R}$ eine Bilinearform, die bezüglich t gleichmäßig einer* GÅRDING*schen Ungleichung genügt und beschränkt ist. Für feste $u, v \in V$ besitze die Abbildung $t \mapsto a(t; u, v)$ auf $[0,T]$ die Ableitungen $a^{(j)}(t; u, v)$ $(j = 1, \ldots, k \in \mathbb{N}\backslash\{0\})$ mit den zugehörigen Operatoren $A^{(j)}(t) : V \to V^*$. Die Formen $a^{(j)}(t; \cdot, \cdot) : V \times V \to \mathbb{R}$ $(j = 0, 1, \ldots, k)$ seien bezüglich $t \in [0,T]$ gleichmäßig beschränkt und die Abbildung $t \mapsto a^{(k)}(t; u, v)$ sei für feste $u, v \in V$ auf $[0,T]$* LEBESGUE-*messbar.*

Die Funktion $f \in L^2(0,T; V^*)$ möge verallgemeinerte Ableitungen bis zur Ordnung k besitzen, die allesamt in $L^2(0,T; V^*)$ liegen.

Gelten die Kompatibilitätsbedingungen

$$u_0^{(j)} \in V \ (j = 0, 1, \ldots, k-1) \quad und \quad u_0^{(k)} \in H, \qquad (8.5.3)$$

wobei $u_0^{(j)}$ $(j = 0, 1, \ldots, k)$ wie in (8.5.2) definiert ist und sich formal durch sukzessives Differenzieren der Gleichung $u_0' = f(0) - A(0)u_0$ ergibt, so besitzt *die nach Satz 8.3.5 eindeutig bestimmte Lösung $u \in \mathcal{W}(0,T)$ von Problem 8.2.1 verallgemeinerte Ableitungen bis zur Ordnung k und es gilt (8.5.1), d. h.*

$$u^{(j)} \in L^2(0,T;V) \ (j=1,\ldots,k) \quad und \quad u^{(k+1)} \in L^2(0,T;V^*)\,.$$

Beweis. Wir führen den Beweis induktiv über k und beginnen mit $k = 1$. Wir betrachten die Aufgabe

$$v'(t) + A(t)v(t) = f'(t) - A'(t)u(t) \quad \text{f. ü. in } (0,T)\,, \quad v(0) = u_0'\,. \tag{8.5.4}$$

Da $u \in L^2(0,T;V)$ und nach Voraussetzung $f' \in L^2(0,T;V^*)$, folgt $t \mapsto f'(t) - A'(t)u(t) \in L^2(0,T;V^*)$ (beachte auch Aufgabe 9.44). Außerdem gilt nach Voraussetzung $u_0' \in H$. Folglich gibt es nach Satz 8.3.5 genau eine Lösung $v \in \mathcal{W}(0,T)$.

Wir zeigen, dass v die verallgemeinerte Ableitung von u ist. Wir wissen bereits, dass v in $\mathcal{C}([0,T];H)$ liegt und dass für alle $t \in [0,T]$ mit (8.5.2) und $u'(t) + A(t)u(t) = f(t)$ gilt

$$
\begin{aligned}
v(t) &= v(0) + \int_0^t \big(f'(s) - A'(s)u(s) - A(s)v(s)\big)\, ds \\
&= u_0' + f(t) - f(0) - \int_0^t \big(A'(s)u(s) + A(s)v(s)\big)\, ds \\
&= u'(t) + A(t)u(t) - A(0)u_0 - \int_0^t \big(A'(s)u(s) + A(s)v(s)\big)\, ds\,,
\end{aligned}
$$

wobei die rechte Seite zumindest in $L^2(0,T;V^*)$ liegt. Sei

$$w(t) := u_0 + \int_0^t v(s)\, ds - u(t)\,, \quad t \in [0,T]\,.$$

Es folgt

$$w'(t) = v(t) - u'(t) \in L^2(0,T;V^*)\,.$$

sowie (beachte auch Satz 7.1.15 (iii))

$$
\begin{aligned}
A(t)w(t) &= A(t)u_0 + \int_0^t A(t)v(s)\, ds - A(t)u(t) \\
&= A(t)u_0 + \int_0^t \big(A(t) - A(s)\big)v(s)\, ds + \int_0^t A(s)v(s)\, ds - A(t)u(t)
\end{aligned}
$$

$$= A(t)u_0 + \int_0^t \left(A(t) - A(s) \right) v(s)\,ds - v(t) + u'(t) - A(0)u_0$$

$$- \int_0^t A'(s)u(s)\,ds$$

$$= \int_0^t A'(s) \left(u_0 - u(s) \right) ds + \int_0^t \left(A(t) - A(s) \right) v(s)\,ds - w'(t)\,. \tag{8.5.5}$$

Dabei haben wir die Integrierbarkeit von $t \mapsto A'(t)u(t) \in L^2(0,T;V^*)$ benutzt, was aus $u \in L^2(0,T;V)$ folgt. Mit partieller Integration erhält man

$$\int_0^t \left(A(t) - A(s) \right) v(s)\,ds = \int_0^t A'(s) \left(\int_0^s v(\tau)\,d\tau \right) ds\,. \tag{8.5.6}$$

Somit folgt

$$w'(t) + A(t)w(t) = \int_0^t A'(s)w(s)\,ds\,, \tag{8.5.7}$$

wobei $w(0) = 0$. Da $w \in L^2(0,T;V)$, gilt $t \mapsto A'(t)w(t) \in L^2(0,T;V^*)$, so dass $t \mapsto \int_0^t A'(s)w(s)\,ds$ als Funktion mit Werten in V^* absolut stetig ist.

Gemäß Satz 8.3.5 ist $w \in \mathcal{W}(0,T)$ als Lösung dieses Problems eindeutig bestimmt und überdies gilt gemäß Satz 8.3.3 die A-priori-Abschätzung

$$|w(t)|^2 + \mu \int_0^t e^{2\kappa(t-s)} \|w(s)\|^2\,ds \le \frac{1}{\mu} \int_0^t e^{2\kappa(t-s)} \left\| \int_0^s A'(\tau)w(\tau)\,d\tau \right\|_*^2 ds\,.$$

Wegen $\|A'(\tau)w(\tau)\|_* \le \beta \, \|w(\tau)\|$ und

$$\left\| \int_0^s A'(\tau)w(\tau) \right\|_*^2 \le \left(\int_0^s \|A'(\tau)w(\tau)\|_*\,d\tau \right)^2 \le \beta^2 s \int_0^s \|w(\tau)\|_*^2\,d\tau$$

folgt mit $0 \le s \le t \le T$

$$|w(t)|^2 + \mu \int_0^t \|w(s)\|^2\,ds \le \frac{\beta^2 T}{\mu} e^{2\kappa T} \int_0^t \int_0^s \|w(\tau)\|_*^2\,d\tau\,ds\,.$$

Wir wenden nun das GRONWALLsche Lemma 7.3.1 mit

$$a(t) = \mu \int_0^t \|w(s)\|^2\,ds\,, \quad b(t) = -|w(t)|^2\,, \quad \lambda(t) \equiv \frac{\beta^2 T}{\mu^2} e^{2\kappa T}\,, \quad t_0 = 0$$

an und gelangen zur Abschätzung

$$\mu \int_0^t \|w(s)\|^2\,ds \le -|w(t)|^2 - \lambda \int_0^t e^{\lambda(t-s)} |w(s)|^2\,ds\,,$$

so dass $w(t) \equiv 0$. Dann aber gilt auch $w'(t) = v(t) - u'(t) \equiv 0$. Nach alledem haben wir gezeigt, dass $u' = v \in \mathcal{W}(0, T)$.

Wir kommen zum Induktionsschritt von k auf $k + 1$. Wir nehmen insbesondere an, dass $u^{(j)} \in L^2(0, T; V)$ für $j = 0, 1, \ldots, k$ und $u^{(k+1)} \in L^2(0, T; V^*)$, und behaupten $u^{(k+1)} \in \mathcal{W}(0, T)$. Differenzieren der Gleichung $u'(t) + A(t)u(t) = f(t)$ ist nun erlaubt und wir erhalten mit der LEIBNIZschen Formel für $j = 0, 1, \ldots, k$

$$u^{(j+1)}(t) + A(t)u^{(j)}(t) = f^{(j)}(t) - \sum_{l=1}^{j} \binom{j}{l} A^{(l)}(t)u^{(j-l)}(t) =: g_j(t). \qquad (8.5.8)$$

Für die rechte Seite g_j zeigt man leicht

$$g_j(t) = g'_{j-1}(t) - A'(t)u^{(j-1)}(t),$$

so dass die Gleichungen stets die Struktur von (8.5.4) haben. Außerdem gilt

$$u_0^{(j+1)} = g_j(0) - A(0)u_0^{(j)}, \quad j = 0, 1, \ldots, k.$$

(Wir verwenden die Konvention $\sum_{l=1}^{0} x_l = 0$ für beliebiges x_l.)

Wir betrachten deshalb die Aufgabe

$$v'(t) + A(t)v(t) = g'_k(t) - A'(t)u^{(k)}(t) \quad \text{f. ü. in } (0, T), \quad v(0) = u_0^{(k+1)}.$$

Die rechte Seite liegt nach der Voraussetzung des Satzes und der Induktionsvoraussetzung in $L^2(0, T; V^*)$, die Anfangsbedingung nach Voraussetzung in H. Mithin gibt es eine eindeutige Lösung $v \in \mathcal{W}(0, T)$.

Analog dem ersten Teil des Beweises zeigen wir $v = u^{(k+1)}$. Es gilt

$$v(t) = u_0^{(k+1)} + \int_0^t \left(g'_k(s) - A'(s)u^{(k)}(s) - A(s)v(s) \right) ds$$

$$= g_k(t) - A(0)u_0^{(k)} - \int_0^t \left(A'(s)u^{(k)}(s) + A(s)v(s) \right) ds$$

$$= u^{(k+1)}(t) + A(t)u^{(k)}(t) - A(0)u_0^{(k)} - \int_0^t \left(A'(s)u^{(k)}(s) + A(s)v(s) \right) ds.$$

Sei

$$w(t) := u_0^{(k)} + \int_0^t v(s)\, ds - u^{(k)}(t), \quad t \in [0, T].$$

Dann gilt $w \in L^2(0, T; V)$ und

$$w'(t) = v(t) - u^{(k+1)}(t) \in L^2(0, T; V^*).$$

Außerdem ist $w(0) = 0$, denn aus der Induktionsvoraussetzung folgt $u^{(k)} \in \mathcal{C}([0,T];H)$, so dass $u^{(k)}(0)$ wohldefiniert und gleich $u_0^{(k)}$ ist.

Ferner gilt ganz analog zu (8.5.5) und (8.5.6)

$$A(t)w(t) = \int_0^t A'(s)w(s)ds - w'(t) \,.$$

Wir gelangen also wieder zur Gleichung (8.5.7) mit $w(0) = 0$. Die A-priori-Abschätzung für w und Anwendung des GRONWALLschen Lemmas führt auf $w(t) \equiv 0$, so dass $u^{(k+1)} = v \in \mathcal{W}(0,T)$.   #

Die Kompatibilitätsbedingungen (8.5.3) (mit den Definitionen in (8.5.2)) sind Bedingungen an die Daten u_0 und $f(0)$, $f'(0)$ usf. sowie die Räume V und H. Letzteres ist einzusehen, da etwa beim Beispiel der Wärmeleitgleichung DIRICHLET-Randbedingungen in die Definition der Funktionenräume V und H eingehen.

Aber auch andere Bedingungen können in die Räume eingehen. So enthalten die bei der üblichen variationellen Formulierung des NAVIER-STOKES-Problems verwendeten Funktionenräume V und H die Nebenbedingung, dass die Divergenz der Funktionen verschwindet. Dies führt dazu, dass Kompatibilitätsbedingungen höherer Ordnung praktisch nicht mehr erfüllbar sind (vgl. etwa TEMAM [134]).

Für die Fehlerabschätzung (8.3.4) für das implizite EULER-Verfahren hatten wir $(f - u')' \in L^2(0,T;V^*)$ vorauszusetzen. Hierfür ist hinreichend, dass f' und u'' in $L^2(0,T;V^*)$ liegen. Dies entspricht dem Fall $k = 1$ in Satz 8.5.1. Es gilt demnach $u, u' \in L^2(0,T;V)$ sowie $u'' \in L^2(0,T;V^*)$, wenn

$$u_0 \in V \quad \text{und} \quad u_0' := f(0) - A(0)u_0 \in H \,.$$

Diese Kompatibilitätsbedingung ist erfüllt, wenn zum Beispiel

$$f(0) \in H \quad \text{und} \quad u_0 \in \mathcal{D}(A(0)) := \{v \in V : A(0)v \in H\} \,.$$

Die Kompatibilitätsbedingung ist auch erfüllt, wenn $f \in L^2(0,T;V)$ und $f' \in L^2(0,T;V^*)$, so dass $f \in \mathcal{C}([0,T];H)$, sowie $u_0 \in \mathcal{D}(A(0))$ gilt. Insbesondere ist die Bedingung erfüllt, wenn $u_0 \in V$ und $A(0)u_0 = f(0)$ in V^* gilt.

Bemerkung 8.5.2 Der Einfachheit halber sei $A(t) \equiv A$ nicht zeitabhängig. Dann folgt aus der mit Satz 8.5.1 gezeigten Regularität bezüglich der Zeit unter der zusätzlichen Annahme

$$A^j f^{(k-j)} \in L^2(0,T;V^*) \; (j = 0, 1, \ldots, k)$$

unmittelbar die Aussage

$$Au = f - u',\; A^2 u = A(f - u') = Af - f' + u'',\ldots,$$

$$A^{k+1}u = (-1)^{k+1}\left(u^{(k+1)} - \sum_{j=0}^{k}(-A)^j f^{(k-j)}\right) \in L^2(0,T;V^*).$$

Denken wir uns A als einen Differentialoperator zweiter Ordnung (etwa $A \equiv -d^2/dx^2$) und $u = u(x,t)$, so zeigt die Aussage die Regularität bezüglich des Ortes. Unter der Potenz A^j verstehen wir dabei die j-fache Anwendung des Operators A.   #

Für semilineare Gleichungen (einschließlich des STOKES- bzw. NAVIER-STOKES-Problems) findet man Kompatibilitätsbedingungen insbesondere bei TEMAM [134] und VON WAHL [142].

Will man Kompatibilitätsbedingungen umgehen, so kann auf die sogenannte *parabolische Glättungseigenschaft* zurückgegriffen werden. Ein interessantes Phänomen bei Anfangswertproblemen für Differentialgleichungen vom Typ der Wärmeleitgleichung (6.1.2) (siehe auch Bild 6.1.4) ist nämlich, dass die Lösung selbst bei unstetiger Anfangsbedingung für $t > 0$ glatt ist.

Satz 8.5.3 *Sei $V \subseteq H \subseteq V^*$ ein GELFAND-Dreier und genüge die Bilinearform $a : [0,T] \times V \times V \to \mathbb{R}$ den Voraussetzungen aus Satz 8.5.1.*

Für die Funktion $f \in L^2(0,T;V^*)$ gelte

$$t \mapsto t^j f^{(j)}(t) \in L^2(0,T;V^*)\ (j = 1,\ldots,k).$$

Dann folgt für die nach Satz 8.3.5 eindeutig bestimmte Lösung $u \in \mathcal{W}(0,T)$ von Problem 8.2.1

$$t \mapsto t^j u^{(j)}(t) \in \mathcal{W}(0,T)\ (j = 1,\ldots,k)$$

sowie

$$t \mapsto t^j u^{(j+1)}(t) \in L^2(0,T;V^*),\; t \mapsto t^{j-1/2} u^{(j)}(t) \in L^2(0,T;H)\ (j = 1,\ldots,k).$$

Beweis. Wir führen den Beweis induktiv. Ähnlich wie im Beweis zu Satz 8.5.1 betrachten wir zunächst die Aufgabe

$$v'(t) + A(t)v(t) = t\left(f'(t) - A'(t)u(t)\right) + u'(t)\quad\text{f. ü. in } (0,T),\quad v(0) = 0.$$

Da $u \in \mathcal{W}(0,T)$ und nach Voraussetzung $t \mapsto tf'(t) \in L^2(0,T;V^*)$, liegt die rechte Seite in $L^2(0,T;V^*)$, so dass es genau eine Lösung $v \in \mathcal{W}(0,T)$ gibt.

Wir zeigen, dass $v = tu'$ gilt. Zunächst beobachten wir, dass

$$v(t) = \int_0^t \left(sf'(s) - sA'(s)u(s) + u'(s) - A(s)v(s) \right) ds$$

$$= \int_0^t \left((sf(s))' - A(s)u(s) - sA'(s)u(s) - A(s)v(s) \right) ds$$

$$= tf(t) - \int_0^t \left(A(s)\left(u(s) + v(s)\right) + sA'(s)u(s) \right) ds \,.$$

Dabei haben wir berücksichtigt, dass f als auch $t \mapsto (tf(t))' = f(t) + tf'(t) \in L^2(0,T;V^*)$ und somit $t \mapsto tf(t) \in \mathcal{C}([0,T];V^*)$ gilt. Mithin folgt $tf(t) \to 0$ in V^* für $t \to 0$. Andernfalls würde es eine Zahl $c > 0$ geben, so dass $\|f(t)\|_* > c/t$ in einer Umgebung von $t = 0$. Dies ist aber ein Widerspruch zur Voraussetzung $\int_0^T \|f(t)\|_*^2 \, dt < \infty$.

Sei

$$w(t) = \int_0^t \left(u(s) + v(s) \right) ds - tu(t) \,, \quad t \in [0,T] \,.$$

Offenbar gilt $w \in \mathcal{W}(0,T)$ mit $w(0) = 0$ und

$$w'(t) = u(t) + v(t) - u(t) - tu'(t) = v(t) - tu'(t) \in L^2(0,T;V^*) \,.$$

Wir zeigen $w(t) \equiv 0$.

Es gilt (wieder mit Satz 7.1.15 (iii) und wegen der Linearität von $A(t)$ sowie mit partieller Integration)

$$A(t)w(t) = \int_0^t A(t)\left(u(s) + v(s)\right) ds - tA(t)u(t)$$

$$= \int_0^t (A(t) - A(s))(u(s) + v(s)) \, ds + \int_0^t A(s)(u(s) + v(s)) \, ds$$

$$+ \, tu'(t) - tf(t)$$

$$= \int_0^t A'(s) \left(\int_0^s (u(\tau) + v(\tau)) \, d\tau \right) ds + \int_0^t A(s)(u(s) + v(s)) \, ds$$

$$+ \, tu'(t) - tf(t)$$

$$= \int_0^t A'(s) \left(\int_0^s (u(\tau) + v(\tau)) \, d\tau \right) ds + tu'(t) - v(t) - \int_0^t sA'(s)u(s) \, ds$$

$$= \int_0^t A'(s)w(s) \, ds - w'(t) \,.$$

Es folgt (8.5.7). Wie schon im Beweis zu Satz 8.5.1 folgt $w(t) \equiv 0$, so dass $t \mapsto tu'(t) = v(t) \in \mathcal{W}(0, T)$.

Wir kommen jetzt zum Induktionsschritt von k auf $k+1$ und betrachten die Aufgabe

$$v'(t) + A(t)v(t) = t^{k+1} \left(g_k'(t) - A'(t)u^{(k)}(t) \right) + (k+1)t^k u^{(k+1)} \quad \text{f. ü. in } (0, T)$$

mit $v(0) = 0$, wobei $g_k = u^{(k+1)} + Au^{(k)}$ durch (8.5.8) gegeben ist. Mit der Voraussetzung des Satzes und der Induktionsvoraussetzung liegt die rechte Seite in $L^2(0, T; V^*)$ (hinsichtlich $t \mapsto t^k u^{(k+1)}(t) \in L^2(0, T; V^*)$ vergleiche auch den letzten Teil des Beweises) und es gibt eine eindeutige Lösung $v \in \mathcal{W}(0, T)$.

Wir werden $v(t) = t^{k+1}u^{(k+1)}(t)$ zeigen. Dazu betrachten wir die Funktion

$$w(t) := \int_0^t \left(v(s) + (k+1)s^k u^{(k)}(s) \right) ds - t^{k+1}u^{(k)}(t), \quad t \in [0, T].$$

Es gilt $w \in \mathcal{W}(0, T)$ und $w(0) = 0$ sowie

$$w'(t) = v(t) - t^{k+1}u^{(k+1)}(t) \in L^2(0, T; V^*).$$

Außerdem gilt ähnlich dem ersten Teil des Beweises

$$w'(t) + A(t)w(t)$$

$$= v(t) - t^{k+1}u^{(k+1)}(t) + \int_0^t (A(t) - A(s)) \left(v(s) + (k+1)s^k u^{(k)}(s) \right) ds$$

$$+ \int_0^t A(s) \left(v(s) + (k+1)s^k u^{(k)}(s) \right) ds - t^{k+1}A(t)u^{(k)}(t)$$

$$= v(t) - t^{k+1}g_k(t) + \int_0^t A'(s)w(s)\, ds + \int_0^t \left(s^{k+1}A'(s)u^{(k)}(s) + A(s)v(s) \right) ds$$

$$+ (k+1) \int_0^t s^k A(s)u^{(k)}(s)\, ds$$

$$= \int_0^t A'(s)w(s)\, ds + \int_0^t \left(s^{k+1}g_k'(s) + (k+1)s^k u^{(k+1)}(s) \right) ds - t^{k+1}g_k(t)$$

$$+ (k+1) \int_0^t s^k A(s)u^{(k)}(s)\, ds$$

$$= \int_0^t A'(s)w(s)\, ds + \int_0^t \left(s^{k+1}g_k'(s) + (k+1)s^k g_k(s) \right) ds - t^{k+1}g_k(t)$$

$$= \int_0^t A'(s)w(s)\, ds.$$

Im letzten Schritt haben wir benutzt, dass die Funktion $t \mapsto t^{k+1}g_k(t)$ als auch deren Ableitung in $L^2(0,T;V^*)$ liegt, so dass $t \mapsto t^{k+1}g_k(t) \in \mathcal{C}([0,T];V^*)$. Daher folgt $t^{k+1}g_k(t) \to 0$ in V^* für $t \to 0$, denn andernfalls würde $\|t^k g_k(t)\|_* > c/t$ für eine Zahl $c > 0$ in einer Umgebung von $t = 0$ gelten. Dies aber würde im Widerspruch zu $\int_0^T \|t^k g_k(t)\|_*^2 \, dt < \infty$ stehen.

Die Funktion w genügt also wieder der Gleichung (8.5.7), so dass die A-priori-Abschätzung aus Satz 8.3.3 mit dem GRONWALLschen Lemma auf $w(t) \equiv 0$ führt. Mithin gilt $w'(t) \equiv 0$, was die Induktionsbehauptung $t \mapsto t^{k+1}u^{(k+1)}(t) = v(t) \in \mathcal{W}(0,T)$ nach sich zieht.

Wir kommen zur Behauptung $t \mapsto t^j u^{(j+1)}(t) \in L^2(0,T;V^*)$ $(j = 1,\dots,k)$ des Satzes. Sei $k = 1$. Dann liegen u als auch $t \mapsto tu'(t)$ in $\mathcal{W}(0,T)$. Insbesondere gilt

$$(tu'(t))' = u'(t) + tu''(t) \in L^2(0,T;V^*) \,.$$

Da aber auch $u' \in L^2(0,T;V^*)$, folgt $t \mapsto tu''(t) \in L^2(0,T;V^*)$. Wegen

$$\left(t^{k+1}u^{(k+1)}(t) \right)' = (k+1)t^k u^{(k+1)}(t) + t^{k+1}u^{(k+2)}(t)$$

folgt mit vollständiger Induktion (von k auf $k+1$) auch die Behauptung. Schließlich beobachten wir noch

$$|t^{j-1/2}u^{(j)}(t)|^2 = \langle t^{j-1}u^{(j)}(t), t^j u^{(j)}(t)\rangle \leq \|t^{j-1}u^{(j)}(t)\|_* \, \|t^j u^{(j)}(t)\|$$

$$\leq \frac{1}{2}\left(\|t^{j-1}u^{(j)}(t)\|_*^2 + \|t^j u^{(j)}(t)\|^2 \right),$$

so dass wegen $t \mapsto t^{j-1}u^{(j)}(t) \in L^2(0,T;V^*)$ und $t \mapsto t^j u^{(j)}(t) \in L^2(0,T;V)$ für $j = 1,\dots,k$ folgt $t \mapsto t^{j-1/2}u^{(j)}(t) \in L^2(0,T;H)$. Die BOCHNER-Messbarkeit von $t \mapsto t^{j-1/2}u^{(j)}(t)$ folgt dabei aus der BOCHNER-Messbarkeit von $t \mapsto t^j u^{(j)}(t)$ und $V \hookrightarrow H$. $\qquad\qquad\qquad$ #

Dass die Zeitgewichte wesentlich sind, ist schon an einem einfachen Beispiel mit $V = H = V^* = \mathbb{R}$ einzusehen: Für die Funktion $u(t) = 2\sqrt{t} \in L^2(0,1)$ gilt $u'(t) = 1/\sqrt{t} \notin L^2(0,1)$, aber $t \mapsto tu'(t) = \sqrt{t} \in L^2(0,1)$.

Aus dem vorstehenden Satz folgt unmittelbar die Glattheit der Lösung für $t > 0$, genauer gilt für beliebiges $\delta > 0$

$$u^{(j)} \in L^2(\delta,T;V) \ (j = 1,\dots,k) \quad \text{und} \quad u^{(k+1)} \in L^2(\delta,T;V^*) \,,$$

so dass

$$u^{(j)} \in \mathcal{C}([\delta,T];V) \ (j = 1,\dots,k-1) \quad \text{und} \quad u^{(k)} \in \mathcal{C}([\delta,T];H) \,.$$

Da A-priori-Abschätzungen für die Funktionen $t \mapsto t^j u^{(j)}(t)$ nicht direkt aus dem Beweis zu Satz 8.5.3 folgen, wollen wir exemplarisch Abschätzungen für tu' und tu'' herleiten. Wir beschränken uns dabei auf den Fall einer stark positiven Bilinearform. Dies ist wegen der Transformation (8.3.1) gerechtfertigt (siehe auch Aufgabe 9.45).

Satz 8.5.4 *Die Voraussetzungen des Satzes 8.5.3 seien für $k = 1$ erfüllt und die Bilinearform sei bezüglich t gleichmäßig stark positiv. Dann gelten für die Lösung u von Problem 8.2.1 auf $[0, T]$ die Abschätzungen*

$$|tu'(t)|^2 + \mu \int_0^t \|su'(s)\|^2 \, ds \le \frac{3}{\mu} \left(c \, |u_0|^2 + \int_0^t \left((1 + c) \, \|f(s)\|_*^2 + \|sf'(s)\|_*^2 \right) ds \right)$$

mit $c = \beta^2(1 + T)^2/\mu$ sowie

$$\int_0^t \|su''(s)\|_*^2 \, ds \le \frac{3\beta^2 T^2}{\mu} \left(|u_0|^2 + \frac{1}{\mu} \int_0^t \|f(s)\|_*^2 \, ds \right) + 3 \int_0^t \|sf'(s)\|_*^2 \, ds$$

$$+ \, 3\beta^2 \int_0^t \|su'(s)\|^2 \, ds \, .$$

Beweis. Wir gehen von der variationellen Formulierung

$$\langle u'(t), v \rangle + a(t; u(t), v) = \langle f(t), v \rangle \quad \forall v \in V \, , \text{ f. ü. in } (0, T)$$

aus. Differenzieren und Multiplizieren mit t führt auf

$$\langle tu''(t), v \rangle + t \, a'(t; u(t), v) + a(t; tu'(t), v) = \langle tf'(t), v \rangle \qquad (8.5.9)$$

für alle $v \in V$ und fast überall in $(0, T)$. Diese Gleichung macht Sinn, da gemäß Satz 8.5.3 $t \mapsto tf'(t)$, $t \mapsto tu''(t)$ in $L^2(0, T; V^*)$ und $t \mapsto tu'(t)$ in $L^2(0, T; V)$ liegen.

Testen wir in beiden Gleichungen mit $v = tu'(t)$ und beachten, dass wegen $t \mapsto tu'(t) \in \mathcal{W}(0, T) \hookrightarrow \mathcal{C}([0, T]; H)$ mit Korollar 8.1.10

$$\frac{1}{2} \frac{d}{dt} |tu'(t)|^2 = \langle (tu'(t))', tu'(t) \rangle = \langle u'(t), tu'(t) \rangle + \langle tu''(t), tu'(t) \rangle$$

gilt, so folgt

$$\frac{1}{2} \frac{d}{dt} |tu'(t)|^2 + \mu \, \|tu'(t)\|^2$$

$$\le \langle f(t), tu'(t) \rangle + \langle tf'(t), tu'(t) \rangle - a(t; u(t), tu'(t)) - t \, a'(t; u(t), tu'(t))$$

$$\leq \|f(t)\|_* \, \|tu'(t)\| + \|tf'(t)\|_* \, \|tu'(t)\| + \beta(1+t) \, \|u(t)\| \, \|tu'(t)\|$$

$$\leq \frac{3}{2\mu} \left(\|f(t)\|_*^2 + \|tf'(t)\|_*^2 + \beta^2(1+t)^2 \, \|u(t)\|^2 \right) + \frac{\mu}{2} \, \|tu'(t)\|^2 \, .$$

Dabei haben wir von den Eigenschaften der Bilinearform und von der binomischen Ungleichung Gebrauch gemacht. Die Behauptung folgt nach Integration und mit der A-priori-Abschätzung für u aus Satz 8.3.3.

Hierzu beachte man, dass $|tu'(t)| \to 0$ für $t \to 0$, denn andernfalls würde es eine Zahl $c > 0$ geben, so dass $|tu'(t)| > c$ in einer Umgebung von $t = 0$ gilt. Dann aber würde $\langle u'(t), tu'(t) \rangle > c^2/t$ folgen, was der Tatsache widerspricht, dass $t \mapsto \langle u'(t), tu'(t) \rangle \in L^1(0, T)$.

Für die zweite Abschätzung beobachten wir, dass aus (8.5.9) mit der Definition der Dualnorm und der Beschränktheit von a und a'

$$\|tu''\|_* \leq \|tf'(t)\|_* + \beta t \, \|u(t)\| + \beta \, \|tu'(t)\|$$

folgt. Mit der A-priori-Abschätzung für u aus Satz 8.3.3 ergibt sich die Behauptung.   #

Die Glättungseigenschaft wird auch bei der Analyse numerischer Verfahren benutzt, um Fehlerabschätzungen unter Regularitätsannahmen herzuleiten, die nicht auf die Kompatibilitätsbedingungen aus Satz 8.5.1 führen. Wie schon beim Studium der Zeitdiskretisierung dissipativer Systeme (vergleiche Seite 197) sind es gerade die A- bzw. G-stabilen Verfahren, auf die sich die Glättungseigenschaft überträgt.

So kann für das schon bekannte implizite EULER-Verfahren mit dem Diskretisierungsfehler $e^n = u(t_n) - u^n$ $(n = 1, \ldots, N)$ die Fehlerabschätzung

$$|t_n e^n|^2 + \mu \Delta t \sum_{j=1}^{n} \|t_j e^j\|^2 \leq const\,(\Delta t)^2 \left(|u_0|^2 + \int_0^{t_n} \left(\|f(s)\|_*^2 + \|sf'(s)\|_*^2 \right) ds \right)$$

bewiesen werden, wobei wir $u^0 = u_0$ angenommen haben.

9 Übungsaufgaben. Literaturhinweise

9.1 Übungsaufgaben

9.1 Beweise Lemma 7.1.1. (Hinweis: Der Beweis wird wie für den Fall $X = \mathbb{R}$ geführt.)

9.2 Zeige, dass $\mathcal{C}([0,T]; \mathcal{C}[a,b]) = \mathcal{C}([a,b] \times [0,T])$.

9.3 Beweise den WEIERSTRASSschen Approximationssatz (Satz 7.1.2). (Hinweis: Transformiere auf $[0,1]$ und benutze die aus den BERNSTEIN-Polynomen gebildeten Polynome $p_n(t) := \sum_{k=0}^{n} u\left(\frac{k}{n}\right) \binom{n}{k} t^k (1-t)^{n-k}$ für $n = 1, 2, \dots$.)

9.4 Beweise Lemma 7.1.4.

9.5 Beweise Lemma 7.1.5.

9.6 Sei $f : [0,T] \times \bar{B}(u_0, r) \to X$ stetig und gelte $\dim X = \infty$. Zeige, dass f beschränkt ist, sofern

a) r hinreichend klein oder

b) f im zweiten Argument gleichmäßig LIPSCHITZ-stetig ist.

9.7 Beweise, dass die Abbildung f aus Beispiel 7.1.7 tatsächlich in l^2 abbildet und stetig ist.

9.8 Sei $u : [0,T] \to X$ BOCHNER-integrierbar. Zeige

a)
$$\lim_{h \to 0} \int_0^T \|u(t+h) - u(t)\|\, dt = 0\,;$$

b)
$$\lim_{h \to 0} \frac{1}{h} \int_t^{t+h} u(s)\, ds = u(t) \quad \text{für fast alle } t \in (0,T).$$

9.9 Sei X separabel. Beweise Satz 7.1.16 mit Hilfe von Satz 7.1.12.

9.10 Die Funktion (7.1.3) aus Beispiel 7.1.21 betrachte man als abstrakte Funktion mit Werten in $L^2(0,1)$ und untersuche sodann auf Stetigkeit und absolute Stetigkeit. Ist die Funktion BOCHNER-messbar? Wenn möglich, so bestimme man die klassische Ableitung.

9.11 (Vgl. DEIMLING [40, Ex. 8.1, S. 114]) Sei $X = c_0$ der Raum der Nullfolgen und sei $u : [0,1] \to X$ definiert durch $u_n(t) := \frac{1}{n} \sin nt$ $(n = 1, 2, \dots)$. Zeige, dass u zwar absolut stetig, jedoch nirgends differenzierbar ist.

9.12 Beweise die stetige Einbettung $\mathcal{C}([0,T]; X) \hookrightarrow L^p(0,T; X)$ für $p \in [1, \infty]$ (vgl. Satz 7.1.23 (iii)).

9.13 Beweise Satz 7.1.23 (viii).

9.14 Zeige, dass $\mathcal{X}$ aus dem Beweis zu Satz 7.2.6 BANACH-Raum ist.

9.15 Beweise Korollar 7.2.7.

9.16 (Vgl. DEIMLING [40, S. 9]) Betrachte die lineare Aufgabe (7.2.6) mit $X = l^1$, einer unendlichen Matrix $A = (a_{ij})_{i,j=1,\dots,\infty}$ und homogener rechter Seite $f \equiv 0$. Die Abbildung $v \to Av$ ist nichts anderes als die übliche Matrix-mal-Vektor-Multiplikation.

a) Welche Bedingung muss an A gestellt werden, damit A wieder in l^1 abbildet und mithin die Aufgabe lösbar ist? Gib ein Beispiel für ein entsprechendes A an.

b) Es gelte $\sup_{i=1,\dots,\infty} \sum_{j=1}^{\infty} |a_{ij}| < \infty$. Untersuche die Aufgabe (7.2.6) auf Lösbarkeit im Raum

$$X = l^\infty := \{v = \{v_i\}_{i=1}^\infty : \sup_{i=1,\dots,\infty} |v_i| < \infty\}.$$

c) Welche Beziehung besteht zwischen den beiden Räumen l^1 und l^∞? Gibt es zu jedem $u_0 \in l^1$ eine Lösung mit Werten in l^∞? Gib ein Beispiel für ein A an, welches der Bedingung aus Teil b) der Aufgabe, nicht aber jener aus Teil a) genügt.

9.17 Untersuche das einen MARKOWschen Prozess beschreibende System (6.1.4) auf Lösbarkeit unter Beachtung der Nebenbedingungen.

9.18 Sei $A : X \to X$ linear und beschränkt und sei $u \in C^m([0,T]; X)$ ($m \in \mathbb{N}$). Die Abbildung Au definieren wir via $(Au)(t) := Au(t)$ für $t \in [0,T]$. Zeige, dass $Au \in C^m([0,T]; X)$.

9.19 Sei $A : X \to X$ linear und beschränkt. Zeige, dass

$$\exp(-tA) := \sum_{j=0}^{\infty} \frac{(-tA)^j}{j!}$$

für jedes $t \in \mathbb{R}$ wohldefiniert und nichts anderes als der Lösungsoperator $\mathcal{L}(t)$ aus Satz 7.2.9 ist.

9.20 Konstruiere ein Gegenbeispiel zu der Aussage des GRONWALLschen Lemmas für den Fall, dass λ negativ ist.

9.21 Beweise Satz 7.3.4.

9.22 Beweise Satz 7.3.6.

9.23 Sei $(H, (\cdot, \cdot), |\cdot|)$ HILBERT-Raum und gelte für $f : [0, T] \times H \to H$ eine
einseitige LIPSCHITZ-*Bedingung*: Es gibt ein $L \in \mathbb{R}$, so dass für alle $t \in [0, T]$
und $v, w \in H$

$$(f(t, v) - f(t, w), v - w) \leq L\, |v - w|^2$$

gilt. Zeige, dass es dann für $t \geq t_0$ höchstens eine Lösung des Anfangswertproblems (7.0.1) geben kann. (Beachte, dass an L keine Vorzeichenbedingung
geknüpft ist.)

9.24 Sei $H = \mathbb{R}^d$, versehen mit dem üblichen Skalarprodukt $(u, v) = v^\mathsf{T} u$ und
der EUKLIDischen Norm $|u| = (u, u)^{1/2}$, und sei $A \in \mathbb{R}^{d \times d}$ eine Matrix.
a) Unter welchen Voraussetzungen an A ist das lineare System (7.2.6) dissipativ?
Bestimme bestmöglich die Konstante μ aus der Definition der starken Dissipativität.
b) Berechne die Lösung des homogenen Systems mit

$$A = \begin{pmatrix} 1 & -25 \\ 0 & 2 \end{pmatrix} \quad \text{bzw.} \quad A = \begin{pmatrix} 4 & -4 \\ -4 & 10 \end{pmatrix}$$

und $u_0 = (0, 1)^\mathsf{T}$ und beschreibe das Verhalten der Lösung, gemessen in der
EUKLIDischen Norm, als auch der einzelnen Lösungskomponenten. Sind die entsprechenden Systeme dissipativ?
c) Kann ein anderes Skalarprodukt gefunden werden, so dass das lineare System
mit der ersten Matrix aus Teil b) dissipativ ist?
(Hinweis: Eine Matrix A heißt normal, wenn $A^\mathsf{T} A = A A^\mathsf{T}$. Normale Matrizen
besitzen ein vollständiges Orthonormalsystem aus Eigenvektoren.)

9.25 Sei $(H, |\cdot|)$ HILBERT-Raum und $A : H \to H$ ein linearer, beschränkter,
akkretiver Operator, d. h. $-A$ sei dissipativ. Zeige, dass der Operator $T_\lambda :=
(I + \lambda A)^{-1}$ ($I : H \to H$ sei die identische Abbildung) für jedes $\lambda \geq 0$ als Operator
in H existiert und linear, beschränkt sowie *nichtexpansiv* ist, d. h. für alle $u, v \in H$
gilt

$$|T_\lambda u - T_\lambda v| \leq |u - v|.$$

9.26 Sei $X = \mathcal{C}[0, 1]$, versehen mit der Maximumnorm.

a) Sei $k = k(x, \xi) \in \mathcal{C}([0, 1] \times [0, 1])$ gegeben. Zeige, dass durch

$$(Av)(x) := \int_0^1 k(x, \xi) v(\xi)\, d\xi$$

ein linearer, beschränkter Operator $A : X \to X$ definiert wird, der zudem kompakt ist. (A heißt auch FREDHOLMscher Integraloperator zum Kern k.)

Im Folgenden sei $k(x, \xi) = \xi - x$.

b) Bestimme die Lösung des linearen Anfangswertproblems (7.2.6) mit dem in Teil a) definierten Operator zu einem beliebigen Anfangswert $u_0 \in X$ mit $t_0 = 0$. (Hinweis: In Aufgabe 9.19 ist eine Lösungsdarstellung gegeben.)

c) Versehen mit dem $L^2(0, 1)$-Skalarprodukt ist X Prä-HILBERT-Raum. Ist $-A$ bezüglich dieses Skalarprodukts dissipativ? Welche Aussage kann über $t \mapsto \|u(t)\|_{0,2}$ getroffen werden, wenn u die Lösung des Anfangswertproblems aus Teil b) bezeichne?

d) Bestimme die Lösung des Anfangswertproblems zur Anfangsbedingung $u(0) = u_0$ mit $u_0(x) \equiv 1$ und verifiziere die zuvor gezeigten Aussagen.

9.27

a) Wieso ist auf das Beispiel 7.4.1 der verallgemeinerte Satz von PICARD-LINDE-LÖF nicht anwendbar? (Zeige, dass $f : c_0 \to c_0$ nicht LIPSCHITZ-stetig ist.)

b) Betrachte das Beispiel 7.4.1 im Raum $X = l^\infty$ der beschränkten Folgen. Sind dann der verallgemeinerte Satz von PICARD-LINDELÖF oder jener von PEANO anwendbar?

c) Betrachte das Beispiel 7.4.1 wieder im Raum $X = l^\infty$ und bestimme alle Lösungen zur Anfangsbedingung $u_0 = 0$. Ist die Lösungsmenge kompakt?

9.28 Zeige, dass das implizite EULER-Verfahren, angewandt auf ein stark dissipatives System mit einer rechten Seite, die einer LIPSCHITZ-Bedingung genügt, stets wohldefiniert ist. (Hinweis: Zeige, dass aus (7.5.7) zu vorgegebenem u^n stets genau ein u^{n+1} berechnet werden kann. Der Beweis verläuft ähnlich dem Beweis des Lemmas von LAX und MILGRAM.)

9.29

a) Für eine äquidistante Zerlegung des Zeitintervalls $[0, T]$ mit der Schrittweite Δt betrachte man das CRANK[1]-NICOLSON[2]-Verfahren

$$\frac{u^{n+1} - u^n}{\Delta t} = f(t_{n+1/2}, u^{n+1/2}),$$

wobei

$$t_{n+1/2} := \frac{1}{2}\left(t^n + t^{n+1}\right), \quad u^{n+1/2} := \frac{1}{2}\left(u^n + u^{n+1}\right),$$

---

[1]John CRANK, geb. 1916 in Hindley (Lancashire). CRANK studierte und promovierte in Manchester. Er arbeitete am Courtaulds Fundamental Research Laboratory über Mathematische Physik und war von 1957 bis 1981 Professor für Mathematik an der Brunel University. CRANK beschäftigte sich vor allem, gemeinsam mit NICOLSON, mit der numerischen Lösung der Wärmeleitgleichung durch die Finite-Differenzen-Methode und mit deren Stabilität.

[2]Phyllis NICOLSON, geb. 1917 in Macclesfield, gest. 1968 in Sheffield. NICOLSON studierte und promovierte in Manchester. Nach einem Aufenthalt in Cambridge lehrte sie Physik an der Universität in Leeds. Gemeinsam mit CRANK untersuchte sie die numerische Lösung der Wärmeleitgleichung.

zur Approximation der Aufgabe (7.0.1). Man zeige Stabilität und Konvergenz zweiter Ordnung und betrachte auch die Modifikationen, die sich bei der Anwendung auf eine lineare Aufgabe mit $f(t, v) := f(t) - Av$ und einem linearen, beschränkten Operator A ergeben. Wie verhält sich das Verfahren bei Anwendung auf ein dissipatives System?

b) Man analysiere nun das zur Quadratur durch die Trapezformel gehörende Verfahren

$$\frac{u^{n+1} - u^n}{\Delta t} = \frac{1}{2}\left(f(t_n, u^n) + f(t_{n+1}, u^{n+1})\right).$$

9.30 Es bezeichne $\tilde{u} = \tilde{u}(t) \in \mathcal{W}(0, T)$ die zur Funktion $u = u(x, t) : [a, b] \times [0, T] \to \mathbb{R}$ zugehörige abstrakte Funktion. Dabei sei $V \subseteq H \subseteq V^*$ ein GELFAND-Dreier und $\mathcal{C}_0^\infty(a, b)$ liege dicht in V. Man zeige: Existiert die verallgemeinerte partielle Ableitung $\partial u / \partial t$, so dass für alle $\phi \in \mathcal{C}_0^\infty((a, b) \times (0, T))$

$$\int_0^T \int_a^b u(x, t)\, \frac{\partial \phi(x, t)}{\partial t}\, dx dt = -\int_0^T \int_a^b \frac{\partial u(x, t)}{\partial t}\, \phi(x, t)\, dx dt\,,$$

gilt, so existiert auch die verallgemeinerte Ableitung $\tilde{u}'$ und umgekehrt. Außerdem ist $\tilde{u}'$ die zur Funktion $\partial u / \partial t$ zugehörige abstrakte Funktion.

9.31 Beweise Satz 8.1.6.

9.32 Zeige, dass die Regel der partiellen Integration (8.1.1) für Funktionen $u, v \in \mathcal{C}^1([0, T]; V)$ gilt.

9.33 Beweise die in Bemerkung 8.3.2 getroffenen Aussagen.

9.34 Zeige, dass (8.3.2) tatsächlich äquivalent zu (8.2.2) ist.

9.35 Unter welchen Voraussetzungen an die Koeffizienten genügt a aus (8.2.1) einer GÅRDINGschen Ungleichung? Unter welchen Voraussetzungen gibt es eine verallgemeinerte Lösung des Problems?

9.36 Beweise die Abschätzungen (8.3.6), (8.3.7) und (8.3.8).

9.37 Sei $f \in L^2(0, T; V^*)$ und sei für eine äquidistante Zerlegung von $[0, T]$ zur Schrittweite Δt mit den Knoten $t_n = n\Delta t$ ($n = 0, 1, \ldots, N$, $\Delta t = T/N$)

$$(R_{\Delta t} f)(t) := \frac{1}{\Delta t}\int_{t_n}^{t_{n+1}} f(t)\, dt \quad \text{für } t \in (t_n, t_{n+1}]\,.$$

Zeige, dass der Restriktionsoperator $R_{\Delta t}$ ein linearer, beschränkter Operator von $L^2(0, T; V^*)$ in sich ist und

$$\|R_{\Delta t} f - f\|_{L^2(0, T; V^*)} \to 0 \quad \text{für } \Delta t \to 0\,.$$

(Hinweis: Benutze, dass $\mathcal{C}^1([0, T]; V^*) \overset{d}{\subseteq} L^2(0, T; V^*)$.)

9.38 Beweise den Satz von LIONS (Satz 8.3.5) vermittels einer GALERKIN-Approximation.

9.39 Beweise Satz 8.4.1.

9.40 Zeige, dass die nach Satz 8.4.2 existierende Lösung im Falle $B \equiv 0$ eindeutig bestimmt ist.

9.41 Beweise unter den Voraussetzungen von Lemma 8.4.4, dass der Operator $A_0 : L^p(0,T;V) \to L^q(0,T;V^*)$ monoton und hemistetig ist. (Hinweis: Für den Nachweis der Hemistetigkeit wird auch die Wachstumsbedingung (iii) benötigt.)

9.42 Es seien $A_0(t)$ Operatoren, die den Voraussetzungen in Lemma 8.4.4 mit einer Zahl $p \geq 2$ genügen. Zeige, dass die Aufgabe (8.4.1) mit $A(t) = A_0(t) + \kappa I$ für ein $\kappa \in \mathbb{R}$, wobei I die Identität sei, eine eindeutig bestimmte Lösung $u \in \mathcal{W}^p(0,T)$ besitzt.

9.43 Sei $V \subseteq H \subseteq V^*$ ein GELFAND-Dreier mit $V \overset{c}{\hookrightarrow} H$. Vorgelegt sei die semilineare Aufgabe

$$u'(t) + Au(t) + g(u(t)) = f(t) \quad \text{in } V^*, \text{ f. ü. in } (0,T), \quad u(0) = u_0,$$

wobei $A : V \to V^*$ linear, beschränkt und stark positiv sei und $g : V \to V^*$ folgenden Voraussetzungen genüge:

(i) Es gibt Zahlen $s_1 \in (0,1]$ und $L_1 \geq 0$, so dass für alle $u \in V$ gilt

$$\|g(u)\|_* \leq L_1(1 + |u|)^{s_1}\|u\|^{1-s_1}.$$

(ii) Es gibt eine Zahl $s_2 \in (0,1]$ und zu jedem $M > 0$ eine Zahl $L_2(M) \geq 0$, so dass für alle $u,v \in V$ mit $|u|,|v| \leq M$ gilt

$$\|g(u) - g(v)\|_* \leq L_2(M)|u - v|^{s_2}\|u - v\|^{1-s_2}.$$

Beweise mit Hilfe einer GALERKIN-Approximation oder auch einer Zeitdiskretisierung, dass zu gegebenem $u_0 \in H$ und $f \in L^2(0,T;V^*)$ eine eindeutige Lösung $u \in \mathcal{W}(0,T)$ existiert.

9.44 Die zeitabhängige, gleichmäßig beschränkte Bilinearform $a : [0,T] \times V \times V$ besitze für feste $u,v \in V$ auf $[0,T]$ die klassischen Ableitungen $a^{(j)}(\cdot;u,v)$ ($j = 1,\ldots,k \in \mathbb{N} \setminus \{0\}$). Zeige, dass diese in $u,v \in V$ bilinear sind.

Sind die Formen $a^{(j)} : [0,T] \times V \times V$ bezüglich t gleichmäßig beschränkt, so gibt es zugehörige lineare Operatoren $A^{(j)}(t)$ ($t \in [0,T]$). Zeige, dass diese nichts anderes als die klassischen Ableitungen von $t \mapsto A(t)$ sind, wobei $A(t)$ der zur

Bilinearform $a(t; \cdot\cdot)$ zugehörige Operator ist. (Hinweis: Die Operatoren sind Elemente des Raumes $\mathcal{L}(V, V^*)$ der linearen und beschränkten Operatoren, die V in V^* abbilden. Auf diesem Raum ist die Operatornorm

$$\|A\|_{\mathcal{L}(V,V^*)} := \sup_{v \in V \setminus \{0\}} \frac{\|Av\|_*}{\|v\|}$$

erklärt.)

Die Funktion $u \in L^2(0, T; V)$ möge die verallgemeinerten Ableitungen $u^{(j)} \in L^2(0, T; V)$ $(j = 1, \ldots, k)$ besitzen. Zeige, dass die j-te Ableitung der Funktion $t \mapsto A(t)u(t)$ in $L^2(0, T; V^*)$ liegt und insbesondere BOCHNER-messbar ist, dass die LEIBNIZsche Formel

$$\frac{d^j}{dt^j}\left(A(t)u(t)\right) = \sum_{l=0}^{j} \binom{j}{l} A^{(l)}(t) u^{(j-l)}(t), \quad j = 1, \ldots, k,$$

gilt und dass

$$\left(\sum_{j=0}^{k} \left\|\frac{d^j}{dt^j}\left(A(t)u(t)\right)\right\|^2_{L^2(0,T;V^*)}\right)^{1/2} \leq const \left(\sum_{j=0}^{k} \left\|u^{(j)}(t)\right\|^2_{L^2(0,T;V)}\right)^{1/2}$$

für eine von u unabhängige Konstante $const$ gilt.

9.45 Leite, analog zu Satz 8.5.4, Abschätzungen für den Fall her, dass die Bilinearform bezüglich t gleichmäßig einer GÅRDINGschen Ungleichung genügt.

9.46 Mit (6.1.3) war die Lösung u des Anfangswertproblems (6.1.2) für die homogene Wärmeleitgleichung gegeben. Es sei $V_0 := L^2(0, \pi)$ und für $r \in \mathbb{N} \setminus \{0\}$ sei

$$V_r := \left\{v \in H_0^1(0, \pi) : \exists \frac{d^j v}{dx^j} \in L^2(0, \pi), \ j = 0, 1, \ldots, r \, ; \right.$$

$$\left. \frac{d^{2l}v}{dx^{2l}}(0) = \frac{d^{2l}v}{dx^{2l}}(\pi) = 0, \ l = 0, 1, \ldots, \left[\frac{r-1}{2}\right]\right\}, \quad |v|_r := \left\|\frac{d^r v}{dx^r}\right\|_{0,2}.$$

a) Man überlege sich, dass $(V_r, |\cdot|_r)$ BANACH-Raum ist und $V_{r+1} \hookrightarrow V_r$ für $r \in \mathbb{N}$ gilt. Des Weiteren zeige man, dass

$$|v|_r^2 = \frac{\pi}{2} \sum_{j=1}^{\infty} j^{2r} v_j^2, \quad v_j = \frac{2}{\pi} \int_0^{\pi} v(x) \sin jx \, dx \, .$$

b) Man beweise die parabolische Glättungseigenschaft: Ist $u_0 \in V_r$ und gilt $r \geq 2n + s$ für $n, r, s \in \mathbb{N}$, so folgt $u^{(n)} \in \mathcal{C}([0,T]; V_s) \cap L^2(0,T; V_{s+1})$. Es gilt insbesondere für alle $t > 0$

$$|u^{(n)}(t)|_s \leq const\, t^{-n-\frac{s-r}{2}} |u_0|_r \,.$$

c) Verifiziere die Glättungseigenschaft für die folgenden Anfangsbedingungen

$$\pi - x\,, \quad \min\{x, \pi - x\}\,, \quad x(\pi - x)\,,$$

und untersuche das Verhalten von $t \mapsto |u'(t)|_1$ für $t \to 0$.

9.2 Literaturhinweise

Operator-Differentialgleichungen sind eine Verallgemeinerung gewöhnlicher Differentialgleichungssysteme. Deshalb sei noch einmal auf die schon in Abschnitt 5.2 genannten Einführungen in die Theorie und Anwendung gewöhnlicher Differentialgleichungen verwiesen. Ergänzend ist das moderne Lehrbuch von Amann [2], welches zugleich auf die Theorie der dynamischen Systeme vorbereitet, und die eher klassische Einführung von KNOBLOCH [77], die auch einen Abschnitt über Kontrolltheorie und Optimierung beinhaltet, zu nennen. Sehr empfehlenswert ist auch das gut verständlich geschriebene Buch von PETROWSKI [107].

Da Operator-Differential- bzw. Evolutionsgleichungen vor allem eine funktional-analytische Formulierung zeitabhängiger partieller Differentialgleichungen sind, verweisen wir, ergänzend zu den bereits in Abschnitt 5.2 genannten Titeln, auf LADYSHENSKAJA, SOLONNIKOW und URALZEWA [82], LIONS und MAGENES [88], TAYLOR [132] sowie PAO [104]. Insbesondere aber wird mit RENARDY und RO-GERS [112] ein recht vollständiger Überblick über die verschiedenen Zugänge und Methoden bei der Behandlung partieller Differentialgleichungen gegeben.

Hinsichtlich der Anwendungen sei auf DAUTRAY und LIONS [36] verwiesen. Für Differentialgleichungen, die in der Biologie und Medizin auftreten, sei insbesondere auf das Standardwerk von MURRAY [96], auf die gelungene Einführung von BRITTON [26] sowie auf BRAUER und CASTILLO-CHÁVEZ [20] als auch HOPPENSTEADT und PESKIN [73] verwiesen. In CAPASSO [28] werden eine Vielzahl nichtlinearer Modelle zur Krankheitsausbreitung diskutiert und in BRITTON [25] werden insbesondere Reaktions-Diffusions-Gleichungen behandelt.

Der Theorie der Reaktions-Diffusions-Gleichungen widmet sich SMOLLER [125]. Für Konvektions-Diffusions-Gleichungen verweisen wir auf ROOS, STYNES und TOBISKA [114] und die dort zitierte Literatur. Fragen der Existenz und Regularität von Lösungen instationärer Gleichungen (etwa der kompressiblen und inkompressiblen NAVIER-STOKES-Gleichungen und der BURGERS-Gleichung) sowie der geeigneten Wahl von Randbedingungen widmen sich KREISS und LORENZ [79].

Das BOCHNER-Integral wird in GAJEWSKI, GRÖGER und ZACHARIAS [49] eher kurz behandelt, in WLOKA [148] dagegen sehr ausführlich, nebst der erforderlichen Aussagen aus der Maßtheorie. Desgleichen gilt für AMANN und ESCHER [6]. Weitere Darstellungen findet man in MIKUSIŃSKI [94], YOSIDA [150], ADAMS [1] und auch ZEIDLER [153, 154] (ohne es BOCHNER-Integral zu nennen, wird das LEBESGUEsche Integral für BANACH-Raum-wertige Funktionen behandelt) sowie in HILLE und PHILLIPS [71], in CAZENAVE und HARAUX [29] und schließlich in RŮŽIČKA [116].

Als Standardwerke zur Theorie der Operator-Differential- und Evolutionsgleichungen seien ZEIDLER [152, 153, 154] sowie GAJEWSKI, GRÖGER und ZACHARIAS [49] empfohlen; für die lineare Theorie und den Zugang über GELFAND-Dreier auch WLOKA [148]. Während in ZEIDLER [152] Operator-Differentialgleichungen in *einem* BANACH-Raum betrachtet werden (Verallgemeinerungen der Sätze von PICARD-LINDELÖF und PEANO), finden sich in ZEIDLER [153, 154] die Zugänge über Evolutionstripel und Halbgruppen für lineare (Band IIA) und nichtlineare (Band IIB) Gleichungen erster und zweiter Ordnung. GAJEWSKI, GRÖGER und ZACHARIAS [49] bevorzugen wiederum variationelle Methoden (GELFAND-Dreier), geben aber auch weitere Verallgemeinerungen des Satzes von PICARD-LINDELÖF an. So erlauben die dort eingeführten VOLTERRA[1]-Operatoren die Behandlung von Problemen mit nacheilendem Argument. Außerdem werden pseudoparabolische Gleichungen und Gleichungen mit Zeitableitung zweiter Ordnung betrachtet.

Eine knappe Einführung in die Theorie der Evolutionsgleichungen findet sich ferner in BRÉZIS [23]. Auch in LANGENBACH [85] werden Operator-Differentialgleichungen behandelt. Eine interessante, wenngleich anspruchsvolle Darstellung findet der Leser in DEIMLING [40]. Insbesondere werden auch speziellere Themen behandelt, etwa Nichtkompaktheitsmaße, die die nicht direkt mögliche Verallgemeinerung des Satzes von PEANO im Falle eines unendlichdimensionalen Raumes zu kompensieren suchen.

Eine sehr umfangreiche Darstellung der Theorie der Evolutionsgleichungen findet der Leser in den Bänden 5 und 6 des sechsbändigen Werkes von DAUTRAY und LIONS [38, 39]. Neben zahlreichen Beispielen aus der Mathematischen Physik werden sowohl lineare (Band 5) als auch nichtlineare (Band 6) Gleichungen und sowohl der Zugang über Halbgruppen als auch über Variationsmethoden behandelt. Schließlich werden numerische Methoden zur Lösung der behandelten Gleichungen studiert.

---

[1]Vito VOLTERRA, geb. 1860 in Ancona, gest. 1940 in Rom. Ein Jahr nach seiner Promotion über Hydrodynamik wurde VOLTERRA Professor für Mechanik in Pisa, später für Mathematische Physik in Rom. Bekannt ist VOLTERRA vor allem für seine Betrachtungen über Integralgleichungen und die darin auftretenden Operatoren.

Grundlegende Methoden und Ergebnisse zum variationellen Zugang finden sich ferner in den Büchern über das NAVIER-STOKES-Problem von GIRAULT und RAVIART [53] sowie TEMAM [133]. Der Untersuchung von Evolutionsgleichungen aus der Perspektive der Theorie der dynamischen Systeme widmen sich SELL und YOU [120] (mit ausführlichen Literaturhinweisen) sowie TEMAM [135]. Für das weitere Studium unabdingbar ist wieder LIONS [87], wo eine Vielzahl unterschiedlicher Probleme mit verschiedenen (Kompaktheits- und variationellen) Methoden studiert werden.

Der Begriff des monotonen Operators erfährt eine weitere Verallgemeinerung in BRÉZIS [22]: Es werden Evolutionsgleichungen mit Hilfe der Theorie *maximal monotoner* Operatoren behandelt, wobei die Methode in gewisser Hinsicht die variationelle und die Halbgruppenmethode vereint. Maximal monotone Operatoren werden ausführlich in ZEIDLER [154], HARAUX [65] und RŮŽIČKA [116] behandelt; auch auf BARBU [11] ist hinzuweisen.

Obgleich wir im Rahmen dieses Buches die Theorie der Halbgruppen nicht behandeln konnten, seien nachfolgend einige Literaturhinweise gegeben.

Eine kurze Einführung findet man zum Beispiel in AUBIN [8] und BALAKRISHNAN [10]. Standardwerke sind HILLE und PHILLIPS [71], KREIN [80] sowie PAZY [106]. Gut verständliche Einführungen bieten GOLDSTEIN [57] und McBRIDE [92].

Für lineare Halbgruppen ist insbesondere auf das Buch von ENGEL, NAGEL et al. [43] zu verweisen, in dem nicht nur ausführlich die Theorie bis hin zu neuesten Ergebnissen, sondern auch zahlreiche Anwendungen vorgestellt werden und ein historischer Abriss gegeben wird. Ein ausgezeichnetes Lehrbuch zur linearen Theorie mit vielen interessanten Details und Bezügen zu Differentialgleichungsproblemen und einem mehr als 100 Seiten umfassenden Literaturverzeichnis ist sicher FATTORINI [45]. Schließlich sind TANABE [131] (mit einem Abschnitt über nichtlineare Evolutionsgleichungen und monotone Operatoren) sowie die neuere Darstellung von AMANN [3] über lineare (autonome und nichtautonome) parabolische Gleichungen zu nennen.

Der Theorie der nichtlinearen Halbgruppen widmen sich LAKSHMIKANTHAM und LEELA [83], BARBU [11] sowie (für das fortgeschrittenere Studium) PAVEL [105]. BELLENI-MORANTE und McBRIDE [12] behandeln sowohl die Theorie als auch konkrete Anwendung nichtlinearer Halbgruppen. Auch in MARTIN [91] werden Differentialgleichungen im BANACH-Raum, nichtlineare Halbgruppen und insbesondere semilineare Gleichungen behandelt.

Für das weitergehende Studium semilinearer parabolischer Differentialgleichungen ist insbesondere auf das Standardwerk HENRY [68] zu verweisen. Abstrakte parabolische Gleichungen werden auch in VON WAHL [143] vermittels der Theorie der Halbgruppen untersucht. Eine moderne, wenngleich etwas schwer zugängliche Darstellung findet der Leser in LUNARDI [90] (insbesondere zu Fragen der Regularität).

In den Lecture Notes von HARAUX [65] werden nichtlineare Evolutionsgleichungen mit monotonen und nichtmonotonen Operatoren und insbesondere deren asymptotisches Verhalten, periodische Lösungen und dissipative Systeme studiert. In RACKE [111] wird die globale Lösbarkeit nichtlinearer Evolutionsgleichungen mit Hilfe von A-priori-Abschätzungen untersucht. Spezielleren Fragen wendet sich VRABIE [144] zu und betrachtet unter anderem nichtlineare Evolutionsgleichungen mit nichtakkretiven Störungen vermittels Kompaktheitsargumenten.

Schließlich ist noch der Klassiker von LADAS und LAKSHMIKANTHAM [81] zu nennen, in dem unter anderem lineare Evolutionsgleichungen und Halbgruppen, Evolutions*un*gleichungen, nichtlineare Halbgruppen und maximal monotone Operatoren als auch die Problematik der Verallgemeinerung der Sätze von PEANO und PICARD-LINDELÖF (in überschaubarer Weise auf etwas mehr als 200 Seiten) behandelt werden.

Einen guten Überblick über die verschiedenen funktionalanalytischen Konzepte bietet auch SHOWALTER [121]. Es werden stationäre und instationäre Probleme mit monotonem Operator ebenso behandelt wie Evolutionsgleichungen mit akkretivem Operator und nichtlineare Halbgruppen.

Schließlich sollen drei neuere Monographien genannt werden, die Ausgangspunkt für das weitergehende Studium sein können: In CAZENAVE und HARAUX [29] werden semilineare (parabolische und hyperbolische) Probleme vornehmlich mit Methoden der Halbgruppentheorie behandelt. Variationelle Methoden verwendet CHIPOT [30] zur Analyse nichtlinearer (stationärer und instationärer) Probleme. HOKKANEN und MOROȘANU [72] studieren stationäre und instationäre Differential- und Integralgleichungen mit funktionalanalytischen Methoden (unter anderem Halbgruppen- und FOURIER-Methode) und betrachten insbesondere verschiedenartige Randbedingungen.

Der Numerischen Analysis (Zeitdiskretisierung und Finite-Elemente-Methode) wenden sich insbesondere THOMÉE [137] sowie FUJITA, SAITO und SUZUKI [48] zu. Hinsichtlich der Zeitdiskretisierung ist auch die Darstellung in STUART und HUMPHRIES [130] aus der Sicht der Theorie der dynamischen Systeme interessant.

Der Leser möge auch die Literaturhinweise in Abschnitt 5.2 und im Anhang A.3 konsultieren.

Anhang

A   Analytische Hilfsmittel

A.1   Elementare Ungleichungen

In diesem Anhang sollen einige wichtige Ungleichungen zusammengestellt werden, die unabdingbares Werkzeug beim Beweis vieler Aussagen sind.

Satz A.1.1 (Binomische Ungleichung) *Seien $a, b \in \mathbb{R}$ und $\varepsilon \in \mathbb{R}^+$. Dann gilt*

$$ab \leq \frac{\varepsilon}{2}\, a^2 + \frac{1}{2\varepsilon}\, b^2 \,.$$

Beweis. Es gilt

$$0 \leq \left(\sqrt{\varepsilon}\, a - \frac{1}{\sqrt{\varepsilon}}\, b \right)^2 = \varepsilon\, a^2 - 2ab + \frac{1}{\varepsilon}\, b^2 \,.$$

$$\#$$

Die binomische Ungleichung wird gelegentlich bereits als YOUNGsche Ungleichung bezeichnet.

Korollar A.1.2 *Seien $a, b \in \mathbb{R}_0^+$. Dann gilt*

$$\sqrt{a+b} \leq \sqrt{a} + \sqrt{b} \leq \sqrt{2}\,\sqrt{a+b}\,.$$

Beweis. Es gilt

$$a + b \leq \left(\sqrt{a} + \sqrt{b} \right)^2 = a + 2\sqrt{a}\sqrt{b} + b \leq 2(a+b)\,.$$

$$\#$$

Satz A.1.3 *Sei $\phi : \mathbb{R}_0^+ \to \mathbb{R}_0^+$ eine stetige, streng monoton wachsende Funktion mit $\phi(0) = 0$ und $\phi(x) \to \infty$ für $x \to \infty$. Dann gilt für alle $a, b \in \mathbb{R}_0^+$*

$$ab \leq \int_0^a \phi(x)dx + \int_0^b \phi^{-1}(x)dx \,, \tag{A.1.1}$$

wobei ϕ^{-1} die Umkehrfunktion bezeichne.

Beweis. Die Bedingungen an ϕ sichern die Existenz der Umkehrfunktion. Die Ungleichung selbst ergibt sich aus folgender Skizze (siehe Bild A.1.1).   #

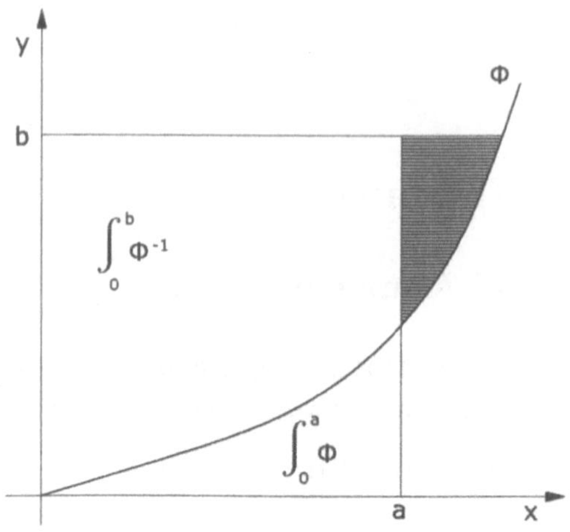

Bild A.1.1: Veranschaulichung der Ungleichung (A.1.1)

Satz A.1.4 (YOUNGsche Ungleichung) *Seien $a, b \in \mathbb{R}_0^+$ sowie $p, q \in (1, \infty)$ zueinander konjugierte Exponenten mit $1/p + 1/q = 1$. Dann gilt*

$$ab \le \frac{a^p}{p} + \frac{b^q}{q} \,.$$

Für beliebiges $\varepsilon \in \mathbb{R}^+$ gilt ferner

$$ab \le \varepsilon a^p + C_\varepsilon \, b^q \,, \quad C_\varepsilon = \frac{(\varepsilon p)^{-q/p}}{q} \,.$$

Beweis. Der erste Teil ergibt sich aus Satz A.1.3 mit $\phi(x) = x^{p-1}$. Der zweite Teil ergibt sich aus dem ersten mit $a := ca$ und $b := b/c$, wobei $c^p/p = \varepsilon$.   #

Satz A.1.5 *Sei $p \in (1, \infty)$. Dann gilt für alle $x \in \mathbb{R}$*

$$|1 + x|^p \le 2^{p-1} \left(1 + |x|^p \right) \,. \tag{A.1.2}$$

Beweis. Die Abbildung $\xi \mapsto |\xi|^p$ ($p \in (1, \infty)$) ist auf $\mathbb{R}$ konvex. Daher gilt

$$\left| \frac{1}{2} + \frac{x}{2} \right|^p \le \frac{1}{2} + \frac{1}{2} |x|^p \,.$$

Multiplikation mit 2^p führt auf die Behauptung.   #

Satz A.1.6 (CAUCHY-SCHWARZsche Ungleichung) *Sei* $(H, (\cdot, \cdot), |\cdot|)$ *ein Prä-*HILBERT-*Raum. Dann gilt für alle* $u, v \in H$

$$|(u, v)| \leq |u|\,|v|\,.$$

Beweis. Für $u = 0$ oder $v = 0$ folgt die Behauptung aus den Eigenschaften von Norm und Skalarprodukt. Andernfalls betrachten wir die in $\lambda \in \mathbb{R}$ quadratische Funktion

$$\phi(\lambda) := |\lambda u + v|^2 = (\lambda u + v, \lambda u + v) = \lambda^2 |u|^2 + 2\lambda\,(u, v) + |v|^2\,,$$

die offenbar nur nichtnegative Werte annehmen kann. Dann aber muss die Diskriminante

$$\frac{(u, v)^2}{|u|^4} - \frac{|v|^2}{|u|^2}$$

stets nichtpositiv sein, was sofort auf die Behauptung führt.   #

Gelegentlich findet sich die Bezeichnung CAUCHY-SCHWARZ-BUNJAKOWSKIsche[1] Ungleichung.

Satz A.1.7 (HÖLDERsche Ungleichung) *Seien* $u, v \in C[a, b]$ *(oder auch* $u, v \in L^{\max\{p,q\}}(a, b)$*) sowie* $p, q \in [1, \infty]$ *mit* $1/p + 1/q = 1$*, wobei zu* $p = 1$ *der konjugierte Exponent* $q = \infty$ *gehört und umgekehrt. Dann gilt*

$$|(u, v)_{0,2}| \leq \|u\|_{0,p}\,\|v\|_{0,q}\,,$$

wobei

$$(u, v)_{0,2} := \int_a^b u(x)v(x)dx\,, \quad \|u\|_{0,p} := \left(\int_a^b |u(x)|^p dx\right)^{1/p} \quad (p \in [1, \infty))\,,$$

$$\|u\|_{0,\infty} := \max_{x \in [a,b]} |u(x)| \quad (bzw.\ \operatorname*{ess\,sup}_{x \in (a,b)} |u(x)|)\,.$$

Beweis. Für $u = 0$ oder $v = 0$ ist die Behauptung offensichtlich. Ebenso ist die Behauptung klar, wenn einer der Exponenten gleich ∞ ist, denn dann wird lediglich gegen das Maximum der entsprechenden Funktion abgeschätzt.

---

[1] Wiktor Jakowlewitsch BUNJAKOWSKI, geb. 1804 in Bar (Ukraine), gest. 1889 in St. Petersburg. Nachdem er in Paris bei CAUCHY promovierte, lehrte und forschte BUNJAKOWSKI in St. Petersburg.

Für den verbleibenden Beweis benutzen wir einen so genannten Homogenitäts-trick: Sei $u = r\hat{u}$ und $v = s\hat{v}$ mit $r, s \in \mathbb{R}$, so dass $\|\hat{u}\|_{0,p} = 1$ und $\|\hat{v}\|_{0,q} = 1$. Dann gilt mit YOUNGscher Ungleichung

$$|(\hat{u}, \hat{v})_{0,2}| \leq \int_a^b |\hat{u}(x)| \, |\hat{u}(x)| \, dx \leq \int_a^b \left(\frac{|\hat{u}(x)|^p}{p} + \frac{|\hat{v}(x)|^q}{q} \right) dx$$

$$= \frac{1}{p} \|\hat{u}\|_{0,p} + \frac{1}{q} \|\hat{v}\|_{0,q} = \frac{1}{p} + \frac{1}{q} = 1 = \|\hat{u}\|_{0,p} \|\hat{v}\|_{0,q} \, .$$

Multiplikation mit $|rs|$ führt nun auf die Behauptung. #

Es sei bemerkt, dass die HÖLDERsche Ungleichung selbstverständlich auch im Diskreten gilt, etwa auf $\mathbb{R}^d$ mit dem üblichen Skalarprodukt und den Normen $\|u\|_p := \left(\sum_{i=1}^d |u_i|^p \right)^{1/p}$ für $p \in [1, \infty)$ und $\|u\|_\infty := \max_{i=1,\ldots,d} |u_i|$.

A.2 Einige Sätze aus der Analysis und Funktionalanalysis

Im Folgenden stellen wir einige wichtige Sätze aus der Analysis und Funktional-analysis bereit, von denen wir im Text Gebrauch machen. Beweise geben wir nur insoweit, als sie für den vorliegenden Text von methodischem Nutzen sind.

Satz A.2.1 (MAZUR, 1930) *Sei X BANACH-Raum und $\mathcal{A} \subseteq X$ eine relativ kompakte Menge. Dann ist auch die konvexe Hülle* $\mathrm{co}\,\mathcal{A}$ *relativ kompakt.*

Für einen Beweis konsultiere man DUNFORD und SCHWARTZ [42, Thm. 6 in Ch. V.2.7, S. 416] oder RŮŽIČKA [116, Lemma 2.49, S. 27].

Satz A.2.2 (Fixpunktsatz von BANACH, 1920) *Sei $\mathcal{A}$ eine nichtleere, abge-schlossene Teilmenge eines vollständigen metrischen Raumes (X, ρ) und $T : \mathcal{A} \to \mathcal{A}$ eine kontrahierende Abbildung von $\mathcal{A}$ in sich. Dann gibt es genau einen Fix-punkt $\hat{x} \in \mathcal{A}$ mit $T(\hat{x}) = \hat{x}$. Dieser ist Grenzwert der sukzessiven Approximation $x_{n+1} = T(x_n)$ ($n = 0, 1, \ldots$) bei beliebigem Startwert $x_0 \in \mathcal{A}$.*

Beweis. Sei $x_0 \in \mathcal{A}$. Dann liegt die durch die sukzessive Approximation $x_{n+1} = T(x_n)$ ($n = 0, 1, \ldots$) definierte Folge wegen der Selbstabbildungseigenschaft von T in der Menge $\mathcal{A}$. Wegen der Kontraktivität gilt für ein $\kappa \in [0, 1)$ bei beliebigem $n = 1, 2, \ldots$

$$\rho(x_{n+1}, x_n) = \rho(T(x_n), T(x_{n-1})) \leq \kappa \, \rho(x_n, x_{n-1}) \leq \cdots \leq \kappa^n \, \rho(x_1, x_0).$$

Mithin gibt es zu jedem $\varepsilon > 0$ ein $n_0(\varepsilon)$, so dass für alle $m, n \geq n_0(\varepsilon)$ (ohne Beschränkung der Allgemeinheit sei $m > n$)

$$\rho(x_m, x_n) \leq \rho(x_m, x_{m-1}) + \cdots + \rho(x_{n+1}, x_n)$$

$$\leq \left(\kappa^{m-1} + \kappa^{m-2} + \cdots + \kappa^n\right) \rho(x_1, x_0)$$

$$= \frac{\kappa^n - \kappa^m}{1 - \kappa}\, \rho(x_1, x_0) \leq \frac{\kappa^n}{1 - \kappa}\, \rho(x_1, x_0) < \varepsilon$$

gilt; man wähle nur $n_0(\varepsilon) \in \mathbb{N} \setminus \{0\}$ derart, dass $\kappa^{n_0(\varepsilon)}\, \rho(x_1, x_0)/(1 - \kappa) < \varepsilon$. Die Folge $\{x_n\}$ ist also CAUCHY-Folge und besitzt wegen der Vollständigkeit des Raumes genau einen Grenzwert $\hat{x} \in X$, der wegen der Abgeschlossenheit von $\mathcal{A}$ in $\mathcal{A}$ liegt. Dieser ist Fixpunkt, denn wegen der Stetigkeit von T gilt

$$\hat{x} = \lim_{n \to \infty} x_{n+1} = \lim_{n \to \infty} T(x_n) = T\left(\lim_{n \to \infty} x_n\right) = T(\hat{x}).$$

Die Abbildung T kann auch keinen weiteren Fixpunkt in $\mathcal{A}$ besitzen, denn angenommen, $\hat{\hat{x}} \neq \hat{x}$ wäre ein solcher, so würde

$$\rho(\hat{\hat{x}}, \hat{x}) = \rho(T(\hat{\hat{x}}), T(\hat{x})) \leq \kappa\, \rho(\hat{\hat{x}}, \hat{x}) < \rho(\hat{\hat{x}}, \hat{x})$$

gelten, was ein Widerspruch in sich ist.   #

Es sei bemerkt, dass es genügt, wenn für ein gewisses $m \in \mathbb{N} \setminus \{0\}$ die Abbildung T^m kontrahierend ist. Dagegen ist es im Allgemeinen nicht ausreichend, wenn, ohne dass es eine Konstante $\kappa < 1$ gibt, die strikte Ungleichung $\rho(Tx, Ty) < \rho(x, y)$ für alle $x, y \in \mathcal{A}$ gilt. Dies zeigt das Beispiel $Tx := x - \arctan x + \pi/2$, denn obwohl $T : \mathbb{R} \to \mathbb{R}$ und $T'(x) = x^2/(1 + x^2) < 1$, besitzt g wegen $\arctan x < \pi/2$ keinen Fixpunkt.

Satz A.2.3 (PICARD-LINDELÖF, 1893) *Sei $\| \cdot \|$ eine Norm auf $\mathbb{R}^d$, $I \subset \mathbb{R}$ ein abgeschlossenes Intervall, $t_0 \in I$, $u_0 \in \mathbb{R}^d$ und*

$$\bar{B}(u_0, r) := \{v \in \mathbb{R}^d : \|v - u_0\| \leq r\}$$

die abgeschlossene Kugel um u_0 vom Radius $r > 0$. Die Funktion $f : I \times \bar{B}(u_0, r) \to \mathbb{R}^d$ sei stetig und im zweiten Argument gleichmäßig LIPSCHITZ-stetig: Es gibt Zahlen $M, L > 0$, so dass für alle $t \in I$ und $v, w \in \bar{B}(u_0, r)$

$$\|f(t, v)\| \leq M, \quad \|f(t, v) - f(t, w)\| \leq L\, \|v - w\| \tag{A.2.1}$$

gilt. Dann besitzt das Anfangswertproblem

$$u'(t) = f(t, u(t)), \quad t \in I, \ u(t_0) = u_0,$$

auf dem Intervall

$$\tilde{I} = I \cap [t_0 - a, t_0 + a], \quad a = \min\left\{\frac{r}{M}, \frac{1}{2L}\right\}, \tag{A.2.2}$$

genau eine Lösung $u : \tilde{I} \to \bar{B}(u_0, r) \in \mathcal{C}^1(\tilde{I})$.

Beweis. Wir betrachten die Abbildung

$$(Tv)(t) := u_0 + \int_{t_0}^{t} f(\tau, v(\tau))d\tau, \quad t \in \tilde{I}.$$

Wegen der Stetigkeit von f ist das Integral als Funktion der oberen Grenze wohldefiniert und es ist $(Tv)'(t) = f(t, v(t))$ für $t \in \tilde{I}$, so dass Tv stetig differenzierbar ist. Offenbar gilt auch $(Tv)(t_0) = u_0$. Somit ist ein Fixpunkt u von T zu finden, denn dieser würde dem Anfangswertproblem genügen.

Sei

$$\mathcal{A} := \{v \in \mathcal{C}(\tilde{I}) : v(t) \in \bar{B}(u_0, r) \text{ für alle } t \in \tilde{I}\}.$$

Die Menge $\mathcal{A} \neq \emptyset$ ist abgeschlossene Teilmenge des mit der Maximumnorm versehenen BANACH-Raumes $\mathcal{C}(\tilde{I})$. Die Abgeschlossenheit ist wie folgt einzusehen: Konvergiert die Folge $\{v_n\} \subset \mathcal{A}$ gegen $v \in \mathcal{C}(\tilde{I})$, gilt also

$$\lim_{n \to \infty} \max_{t \in \tilde{I}} \|v_n(t) - v(t)\| = 0,$$

so folgt für alle $t \in \tilde{I}$ mit der Dreiecksungleichung

$$\|v(t) - u_0\| \leq \|v_n(t) - v(t)\| + \|v_n(t) - u_0\| \leq \|v_n(t) - v(t)\| + r \to r \quad \text{für } n \to \infty.$$

Dass T stetige Funktionen wieder in stetige abbildet, folgt aus der Stetigkeit der Funktion f. Wir zeigen, dass überdies T die abgeschlossene Menge $\mathcal{A}$ in sich abbildet:

$$\max_{t \in \tilde{I}} \|(Tv)(t) - u_0\| = \max_{t \in \tilde{I}} \left\|\int_{t_0}^{t} f(\tau, v(\tau))d\tau\right\| \leq M \max_{t \in \tilde{I}} |t - t_0| \leq r.$$

Ferner gilt für beliebige $v, w \in \mathcal{A}$

$$\max_{t \in \tilde{I}} \|(Tv)(t) - (Tw)(t)\| = \max_{t \in \tilde{I}} \left\|\int_{t_0}^{t} (f(\tau, v(\tau)) - f(\tau, w(\tau)))\, d\tau\right\|$$

$$\leq L \max_{t \in \tilde{I}} \int_{\min\{t_0, t\}}^{\max\{t_0, t\}} \|v(\tau) - w(\tau)\|\, d\tau$$

$$\leq L \max_{t \in \tilde{I}} |t - t_0| \max_{t \in \tilde{I}} \|v(\tau) - w(\tau)\|$$

$$\leq \frac{1}{2} \max_{t \in \tilde{I}} \|v(\tau) - w(\tau)\|,$$

so dass T kontrahierend ist. Nach dem Fixpunktsatz von BANACH (Satz A.2.2) gibt es nun genau ein $u \in \mathcal{A}$ mit $Tu = u$. Das Anfangswertproblem kann auch keine weitere Lösung in $\mathcal{A}$ besitzen, denn diese müsste ebenso der Fixpunktgleichung genügen.   #

Korollar A.2.4 *Sei $I \subset \mathbb{R}$ ein abgeschlossenes Intervall, $t_0 \in I$ und $u_0 \in \mathbb{R}^d$. Seien ferner $g : I \to \mathbb{R}^d$ und $A : I \to \mathbb{R}^{d \times d}$ stetig. Dann besitzt das lineare Anfangswertproblem*

$$u'(t) + A(t)u(t) = g(t)\,, \quad t \in I\,, \ u(t_0) = u_0\,,$$

genau eine Lösung $u \in \mathcal{C}^1(I)$.

Beweis. Mit $f(t, v) := g(t) - A(t)v$ wollen wir den Satz von PICARD-LINDELÖF anwenden. Es bezeichne $\|\cdot\|$ wieder eine Norm auf $\mathbb{R}^d$; die zugehörige Matrixnorm wollen wir ebenso mit $\|\cdot\|$ bezeichnen. Wegen der Stetigkeit von g und A gibt es nichtnegative Zahlen $\gamma := \max_{t \in I} \|g(t)\|$ und $L := \max_{t \in I} \|A(t)\|$, so dass für alle $t \in I$ und alle $v \in \mathbb{R}^d$

$$\|f(t, v)\| \leq \|g(t)\| + \|A(t)\|\,\|v\| \leq \gamma + L\,\|v\|$$

gilt. Des Weiteren gilt für alle $t \in I$ und alle $v, w \in \mathbb{R}^d$

$$\|f(t, v) - f(t, w)\| \leq \|A(t)\|\,\|v - w\| \leq L\,\|v - w\|\,.$$

Mit $M := \gamma + Lr$ gilt (A.2.1) nunmehr für jedes $r > 0$. Wählen wir $r \geq \gamma/L$, so nimmt a aus (A.2.2) den Wert $1/2L$ an. Der Satz von PICARD-LINDELÖF sichert nun die eindeutige Lösbarkeit in einem Teilintervall $\tilde{I} \subseteq I$. Diese Lösung kann jedoch auf das gesamte Intervall ausgedehnt werden, indem wir als neuen Anfangswert die Lösung zu einem Zeitpunkt $t_1 \in \tilde{I}$ mit $t_1 \neq t_0$ betrachten. Da sich a aus (A.2.2) nicht ändert, gelangen wir so zu einer Lösung auf dem gesamten Intervall I.   #

Wird lediglich Stetigkeit vorausgesetzt und nicht, wie im Satz von PICARD-LINDELÖF, eine LIPSCHITZ-Bedingung gefordert, so kann zumindest die Existenz einer Lösung, nicht aber deren Einzigkeit gezeigt werden. Dies gilt so allerdings nur im endlichdimensionalen Fall.

Satz A.2.5 (PEANO, 1890) *Sei $\|\cdot\|$ eine Norm auf $\mathbb{R}^d$, $I \subset \mathbb{R}$ ein abgeschlossenes Intervall, $t_0 \in I$, $u_0 \in \mathbb{R}^d$ und*

$$\bar{B}(u_0, r) := \{v \in \mathbb{R}^d : \|v - u_0\| \leq r\}$$

die abgeschlossene Kugel um u_0 vom Radius $r > 0$. Die Funktion $f : I \times \bar{B}(u_0, r) \to \mathbb{R}^d$ sei stetig. Dann besitzt das Anfangswertproblem

$$u'(t) = f(t, u(t)), \quad t \in I, \ u(t_0) = u_0,$$

auf dem Intervall

$$\tilde{I} = I \cap \left[t_0 - \frac{r}{M}, t_0 + \frac{r}{M}\right], \quad M := \max_{(t,v) \in I \times \bar{B}(u_0, r)} \|f(t, v)\|, \qquad (A.2.3)$$

mindestens eine Lösung $u : \tilde{I} \to \bar{B}(u_0, r) \in \mathcal{C}^1(\tilde{I})$.

Bevor wir zum Beweis kommen, der auf den Satz von ARZELÀ-ASCOLI und den SCHAUDERschen Fixpunktsatz zurückgreift, bringen wir ein weiteres Existenzresultat für Anfangswertprobleme im $\mathbb{R}^d$.

Satz A.2.6 (CARATHÉODORY, 1918) *Sei $T > 0$, $u_0 \in \mathbb{R}^d$ und genüge $f : [0, T] \times \mathbb{R}^d \to \mathbb{R}^d$ den CARATHÉODORY-Bedingungen:*

(i) Die Abbildung $t \mapsto f_i(t, v)$ $(i = 1, \ldots, d)$ ist für alle $v \in \mathbb{R}^d$ auf $[0, T]$ LEBESGUE-messbar.

(ii) Die Abbildung $v \mapsto f_i(t, v)$ $(i = 1, \ldots, d)$ ist für fast alle $t \in [0, T]$ auf $\mathbb{R}^d$ stetig.

Ferner gebe es eine Majorante:

(iii) Es gibt eine LEBESGUE-integrierbare Funktion $h : [0, T] \to \mathbb{R}$, so dass

$$|f_i(t, v)| \leq h(t) \quad (i = 1, \ldots, d) \quad \text{für alle } (t, v) \in [0, T] \times \mathbb{R}^d.$$

Dann gibt es mindestens eine absolut stetige Lösung $u : [0, T] \to \mathbb{R}^d$ der Integralgleichung

$$u(t) = u_0 + \int_0^t f(s, u(s)) \, ds, \quad t \in [0, T].$$

Die Lösung u besitzt fast überall eine klassische Ableitung, die Komponenten u_i $(i = 1, \ldots, d)$ sind im verallgemeinerten Sinne auf $[0, T]$ differenzierbar, und somit ist u Lösung des Anfangswertproblems

$$u'(t) = f(t, u(t)) \quad f. \ \ddot{u}. \ in \ (0, T), \quad u(0) = u_0.$$

Für einen *Beweis* verweisen wir auf WALTER [146, Satz XVIII, S. 128 f.] oder CODDINGTON und LEVINSON [33, Thm. 1.1, S. 43]. In HALE [64, Thm. 5.1, S. 28] findet sich neben einem Beweis des vorstehenden Satzes auch noch ein Satz über die eindeutige Lösbarkeit im Sinne von CARATHÉODORY für den Fall, dass die rechte Seite einer lokalen LIPSCHITZ-Bedingung genügt.

Satz A.2.7 (ARZELÀ-ASCOLI) *Sei $\{u_n\}$ eine Folge von auf $[a, b]$ gleichmäßig beschränkten und gleichgradig stetigen Funktionen, die in $\mathbb{R}^d$ abbilden. Dann gibt es eine auf $[a, b]$ gleichmäßig konvergente Teilfolge $\{u_{n'}\}$.*

Dabei bedeutet gleichmäßige Beschränktheit die Existenz einer Zahl $M > 0$, so dass für alle $x \in [a, b]$ und alle $n \in \mathbb{N} \setminus \{0\}$ gilt $\|u_n(x)\| \leq M$, wobei $\|\cdot\|$ eine Norm auf $\mathbb{R}^d$ ist. Die gleichgradige Stetigkeit auf $[a, b]$ bedeutet, dass es zu jedem $\varepsilon > 0$ ein $\delta > 0$ gibt, so dass für alle $x_1, x_2 \in [a, b]$ mit $|x_1 - x_2| < \delta$ und für alle $n \in \mathbb{N} \setminus \{0\}$ gilt $\|u_n(x_1) - u_n(x_2)\| < \varepsilon$. Gleichmäßige Konvergenz ist die Konvergenz in der Maximumnorm: Zu jedem $\varepsilon > 0$ gibt es ein $n_0(\varepsilon) \in \mathbb{N} \setminus \{0\}$ derart, dass für alle $x \in [a, b]$ und alle $n' \geq n_0(\varepsilon)$ gilt $\|u_{n'}(x) - u(x)\| < \varepsilon$.

Bemerkung A.2.8 Die Aussage des Satzes kann sogar verschärft werden: *Eine Familie von auf dem Intervall $[a, b]$ stetigen Funktionen mit Werten in $\mathbb{R}^d$ ist genau dann relativ kompakt in $C[a, b]$, wenn sie gleichmäßig beschränkt und gleichgradig stetig ist.*   #

Für einen *Beweis* sei etwa auf KOLMOGOROW und FOMIN [78, Satz 4, S. 112] verwiesen. Man beachte, dass im metrischen Raum die Begriffe *kompakt* und *folgenkompakt* äquivalent sind, so dass eine Menge genau dann relativ kompakt ist, wenn jede Folge aus dieser Menge eine konvergente Teilfolge besitzt.

Bemerkung A.2.9 Es ist unbedingt zu betonen, dass der Satz von ARZELÀ-ASCOLI – in dieser Fassung – nur gilt, wenn die Funktionen in einen *endlichdimensionalen* Raum abbilden. Der Grund hierfür liegt in einer tief greifenden Aussage der Funktionalanalysis: Der Beweis des Satzes greift auf den aus der Analysis bekannten Satz von BOLZANO-WEIERSTRASS *(Jede beschränkte Folge enthält eine konvergente Teilfolge)* zurück. Der Satz von BOLZANO-WEIERSTRASS gilt aber dann und nur dann in einem normierten Raum, wenn der Raum endlichdimensional ist (Kompaktheitssatz von F. RIESZ, Satz A.2.10).[1] Eine Verallgemeinerung des Satzes von ARZELÀ-ASCOLI bringen wir in Abschnitt 7.4 mit Satz 7.4.2.   #

Satz A.2.10 (Kompaktheitssatz von F. RIESZ) *Sei X ein normierter Raum. Dann sind die folgenden Aussagen äquivalent:*

(i) X ist endlichdimensional.

(ii) Jede beschränkte Folge in X besitzt eine konvergente Teilfolge.

(iii) Die abgeschlossene Einheitskugel in X ist kompakt.

---

[1]Einen Ausweg bietet häufig Satz A.2.16. Die schwache Konvergenz reicht allerdings nicht, um den Satz von PEANO für den Fall $\dim X = \infty$ zu beweisen.

Einen *Beweis* findet der Leser zum Beispiel in WERNER [147, Satz I.2.7, S. 27].

Da eine stetige Funktion kompakte Mengen wieder in kompakte Mengen abbildet, kann nach dem Kompaktheitssatz von F. RIESZ im unendlichdimensionalen Raum X keine der Kugeln

$$\bar{B}(u_0, r) := \{v \in X : \|v - u_0\| \le r\}, \quad u_0 \in X, \ r > 0,$$

kompakt sein, denn die lineare, stetige Abbildung $f(v) := (v - u_0)/r$ bildet $\bar{B}(u_0, r)$ auf die Einheitskugel ab. Wohl aber gilt Satz A.2.16.

Ein Kompaktheitskriterium für L^p-Räume beinhaltet

Satz A.2.11 (M. RIESZ-FRÉCHET-KOLMOGOROW) *Sei* $\{u_n\}$ *eine in* $L^p(a, b)$ *($p \in [1, \infty)$) beschränkte Folge und gelte: Zu jedem* $\varepsilon > 0$ *und jedem Intervall* $[\alpha, \beta] \subset (a, b)$ *gibt es ein* $\delta > 0$ *mit* $\delta < \min(\alpha - a, b - \beta)$*, so dass für alle* $h \in \mathbb{R}$ *mit* $|h| < \delta$ *und alle* $n \in \mathbb{N} \setminus \{0\}$ *gilt*

$$\int_\alpha^\beta |u_n(x + h) - u_n(x)|^p \, dx < \varepsilon.$$

Dann gibt es eine in $L^p(a, b)$ *konvergente Teilfolge.*

Für einen *Beweis* sei auf BRÉZIS [23, Thm. IV.25, S. 72] oder LJUSTERNIK und SOBOLEW [89, S. 167 ff.] verwiesen.

Satz A.2.12 (Fixpunktsatz von BROUWER, 1912) *Jede stetige Abbildung einer abgeschlossenen Kugel des* $\mathbb{R}^m$ *in sich besitzt mindestens einen Fixpunkt.*

Für einen *Beweis* sei auf NAAS und TUTSCHKE [97, S. 105 ff.] verwiesen. Auch hier ist zu betonen, dass der BROUWERsche Fixpunktsatz nur im Endlichdimensionalen gilt. Für den unendlichdimensionalen Fall folgt unter Verschärfung der Voraussetzung an die Abbildung der SCHAUDERsche Fixpunktsatz:

Satz A.2.13 (Fixpunktsatz von SCHAUDER, 1930) *Sei* $\mathcal{A} \neq \emptyset$ *eine konvexe, abgeschlossene, beschränkte*

Teilmenge des BANACH-*Raumes* X *und* $T : \mathcal{A} \to \mathcal{A}$ *eine kompakte Abbildung von* $\mathcal{A}$ *in sich. Dann besitzt* T *mindestens einen Fixpunkt in* $\mathcal{A}$.

Dabei heißt eine Abbildung *kompakt*, wenn sie stetig ist und beschränkte in relativ kompakte Mengen abbildet.[1] Letzteres ist im metrischen Raum äquivalent zu

---

[1] Oft wird Kompaktheit nur für lineare Operatoren erklärt. Dann aber kann auf die Stetigkeit verzichtet werden, denn lineare beschränkte Operatoren sind bereits stetig. Neben dem Begriff *kompakt* findet sich in der Literatur synonym auch die auf HILBERT zurückgehende Bezeichnung

der Aussage, dass aus der Bildfolge einer beschränkten Folge eine konvergente Teilfolge ausgewählt werden kann.

Für einen *Beweis* sei wieder auf NAAS und TUTSCHKE [97, S. 129 ff.] oder ZEIDLER [152, Thm. 2.A, S. 56] verwiesen. Der SCHAUDERsche kann auf den BROUWERschen Fixpunktsatz zurückgeführt werden, da kompakte Operatoren in einem gewissen Sinne endlichdimensional approximiert werden können.

Wir sind nun in der Lage, den Satz von PEANO zu beweisen.

Beweis von Satz A.2.5. Wir betrachten wieder die Abbildung $T : \mathcal{A} \to \mathcal{A}$ aus dem Beweis zum Satz von PICARD-LINDELÖF (Satz A.2.3) und suchen einen Fixpunkt. Wir hatten dort bereits gezeigt, dass $\mathcal{A} \neq \emptyset$ abgeschlossen ist. Die Beschränktheit von $\mathcal{A}$ ist sofort einzusehen, da für beliebiges $v \in \mathcal{A}$

$$\max_{t \in \tilde{I}} \|v(t)\| \leq \max_{t \in \tilde{I}} \|v(t) - u_0\| + \|u_0\| \leq r + \|u_0\|$$

gilt. Auch ist die Menge $\mathcal{A}$ konvex, denn für beliebige $v, w \in \mathcal{A}$ und $\theta \in [0,1]$ ist $\theta v + (1 - \theta)w \in \mathcal{C}(\tilde{I})$ und es gilt

$$\max_{t \in \tilde{I}} \|\theta v(t) + (1 - \theta)w(t) - u_0\| = \max_{t \in \tilde{I}} \|\theta(v(t) - u_0) + (1 - \theta)(w(t) - u_0)\|$$

$$\leq \theta \max_{t \in \tilde{I}} \|v(t) - u_0\| + (1 - \theta) \max_{t \in \tilde{I}} \|w(t) - u_0\| \leq \theta r + (1 - \theta) r = r\,.$$

Die Stetigkeit von T folgt aus der Stetigkeit von f: Seien $v \in \mathcal{A}$ und $\varepsilon > 0$ beliebig. Wegen der (bezüglich t gleichmäßigen) Stetigkeit von f gibt es ein $\delta > 0$, so dass für beliebiges $w \in \mathcal{A}$ aus

$$\|v - w\|_{\mathcal{C}(\tilde{I})} = \max_{t \in \tilde{I}} \|v(t) - w(t)\| < \delta$$

für alle $t \in \tilde{I}$

$$\|f(t, v(t)) - f(t, w(t))\| < \frac{\varepsilon M}{r}$$

folgt. Daher gilt mit (A.2.3)

$$\|Tv - Tw\|_{\mathcal{C}(\tilde{I})} \leq \max_{t \in \tilde{I}} \int_{\min\{t_0,t\}}^{\max\{t_0,t\}} \|f(\tau, v(\tau)) - f(\tau, w(\tau))\|\, d\tau$$

$$< \max_{t \in \tilde{I}} \int_{\min\{t_0,t\}}^{\max\{t_0,t\}} \frac{\varepsilon M}{r}\, d\tau = \frac{\varepsilon M}{r} \max_{t \in \tilde{I}} |t - t_0| \leq \varepsilon\,.$$

---

vollstetig. Gelegentlich wird von einer (nichtlinearen) kompakten Abbildung aber nur gefordert, dass sie beschränkte in relativ kompakte Mengen abbildet, ohne stetig sein zu müssen; die Abbildung wird dann vollstetig genannt, wenn sie sowohl stetig als auch kompakt ist. Zum Teil wird in der Literatur unter einer vollstetigen wiederum eine *verstärkt stetige* Abbildung verstanden, die schwach konvergente in stark konvergente Folgen abbildet.

Wir zeigen nun mit Hilfe des Satzes von ARZELÀ-ASCOLI (Satz A.2.7) die Kompaktheitseigenschaft von T: Sei $\{u_n\} \subset \mathcal{A}$ eine beliebige Folge. Zunächst ist die Folge $\{Tu_n\}$ gleichmäßig beschränkt, denn es gilt $Tu_n \in \mathcal{A}$ und $\mathcal{A}$ war beschränkt. Wegen der Beschränktheit von f auf $\tilde{I} \times \mathcal{A}$ gibt es zu jedem $\varepsilon > 0$ ein $\delta := \varepsilon/M$, so dass für alle $n \in \mathbb{N} \setminus \{0\}$ und alle $s, t \in \tilde{I}$ aus

$$|s - t| < \delta = \frac{\varepsilon}{M}$$

folgt

$$\|(Tu_n)(s) - (Tu_n)(t)\| \leq \int_{\min\{s,t\}}^{\max\{s,t\}} \|f(\tau, u_n(\tau))\| \, d\tau \leq M \, |s - t| < \varepsilon.$$

Dies aber ist die gleichgradige Stetigkeit der Funktionen Tu_n. Nach dem Satz von ARZELÀ-ASCOLI kann daher eine in $\mathcal{C}(\tilde{I})$ konvergente Teilfolge $\{Tu_{n'}\}$ ausgewählt werden und T ist kompakt. Nach dem Fixpunktsatz von SCHAUDER (Satz A.2.13) besitzt T mindestens einen Fixpunkt in $\mathcal{A}$. Dieser ist klassische Lösung des Anfangswertproblems.   #

Satz A.2.14 (Darstellungssatz von F. RIESZ) *Sei* $(H, (\cdot, \cdot), |\cdot|)$ *ein* HILBERT-*Raum und sei* $(H^*, |\cdot|_*)$ *dessen Dualraum. Dann gibt es zu jedem* $f \in H^*$ *genau ein* $u \in H$, *so dass für alle* $v \in H$

$$\langle f, v \rangle = (u, v)$$

gilt. Zudem gilt

$$|f|_* = |u|.$$

Einen *Beweis* findet der Leser zum Beispiel in BRÉZIS [23, Thm. V.5, S. 81].

Wir stellen nun noch einige Resultate bereit, die uns die Auswahl von schwach bzw. schwach* konvergenten Teilfolgen erlauben. Für eine ausführliche Darstellung sei zum Beispiel auf BRÉZIS [23], KOLMOGOROW und FOMIN [78] oder WERNER [147] verwiesen.

Man unterscheidet zwischen *starker, schwacher* und *schwach*-Konvergenz*: Sei $(X, \|\cdot\|)$ ein BANACH-Raum mit dem Dualraum $(X^*, \|\cdot\|_*)$. Eine Folge $\{u_n\} \subset X$ konvergiert (stark) gegen u in X (in Zeichen: $u_n \to u$), wenn $\|u_n - u\| \to 0$ für $n \to \infty$. Sie konvergiert schwach gegen u in X (in Zeichen: $u_n \rightharpoonup u$), wenn $\langle f, u_n - u \rangle \to 0$ für jedes $f \in X^*$. Schließlich konvergiert eine Folge $\{f_n\} \subset X^*$ aus dem Dualraum schwach* gegen f, wenn $\langle f_n - f, u \rangle \to 0$ für jedes $u \in X$. Ist der Raum X reflexiv, so fallen die schwache und die schwach*-Konvergenz in X^* zusammen.

Konvergiert eine Folge stark, so konvergiert sie auch schwach. Schwach konvergente Folgen sind (in der Norm) beschränkt.

Lemma A.2.15 *Sei* $(X, \|\cdot\|)$ *ein* BANACH-*Raum und gelte* $u_n \rightharpoonup u$ *für* $n \to \infty$. *Dann folgt*

$$\|u\| \leq \liminf_{n\to\infty} \|u_n\|.$$

Beweis. Für alle $f \in X^*$ gilt

$$|\langle f, u\rangle| \leq |\langle f, u - u_n\rangle| + |\langle f, u_n\rangle\| \leq |\langle f, u - u_n\rangle| + \|f\|_* \|u_n\|.$$

Grenzübergang, Division durch $\|f\|_* \neq 0$ und die Definition der Dualnorm führen auf die Behauptung.   #

Satz A.2.16 *In einem reflexiven* BANACH-*Raum besitzt jede beschränkte Folge eine schwach konvergente Teilfolge.*

Einen *Beweis* findet der Leser in BRÉZIS [23, Thm. III.27, S. 50] oder WERNER [147, Thm. III.3.7, S. 107]. Es sei bemerkt, dass auch die Umkehrung wahr ist (Satz von EBERLEIN-SHMULJAN).

Satz A.2.17 *Besitzen alle schwach konvergenten Teilfolgen einer beschränkten Folge aus einem reflexiven* BANACH-*Raum ein und denselben Limes, so ist dieser schwacher Grenzwert der Folge.*

Für einen *Beweis* sei auf GAJEWSKI, GRÖGER und ZACHARIAS [49, Lemma 5.4 in Kap. I, S. 10] oder DAUTRAY und LIONS [37, Propos. 7 in Abschn. VI § 1.5.4, S. 289] verwiesen.

In der Anwendung wird man versuchen, mit Hilfe von A-priori-Abschätzungen die Beschränktheit einer Folge von Näherungslösungen eines Problems nachzuweisen. Nach Satz A.2.16 gibt es dann eine schwach konvergente Teilfolge. Es ist zu erwarten, dass deren schwacher Grenzwert Lösung des Problems ist. Ist zudem bekannt, dass die Lösung des Problems eindeutig ist (und sind alle Limites der schwach konvergenten Teilfolgen Lösungen), so muss nach Satz A.2.17 die ganze Folge gegen diese Lösung schwach konvergieren.

Satz A.2.18 *Sei* X *ein separabler, normierter Raum und* $\{f_n\} \subset X^*$ *eine beschränkte Folge aus dem Dualraum. Dann gibt es eine schwach* konvergente Teilfolge.*

Ein *Beweis* ist etwa in KOLMOGOROW und FOMIN [78, Satz 3 in Abschn. 4.3.4, S. 200] zu finden.

Auch hier gilt ein Analogon von Satz A.2.17, siehe DAUTRAY und LIONS [37, Propos. 8 in Ch. VI § 1.5.5, S. 290], welches die schwach* Konvergenz der ganzen Folge sichert.

A.3   Literaturhinweise

Nur eine Auswahl der für das Verständnis des Buches erforderlichen Grundlagen und Ergebnisse haben wir im Anhang zusammenstellen können.

Sicher ist das Taschenbuch der Mathematik (der Klassiker von BRONSTEIN und SEMENDJAJEW [27] nebst dem Ergänzungsband [60] und die als Teubner-Taschenbuch der Mathematik von ZEIDLER besorgte Neuerscheinung [157] nebst dem fast ebenso umfangreichen Teil II [61]) eine ausgezeichnete Quelle zum Nachschlagen, sei es zu den elementaren Ungleichungen, zu Differentialgleichungen, zur Linearen und Nichtlinearen Funktionalanalysis oder zu den SOBOLEW-Räumen.

Auf AMANN UND ESCHER [6] hatten wir im Zusammenhang mit dem BOCHNER-Integral schon hingewiesen; zusammen mit den Bänden I und II [4, 5] bieten die Autoren eine moderne Einführung in die Analysis.

Die Sätze von PEANO, CARATHÉODORY und PICARD-LINDELÖF werden ausführlich in der schon genannten Literatur über gewöhnliche Differentialgleichungen, insbesondere in WALTER [146], behandelt.

Literatur zur Funktionalanalysis hatten wir bereits in Abschnitt 5.2 empfohlen. Ergänzend ist das Lehrbuch von LJUSTERNIK und SOBOLEW [89] zu nennen, in dem unter anderem die schwache Konvergenz in angenehmer Weise behandelt wird.

Schließlich verweisen wir noch einmal auf die Literaturhinweise in den Abschnitten 5.2 und 9.2.

Literaturverzeichnis

[1] R. A. ADAMS. *Sobolev Spaces*, Band 65 der Reihe *Pure and Applied Mathematics*. Academic Press, New York – San Francisco – London, 1975.

[2] H. AMANN. *Gewöhnliche Differentialgleichungen.* W. de Gruyter, Berlin – New York, 1983.

[3] H. AMANN. *Linear and Quasilinear Parabolic Problems, Vol. I: Abstract Linear Theory.* Birkhäuser, Basel – Boston – Berlin, 1995.

[4] H. AMANN und J. ESCHER. *Analysis I.* Birkhäuser, Basel – Boston – Berlin, 1998.

[5] H. AMANN und J. ESCHER. *Analysis II.* Birkhäuser, Basel – Boston – Berlin, 1999.

[6] H. AMANN und J. ESCHER. *Analysis III.* Birkhäuser, Basel – Boston – Berlin, 2001.

[7] K. ATKINSON und W. HAN. *Theoretical Numerical Analysis. A Functional Analysis Framework*, Band 39 der Reihe *Texts in Applied Mathematics*. Springer-Verlag, New York – Berlin – Heidelberg, 2001.

[8] J.-P. AUBIN. *Applied Functional Analysis.* J. Wiley & Sons, New York, 1979.

[9] P. B. BAILEY, L. F. SHAMPINE und P. E. WALTMAN. *Nonlinear Two Point Boundary Value Problems*, Band 44 der Reihe *Mathematics in Science and Engineering*. Academic Press, New York – London, 1968.

[10] A. V. BALAKRISHNAN. *Applied Functional Analysis.* Springer-Verlag, New York – Berlin – Heidelberg, 1981.

[11] V. BARBU. *Nonlinear Semigroups and Differential Equations in Banach Spaces.* Noordhoff Int. Publ., Leyden, 1976.

[12] A. BELLENI-MORANTE und A. C. MCBRIDE. *Applied Nonlinear Semigroups.* Wiley Series in Mathematical Methods in Practice. J. Wiley & Sons, Chichester, 1998.

[13] S. R. BERNFELD und V. LAKSHMIKANTHAM. *An Introduction to Nonlinear Boundary Value Problems*, Band 109 der Reihe *Mathematics in Science and Engineering*. Academic Press, New York – London, 1974.

[14] B. BIDÉGARAY und L. MOISAN. *Petits problèmes de mathématiques appliquées et de modélisation*, Band 9 der Reihe *Collection SCOPOS*. Springer-Verlag, Berlin – Heidelberg – New York, 2000.

[15] G. BIRKHOFF und G.-C. ROTA. *Ordinary Differential Equations.* J. Wiley & Sons, New York, 1989.

[16] I. I. BLECHMAN, A. D. MYŠKIS und J. G. PANOVKO. *Angewandte Mathematik. Gegenstand, Logik, Besonderheiten.* Deutscher Verlag der Wissenschaften, Berlin, 1984.

[17] S. BOCHNER. Integration von Funktionen, deren Werte die Elemente eines Vektor-raumes sind. *Fund. Math.*, 20 (1933), 262 – 276.

[18] A. BOREL, G. M. HENKIN und P. D. LAX. Jean Leray (1906 – 1998). *Notices of the AMS*, 47 (2000) 3, 350 – 359.

[19] W. E. BOYCE und R. C. DIPRIMA. *Gewöhnliche Differentialgleichungen. Einführung, Aufgaben, Lösungen.* Spektrum Akademischer Verlag, Heidelberg – Berlin – Oxford, 2000.

[20] F. BRAUER und C. CASTILLO-CHÁVEZ. *Mathematical Models in Population Biology and Epidemiology.* Springer-Verlag, New York – Berlin – Heidelberg, 2001.

[21] M. BRAUN. *Differentialgleichungen und ihre Anwendungen.* Springer-Verlag, Berlin – Heidelberg – New York, 3. Auflage, 1994.

[22] H. BRÉZIS. *Opérateurs maximaux monotones et semi-groupes de contractions dans les espaces de Hilbert.* North-Holland Publ. Comp., Amsterdam – London, 1973.

[23] H. BRÉZIS. *Analyse fonctionnelle: Théorie et applications.* Collection Mathématiques Appliquées pour la Maîtrise. Dunod, Paris, 1999.

[24] H. BRÉZIS und F. BROWDER. Partial differential equations in the 20th century. *Advances in Mathematics*, 135 (1998), 76 – 144.

[25] N. F. BRITTON. *Reaction-Diffusion Equations and Their Applications to Biology.* Academic Press, London, 1986.

[26] N. F. BRITTON. *Essential Mathematical Biology.* Springer-Verlag, London – Berlin – Heidelberg, 2003.

[27] I. N. BRONSTEIN und K. A. SEMENDJAJEW. *Taschenbuch der Mathematik.* Nauka und BSB B. G. Teubner Verlagsgesellschaft, Moskau und Leipzig, 23. Auflage, 1987. Vgl. auch [157].

[28] V. CAPASSO. *Mathematical Structures of Epidemic Systems*, Band 97 der Reihe *Lecture Notes in Biomathematics.* Springer-Verlag, Berlin – Heidelberg – New York, 1993.

[29] T. CAZENAVE und A. HARAUX. *An Introduction to Semilinear Evolution Equations*, Band 13 der Reihe *Oxford Lecture Series in Mathematics and Its Applications.* Clarendon Press, Oxford, 1998.

[30] M. CHIPOT. *Elements of Nonlinear Analysis.* Birkhäuser Advanced Texts, Basler Lehrbücher. Birkhäuser, Basel – Boston – Berlin, 2000.

[31] P. G. CIARLET. *Basic Error Estimates for Elliptic Problems*, S. 17 ff. In: CIARLET und LIONS [32], 1991.

[32] P. G. CIARLET und J.-L. LIONS, Hrsg. *Handbook of Numerical Analysis, Vol. II: Finite Element Methods (Part 1).* Elsevier Science Publishers B. V. (North-Holland), Amsterdam, 1991.

[33] E. A. CODDINGTON und N. LEVINSON. *Theory of Ordinary Differential Equations.* McGraw-Hill, New York – Toronto – London, 1955.

[34] L. COLLATZ. *Differentialgleichungen.* B. G. Teubner, Stuttgart, 1990.

[35] H. B. COONCE et al. *The Mathematics Genealogy Project.* Department of Mathematics at North Dakota State University, Fargo. http://www.genealogy.ams.org.

[36] R. DAUTRAY und J.-L. LIONS. *Mathematical Analysis and Numerical Methods for Science and Technology, Vol. 1: Physical Origins and Classical Methods.* Springer-Verlag, Berlin – Heidelberg – New York, 1998.

[37] R. DAUTRAY und J.-L. LIONS. *Mathematical Analysis and Numerical Methods for Science and Technology, Vol. 2: Functional and Variational Methods.* Springer-Verlag, Berlin – Heidelberg – New York, 2000.

[38] R. DAUTRAY und J.-L. LIONS. *Mathematical Analysis and Numerical Methods for Science and Technology, Vol. 5: Evolution Problems I.* Springer-Verlag, Berlin – Heidelberg – New York, 1992.

[39] R. DAUTRAY und J.-L. LIONS. *Mathematical Analysis and Numerical Methods for Science and Technology, Vol. 6: Evolution Problems II.* Springer-Verlag, Berlin – Heidelberg – New York, 1993.

[40] K. DEIMLING. *Ordinary Differential Equations in Banach Spaces,* Band 596 der Reihe *Lecture Notes in Mathematics.* Springer-Verlag, Berlin – Heidelberg – New York, 1977.

[41] J. DIEUDONNÉ. *Grundzüge der modernen Analysis 1.* Deutscher Verlag der Wissenschaften, Berlin, 3., berichtigte und ergänzte Auflage, 1985.

[42] N. DUNFORD und J. T. SCHWARTZ. *Linear Operators. Part I: General Theory.* Interscience Publ., New York, 1958.

[43] K.-J. ENGEL, R. NAGEL et al. *One-Parameter Semigroups for Linear Evolution Equations,* Band 194 der Reihe *Graduate Texts in Mathematics.* Springer-Verlag, New York – Berlin – Heidelberg, 2000.

[44] L. C. EVANS. *Partial Differential Equations,* Band 19 der Reihe *Graduate Series in Mathematics.* American Mathematical Society, Providence, Rhode Island, 1998.

[45] H. O. FATTORINI. *The Cauchy Problem.* Band 18 von ROTA et al. [115], 1983.

[46] M. FISZ. *Wahrscheinlichkeitsrechnung und mathematische Statistik,* Band 40 der Reihe *Hochschulbücher für Mathematik.* Deutscher Verlag der Wissenschaften, Berlin, 1970.

[47] A. FRIEDMAN. *Partial Differential Equations.* Holt, Rinehart and Winston, New York – Chicago, 1969.

[48] H. FUJITA, N. SAITO und T. SUZUKI. *Operator Theory and Numerical Methods,* Band 30 der Reihe *Studies in Mathematics and its Applications.* Elsevier Science Publishers B. V. (North-Holland), Amsterdam, 2001.

[49] H. GAJEWSKI, K. GRÖGER und K. ZACHARIAS. *Nichtlineare Operatorgleichungen und Operatordifferentialgleichungen,* Band 38 der Reihe *Mathematische Lehrbücher und Monographien. II. Abteilung: Mathematische Monographien.* Akademie-Verlag, Berlin, 1974.

[50] I. M. GELFAND und G. E. SCHILOW. *Verallgemeinerte Funktionen: Distributionen, Bd. 1 bis 4*, Band 47 bis 50 der Reihe *Hochschulbücher für Mathematik*. Deutscher Verlag der Wissenschaften, Berlin, 1960 (Bd. 1), 1962 (Bd. 2), 1964 (Bd. 3 und 4).

[51] W. GELLERT, H. KÄSTNER und S. NEUBER, Hrsg. *Lexikon der Mathematik*. Bibliographisches Institut, Leipzig, 1981.

[52] D. GILBARG und N. S. TRUDINGER. *Elliptic Partial Differential Equations of Second Order*. Springer-Verlag, Berlin – Heidelberg – New York, 2. Auflage, 1983.

[53] V. GIRAULT und P.-A. RAVIART. *Finite Element Approximation of the Navier-Stokes Equations*, Band 749 der Reihe *Lecture Notes in Mathematics*. Springer-Verlag, Berlin – Heidelberg – New York, 1981. Revised reprint of the first edition 1979.

[54] H. GOERING. *Elementare Methoden zur Lösung von Differentialgleichungsproblemen*, Band 48 der Reihe *Wissenschaftliche Taschenbücher, Reihe Mathematik und Physik*. Akademie-Verlag, Berlin, 1971.

[55] H. GOERING. *Asymptotische Methoden zur Lösung von Differentialgleichungen*, Band 144 der Reihe *Wissenschaftliche Taschenbücher, Reihe Mathematik und Physik*. Akademie-Verlag, Berlin, 1977.

[56] H. GOERING, H.-G. ROOS und L. TOBISKA. *Finite-Element-Methode*. Akademie-Verlag, Berlin, 3., überarbeitete und erweiterte Auflage, 1993.

[57] J. A. GOLDSTEIN. *Semigroups of Linear Operators and Applications*. Oxford Mathematical Sciences. Oxford University Press und Clarendon Press, New York und Oxford, 1985.

[58] I. GRATTAN-GUINNESS. *Convolutions in French Mathematics 1800 – 1840, Vol. II: The Turns, Vol. III: The Data*. Science Networks – Historical Studies. Deutscher Verlag der Wissenschaften, Berlin, 1990.

[59] T. H. GRONWALL. Note on the derivatives with respect to a parameter of the solutions of a system of differential equations. *Ann. Math.*, (2) 20 (1918/19), 292 – 296.

[60] G. GROSCHE et al., Hrsg. *Taschenbuch der Mathematik. Ergänzende Kapitel zu Bronstein und Semendjajew*. BSB B. G. Teubner Verlagsgesellschaft, Leipzig, 5. Auflage, 1979. Vgl. auch [61].

[61] G. GROSCHE et al., Hrsg. *Teubner-Taschenbuch der Mathematik, Teil II*. B. G. Teubner, Stuttgart – Leipzig, 1995. 7. Auflage, vollständig überarbeitete und wesentlich erweiterte Neufassung der 6. Auflage von [60].

[62] K. E. GUSTAFSON. *Introduction to Partial Differential Equations and Hilbert Space Methods*. Dover Publications, New York, 1999.

[63] E. HAIRER und G. WANNER. *Solving Ordinary Differential Equations II. Stiff and Differential-Algebraic Problems*, Band 14 der Reihe *Springer Series in Computational Mathematics*. Springer-Verlag, Berlin – Heidelberg – New York, 1991.

[64] J. K. HALE. *Ordinary Differential Equations*. Robert E. Krieger Publ. Comp., Malabar, Florida, 2. Auflage, 1980.

[65] A. HARAUX. *Nonlinear Evolution Equations – Global Behaviour of Solutions*, Band 841 der Reihe *Lecture Notes in Mathematics*. Springer-Verlag, Berlin – Heidelberg – New York, 1981.

[66] P. HARTMAN. *Ordinary Differential Equations*. Birkhäuser, Basel – Boston – Berlin, 2. Auflage, 1982.

[67] M. HAZEWINKEL, Hrsg. *Encyclopaedia of Mathematics: An Updated and Annotated Translation of the Soviet "Mathematical Encyclopaedia"*, Vol. 1 – 10. Kluwer Academic Publishers, Dordrecht, 1988 – 1994.

[68] D. HENRY. *Geometric Theory of Semilinear Parabolic Equations*, Band 840 der Reihe *Lecture Notes in Mathematics*. Springer-Verlag, Berlin – Heidelberg – New York, 1981.

[69] H. HEUSER. *Gewöhnliche Differentialgleichungen: Einführung in Lehre und Gebrauch*. B. G. Teubner, Stuttgart, 1989.

[70] E. HEWITT und K. STROMBERG. *Real and Abstract Analysis. A Modern Treatment of the Theory of Functions of a Real Variable*. Springer-Verlag, Berlin – Heidelberg – New York, 1969.

[71] E. HILLE und R. S. PHILLIPS. *Functional Analysis and Semi-Groups*, Band XXXI der Reihe *Colloquium Publications*. American Mathematical Society, Providence, Rhode Island, 1957.

[72] V.-M. HOKKANEN und G. MOROŞANU. *Functional Methods in Differential Equations*. CRC Research Notes in Mathematics. Chapmann & Hall, Boca Raton, 2002.

[73] F. C. HOPPENSTEADT und C. S. PESKIN. *Modeling and Simulation in Medicine and the Life Sciences*. Springer-Verlag, New York – Berlin – Heidelberg, 2. Auflage, 2002.

[74] D. W. JORDAN und P. SMITH. *Nonlinear Ordinary Differential Equations*. Oxford Applied and Engineering Mathematics. Oxford University Press, Oxford, 3. Auflage, 1999.

[75] E. KAMKE. *Differentialgleichungen. Lösungsmethoden und Lösungen: I. Gewöhnliche Differentialgleichungen*. B. G. Teubner, Stuttgart, 9. Auflage, 1977.

[76] P. KNABNER und L. ANGERMANN. *Numerik partieller Differentialgleichungen. Eine anwendungsorientierte Einführung*. Springer-Verlag, Berlin – Heidelberg – New York, 2000.

[77] H. W. KNOBLOCH und F. KAPPEL. *Gewöhnliche Differentialgleichungen*. B. G. Teubner, Stuttgart, 1974.

[78] A. N. KOLMOGOROV und S. V. FOMIN. *Reelle Funktionen und Funktionalanalysis*, Band 78 der Reihe *Hochschulbücher für Mathematik*. Deutscher Verlag der Wissenschaften, Berlin, 1975.

[79] H.-O. KREISS und J. LORENZ. *Initial–Boundary Value Problems and the Navier–Stokes Equations*, Band 136 der Reihe *Pure and Applied Mathematics*. Academic Press, San Diego – London, 1989.

[80] S. KREĬN. *Linear Equations in Banach Spaces*. Birkhäuser, Basel – Boston – Berlin, 1982.

[81] G. E. LADAS und V. LAKSHMIKANTHAM. *Differential Equations in Abstract Spaces*, Band 85 der Reihe *Mathematics in Science and Engineering*. Academic Press, New York – London, 1972.

[82] O. A. LADYŽENSKAJA, V. A. SOLONNIKOV und N. N. URAL'CEVA. *Linear and Quasi-linear Equations of Parabolic Type*, Band 23 der Reihe *Translations of Mathematical Monographs*. American Mathematical Society, Providence, Rhode Island, 1968.

[83] V. LAKSHMIKANTHAM und S. LEELA. *Nonlinear Differential Equations in Abstract Spaces*, Band 2 der Reihe *International Series in Nonlinear Mathematics: Theory, Methods, and Applications*. Pergamon Press, Oxford – New York, 1981.

[84] L. D. LANDAU und E. M. LIFSCHITZ. *Lehrbuch der theoretischen Physik, Band I bis X*. Akademie-Verlag, Berlin, 1976.

[85] A. LANGENBACH. *Vorlesungen zur höheren Analysis*, Band 84 der Reihe *Hochschulbücher für Mathematik*. Deutscher Verlag der Wissenschaften, Berlin, 1984.

[86] P. D. LAX, E. MAGENES und R. TEMAM. Jacques-Louis Lions (1928 – 2001). *Notices of the AMS*, 48 (2001) 11, 1315 – 1321.

[87] J.-L. LIONS. *Quelques méthodes de résolution des problèmes aux limites non linéaires*. Dunod Gauthier-Villars, Paris, 1969.

[88] J.-L. LIONS und E. MAGENES. *Non-Homogeneous Boundary Value Problems and Applications, Vol. I*. Springer-Verlag, Berlin – Heidelberg – New York, 1972.

[89] L. A. LJUSTERNIK und W. I. SOBOLEW. *Elemente der Funktionalanalysis*, Band 8 der Reihe *Mathematische Lehrbücher und Monographien. I. Abteilung: Mathematische Lehrbücher*. Akademie-Verlag, Berlin, 5., berichtigte Auflage, 1976.

[90] A. LUNARDI. *Analytic Semigroups and Optimal Regularity in Parabolic Problems*, Band 16 der Reihe *Progress in Nonlinear Differential Equations and Their Applications*. Birkhäuser, Basel – Boston – Berlin, 1995.

[91] R. H. MARTIN. *Nonlinear Operators and Differential Equations in Banach Spaces*. R. E. Krieger Publ. Company, Malabar, 1987.

[92] A. C. MCBRIDE. *Semigroups of Linear Operators: An Introduction*. Pitman Research Notes in Mathematics. Longman Scientific & Technical, Essex, 1987.

[93] S. G. MICHLIN. *Partielle Differentialgleichungen der mathematischen Physik*, Band 30 der Reihe *Mathematische Lehrbücher und Monographien. I. Abteilung: Mathematische Lehrbücher*. Akademie-Verlag, Berlin, 1978.

[94] J. MIKUSIŃSKI. *The Bochner Integral*. Band 55 der *Mathematischen Reihe*. Birkhäuser, Basel – Stuttgart, 1978.

[95] S. MIZOHATA. *The Theory of Partial Differential Equations.* Cambridge University Press, Cambridge, 1973.

[96] J. D. MURRAY. *Mathematical Biology, Vol. I: An Introduction, Vol. II: Spatial Models and Biomedical Applications.* Springer-Verlag, Berlin – Heidelberg – New York, 3. Auflage, 2002 und 2003.

[97] J. NAAS und W. TUTSCHKE. *Große Sätze und schöne Beweise der Mathematik.* Wissenschaftliche Taschenbücher, Reihe Mathematik und Physik. Akademie-Verlag, Berlin, 1988.

[98] M. NAGUMO. *Collected Papers.* Springer-Verlag, Tokyo – Berlin – Heidelberg, 1993. Hrsg von M. YAMAGUTI et al.

[99] I. P. NATANSON. *Theorie der Funktionen einer reellen Veränderlichen*, Band 6 der Reihe *Mathematische Lehrbücher und Monographien. I. Abteilung: Mathematische Lehrbücher.* Akademie-Verlag, Berlin, 1981.

[100] J. NEČAS. *Les méthodes directes en théorie des équations elliptiques.* Masson und Academia, Paris und Prag, 1967.

[101] J. OCKENDON et al. *Applied Partial Differential Equations.* Oxford University Press, Oxford, 2003.

[102] J. O'CONNOR und E. F. ROBERTSON. *MacTutor History of Mathematics.* School of Mathematics and Statistics, University St. Andrews Scotland. http://www-history.mcs.st-andrews.ac.uk/history/.

[103] R. E. O'MALLEY. *Singular Perturbation Methods for Ordinary Differential Equations*, Band 89 der Reihe *Applied Mathematial Sciences.* Springer-Verlag, New York – Berlin – Heidelberg, 1991.

[104] C. V. PAO. *Nonlinear Parabolic and Elliptic Equations.* Plenum Press, New York – London, 1992.

[105] N. H. PAVEL. *Nonlinear Evolution Operators and Semigroups*, Band 1260 der Reihe *Lecture Notes in Mathematics.* Springer-Verlag, Berlin – Heidelberg – New York, 1987.

[106] A. PAZY. *Semigroups of Linear Operators and Applications to Partial Differential Equations.* Springer-Verlag, New York – Berlin – Heidelberg, 1983.

[107] I. G. PETROWSKI. *Vorlesungen über die Theorie der gewöhnlichen Differentialgleichungen.* BSB B. G. Teubner Verlagsgesellschaft, Leipzig, 4. Auflage, 1954.

[108] R. PLATO. *Numerische Mathematik kompakt.* Friedr. Vieweg & Sohn, Braunschweig – Wiesbaden, 2., überarb. Auflage, 2004.

[109] M. PROTTER und H. WEINBERGER. *Maximum Principles in Differential Equations.* Springer-Verlag, New York – Berlin – Heidelberg, 1984.

[110] A. QUARTERONI, R. SACCO und F. VALERI. *Numerische Mathematik 1 und 2.* Springer-Verlag, Berlin – Heidelberg   New York, 2002.

[111] R. RACKE. *Lectures on Nonlinear Evolution Equations. Initial Value Problems*, Band E 19 der Reihe *Aspects of Mathematics*. Friedr. Vieweg & Sohn, Braunschweig – Wiesbaden, 1992.

[112] M. RENARDY und R. C. ROGERS. *An Introduction to Partial Differential Equations*, Band 13 der Reihe *Texts in Applied Mathematics*. Springer-Verlag, New York – Berlin – Heidelberg, 1993.

[113] P. RENNERT et al., Hrsg. *Kleine Enzyklopädie Physik*. Bibliographisches Institut, Leipzig, 1986.

[114] H.-G. ROOS, M. STYNES und L. TOBISKA. *Numerical Methods for Singularly Perturbed Differential Equations. Convection-Diffusion and Flow Problems*, Band 24 der Reihe *Springer Series in Computational Mathematics*. Springer-Verlag, Berlin – Heidelberg – New York, 1996.

[115] G.-C. ROTA, F. E. BROWDER et al., Hrsg. *Encyclopedia of Mathematics and Its Applications*. Addison-Wesley, Reading, Massachusetts, 1983.

[116] M. RŮŽIČKA. *Nichtlineare Funktionalanalysis. Eine Einführung*. Springer-Verlag, Berlin – Heidelberg – New York, 2004.

[117] P. SARNAK. Ralph Phillips (1913 – 1998). *Notices of the AMS*, 47 (2000) 5, 561 – 563.

[118] R. SAUERMOST et al. *Lexikon der Naturwissenschaftler*. Spektrum Akademischer Verlag, Heidelberg – Berlin, 2000.

[119] K. SAXE. *Beginning Functional Analysis*. Springer-Verlag, New York – Berlin – Heidelberg, 2002.

[120] G. R. SELL und Y. YOU. *Dynamics of Evolutionary Equations*. Springer-Verlag, New York – Berlin – Heidelberg, 2002.

[121] R. E. SHOWALTER. *Monotone Operators in Banach Space and Nonlinear Partial Differential Equations*, Band 49 der Reihe *Mathematical Surveys and Monographs*. American Mathematical Society, Providence, Rhode Island, 1997.

[122] W. I. SMIRNOW. *Lehrgang der höheren Mathematik. Teil III/2*, Band 4 der Reihe *Hochschulbücher für Mathematik*. Deutscher Verlag der Wissenschaften, Berlin, 13. Auflage, 1987.

[123] W. I. SMIRNOW. *Lehrgang der höheren Mathematik. Teil IV*, Band 5 der Reihe *Hochschulbücher für Mathematik*. Deutscher Verlag der Wissenschaften, Berlin, 11. Auflage, 1985.

[124] G. D. SMITH und D. KUH. Commentary: William Ogilvy Kermack and the childhood origins of adult health and disease. *Int. J. Epidemiology*, 30 (2001), 696 – 703.

[125] J. SMOLLER. *Shock Waves and Reaction–Diffusion Equations*, Band 258 der Reihe *Grundlehren der mathematischen Wissenschaften*. Springer-Verlag, New York – Berlin – Heidelberg, 1983.

[126] H. SOHR. *The Navier-Stokes Equations. An Elementary Functional Analytic Approach.* Birkhäuser Advanced Texts. Basler Lehrbücher. Birkhäuser, Basel – Boston – Berlin, 2001.

[127] H. J. STÖRIG. *Abenteuer Sprache.* Deutscher Taschenbuch Verlag, München, 2002.

[128] H. STROPPE. *Physik für Studenten der Natur- und Technikwissenschaften.* Fachbuchverlag, Leipzig, 1988.

[129] D. J. STRUIK. *Abriß der Geschichte der Mathematik.* Studienbücherei Mathematik. Deutscher Verlag der Wissenschaften, Berlin, 6. Auflage, 1976.

[130] A. M. STUART und A. R. HUMPHRIES. *Dynamical Systems and Numerical Analysis.* Cambridge Monographs on Applied and Computational Mathematics. Cambridge University Press, 1998.

[131] H. TANABE. *Equations of Evolution*, Band 6 der Reihe *Monographs and Studies in Mathematics*. Pitman, London – San Francisco – Melbourne, 1979.

[132] M. E. TAYLOR. *Partial Differential Equations I: Basic Theory*, Band 23 der Reihe *Texts in Applied Mathematics*. Springer-Verlag, New York – Berlin – Heidelberg, 1996.

[133] R. TEMAM. *Navier-Stokes Equations. Theory and Numerical Analysis*, Band 2 der Reihe *Studies in Mathematics and Its Applications*. North-Holland Publ. Comp., Amsterdam – New York – Oxford, 1977.

[134] R. TEMAM. Behaviour at time $t = 0$ of the solutions of semi-linear evolution equations. *J. Diff. Eqs.*, 43 (1982), 73 – 92.

[135] R. TEMAM. *Infinite-Dimensional Systems in Mechanics and Physics*, Band 68 der Reihe *Applied Mathematial Sciences*. Springer-Verlag, New York – Berlin – Heidelberg, 1988.

[136] R. THIELE. *Leonhard Euler*, Band 56 der Reihe *Biographien hervorragender Naturwissenschaftler, Techniker und Mediziner*. BSB B. G. Teubner Verlagsgesellschaft, Leipzig, 1982.

[137] V. THOMÉE. *Galerkin Finite Element Methods for Parabolic Problems*, Band 25 der Reihe *Springer Series in Computational Mathematics*. Springer-Verlag, Berlin – Heidelberg – New York, 1997.

[138] F. TREVES, G. PISIER und M. YOR. Laurent Schwartz (1915 – 2002). *Notices of the AMS*, 50 (2003) 10, 1072 – 1084.

[139] A. TVEITO und R. WINTHER. *Einführung in partielle Differentialgleichungen. Ein numerischer Zugang.* Springer-Verlag, Berlin – Heidelberg – New York, 2002.

[140] M. M. VAINBERG. *Variational Methods for the Study of Nonlinear Operators.* Holden-Day, San Francisco – London – Amsterdam, 1964. With a chapter on NEWTONs method by L. V. KANTOROVICH and G. P. AKILOV.

[141] M. M. VAINBERG. *Variational Method and Method of Monotone Operators in the Theory of Nonlinear Equations.* J. Wiley & Sons, New York – Toronto, 1973.

[142] W. VON WAHL. *Über das Verhalten für $t \to 0$ der Lösungen nichtlinearer parabolischer Gleichungen, insbesondere der Gleichungen von Navier-Stokes. Bayreuther Math. Schr.*, 16 (1984), 151 – 277.

[143] W. VON WAHL. *The Equations of Navier-Stokes and Abstract Parabolic Equations.* Aspects of Mathematics. Friedr. Vieweg & Sohn, Braunschweig – Wiesbaden, 1985.

[144] I. I. VRABIE. *Compactness Methods for Nonlinear Evolutions*, Band 75 der Reihe *Pitman Monographs and Surveys in Pure and Applied Mathematics*. Longman, Essex, 2. Auflage, 1995.

[145] M. M. WAINBERG und W. A. TRENOGIN. *Theorie der Lösungsverzweigung bei nichtlinearen Gleichungen*, Band 32 der Reihe *Mathematische Lehrbücher und Monographien. II. Abteilung: Mathematische Monographien.* Akademie-Verlag, Berlin, 1973.

[146] W. WALTER. *Gewöhnliche Differentialgleichungen. Eine Einführung.* Springer-Verlag, Berlin – Heidelberg – New York, 7., neu bearb. und erw. Auflage, 2000.

[147] D. WERNER. *Funktionalanalysis.* Springer-Verlag, Berlin – Heidelberg – New York, 2. überarbeitete Auflage, 1997.

[148] J. WLOKA. *Partielle Differentialgleichungen.* BSB B. G. Teubner Verlagsgesellschaft, Leipzig, 1982.

[149] H. WUSSING und W. ARNOLD, Hrsg. *Biographien bedeutender Mathematiker.* Verlag Volk und Wissen, Berlin, 1983.

[150] K. YOSIDA. *Functional Analysis.* Classics in Mathematics. Springer-Verlag, Berlin – Heidelberg – New York, 1980.

[151] E. C. ZACHMANOGLOU und D. W. THOE. *Introduction to Partial Differential Equations with Applications.* Dover Publications, New York, 1986.

[152] E. ZEIDLER. *Nonlinear Functional Analysis and its Applications I. Fixed-point Theorems.* Springer-Verlag, New York – Berlin – Heidelberg, 1993.

[153] E. ZEIDLER. *Nonlinear Functional Analysis and its Applications II/A. Linear Monotone Operators.* Springer-Verlag, New York – Berlin – Heidelberg, 1990.

[154] E. ZEIDLER. *Nonlinear Functional Analysis and its Applications II/B. Nonlinear Monotone Operators.* Springer-Verlag, New York – Berlin – Heidelberg, 1990.

[155] E. ZEIDLER. *Applied Functional Analysis. Applications to Mathematical Physics*, Band 108 der Reihe *Applied Mathematical Sciences.* Springer-Verlag, New York – Berlin – Heidelberg, 1995.

[156] E. ZEIDLER. *Applied Functional Analysis. Main Principles and Their Applications*, Band 109 der Reihe *Applied Mathematical Sciences.* Springer-Verlag, New York – Berlin – Heidelberg, 1995.

[157] E. ZEIDLER, Hrsg. *Teubner-Taschenbuch der Mathematik.* B. G. Teubner, Stuttgart – Leipzig, 1996. Begründet von I. N. BRONSTEIN und K. A. SEMENDJAJEW.

[158] W. P. ZIEMER. *Weakly Differentiable Functions*, Band 120 der Reihe *Graduate Texts in Mathematics.* Springer-Verlag, New York – Berlin – Heidelberg, 1989.

Symbolverzeichnis

Aufgeführt sind nur die wichtigsten Symbole und Bezeichnungen. Die angegebenen Seitenzahlen beziehen sich auf Erklärungen im Text.

$\mathbb{N}$, $\mathbb{Z}$, $\mathbb{R}$, $\mathbb{R}_0^+$, $\mathbb{R}^+$, $\mathbb{C}$	Natürliche Zahlen (einschließlich 0), ganze, reelle, nichtnegative reelle, positive reelle, komplexe Zahlen	
$\operatorname{span} A$, $\operatorname{co} A$, $\overline{\operatorname{co}} A$	Lineare, konvexe, abgeschlossene konvexe Hülle der Menge A	
$\operatorname{clos} A$, $\operatorname{clos}_{\|\cdot\|} A$	Abschluss der Menge A in $\mathbb{R}$ bzw. bezüglich der Norm $\|\cdot\|$	
$B(u_0, r)$, $\bar{B}(u_0, r)$	Offene bzw. abgeschlossene Kugel um u_0 mit dem Radius R	
$\operatorname{dist}(u, V)$	Abstand von u zur Menge V $\operatorname{dist}(u, V) = \inf_{v \in V} \|u - v\|$	110
$\operatorname{supp} u$	Träger der Funktion $u : [a, b] \to \mathbb{R}$ $\operatorname{supp} u = \operatorname{clos} \{x \in (a, b) : u(x) \neq 0\}$	58
$\operatorname{ess\,sup}_{x \in A} u(x)$	Wesentliches Supremum (Infimum aller Schranken M mit $u(x) \leq M$ für fast alle $x \in A$)	58
ρ_ε	Mittelungskern	62
χ_A	Charakteristische Funktion der Menge A $\chi_A(x) = 0$ für $x \notin A$ und $\chi_A(x) = 1$ für $x \in A$	
sgn	Vorzeichenfunktion, $\operatorname{sgn} x = x/|x|$ für $x \neq 0$ und $\operatorname{sgn} 0 = 0$	
∇	NABLA-Operator, $\nabla \equiv \left(\frac{\partial}{\partial x}, \frac{\partial}{\partial y}, \frac{\partial}{\partial z} \right)^{\mathsf{T}}$	
$(X, \|\cdot\|)$	Normierter Raum X mit Norm $\|\cdot\|$	
$(H, |\cdot|, (\cdot, \cdot))$	Prä-HILBERT-Raum H mit Skalarprodukt $(\cdot, \cdot)$ und zugehöriger Norm $|\cdot|$	
$|\cdot|$, $\|\cdot\|$, $\|\!|\cdot|\!\|$	Normen	
$\|\cdot\|_X$	Norm auf dem Raum X	
$\|\cdot\|_*$	Dualnorm	82
$(\cdot, \cdot)$, $((\cdot, \cdot))$	Skalarprodukte	
$\langle \cdot, \cdot \rangle$	Duales Produkt	82
$X \overset{d}{\subseteq} Y$	X liegt dicht in Y	
$X \hookrightarrow Y$, $X \overset{c}{\hookrightarrow} Y$	X ist stetig bzw. kompakt eingebettet in Y	73
$X \overset{d}{\hookrightarrow} Y$, $X \overset{c,d}{\hookrightarrow} Y$	X ist stetig bzw. kompakt eingebettet und liegt dicht in Y	73

$X \cong Y$	X ist isometrisch isomorph zu Y (und kann mit Y identifiziert werden)	
X^*, X^{**}	Dualraum, Bidualraum von X	58, 82
A^*	Dualer Operator von A	90
A^{-1}	Inverser Operator von A	
$u_n \to u$, $u_n \rightharpoonup u$, $f_n \stackrel{*}{\rightharpoonup} f$	Starke, schwache, schwach*-Konvergenz	280
$C^m[a,b]$, $C^m(a,b)$, $C^m(A)$	Räume stetig differenzierbarer Funktionen	13
$C_0^\infty(a,b)$	Raum der beliebig oft differenzierbaren Funktionen mit kompaktem Träger	58
l^p	Folgenräume	148, 152, 259
$L^p(a,b)$, $L^p(A)$	Räume Lebesgue-integrierbarer Funktionen	57
$L^1_{\mathrm{loc}}(a,b)$	Raum der lokal Lebesgue-integrierbaren Funktionen	58
$W^{1,1}(a,b)$, $H^1(a,b)$, $H_0^1(a,b)$	Sobolew-Räume von Funktionen mit verallgemeinerter Ableitung	70 f., 78
$H^{-1}(a,b)$	Dualraum des $H_0^1(a,b)$	83
$\|\cdot\|_{0,p}, \|\cdot\|_{1,1}, \|\cdot\|_{1,2}, \|\cdot\|_{1,2}, \|\cdot\|_{-1,2}$	Norm auf L^p, $W^{1,1}$, $W^{1,2} \equiv H^1$, H_0^1, $W^{-1,2} \equiv H^{-1}$	57, 70 f., 78, 83
$(\cdot,\cdot)_{0,2}, ((\cdot,\cdot))_{1,2}, (\cdot,\cdot)_{1,2}$	Skalarprodukt auf L^2, $\equiv H^1$, H_0^1	25, 57, 72, 79
$C^m([0,T];X)$	Räume stetig differenzierbarer abstrakter Funktionen mit Werten im Banach-Raum X	151 f.
$L^p(0,T;X)$	Räume Bochner-integrierbarer abstrakter Funktionen mit Werten im Banach-Raum X	163
$L^1_{\mathrm{loc}}(0,T;X)$	Raum der lokal Bochner-integrierbaren abstrakten Funktionen mit Werten im Banach-Raum X	163
$W^{1,1}(0,T;X)$	Sobolew-Raum abstrakter Funktionen mit Werten im Banach-Raum X	204
$V \subseteq H \subseteq V^*$	Gelfand-Dreier	205
$\|\cdot\|, |\cdot|, \|\cdot\|_*$	Norm auf V, H, V^* bei einem Gelfand-Dreier	205
$\mathcal{W}(0,T)$, $\mathcal{W}^p(0,T)$	Sobolew-Räume abstrakter Funktionen über einem Gelfand-Dreier $V \subseteq H \subseteq V^*$	206, 230

Sachverzeichnis

Computational Finance mit MATLAB

Michael Günther, Ansgar Jüngel
Finanzderivate mit MATLAB
Mathematische Modellierung und numerische Simulation
2003. XII, 302 S. Br. € 24,90   ISBN 3-528-03204-9
Inhalt: Optionen und Arbitrage - Die Binomialmethode - Die Black-Scholes-Gleichung - Die Monte-Carlo-Methode - Numerische Lösung parabolischer Differentialgleichungen - Numerische Lösung freier Randwertprobleme - Einige weiterführende Themen - Eine kleine Einführung in MATLAB

In der Finanzwelt ist der Einsatz von Finanzderivaten zu einem unentbehrlichen Hilfsmittel zur Absicherung von Risiken geworden. Dieses Buch richtet sich an Studierende der (Finanz-)Mathematik und der Wirtschaftswissenschaften im Hauptstudium, die mehr über Finanzderivate und ihre mathematische Behandlung erfahren möchten. Es werden moderne numerische Methoden vorgestellt, mit denen die entsprechenden Bewertungsgleichungen in der Programmierumgebung MATLAB gelöst werden können.

Abraham-Lincoln-Straße 46
65189 Wiesbaden
Fax 0611.7878-400
www.vieweg.de

Stand 1.7.2004. Änderungen vorbehalten.
Erhältlich im Buchhandel oder im Verlag.